"十三五"江苏省高等学校重点教材(编号：2020-2-201)

建筑材料与检测

主　编　朱　超

副主编　程　丽

主　审　陈年和

南京大学出版社

图书在版编目(CIP)数据

建筑材料与检测 / 朱超主编. — 南京 ：南京大学
出版社，2022.6
　　ISBN 978 - 7 - 305 - 24373 - 8

　　Ⅰ. ①建… 　Ⅱ. ①朱… 　Ⅲ. ①建筑材料－检测－高等
职业教育－教材 　Ⅳ. ①TU502

中国版本图书馆 CIP 数据核字(2021)第 074597 号

出版发行　南京大学出版社
社　　　址　南京市汉口路 22 号　　　　　　邮　　编　210093
出 版 人　金鑫荣

书　　　名　建筑材料与检测
主　　编　朱　超
责任编辑　朱彦霖　　　　　　　　　编辑热线　025 - 83597482

照　　排　南京开卷文化传媒有限公司
印　　刷　南京京新印刷有限公司
开　　本　787×1092　1/16　印张 17.75　　字数 495 千
版　　次　2022 年 6 月第 1 版　2022 年 6 月第 1 次印刷
ISBN 978 - 7 - 305 - 24373 - 8

定　　价　50.00 元

网　　　址：http://www.njupco.com
官方微博：http://weibo.com/njupco
微信服务号：njutumu
销售咨询热线：(025)83594756

前　言

　　"建筑材料与检测"是建筑工程技术专业的岗位核心课程,主要培养学生掌握建筑材料性能、应用并进行检测的能力。学习本课程,使学生能正确选择、合理使用建筑材料,并为后续专业课的学习打下坚实的基础。

　　当前,我国建筑业正处于较快的发展进程之中。城镇化建设的推进将带来大量城市房屋建设、城市基础设施建设、城市商业设施建设的需求,同时工业与能源基地建设、交通设施建设等市场也将保持旺盛的需求。为适应这种发展的需要,各类新标准、新规范陆续颁布,各种新技术、新设备、新工艺及新材料被广泛应用,工程建设领域的知识更新和技术创新正以前所未有的速度向前发展,本教材注重行业技术发展动态和趋势,全书内容严格依照国家(部)、行业颁布的最新标准、规范来编写。

　　本教材内容与人才培养目标一致,根据建筑工程技术专业岗位所必备的知识和技能来安排教材内容。突出材料的性能、技术要求、应用、检测方法等内容,以适应施工员、质量员、材料员、监理员等岗位的实际需要。按照"学以致用"的原则,紧密结合相关岗位工作实际,对新颁布的标准、规范以及各种新技术、新设备、新工艺及新材料等方面的知识进行了介绍,努力做到易学、易懂、易操作。

　　本教材在编写中融入了课程思政。"建筑材料与检测"课程的规律是"结构决定性能",这本身就蕴含了课程思政思想,教学过程中向学生传达内因和外因的辩证关系,引导学生增强自我管理能力,养成良好的生活习惯。

　　本门课程的课程思政教育目标分为宏观政治目标和微观个人目标。宏观政治目标为爱国情怀,社会主义核心价值观,传承中华传统文化。微观个人目标为正确的人生观、价值观,工匠精神,热爱本职、敬业奉献,严谨求实、崇尚科学。教材在北京大兴机场、港珠澳大桥、火神山医院、镜面混凝土等方面融入了课程思政设计,与教育部印发的《高等学校课程思政建设指导纲要》中对于工学类专业课程的课程思政要求一致。保证思政教学目标的系统性和完整性。

　　本书基于二维码的互动式学习平台,读者可扫描二维码获取丰富的电子资源,体现了数字出版和立体化建设的理念。

本书由江苏建筑职业技术学院朱超主编,程丽副主编,陈年和教授主审。全书内容编写分工如下:朱超编写绪论、第1、3、4、7、8章;程丽编写第2、5、6章。全书由朱超负责统稿、整理。

本书在编写过程中参考了相关标准、规范,未在书中一一注明出处,在此对有关文献和资料的作者表示感谢。

由于编写时间仓促,加之水平所限,教材内容仍需不断调整和完善,错漏之处在所难免,敬请专家、读者批评指正。

编　者

2021 年 5 月

目　录

扫码下载

配套试验报告书

绪　论

一、建筑材料的分类

建筑材料是指构成建筑物本体的各种材料。建筑材料是随着人类的进化而发展的,它和人类文明有着十分密切的关系,人类历史发展的各个阶段,建筑材料都是显示其文化的主要标志之一。

建筑材料是建筑工程的物质基础。现代工业生产,为建筑提供了新的材料,引起了建筑结构的变化,促进了建筑生产技术的发展。建筑材料的发展与创新与建筑技术的进步有着不可分割的联系,许多建筑工程技术问题的解决往往是新的建筑材料产生的结果,而新的建筑材料又促进了建筑设计、结构设计和施工技术的发展,也使建筑物各种性能得到进一步的改善。建筑材料的发展创新对经济建设起着重要的作用。例如,钢材、水泥和钢筋混凝土的出现,解决了现代建筑中的大跨度和高层建筑的结构问题。

换句话说,建造建筑物或构筑物本质上都是所用建筑材料的一种"排列组合",建筑材料是建筑工程中不可缺少的物质基础。建筑工程材料种类繁多,性能差别很大,使用量很大,正确选择和使用建筑材料,不仅与构筑物的坚固、耐久和适用性有密切关系,而且直接影响到工程造价(因为材料费用一般要占工程总造价的一半以上)。因此,在选材时应充分考虑材料的技术性能和经济性,在使用中加强对材料的科学管理,无疑会对提高工程质量和降低工程造价起重要作用。

建筑材料有各种不同的分类方法。例如,根据用途可将工程材料分为结构主体材料和辅助材料;根据工程材料在工程结构物中的部位(以工业与民用建筑为例)可分为承重材料、屋面材料、墙体材料和地面材料等;根据工程材料的功能又可分为结构材料、防水材料、装饰材料、功能(声、光、电、热、磁等)材料等。

1. 按化学成分分类

表 0-1　建筑材料分类

建筑材料分类	无机材料	金属材料	黑色金属:钢、铁
			有色金属:铝、铜等及其合金
		非金属材料	天然石材:砂石及各种石材制品
			烧土及熔融制品:黏土砖、瓦、陶瓷及玻璃等
			胶凝材料:石膏、石灰、水泥、水玻璃等
			混凝土及硅酸盐制品:混凝土、砂浆及硅酸盐制品
	有机材料	植物质材料	木材、竹材等
		沥青材料	石油沥青、煤沥青、沥青制品
		高分子材料	塑料、涂料、胶黏剂
	复合材料	无机材料基复合材料	水泥刨花板、混凝土、砂浆、纤维混凝土
		有机材料基复合材料	沥青混凝土、玻璃纤维增强塑料(玻璃钢)

2. 按用途分类

建筑材料按用途可分为结构材料、墙体材料、屋面材料、地面材料以及其他用途的材料等。

（1）结构材料　结构材料是构成建筑物受力构件和结构所用的材料，如梁、板、柱、基础、框架及其他受力构件和结构等所用的材料。对这类材料的主要技术性质要求是强度和耐久性。常用的主要结构材料有砖、石、水泥、钢材、钢筋混凝土和预应力钢筋混凝土。随着工业的发展，轻钢结构和铝合金结构所占的比例将会逐渐加大。

（2）墙体材料　墙体材料是建筑物内、外及分隔墙体所用的材料。由于墙体在建筑物中占有很大比例，因此正确选择墙体材料，对降低建筑物成本、节能和提高建筑物安全性有着重要的实际意义。目前，我国大量采用的墙体材料有砌墙砖、混凝土砌块、加气混凝土砌块以及品种繁多的各类墙用板材，特别是轻质多功能的复合墙板。复合轻质多功能墙板具有强度高、刚度大、保温隔热性能好、装饰性能好、施工方便、效率高等优点，是墙体材料的发展方向。

（3）屋面材料　屋面材料是用于建筑物屋面的材料的总称，已由过去较单一的烧结瓦向多种材质的大型水泥类瓦材和高分子复合类瓦材发展，同时屋面承重结构也由过去的预应力钢筋混凝土大型屋面板向承重、保温、防水三合一的轻型钢板结构转变。屋面防水材料由传统的沥青及其制品向高聚物改性沥青防水卷材、合成高分子防水卷材等新型防水卷材发展。

（4）地面材料　地面材料是指用于铺砌地面的各类材料。这类材料品种繁多，不同地面材料铺砌出来的效果相差也很大。

二、建筑材料的技术标准分类

建筑工程中使用的各种材料及其制品，应具有满足使用功能和所处环境要求的某些性能，而材料及其制品的性能或质量指标必须用科学方法所测得的确切数据来表示。为使测得的数据能在有关研究、设计、生产、应用等各部门得到承认，有关测试方法和条件、产品质量评价标准等均由专门机构制定并颁发"技术标准"，并做出详尽明确的规定作为共同遵循的依据。这也是现代工业生产各个领域的共同需要。

技术标准，按照其适用范围，可分为国家标准、行业标准、地方标准和企业标准等。

国家标准，是指对全国经济、技术发展有重大意义，必须在全国范围内统一的标准，简称"国标"。国家标准由国务院有关主管部门（或专业标准化技术委员会）提出草案、报国家标准总局审批和发布。

行业标准，也是专业产品的技术标准，主要是指全国性各专业范围内统一的标准，简称"行标"。这种标准由国务院所属各部和总局组织制定、审批和发布，并报送国家标准总局备案。

地方标准，只适用于制定标准的地区。

企业标准，凡没有制定国家标准、行业标准的产品或工程，都要制定企业标准。这种标准是指仅限于企业范围内适用的技术标准，简称"企标"。为了不断提高产品或工程质量，企业可以制定比国家标准或行业标准更先进的产品质量标准。现将国家标准及部分行业标准列于表0－2中。

表 0-2　各级标准代号

标准种类		代　号		表示方法(例)
1	国家标准	GB	国家强制性标准	由标准名称、部门代号、标准编号、颁布年份等组成。 例如: 国家强制性标准《硅酸盐水泥、普通硅酸盐水泥》(GB 175—2007); 国家推荐性标准《建筑用卵石、碎石》(GB/T 14685—2011); 建设部行业标准《普通混凝土配合比设计规程》(JGJ 55—2011)。
		GB/T	国家推荐性标准	
2	行业标准	JC	建材行业标准	
		JGJ	建设部行业标准	
		YB	冶金行业标准	
		JT	交通标准	
		SD	水电标准	
3	地方标准	DB	地方强制性标准	
		DB/T	地方推荐性标准	
4	企业标准	QB	企业标准	

随着国家经济技术的迅速发展和对外技术交流的增加,我国还引入了不少国际和外国技术标准,现将常见的标准列入表 0-3,以供参考。

表 0-3　国际组织及几个主要国家标准

标准名称	代号	标准名称	代号
国际标准	ISO	德国工业标准	DIN
国际材料与结构试验研究协会	RILEM	韩国国家标准	KS
美国材料试验学会标准	ASTM	日本工业标准	JIS
英国标准	BS	加拿大标准协会	CSA
法国标准	NF	瑞典标准	SIS

三、建筑材料的发展趋势

建筑材料是建筑工程的重要组成部分,它和工程设计、工程施工以及工程经济之间有着密切的关系。自古以来,工程材料和工程构筑物之间就存在着相互依赖、相互制约和相互推动的矛盾关系。一种新材料的出现必将推动构筑设计方法、施工程序或形式的变化,而新的结构设计和施工方法必然要求提供新的更优良的材料。例如,没有轻质高强的结构材料,就不可能设计出大跨度的桥梁和工业厂房,也不可能有高层建筑的出现;没有优质的绝热材料、吸声材料、透光材料及绝缘材料,就无法对室内的声、光、电、热等功能做妥善处理;没有各种各样的装饰材料,就不能设计出令人满意的高级建筑;没有各种材料的标准化、大型化和预制化,就不可能减少现场作业次数,实现快速施工;没有大量质优价廉的材料,就不能降低工程的造价,也就不能多快好省地完成各种基本建设任务。因此,可以这样说,没有工程材料的发展,也就没有建筑工程的发展。有鉴于此,建筑材料的发展方向有着以下一些趋势:在材料性能方面,要求轻质、高强、多功能和耐久;在产品形式方面,要求大型化、构件化、预制化和单元化;在生产工艺方面,要求采用新技术和新工艺,改造和淘汰陈旧设备和工艺,提高产品质量;在资源利用方面,既要研制和开发新材料,又要充分利用工农业废料和地方材料;在经济效益方面,要降低材料消耗和能源消耗,进一步提高劳动生产率和经济效益。

材料与人类的活动是密切相连的,故人类对材料的探索与研究也早已开始,并不断向前发展。随着新材料的出现和研究工作的不断深入,以及与材料有关的基础学科的日益发展,人类对材料的内在规律有了进一步的了解,对各类材料的共性知识初步得到了科学的抽象认识,从而诞生了"材料科学"这一新的学科领域。材料科学(更准确地说应该是材料科学与工程)是介于基础科学与应用科学之间的一门应用基础科学。其主要任务在于研究材料的组分、结构、界面与性能之间的关系及其变化规律,从而使材料达到以下三个预测目的:① 按材料组成、工艺过程,预测不同层次的组分结构及界面状态;② 按不同层次的组分、结构及界面,预测力学行为或其他功能;③ 按使用条件、环境及自身的化学物理变化,预测使用寿命。实际上,就是按使用要求设计材料、研制材料及预测使用寿命。建筑材料也属于材料科学的研究对象,但由于种种原因,在材料科学的利用方面起步较晚。随着材料科学的普及和测试技术的发展,建筑材料的研究必将纳入材料科学的轨道,那时建筑材料的发展必将有重大突破。

《江苏省建设领域"十三五"重点推广应用新技术和限制、禁止使用落后技术公告》(第一批)

随着我国近几十年的改革开放快速发展,社会大众对生活品质日趋提高,在建筑装饰材料上对智能,环保,节能,安全等都有更高的要求。大致可分以下几类。

1. 智能化材料和系统设计的巧妙组合

所谓智能化材料,即材料本身的特性结合设计效果和一整套系统使用,在材料上具有自我诊断、预告破坏、自我调节和自我修复的功能,以及可重复利用性。这类材料当内部发生某种异常变化时,能将材料的内部状况,例如位移、变形、开裂等情况反映出来,以便在破坏前采取有效措施。

智能化材料能够根据内部的承载能力及外部作用情况进行自我调整,例如吸湿放湿材料,可根据环境的湿度自动吸收或放出水分,能保持环境湿度平衡;自动调光玻璃,根据外部光线的强弱,调整进光量,满足室内的采光和健康性要求。智能化材料还具有类似于生物的自我生长、新陈代谢的功能,对破坏或受到伤害的部位进行自我修复。当建筑物解体的时候,材料本身还可重复使用,减少建筑垃圾。

这类材料的研究开发目前处于起步阶段,关于自我诊断、预告破坏和自我调节等功能已有初步成果,目前只初步运用在建筑立面。

2. 节能保温防火建筑材料

节能材料的主要特征是节约资源和能源;减少环境污染,避免温室效应与臭氧层的破坏;容易回收和循环利用。作为生态环境材料一个重要分支,按其含义生态建筑材料应指在材料的生产、使用、废弃和再生循环过程中以与生态环境相协调,满足最少资源和能源消耗、最小或无环境污染、最佳使用性能、最高循环再利用率要求设计生产的建筑材料。

随着节能建筑的广泛推广,社会对建材业提出了新的要求,市场对建材产品节能、降耗、环保指标的要求也越来越高。新型节能建材产品目前在市场中正在逐渐增多,比如,绿色环保涂料、节能节水卫浴产品、环保石材、环保外水泥发泡保温板等,节能环保产品在广阔的建材行业市场中前景令人看好。

3. 绿色健康材料

国家发改委、住房和城乡建设部出台的《绿色建筑行动方案》中要求,加强公共建筑节能管理、加快绿色建筑相关技术研发推广,大力发展绿色建材,推动建筑工业化。方案的推出标志着绿色建筑行动已经上升为国家战略,也将发挥政策引导作用,促进我国绿色建筑的发展。

绿色建筑即是环保的、节能的、可持续发展的建筑,新方案的实施让陶瓷建材及门窗等生产企业开始着力研发生产更绿色、更环保的新产品。在《绿色建筑评价标准》(GB/T 50378—2014)的指导下,绿色建筑领域技术发展日新月异,如 3D 打印建筑,不仅是一种全新的建筑方式,更是颠覆传统的建筑模式。伴随着不断创新的建筑技术,绿色建材的发展有了更加广阔的市场。

绿色建筑材料是采用清洁生产技术,不用或少用天然资源和能源,大量使用工农业或城市固态废弃物生产的无毒害、无污染、无放射性,达到使用周期后可回收利用,有利于环境保护和人体健康的建筑材料。长期以来,建筑材料的物理化学性能指标、使用功能和销售价格较受重视,而其对生产、施工和使用人员的安全以及对生态环境与社会发展所造成的不良后果却易受忽视。我国过去曾生产和应用了不少技术性能尚可的建筑材料,这些材料虽然可以满足某些建筑工程的基本要求,但在生产、施工和使用的过程中却易释放出对大气环境造成污染的挥发性有机化合物,影响环境保护和居民身体健康。随着人们生活水平的提高,人们逐渐对住宅建筑的环境设计重视起来,力求创造一个舒适、高雅的生活和工作环境。因此,采用绿色建材具有重大意义。我国是一个自然资源相对贫乏的国家,要保持建筑材料的可持续发展,就应该寻求新的发展道路,只有从产品设计、原材料替代、工艺革新和设备改造入手,提高技术水平,提高资源和能源的综合利用率,保护环境、减少污染,才能获得可持续发展。开发和引进绿色建材技术,研究和开发绿色建材产品,是使建材工业走上这条健康发展之路的正确途径。

新型建筑材料已经走上了追逐绿色建筑之梦的道路。

绿色生态建材常见品种:

1) 绿色混凝土材料

混凝土是建筑的主要建筑用材,所以发展绿色混凝土材料对于绿色建筑至关重要。

(1)高性能混凝土材料。高性能混凝土是一种新型的高技术的混凝土,在大幅度地提高常规混凝土性能的基础上,还具有优良的耐久性、适用性、工作性、各种力学性能、体积稳定性和经济合理性等性能。高性能混凝土除采用优质水泥、水、集料外,还必须采用低水胶比掺加足够数量的矿物细掺料和高效外加剂,采用现代混凝土技术,在妥善的质量控制下制成。

(2)利用废弃混凝土生产的绿色混凝土。大量研究表明,废弃混凝土可用作再生混凝土的骨料,也可取代部分优质石灰石生产水泥。将废弃混凝土清洗、破碎、分级并按一定比例配合后得到的骨料称为"再生骨料",将再生骨料作为部分或全部骨料配制的混凝土称为"再生混凝土"。实验表明再生混凝土的抗压强度可满足设计要求,其他力学性能指标和耐久性指标与普通混凝土基本接近(抗压强度、弹性模量有所降低),用水量比普通混凝土多。

(3)加气混凝土。加气混凝土(其中一类)是以石英砂为基础,以水泥和石灰为胶凝材料,以石膏为硬化剂,铝粉为发泡剂,经高温高压养护后形成的多孔状材料。

(4) 合成纤维混凝土。合成纤维混凝土现已得到广泛应用。对增强混凝土早期抗拉强度,防止早期由沉陷、水化热、干缩而产生的内蕴微裂纹,减少表面裂缝和开裂宽度,增强混凝土的防渗性能、抗磨损、抗冲击性能及增强结构整体性有显著作用。

(5) 多孔预制块植栽混凝土。植栽混凝土有连续的空隙,在空隙部分,使用特殊的工艺技术填充无机培养土、肥料和种子等混合生长基料,施工后,种子发芽和生长所需要的水分,除靠保存在生长基料中的雨水外,还可吸收植栽混凝土下面基层培养土中的水分,不需要另外浇水,这样既实现了绿化,又能防止构筑物表面被污染和侵蚀。植栽混凝土还具有相当好的透水性能,雨水可向地下渗透,这样又可以补充地下水资源,又可以减少城市市政雨水管道的排水压力。

2) 木材

木材成为现代绿色建材的亮点,随着技术的进步出现了许多新的使用形式。

(1) 彩色木材。利用先进的染色技术,使原生树木中没有的色彩渗透在木材组织中,形成彩色木材。它又可分为两种,一种先天着色木材。即在树木生长各个时期,往树木根部浇灌或在树干部位灌注无害的水溶性配色营养液,色彩沿树木内部导管传输并被吸收、着色,形成彩色的木纹。另一种是后天着色木材。即选择富于纹理的木材切片,先脱色处理,然后染上合适的颜色。彩色木材适合作家具、天花板、墙面等大面积表面装饰,别有情调。

(2) 瓷化木材。用饱含钡离子的化学溶液浸泡木材使钡离子扩散、渗透到木材组织和细胞内,采用一定的工艺处理过程,木材变成瓷化木材。瓷化木材疏水、稳定、阻燃性能优异。经喷射火焰试验,不出火苗、几乎无烟,只产生低度碳化。这种超级阻燃木材适合大厅家具和装饰,适合车辆内部尤其是大型公共娱乐场所的内部装修。

(3) 塑化木材。将乙烯类树脂加压注入木材内部,形成塑化木材。塑化木材具有很强的压缩、弯曲、剪切等特点。

建筑作为人类的基本居住空间,是城市的主要物质组成部分,它对人类的生活环境有着直接、重要的影响。居住空间环境的优劣直接影响着人们的生活质量,而要维持良好的生活环境,则需耗费大量的能源。因此,节约能源是今后发展的必然趋势。

3) 玻璃

(1) 调光玻璃。自动调光玻璃有两种,一种是电致色调玻璃;另一种是液晶调光玻璃。前者属于透过率可变型,其结构是有两片相对透明的电玻璃,一片为涂有还原状态发色的 WO_3 层,另一片为涂有氧化状态下发色的普鲁士蓝层,两层同时着色、消色,通过改变电流方向可自由调节光的透过率,调节范围达 $15\% \sim 75\%$。后者属于透视性可变型,其结构为,在两片相对透明的玻璃之间夹有一层分散有液晶的聚合物,通常聚合物中的液晶分子处于无序状态,入射光被折射,玻璃为不透明,加上电场后,液晶分子按电场方向排布得到透明的视野。

(2) 隔音玻璃。隔音玻璃是将隔热玻璃夹层中的空气换成氦、氩或六氟化硫等气体并用不同厚度的玻璃制成,可在很宽的频率范围内有优异的隔音性能。

(3) 电磁屏蔽玻璃。

(4) 抗菌自洁玻璃。抗菌自洁玻璃是采用目前成熟的镀膜玻璃技术(如磁控浇注、溶胶

-凝胶法等)在玻璃表面涂盖一层二氧化钛薄膜。

（5）光致变色玻璃。

四、《建筑材料与检测》的学习方法

《建筑材料与检测》在建筑工程技术专业中是一门专业基础课。学习本课程的目的是为进一步学习专业课提供有关材料的基础知识，并为今后从事设计、施工和管理工作对合理选择和正确使用材料奠定基础。

建筑材料的内容庞杂、品种繁多，涉及许多学科或课程，其名词、概念和专业术语多，各种建筑材料相对独立。学习建筑材料时应从材料科学的观点和方法及实践的观点来进行，掌握材料组成、性质、应用以及它们之间的相互联系。具体如下：

（1）了解或掌握材料的组成、结构和性质间的关系。掌握建筑材料的性质与应用是学习的目的，但孤立地看待和学习，就免不了要死记硬背。材料的组成和结构决定材料的性质和应用，因此学习时应了解或掌握材料的组成、结构与性质间的关系。应特别注意掌握的是，材料内部的孔隙数量、孔隙大小、孔隙状态及其影响因素，它们对材料的所有性质均有影响，同时还应注意外界因素对材料结构与性质的影响，建筑材料各内容之间关系见图 0-1。

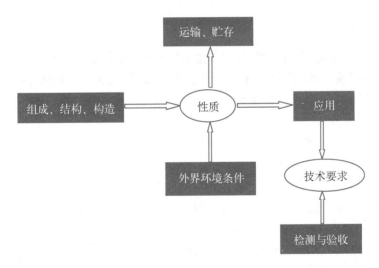

图 0-1 建筑材料各内容之间关系

（2）运用对比的方法。通过对比各种材料的组成和结构来掌握它们的性质和应用，特别是通过对比来掌握它们的共性和特性。这在学习水泥、混凝土、沥青混合料等时尤为重要。

（3）密切联系工程实际，重视试验课并做好试验。建筑材料是一门实践性很强的课程，学习时应注意理论联系实际，利用一切机会注意观察周围已经建成的或正在施工的工程，提出一些问题，在学习中寻求答案，并在实践中验证和补充书本所学内容。试验课是本课程的重要教学环节，通过试验可验证所学的基本理论，学会检验常用材料的试验方法，掌握一定的试验技能，并能对试验结果进行正确的分析和判断。这对培养学习与工作能力及严谨的科学态度十分有利。

本章自测及答案

第 1 章
建筑材料的基本性质

✖ 背景材料

本章电子资源

在建筑物中,建筑材料要承受各种不同的作用,因而要求建筑材料具有相应的不同性质。如,用于建筑结构的材料要承受各种外力的作用,因此,选用的材料应具有所需要的力学性能。又如,根据建筑物各种不同部位的使用要求,有些材料应具有防水、绝热、吸声等性能;对于某些工业建筑,要求材料具有耐热、耐腐蚀等性能。此外,对于长期暴露在大气中的材料,要求能经受风吹、日晒、雨淋、冰冻而引起的温度变化、湿度变化及反复冻融等的破坏变化。为了保证建筑物的耐久性,要求在工程设计与施工中正确地选择和合理的使用材料,因此,必须熟悉和掌握各种材料的基本性质。

✖ 学习目标

◇ 掌握材料的密度、表观密度、堆积密度、孔隙率和密实度的概念
◇ 掌握材料的亲水性、憎水性、耐水性、吸水性、吸湿性、抗渗性、抗冻性的概念及衡量指标
◇ 了解材料的导热性及导热系数
◇ 掌握材料的力学性质
◇ 了解材料的耐久性的概念及影响因素

建筑材料的性质是多方面的,某种建筑材料应具备何种性质,这要根据它在建筑物中的作用和所处的环境来决定。一般来说,建筑材料的性质可分为四个方面,包括物理性质、力学性质、化学性质及耐久性。

本章我们学习材料的物理性能、力学性能以及耐久性。材料的物理性能包括与质量有关的性质、与水有关的性质、与热有关的性质;力学性质包括强度、变形性能、硬度以及耐磨性。

任务 1.1 材料的物理性质

任务导入	● 材料的不同状态下的体积与质量之间有什么关系?孔隙率对材料的性能有什么影响?材料与水接触后性能出现哪些变化?随着建筑节能的要求越来越高,建筑材料的热工性质如何去衡量?这些材料的物理性质表示了材料的物理状态特征及各种物理过程的有关性质。本任务主要学习材料的物理性质。
任务目标	➤ 掌握材料的密度、表观密度、堆积密度、孔隙率和密实度的概念; ➤ 掌握材料的亲水性、憎水性、耐水性、吸水性、吸湿性、抗渗性、抗冻性的概念及衡量指标; ➤ 掌握材料的导热性及导热系数; ➤ 了解材料的热容量及比热的概念,熟悉材料的耐热性耐燃性。

1.1.1 与质量有关的性质

1. 密度

密度是指材料在绝对密实状态下单位体积的质量。按下式计算：

$$\rho = \frac{m}{V} \tag{1-1}$$

式中：ρ—密度，g/cm³；m—材料的质量，g；V—材料在绝对密实状态下的体积，简称绝对体积或实体积，cm³。

材料的密度大小取决于组成物质的原子量大小和分子结构，原子量越大，分子结构越紧密，材料的密度则越大。

建筑材料中除少数材料(钢材、玻璃等)接近绝对密实外，绝大多数材料内部都包含有一些孔隙。在自然状态下，材料的体积 V_0 是由固体物质的体积(即绝对密实状态下材料的体积)V 和孔隙体积 V_p 两部分组成的。在自然界中，绝大多数固体材料内部都存在孔隙，因此固体材料的总体积(V_0)应由固体物质部分体积(V)和孔隙体积(V_p)两部分组成，而材料内部的孔隙又根据是否与外界相连通被分为开口孔隙(浸渍时能被液体填充，其体积用 V_k 表示)和封闭孔隙(与外界不相连通，其体积用 V_b 表示)。固体材料的体积构成见图1-1。

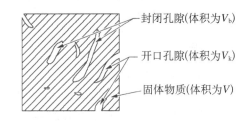

材料在自然状态下总体积：$V_0=V+V_p$　　V_p——孔隙体积
孔隙体积：$V_p=V_b+V_k$

图1-1 材料的体积构成

在测定有孔隙的材料密度时，应把材料磨成细粉以排除其内部孔隙，经干燥后用李氏密度瓶测定其绝对体积。对于某些较为致密但形状不规则的散粒材料，在测定其密度时，可以不必磨成细粉，而直接用排水法测其绝对体积的近视值(颗粒内部的封闭孔隙体积没有排除)，这时所求得的密度为视密度。混凝土所用砂、石等散粒材料常按此法测定其密度。

2. 表观密度

表观密度指材料在自然状态下，单位体积的质量，按下式计算：

$$\rho_0 = \frac{m}{V_0} \tag{1-2}$$

式中：ρ_0—材料的表观密度，g/cm³ 或 kg/m³；m—材料的质量，g 或 kg；V_0—材料在自然状态下的体积，简称自然体积或表观体积，cm³ 或 m³。

表观体积是指材料的实体积与材料内所含全部孔隙体积之和。对于形状规则的材料，如砖、混凝土、石材，其几何体积即为表观体积；对形状不规则的材料，可用排水法测定，待测材料表面应用薄蜡层密封，以免测液进入材料内部孔隙而影响测定值。

表观密度的大小除取决于密度外，还与材料孔隙率和孔隙的含水程度有关。材料孔隙越多，表观密度越小；当孔隙中含有水分时，其质量和体积均有所变化。因此在测定表观密度时，须注明含水状态。材料的含水状态有气干、绝干、饱和面干和湿润状态四种。没有特别标明时常指气干状态下的表观密度，在进行材料对比试验时，则以绝对干燥状态下测得的表观密度值(干表观密度)为准。

3. 堆积密度

指散粒或粉状材料,在自然堆积状态下单位体积的质量。

$$\rho_0' = \frac{m}{V_0'} \tag{1-3}$$

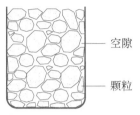

式中:ρ_0'—材料的堆积密度,kg/m³;m—材料的质量,kg;V_0'—材料的自然堆积体积,包括颗粒的体积和颗粒之间空隙的体积(图 1-2),也即按一定方法装入容器的容积,m³。

材料的堆积密度取决于材料的表观密度以及测定时材料装填方式和疏密程度。疏松堆积方式测得的堆积密度值要明显小于紧堆积时的测定值。工程中通常采用松散堆积密度,确定颗粒状材料的堆积空间。

图 1-2 堆积体积示意图

(堆积体积=颗粒体积+空隙体积)

在建筑工程中,经常使用大量的散粒材料或粉状材料,如砂、石子、水泥等,它们都直接以颗粒状态使用,这些材料的密度对于工程使用意义不大,使用时一般不需考虑每个颗粒内部的孔隙,而是要知道其堆积密度。

4. 孔隙率与密实度

(1)孔隙率

孔隙率是指材料中孔隙体积占材料总体积的百分率。以 P 表示,可用下式计算:

$$P = \frac{V_0 - V}{V_0} \times 100\% = \left(1 - \frac{\rho_0}{\rho}\right) \times 100\% \tag{1-4}$$

式中:P—孔隙率,%;V—材料的绝对密实体积,cm³ 或 m³;V_0—材料的自然体积,cm³ 或 m³。

孔隙率的大小直接反映了材料的致密程度,其大小取决于材料的组成、结构以及制造工艺。材料的许多工程性质如强度、吸水性、抗渗性、抗冻性、导热性、吸声性等都与材料的孔隙有关。这些性质不仅取决于孔隙率的大小,还与孔隙的大小、形状、分布、连通与否等构造特征密切相关。

孔隙的构造特征,主要是指孔隙的形状和大小,根据孔隙形状将孔隙分为开口孔隙和闭口孔隙,开口孔隙与外界相联通,闭口孔隙则与外界隔绝。材料内部开口孔隙增多会使材料的吸水性、吸湿性、透水性、吸声性提高,抗冻性和抗渗性变差。材料内部闭口孔隙的增多会提高材料的保温隔热性能。一般均匀分布的小孔,要比开口或相连通的孔隙好。不均匀分布的孔隙,对材料性质影响较大。

(2)密实度

密实度是指材料体积内被固体物质所充实的程度。也就是固体物质的体积占总体积的比例。以 D 表示,密实度的计算式如下:

$$D = \frac{V}{V_0} \times 100\% = \frac{\rho_0}{\rho} \times 100\% \tag{1-5}$$

式中:D—材料的密实度,%。

材料的 ρ_0 与 ρ 愈接近，即 $\dfrac{\rho_0}{\rho}$ 愈接近于 1，材料就愈密实。密实度、孔隙率是从不同角度反映材料的致密程度，一般工程上常用孔隙率。密实度和孔隙率的关系为：$P+D=1$。常用材料的一些基本物性参数如表 1-1 所示。

表 1-1　常用建筑材料的密度、表观密度、堆积密度和孔隙率

材料	密度 $\rho/\text{g}\cdot\text{cm}^{-3}$	表观密度 $\rho_0/\text{kg}\cdot\text{m}^{-3}$	堆积密度 $\rho_0'/\text{kg}\cdot\text{m}^{-3}$	孔隙率/%
石灰岩	2.60	1 800～2 600	—	—
花岗岩	2.60～2.90	2 500～2 800	—	0.5～3.0
碎石(石灰岩)	2.60	—	1 400～1 700	—
砂	2.60	—	1 450～1 650	—
黏土	2.60	—	1 600～1 800	—
普通黏土砖	2.50～2.80	1 600～1 800	—	20～40
黏土空心砖	2.50	1 000～1 400	—	—
水泥	3.10	—	1 200～1 300	—
普通混凝土	—	2 000～2 800	—	5～20
轻骨料混凝土	—	800～1 900	—	—
木材	1.55	400～800	—	55～75
钢材	7.85	7 850	—	0
泡沫塑料	—	20～50	—	—
玻璃	2.55	—	—	—

5. 空隙率与填充率

(1) 空隙率

空隙率是指散粒或粉状材料颗粒之间的空隙体积占其自然堆积体积的百分率，用 P' 表示，按下式计算：

$$P'=\frac{V_0'-V_0}{V_0'}\times100\%=\left(1-\frac{\rho_0'}{\rho_0}\right)\times100\% \tag{1-6}$$

式中：P'——材料的空隙率，%；V_0'——自然堆积体积，cm^3 或 m^3；V_0——材料在自然状态下的体积，cm^3 或 m^3。

空隙率的大小反映了散粒材料的颗粒互相填充的紧密程度。空隙率可作为控制混凝土骨料级配与计算含砂率的依据。

(2) 填充率

填充率是指散粒或粉状材料颗粒体积占其自然堆积体积的百分率，用 D' 表示。

$$D'=\frac{V_0}{V_0'}\times100\%=\frac{\rho_0'}{\rho_0}\times100\% \tag{1-7}$$

空隙率与填充率的关系为 $P'+D'=1$。由上可见，材料的密度、表观密度、孔隙率及空隙率等是认识材料、了解材料性质与应用的重要指标，常称之为材料的基本物理性质。

工程案例

1-1 某工地所用卵石材料的密度为 $2.65\ \text{g/cm}^3$、表观密度为 $2.61\ \text{g/cm}^3$、堆积密度为 $1\ 680\ \text{kg/m}^3$，计算此石子的孔隙率与空隙率？

解 石子的孔隙率 P 为：$P=\dfrac{V_0-V}{V_0}\times100\%=1-\dfrac{\rho_0}{\rho}=1-\dfrac{2.61}{2.65}=1.51\%$

石子的空隙率 P' 为：$P'=\dfrac{V'-V_0}{V'}\times100\%=1-\dfrac{V_0}{V'}=1-\dfrac{\rho_0'}{\rho_0}=1-\dfrac{1.68}{2.61}=35.63\%$

评 材料的孔隙率是指材料内部孔隙的体积占材料总体积的百分率。空隙率是指散粒材料在其堆集体积中，颗粒之间的空隙体积所占的比例。计算式中 ρ——密度；ρ_0——材料的表观密度；ρ_0'——材料的堆积密度。

1.1.2　与水有关的性质

1. 材料的亲水性与憎水性

与水接触时，有些材料能被水润湿，而有些材料则不能被水润湿，对这两种现象来说，前者表现材料的亲水性，后者表现材料的憎水性。材料具有亲水性或憎水性的根本原因在于材料的分子结构。亲水性材料与水分子之间的分子亲和力，大于水分子本身之间的内聚力；反之，憎水性材料与水分子之间的亲和力，小于水分子本身之间的内聚力。

工程实际中，材料是亲水性或憎水性，通常以润湿角的大小划分。润湿角为在材料、水和空气的交点处，沿水滴表面的切线与水和固体接触面所成的夹角。其中润湿角 θ 愈小，表明材料愈易被水润湿。当材料的润湿角 $\theta\leqslant90°$ 时，为亲水性材料；当材料的润湿角 $\theta>90°$ 时，为憎水性材料。水在亲水性材料表面可以铺展开，且能通过毛细管作用自动将水吸入材料内部；水在憎水性材料表面不仅不能铺展开，而且水分不能渗入材料的毛细管中，见图1-3。

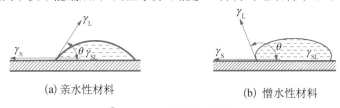

(a) 亲水性材料　　　　　　　　　　(b) 憎水性材料

图 1-3　材料润湿示意图

亲水性材料易被水润湿，且水能通过毛细管作用而被吸入材料内部。憎水性材料则能阻止水分渗入毛细管中，从而降低材料的吸水性。建筑材料大多数为亲水性材料，如水泥、混凝土、砂、石、砖、木材等，只有少数材料为憎水性材料，如沥青、石蜡、某些塑料等。建筑工程中憎水性材料常被用作防水材料，或作为亲水性材料的覆面层，以提高其防水、防潮性能。

2. 吸水性

材料在水中吸收水分的性质称为吸水性。吸水性的大小用吸水率表示，吸水率有两种表示方法:质量吸水率和体积吸水率。

(1)质量吸水率:材料吸水饱和状态下,其所吸收水分的质量占材料干燥时质量的百分率。

$$W_w = \frac{m_2 - m_1}{m_1} \times 100\% \qquad (1-8)$$

式中:W_w—质量吸水率,%;m_2—材料在吸水饱和状态下的质量,g;m_1—材料在绝对干燥状态下的质量,g。

(2)体积吸水率:材料吸水饱和状态下,吸入水分的体积占干燥材料自然体积的百分率。

$$W_v = \frac{V_2}{V_1} = \frac{m_2 - m_1}{V_1} \times \frac{1}{\rho_w} \times 100\% \qquad (1-9)$$

式中:W_v—体积吸水率,%;V_2—干燥材料在吸水饱和状态下的体积,cm^3;V_1—干燥材料在自然状态下的体积,cm^3;ρ_w—水的密度,kg/m^3。

常用的建筑材料,其吸水率一般采用质量吸水率表示。对于某些轻质材料,如加气混凝土、木材等,由于其质量吸水率往往超过100%,一般采用体积吸水率表示。

材料吸水率的大小,不仅与材料的亲水性或憎水性有关,而且与材料的孔隙率和孔隙特征有关。材料所吸收的水分是通过开口孔隙吸入的。一般而言,孔隙率越大,开口孔隙越多,则材料的吸水率越大;但如果开口孔隙粗大,则不易存留水分,即使孔隙率较大,材料的吸水率也较小;另外,封闭孔隙水分不能进入,吸水率也较小。

吸水率增大对材料的性质有不良影响,如表观密度增加,体积膨胀,导热性增大,强度及抗冻性下降等。

工程案例

1-2　有一块烧结普通砖,在吸水饱和状态下重2 900 g,其绝干质量为2 550 g。砖的尺寸为240×115×53 mm,经干燥并磨成细粉后取50 g,用排水法测得绝对密实体积为18.62 cm^3。试计算该砖的吸水率、密度、孔隙率。

解　该砖的吸水率为:

$$W_w = \frac{m_2 - m_1}{m_1} \times 100\% = \frac{2\,900 - 2\,550}{2\,550} \times 100\% = 17.6\%$$

该砖的密度为:

$$\rho = \frac{m}{V} = \frac{50}{18.62} = 2.69 \text{ g/cm}^3$$

表观密度为:

$$\rho_0 = \frac{m}{V_0} = \frac{2\,550}{25 \times 11.5 \times 5.3} = 1.74 \text{ g/cm}^3$$

孔隙率为:

$$P = \frac{V_0 - V}{V_0} \times 100\% = \left(1 - \frac{\rho_0}{\rho}\right) \times 100\% = \left(1 - \frac{1.74}{2.69}\right) \times 100\% = 35.3\%$$

评　质量吸水率是指材料在吸水饱和时,所吸水量占材料在干燥状态下的质量百分比。

3. 吸湿性

材料在潮湿的空气中吸收空气中水分的性质称为吸湿性。吸湿性的大小用含水率表示。含水率为材料所含水的质量占材料干燥质量的百分数。可按下式计算：

$$W_h = \frac{m_h - m_g}{m_g} \times 100\% \tag{1-10}$$

式中：W_h—材料的含水率，%；m_h—材料含水时的质量，g；m_g—材料干燥至恒重时的质量，g。

材料的含水率随空气的温度、湿度变化而改变。材料既能在空气中吸收水分，又能向外界释放水分，当材料中的水分与空气的湿度达到平衡，此时的含水率就称为平衡含水率。一般情况下，材料的含水率多指平衡含水率。当材料内部孔隙吸水达到饱和时，此时材料的含水率等于吸水率。材料吸水后，会导致自重增加、保温隔热性能降低、强度和耐久性产生不同程度的下降。材料含水率的变化会引起体积的变化，影响使用。例如木门窗制作后如长期处在空气湿度小的环境，为了与周围湿度平衡，木材便向外散发水分，于是门窗体积收缩而致干裂。

4. 耐水性

一般材料吸水后，水分会分散在材料内微粒的表面，削弱其内部结合力，强度则有不同程度的降低。当材料内含有可溶性物质时（如石膏、石灰等），吸入的水还可能溶解部分物质，造成强度的严重降低。

材料长期在饱和水作用下不破坏，其强度也不显著降低的性质称为耐水性。材料的耐水性用软化系数表示。可按下式计算：

$$K_{so} = \frac{f_w}{f_d} \tag{1-11}$$

式中：K_{so}—材料的软化系数；f_w—材料在吸水饱和状态下的抗压强度，MPa；f_d—材料在干燥状态下的抗压强度，MPa。

软化系数的大小表明材料在浸水饱和后强度降低的程度。一般材料随着含水量的增加，其质点间的结合力有所减弱，强度会有不同程度的降低。如果材料中含有某些可溶性物质（如黏土、石灰等），则强度降低更为严重。

软化系数一般在 0～1 之间波动，软化系数越大，耐水性越好。对于经常位于水中或处于潮湿环境中的重要建筑物所选用的材料要求其软化系数不得低于 0.85；对于受潮较轻或次要结构所用材料，软化系数允许稍有降低但不宜小于 0.75。软化系数大于 0.85 的材料，通常可认为是耐水材料。

5. 抗渗性

抗渗性是材料在压力水作用下抵抗水渗透的性能。土木建筑工程中许多材料常含有孔隙、孔洞或其他缺陷，当材料两侧的水压差较高时，水可能从高压侧通过内部的孔隙、孔洞或其他缺陷渗透到低压侧。这种压力水的渗透，不仅会影响工程的使用，而且渗入的水还会带入能腐蚀材料的介质，或将材料内的某些成分带出，造成材料的破坏。材料抗渗性有两种不同表示方式方法。

（1）渗透系数

材料在单位时间内的渗水量与试件的渗水面积 A 及水头差 h 成正比，与试件厚度 d 成反比。

$$K = \frac{Wd}{Ath}$$

(1-12)

式中:K—渗透系数,cm/h;W—透过材料试件的水量,cm^3;A—透水面积,cm^2;h—材料两侧的水压差,cm;d—试件厚度,cm;t—透水时间,h。

材料的渗透系数越小,说明材料的抗渗性越强。一些防水材料(如油毡)其防水性常用渗透系数表示。

(2) 抗渗等级

材料的抗渗等级是指用标准方法进行透水试验时,材料标准试件在透水前所能承受的最大水压力,并以字母 P 及可承受的水压力(以 0.1 MPa 为单位)来表示抗渗等级。如 P4、P6、P8、P10 等,表示试件能承受 0.4 MPa、0.6 MPa、0.8 MPa、1.0 MPa…的水压而不渗透。可见,抗渗等级越高,抗渗性越好。

材料的抗渗性与材料的孔隙率及孔隙特征有关。孔隙率小而且孔隙封闭的材料具有较高的抗渗性。

对于地下建筑及水工建筑物、压力管道等经常受压力水作用的工程所需的材料及防水材料等都应具有良好的抗渗性。

6. 抗冻性

材料吸水后,在负温作用条件下,水在材料毛细孔内冻结成冰,体积膨胀所产生的冻胀压力造成材料的内应力,会使材料遭到局部破坏。随着冻融循环的反复,材料的破坏作用逐步加剧,这种破坏称为冻融破坏。

抗冻性是指材料在吸水饱和状态下,能经受反复冻融循环作用而不破坏,强度也不显著降低的性能。

抗冻性以试件按规定方法进行冻融循环试验,以质量损失不超过 5%,强度下降不超过 25%,所能经受的最大冻融循环次数来表示,或称为抗冻等级。材料的抗冻等级可分为 F15、F25、F50、F100、F200 等,分别表示此材料可承受 15 次、25 次、50 次、100 次、200 次的冻融循环。

材料在冻融循环作用下产生破坏,一方面是由于材料内部孔隙中的水在受冻结冰时产生的体积膨胀(约 9%)对材料孔壁造成巨大的冰晶压力,当由此产生的拉应力超过材料的抗拉极限强度时,材料内部即产生微裂纹,引起强度下降;另一方面是在冻结和融化过程中,材料内外的温差引起的温度应力会导致内部微裂纹的产生或加速原来微裂纹的扩展,而最终使材料破坏。显然,这种破坏作用随冻融作用的增多而加强。材料的抗冻等级越高,其抗冻性越好,材料可以经受的冻融循环越多。

实际应用中,抗冻性的好坏不但取决于材料的孔隙率及孔隙特征,并且还与材料受冻前的吸水饱和程度、材料本身的强度以及冻结条件(如冻结温度、速度、冻融循环作用的频繁程度)等有关。

一般情况,材料的强度越低,开口孔隙率越大,则材料的抗冻性越差。此外,冻结温度越低,速度越快,越频繁,那么材料产生的冻害就越严重。

所以,对于受大气和水作用的材料,抗冻性往往决定了它的耐久性,抗冻等级越高,材料越耐久。对抗冻等级的选择应根据工程种类、结构部位、使用条件、气候条件等因素来决定。

1.1.3 材料的热工性质

在建筑物中,建筑材料除需满足强度、耐久性等要求外,还需要考虑热工性质。

1. 导热性

当材料两侧存在温度差时,热量从温度高的一侧向温度低的一侧传导的性质称为导热性,即材料传导热量的能力,材料的导热性常用导热系数"λ"表示。

$$\lambda = \frac{Qa}{At(T_2 - T_1)} \tag{1-13}$$

式中:λ—导热系数,W/(m·K);Q—传导的热量,J;a—材料厚度,m;A—热传导面积,m^2;t—热传导时间,h;$T_2 - T_1$—材料两侧温度差,K。

导热系数的物理意义是:厚度为 1 m 的材料,当两测温度差为 1 K 时,在单位时间 1 h 内通过 1 m^2 单位面积的热量。

显然,导热系数越小,材料的隔热性能越好。各种建筑材料的导热系数差别很大,大致在 0.035 W/(m·K)(泡沫塑料)至 3.500 W/(m·K)(大理石)之间。通常将 $\lambda \leqslant 0.23$ W/(m·K)的材料称为绝热材料。

影响建筑材料导热系数的主要因素有:

(1) 材料的组成与结构。一般地说,金属材料、无机材料、晶体材料的导热系数分别大于非金属材料、有机材料、非晶体材料。

(2) 材料的表观密度。材料孔隙率大,含空气多,空气的导热系数只有 0.024 W/(m·K),所以,表观密度小的材料,其导热性较差。

(3) 细小孔隙、闭口孔隙组成的材料比粗大孔隙、开口孔隙的材料导热系数小,因为避免了对流传热。

(4) 是否含水或冰。材料含水或含冰时,会使导热系数急剧增加。

(5) 材料导热时的温度。导热时的温度越高,导热系数越大(金属材料除外)。

若用 q 表示单位时间(s)内通过单位面积(m^2)的热流量(J),即

$$q = \frac{Q}{A \cdot t},\ \text{则}\ q = \frac{\lambda}{d}(T_1 - T_2) \tag{1-14}$$

在上式中,温度($T_1 - T_2$)是决定热流量 q 的大小和传递方向的外因,而材料的导热系数与材料层厚度的比值 λ/a,则是决定 q 值大小的内因。在建筑热工上,把 λ/a 的倒数 a/λ 叫作材料层的热阻,用 R 表示,单位为$(m^2·K)/W$,这样上式可改写为

$$q = \frac{1}{R}(T_1 - T_2) \tag{1-15}$$

热阻也是材料层本身的一个热性能指标,它说明材料层抵抗热流通过的能力,或者说明热流通过材料层时所遇到的阻力。在同样的温差条件下,热阻越大,通过材料层的热量少。

2. 热容量

材料在加热时吸收热量、冷却时放出热量的性质称为热容量。墙体、屋面或其他部位采用高热容量材料时,可以长时间保持室内温度的稳定。热容量大小用比热(也称热容量系

数)表示。

比热表示单位质量的材料温度升高 1 K 时所吸收的热量(J)或降低 1 K 时所放出的热量(J)。

质量一定的材料,在加热(或冷却)时,吸收(或放出)的热量与质量、温度差成正比,可用下式表示:

$$Q = C \cdot m(T_1 - T_2) \tag{1-16}$$

式中:Q—材料的热容量,J;C—材料的比热,J/(g·K);m—材料的质量,g;$(T_1 - T_2)$—材料受热或冷却前后的绝对温度差(K)。

由上式可得比热为:

$$C = \frac{Q}{m(T_1 - T_2)} \tag{1-17}$$

比热是反映材料吸热或放热能力大小的物理量。不同材料的比热不同,即使是同一材料,由于所处物态不同,比热也不同。例如水的比热是 4.19 J/(g·K),而结冰后的比热是 2.05 J/(g·K)。

材料的导热系数和比热是设计建筑物围护结构(墙体、屋盖)、进行热工计算时的重要参数,设计时应选用导热系数较小而热容量较大的建筑材料,以使建筑物保持室内温度的稳定性。同时,导热系数也是工业窑炉热工计算和确定冷藏库绝热层厚度时的重要数据。常用建筑材料的导热系数和比热指标见表 1 - 2。

表 1 - 2 常用建筑材料的导热系数和比热指标

项目 材料名称	导热系数 /W·(m·K)$^{-1}$	比热 /J·(g·K)$^{-1}$
建筑钢材	58	0.48
花岗岩	3.49	0.92
普通混凝土	1.51	0.84
水泥砂浆	0.93	0.84
白灰砂浆	0.81	0.84
普通黏土砖	0.80	0.88
黏土空心砖	0.64	0.92
松木	0.17～0.35	2.51
泡沫塑料	0.035	1.30
冰	2.33	2.05
水	0.58	4.19
密闭空气	0.023	1.00

3. 耐热性

材料长期在高温作用下,不失去使用功能的性质称为耐热性,亦称耐高温性或耐火性。一些材料在高温作用下会发生变形或变质。

耐火材料的耐火性是指材料抵抗融化的性质,用耐火度来表示,即材料在不发生软化时所能抵抗的最高温度。耐火材料一般要求材料能长期抵抗高温或火的作用,具有一定的高温力学强度、高温体积稳定性、抗热震性等。

4. 耐燃性

在发生火灾时,材料抵抗或延缓燃烧的性质称为耐燃性(或称防火性)。材料的耐燃性是影响建筑物防火和耐火等级的重要因素。建筑材料按其燃烧性质分为四级:

(1)不燃性材料(A)。即在空气中受高温作用不起火、不微燃烧、不炭化的材料。

(2)难燃性材料(B_1)。即在空气中受高温作用难起火、难微燃、难炭化,当火源移开后燃烧会立即停止的材料。

(3)可燃性材料(B_2)。在空气中受高温作用会自行起火或微燃,当火源移开后仍能继续燃烧或微燃的材料。

(4)易燃性材料(B_3)。在空气中容易起火燃烧的材料。

为了使可燃或易燃材料有较好的防火性,多采用表面涂刷防火涂料的措施。组成防火涂料的成膜物质可分为不燃性材料(如水玻璃)或是有机含卤素的树脂,该树脂在受热时能分解并释放出气体,气体中含有较多卤素(F、Cl、Br 等)和氮(N)的有机化合物,它们具有自消火性。

工程案例

1-3　提高混凝土抗渗性的措施之一是在混凝土搅拌过程中掺入引气剂,分析其原因。

答　一般情况认为材料的孔隙率越大,材料的抗渗性越差。但是通过改变孔的结构,虽然孔隙率增大,但是可提高抗渗性。在混凝土搅拌过程中掺入引气剂,可在混凝土结构中形成大量均匀分布且稳定而封闭的气泡。由于是封闭气泡,气泡可堵塞或隔断混凝土中的毛细管渗水,反而提高了材料的抗渗性。

任务 1.2　材料的力学性质

任务导入	● 材料的力学性质是指材料在外力作用下抵抗破坏及变形的性质。材料的力学性质是确定各种工程设计参数的主要依据。本任务主要学习材料的力学性质。
任务目标	➢ 掌握材料的强度及其计算方法; ➢ 掌握材料的弹性和塑性、脆性和韧性、硬度和耐磨性的概念; ➢ 了解这力学性质在实际工程的应用。

材料的力学性质是指材料在外力作用下抵抗破坏及变形的性质。

1.2.1　材料的强度

材料的强度是材料在应力作用下抵抗破坏的能力。通常情况下,材料内部的应力多由外力(或荷载)作用而引起,随着外力增加,应力也随之增大,直至应力超过材料内部质点所能抵抗的极限,即强度极限,材料发生破坏。

在工程上,通常采用破坏试验法对材料的强度进行实测。将预先制作的试件放置在材料试验机上,施加外力(荷载)直至破坏,根据试件尺寸和破坏时的荷载值,计算材料的强度。

根据外力作用方式的不同,材料强度有抗压强度、抗拉强度、抗剪强度、抗弯(抗折)强度等,见图1-4。

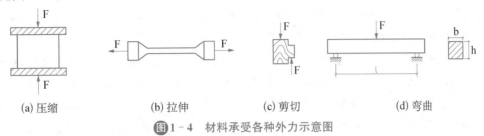

(a) 压缩   (b) 拉伸   (c) 剪切   (d) 弯曲

图1-4 材料承受各种外力示意图

材料的抗压、抗拉、抗剪强度的计算式如下:

$$f = \frac{F_{\max}}{A} \tag{1-18}$$

式中:f—材料抗拉、抗压、抗剪强度,MPa;$F_{\max}$—材料破坏时的最大荷载,N;A—试件受力面积,mm^2。

材料的抗弯强度与受力情况、截面形状及支承条件有关,一般试验方法是将条形试件放在两支点上,中间作用一集中荷载,对矩形截面试件,则其抗弯强度用下式计算:

$$f_w = \frac{3F_{\max}L}{2bh^2} \tag{1-19}$$

式中:f_w—材料的抗弯强度,MPa;$F_{\max}$—材料受弯破坏时的最大荷载,N;L—两支点的间距,mm;b、h—试件横截面的宽度及高度,mm。

材料强度的大小理论上取决于材料内部质点间结合力的强弱,实际上与材料中存在的结构缺陷有直接关系,组成相同的材料其强度取决于其孔隙率的大小。不仅如此,材料的强度还与测试强度时的测试条件和方法等外部因素有关。为使测试结果准确,可靠且具有可比性,对于强度为主要性质的材料,必须严格按照标准试验方法进行静力强度的测试。

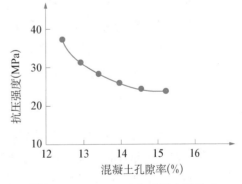

图1-5 混凝土强度与孔隙率的关系

此外,为了便于不同材料的强度比较,常采用比强度这一指标。所谓比强度是指按单位质量计算的材料的强度,其值等于材料的强度与其表观密度之比,即 f/ρ_0。因此,比强度是衡量材料轻质高强的一个主要指标。表1-3是几种常见建筑材料的比强度对比表。

表1-3 钢材、木材、混凝土和红砖的强度比较

材料	表观密度 $\rho_0 / kg \cdot m^{-3}$	抗压强度 f_c / MPa	比强度 f_c / ρ_0
低碳钢	7 860	415	0.53
松木	500	34.3(顺纹)	0.69
普通混凝土	2 400	29.4	0.012
红砖	1 700	10	0.006

1.2.2 材料的弹性和塑性

材料在极限应力作用下会被破坏而失去使用功能,在非极限应力作用下则会发生某种变形。弹性变形与塑性变形反映了材料在非极限应力作用下两种不同特征的变形。

材料在外力作用下产生变形,当外力取消后能够完全恢复原来形状的性质称为弹性。这种完全恢复的变形称为弹性变形(或瞬时变形)。明显具有弹性变形的材料称为弹性材料。这种变形是可逆的,其数值的大小与外力成正比。其比例系数 E 称为弹性模量。在弹性范围内,弹性模量 E 为常数,其值等于应力 σ 与应变 ε 的比值,即

$$E = \frac{\sigma}{\varepsilon} \tag{1-20}$$

式中:σ—材料的应力,MPa;ε—材料的应变;E—材料的弹性模量,MPa。

弹性模量是衡量材料抵抗变形能力的一个指标,E 越大,材料越不易变形。

材料在外力作用下产生变形,如果外力取消后,仍能保持变形后的形状和尺寸,并且不产生裂缝的性质称为塑性。这种不能恢复的变形称为塑性变形(或永久变形)。明显具有塑性变形的材料称为塑性材料。

1.2.3 材料的脆性和韧性

材料受力达到一定程度时,突然发生破坏,并无明显的变形,材料的这种性质称为脆性。大部分无机非金属材料均属脆性材料,如天然石材、烧结普通砖、陶瓷、玻璃、普通混凝土、砂浆等。脆性材料的另一特点是抗压强度高而抗拉、抗折强度低。

材料在冲击或动力荷载作用下,能吸收较大能量而不破坏的性能,称为韧性或冲击韧性。韧性以试件破坏时单位面积所消耗的功表示。如木材、建筑钢材等属于韧性材料。韧性材料的特点是塑性变形大,受力时产生的抗拉强度接近或高于抗压强度。

1.2.4 材料的硬度和耐磨性

材料的硬度是材料表面的坚硬程度,是抵抗其他硬物刻划、压入其表面的能力。不同材料的硬度测定方法不同。刻划法用于天然矿物硬度的划分,按滑石、石膏、方解石、萤石、磷灰石、正长石、石英、黄玉、刚玉、金刚石的顺序,分为 10 个硬度等级。回弹法用于测定混凝土表面硬度,并间接推算混凝土的强度,也用于测定陶瓷、砖、砂浆、塑料、橡胶、金属等的表面硬度并间接推算其强度。一般,硬度大的材料耐磨性较强,但不易加工。

耐磨性是材料表面抵抗磨损的能力。材料的耐磨性用磨耗率表示,计算公式如下:

$$G = \frac{m_1 - m_2}{A} \tag{1-21}$$

式中:G—材料的磨耗率,g/cm^2;m_1—材料磨损前的质量,g;m_2—材料磨损后的质量,g;A—材料试件的受磨面积,cm^2。

建筑工程中,用于道路、地面、踏步等部位的材料,均应考虑其硬度和耐磨性。一般来说,强度较高且密实的材料,其硬度较大,耐磨性较好。

任务 1.3　材料的耐久性

任务导入	● 材料的耐久性是衡量材料在长期使用条件下的安全性能的一项综合指标。本任务主要学习材料的耐久性。
任务目标	➤ 了解抗冻性,抗渗性,抗化学侵蚀性,抗碳化性能,大气稳定性,耐磨性等概念; ➤ 了解影响材料耐久性的因素。

材料的耐久性泛指材料在使用条件下,受各种内在或外来自然因素及有害介质的作用,能长久地保持其使用性能的性质。耐久性是衡量材料在长期使用条件下的安全性能的一项综合指标,包括抗冻性,抗渗性,抗化学侵蚀性,抗碳化性能,大气稳定性,耐磨性等多种性质。

材料在使用过程中,除受到各种外力作用外,还长期受到周围环境因素和各种自然因素的破坏作用。这些破坏作用主要有以下几个方面:

物理作用。包括环境温度、湿度的交替变化,即冷热、干湿、冻融等循环作用。材料经受这些作用后,将发生膨胀、收缩或产生应力,长期的反复作用,将使材料逐渐被破坏。

化学作用。包括大气和环境水中的酸、碱、盐等溶液或其他有害物质对材料的侵蚀作用,以及日光、紫外线等对材料的作用。

生物作用。包括菌类、昆虫等的侵害作用,导致材料发生腐朽、虫蛀等而破坏。

机械作用。包括荷载的持续作用,交变荷载对材料引起的疲劳、冲击、磨损等。

耐久性是对材料综合性质的一种评述,它包括如抗冻性、抗渗性、抗风化性、抗老化性、耐化学腐蚀性等内容。对材料耐久性进行可靠的判断,需要很长的时间。一般采用快速检验法,这种方法是模拟实际使用条件,将材料在试验室进行有关的快速试验,根据实验结果对材料的耐久性做出判定。在试验室进行快速试验的项目主要有:冻融循环;干湿循环;碳化等。

提高材料的耐久性,对节约建筑材料、保证建筑物长期正常使用、减少维修费用、延长建筑物使用寿命等,均具有十分重要的意义。

拓展知识

中英文对照

练习题

一、填空题

1. 材料的实际密度是指材料在_____状态下_____。用公式表示为_____。

2. 材料的体积密度是指材料在_____状态下_____。用公式表示为_____。

3. 材料的外观体积包括_____和_____两部分。

4. 材料的堆积密度是指_____材料在堆积状态下_____的质量,其大小与堆积的_____有关。

5. 材料孔隙率的计算公式是_____,式中 ρ 为材料的_____,ρ_0 为材料的_____。

6. 材料内部的孔隙分为_____孔和_____孔。一般情况下,材料的孔隙率越大,且连通孔隙越多的材料,则其强度越_____,吸水性、吸湿性越_____。导热性越_____保温隔热性能越_____。

7. 材料空隙率的计算公式为_____。式中 ρ_0 为材料的_____密度,ρ_0' 为材料的_____密度。

8. 材料的耐水性用_____表示,其值越大,则耐水性越_____。一般认为,_____大于_____的材料称为耐水材料。

9. 材料的抗冻性用_____表示,抗渗性一般用_____表示,材料的导热性用_____表示。

10. 材料的导热系数越小,则材料的导热性越____,保温隔热性能越_____。

二、名词解释

1. 软化系数　　　　　　　　2. 材料的吸湿性

3. 材料的强度　　　　　　　　4. 材料的耐久性

5. 材料的弹性和塑性

三、简述题

1. 材料的质量吸水率和体积吸水率有何不同?什么情况下采用体积吸水率来反映材料的吸水性?

2. 什么是材料的导热性?材料导热系数的大小与哪些因素有关?

3. 材料的抗渗性好坏主要与哪些因素有关?怎样提高材料的抗渗性?

4. 材料的强度按通常所受外力作用不同分为哪几个(画出示意图)?分别如何计算?单位如何?

四、计算题

1. 某一块材料的全干质量为 100 g,自然状态下的体积为 40 cm³,绝对密实状态下的体积为 33 cm³,计算该材料的实际密度、密实度和孔隙率。

2. 已知一块烧结普通砖的外观尺寸为 240 mm×115 mm×53 mm,其孔隙率为 37%,干燥时质量为 2 487 g,浸水饱和后质量为 2 984 g,试求该烧结普通砖的绝对密度以及质量吸水率。

3. 工地上抽取卵石试样,烘干后称量 482 g 试样,将其放入装有水的量筒中吸水至饱和,水面由原来的 452 cm³ 上升至 630 cm³,取出石子,擦干石子表面水分,称量其质量为 487 g,试求该卵石的表观密度以及质量吸水率。

4. 某工程现场搅拌混凝土,每罐需加入干砂 120 kg,而现场砂的含水率为 2%。计算每罐应加入湿砂为多少 kg?

5. 测定烧结普通砖抗压强度时,测得其受压面积为 115 mm×118 mm,抗压破坏荷载为 260 kN。计算该砖的抗压强度(精确至 0.1 MPa)。

6. 公称直径为 20 mm 的钢筋作拉伸试验,测得其能够承受的最大拉力为 145 kN。计算钢筋的抗拉强度。(精确至 1 MPa)。

课程思政 1

本章自测及答案

第2章
气硬性胶凝材料

背景材料

本章电子资源

在建筑工程中,能将砂、石子、砖、石块、砌块等散粒或块状料黏结为一整体的材料,统称为胶凝材料。

胶凝材料品种繁多,按化学组成可分为有机与无机两大类。有机胶凝材料是以天然或合成的高分子化合物为基本组分的胶凝材料。主要有沥青和各种树脂。无机胶凝材料是以无机化合物为主要成分,掺入水或适量的盐类水溶液,经一定的物理化学变化过程产生强度和黏结力的胶凝材料。

无机胶凝材料按照硬化条件不同,可分为水硬性胶凝材料和气硬性胶凝材料两种。水硬性胶凝材料在拌水后既能在空气中硬化,又能在水中凝结、硬化、保持和发展强度。常用的如水泥。气硬性胶凝材料只能在空气中硬化,而不能在水中硬化,如石灰、石膏、水玻璃等。气硬性胶凝材料不能用于潮湿环境和水中。

```
                    ┌ 气硬性胶凝材料:只能在空气中硬化,也只能在空气中保持或发
                    │              展其强度。如:石灰、石膏、水玻璃、菱苦土
        ┌ 无机胶凝材料 ┤
        │            └ 水硬性胶凝材料:不仅能在空气中而且能更好地在水中硬化保持
胶凝材料 ┤                          并发展其强度。如:水泥
        │
        └ 有机胶凝材料如:沥青、各种合成树脂
```

图 2-1 胶凝材料的分类

学习目标

◇ 掌握胶凝材料的概念及分类
◇ 掌握石灰的熟化过程、方法、特点及要求
◇ 掌握石灰的技术特性及应用
◇ 掌握石膏的技术特性及应用
◇ 了解水玻璃的特性

任务 2.1 石灰

任务导入	● 石灰是传统的气硬性胶凝材料之一。石灰的原材料分布广泛、生产工艺简单、成本低廉并具有良好的建筑性能。因此在土木工程中应用很广泛。本任务主要学习石灰。
任务目标	➤ 了解石灰的原材料与生产、熟化硬化过程、技术性质; ➤ 掌握石灰的特性及其在工程中的应用。

石灰是在建筑中使用较早的一种矿物胶凝材料,其原料来源广泛、生产工艺简单、使用方便、成本低廉,至今仍被广泛地应用于建筑中。

2.1.1　石灰的种类

生产石灰的原料是以碳酸钙为主要成分的天然矿石,如石灰岩、白垩、白云质石灰岩等。石灰的原料石灰岩,主要成分为碳酸钙($CaCO_3$),其次为碳酸镁($MgCO_3$)。原料在高温下煅烧,即可得到生石灰,呈块状、粒状或粉状,化学成分主要为氧化钙(CaO),可和水发生放热反应生成消石灰。

根据《建筑生石灰》(JC/T 479—2013)的规定,按生石灰的化学成分,建筑生石灰分为钙质石灰(CL)和镁质石灰(ML)。钙质石灰是主要由氧化钙或氢氧化钙组成,而不添加任何水硬性的或火山灰质的材料。镁质石灰是主要由氧化钙和氧化镁($MgO>5\%$)或氢氧化钙和氢氧化镁组成,而不添加任何水硬性的或火山灰质的材料。

根据石灰成品加工方法的不同进行分类,石灰可分为:

1. 建筑生石灰和建筑生石灰粉

建筑生石灰是由石灰石煅烧而得到的块状白色原成品,加工成粉状后成为建筑生石灰粉。它们主要成分为氧化钙(CaO)。

生石灰的识别标志由产品名称、加工情况和产品依据标准编号组成。生石灰块在代号后加 Q,生石灰粉在代号后加 QP。

示例:符合 JC/T 479—2013 的钙质生石灰粉 90 标记为:CL 90 - QP JC/T 479—2013

说明:CL—钙质石灰;90—($CaO+MgO$)百分含量;QP—粉状;JC/T 479—2013 -产品依据标准。

2. 消石灰

生石灰用适量水消化、加工后得到的粉末称为建筑消石灰,主要成分为氢氧化钙$Ca(OH)_2$,亦称熟石灰。建筑消石灰根据扣除游离水和结合水后($CaO+MgO$)的百分含量分为钙质消石灰(HCL)和镁质消石灰(HML)。

消石灰的识别标志由产品名称和产品依据标准编号组成。

示例:符合 JC/T 481—2013 的钙质消石灰 90 标记为:HCL 90 JC/T 481—2013。

说明:HCL—钙质消石灰;90—($CaO+MgO$)百分含量;JC/T 481—2013—产品依据标准。

3. 石灰膏

将生石灰用较多的水(约为生石灰体积的 3~4 倍)消化而得的可塑性浆体,亦称石灰膏。主要成分为 $Ca(OH)_2$ 和 H_2O。如果水分加得更多,则呈白色悬浮液,称为石灰乳。

2.1.2　石灰的生产

石灰的生产原理是将石灰岩受热分解为生石灰与二氧化碳,其反应式如下:

$$CaCO_3 \xrightarrow{900\sim1\,100℃} CaO+CO_2\uparrow$$

煅烧温度应高于 900℃,一般常在 1 000~1 200℃,当煅烧温度达到 700℃时,石灰岩中的次要成分碳酸镁开始分解为氧化镁,反应式如下:

$$MgCO_3 \xrightarrow{>700℃} MgO+CO_2\uparrow$$

石灰岩在窑内煅烧常会产生不熟化的欠火和熟化过度的过火石灰。当石灰岩块的尺寸过大或窑中温度不够均匀时,碳酸钙分解不完全,得到含有未分解的石灰核心,这种石灰称为欠火石灰。由于碳酸钙不溶于水,也无胶结能力,在熟化为石灰膏或消石灰过程中,常作为残渣被废弃,使生石灰的有效利用率降低;当温度正常,时间合理时,得到的石灰是多孔结构,内比表面积大,晶粒较小,这种石灰称正火石灰,它与水反应的能力(活性)较强;当煅烧温度提高和时间延长时,晶粒变粗,内比表面积缩小,内部多孔结构变得致密,这种石灰为过火(过烧或死烧)石灰,其与水反应的速度极为缓慢,以致在使用之后才发生水化作用,产生膨胀而引起崩裂或隆起等现象。

2.1.3 石灰的熟化和硬化

1. 石灰的熟化

在使用石灰时,工地上将生石灰(块灰)加水,使之熟化为熟石灰 $Ca(OH)_2$,这个过程称为石灰的熟化或消解,工地称为"淋灰"。生石灰与水作用是放热反应,可用下式表示:
$$CaO + H_2O \longrightarrow Ca(OH)_2 + 64.8 \text{ J}$$

视频

石灰熟化

生石灰在熟化过程中,有两个特点。一是水化时放出大量的热,水化速率快,这主要是由于生石灰结构多孔,氧化钙的晶粒细小,比表面积大造成;二是体积膨胀,体积增大 $1 \sim 2.5$ 倍。

工程中熟化的方法有两种:第一种是制消石灰粉。工地调制消石灰粉时,常采用淋灰法。即每堆放 0.5 m 高的生石灰块,淋 $60\% \sim 80\%$ 的水,再堆放再淋,使之充分消解而又不过湿成团。第二种是化灰法。石灰在化灰池中熟化成石灰浆通过筛网流入储灰坑,石灰浆在储灰坑中沉淀并除去上层水分后成石灰膏。在砌筑或抹面工程中,石灰必须充分熟化后才能使用。过火石灰水化极慢,它在正常石灰凝结硬化后才开始慢慢熟化,并产生体积膨胀,从而引起已硬化的石灰体发生开裂鼓包。为了消除过火石灰的危害,石灰浆应在储灰坑中存放半个月以上,这个过程称为石灰的"陈伏"。"陈伏"期间,石灰浆表面应保有一层水分,与空气隔绝,以免碳化。

2. 石灰的硬化

石灰浆体在空气中逐渐硬化,是由下面两个过程同时进行完成的。

(1) 结晶作用:游离水分蒸发,氢氧化钙逐渐从饱和溶液中结晶。

(2) 碳化作用:氢氧化钙与空气中的二氧化碳化合生成碳酸钙结晶,释放出水分并被蒸发:
$$Ca(OH)_2 + CO_2 + H_2O \longrightarrow CaCO_3 + 2H_2O$$

碳化作用实际是二氧化碳与水形成碳酸,然后与氢氧化钙反应生成碳酸钙。所以这个作用不能在没有水分的全干状态下进行。空气中的 CO_2 浓度很低,且石灰浆体的碳化过程从表层开始,生成的碳酸钙层结构致密,又阻碍了 CO_2 向内层的渗透,因此,石灰浆体的碳化过程极其缓慢。

熟石灰在硬化过程中,水分大量蒸发,会产生干裂现象,所以纯石灰膏不能单独使用,必须掺填充材料,如掺入砂子配成石灰砂浆使用。掺入砂子减少收缩,更主要的是砂掺入能在石灰浆内形成连通的毛细孔道使内部水分蒸发并进一步碳化,以加速硬化。为了避免收缩裂缝,常加纤维材料,制成石灰麻刀灰,石灰纸筋灰等。

2.1.4 石灰的技术要求

建筑标准

根据《建筑生石灰》(JC/T 479—2013),按生石灰的加工情况分为建筑生石灰和建筑生石灰粉;按生石灰的化学成分为钙质石灰和镁质石灰。建筑生石灰的化学成分和物理性质见表 2-2 和表 2-3。

《建筑生石灰》

表 2-1 建筑生石灰的分类

类 别	名 称	代 号
钙质石灰	钙质石灰 90	CL 90
	钙质石灰 85	CL 85
	钙质石灰 75	CL 75
镁质石灰	镁质石灰 85	ML 85
	镁质石灰 80	ML 80

表 2-2 建筑生石灰的化学成分

名 称	(氧化钙+氧化镁)(CaO+MgO)	氧化镁(MgO)	二氧化碳(CO_2)	三氧化硫(SO_3)
CL90-Q CL90-QP	≥90	≤5	≤4	≤2
CL85-Q CL85-QP	≥85	≤5	≤7	≤2
CL75-Q CL75-QP	≥75	≤5	≤12	≤2
ML85-Q CL85-QP	≥85	>5	≤7	≤2
CL75-Q CL75-QP	≥75	>5	≤7	≤2

表 2-3 建筑生石灰的物理性质

名 称	产浆量 dm³/10 kg	细 度	
		0.2 mm 筛余量/%	90 μm 筛余量/%
CL90-Q CL90-QP	≥26 —	— ≤2	— ≤7
CL85-Q CL85-QP	≥26 —	— ≤2	— ≤7
CL75-Q CL75-QP	≥26 —	— ≤2	— ≤7
ML85-Q CL85-QP	— —	— ≤2	— ≤7
CL75-Q CL75-QP	— —	— ≤7	— ≤2

2.1.5　石灰的性质与应用

1. 石灰的性质

（1）保水性和可塑性好

生石灰熟化为石灰浆时，生成了颗粒极细的（直径约 1 μm）呈胶体分散状态的氢氧化钙，表面吸附一层较厚的水膜，因而保水性好，水分不易泌出，并且水膜使颗粒间的摩擦力减小，故可塑性也好。石灰的这一性质常被用来改善砂浆的保水性，以克服水泥砂浆保水性较差的缺点。

（2）硬化慢，强度低

从石灰浆体的硬化过程可以看出，由于空气中二氧化碳稀薄，碳化极为缓慢。碳化后形成紧密的 $CaCO_3$ 硬壳，不仅不利于 CO_2 向内部扩散，同时也阻止水分向外蒸发，致使 $CaCO_3$ 和 $Ca(OH)_2$ 结晶体生成量减少且生成缓慢，硬化强度也不高，按 $1:3$ 配合比的石灰砂浆，其 28 d 的抗压强度只有 $0.2\sim0.5$ MPa，而受潮后，石灰溶解，强度更低。

（3）硬化时体积收缩大

石灰硬化时，蒸发大量游离水而引起显著收缩，所以除调成石灰乳作薄层外，不宜单独使用。通常施工时常掺入一定量的砂、麻刀、纸筋等，以减少收缩并节约石灰。

（4）吸湿性强

生石灰吸湿性强，是传统的干燥剂。块状生石灰在放置过程中，会缓慢吸收空气中的水分而自动熟化成消石灰粉，再与空气中的二氧化碳作用生成碳酸钙，失去胶结能力。因此，在储存生石灰时，不但要防止受潮，而且不宜储存过久。通常的做法是将生石灰运到工地后，立即熟化成石灰浆，把储存期变为陈伏期。由于生石灰受潮时会放出大量的热，且体积膨胀，故储存和运输生石灰时，要注意安全。

（5）耐水性差

在石灰硬化体中，大部分仍然是未碳化的 $Ca(OH)_2$，$Ca(OH)_2$ 微溶于水，当已硬化的石灰浆体受潮时，耐水性极差，甚至使已硬化的石灰溃散。因此，石灰不宜用于潮湿的环境中，也不宜单独用于建筑物的基础。

2. 石灰的用途

（1）石灰乳

石灰膏加入多量的水可稀释成石灰乳，用石灰乳作粉刷涂料，其价格低廉、颜色洁白、施工方便，调入耐碱颜料还可使色彩丰富；调入聚乙烯醇、干酪素、氧化钙或明矾可减少涂层粉化现象。石灰乳是一种廉价的涂料，施工方便，颜色洁白。

（2）砂浆

用于配制建筑砂浆。石灰和砂或麻刀、纸筋配制成石灰砂浆、麻刀灰、纸筋灰，主要用于内墙、顶棚的抹面砂浆。石灰与水泥和砂可配制成混合砂浆，主要用于墙体砌筑或抹面之用。

（3）石灰土和三合土

将消石灰粉与黏土拌合，称为石灰土（灰土），若再加入砂石或炉渣、碎砖等即成三合土。石灰常占灰土总重的 $10\%\sim30\%$，即二八灰土及三七灰土。石灰量过高，往往导致强度和耐水性降低。施工时，将灰土或三合土混合均匀并夯实，可使彼此黏结为一体，同时黏土等成分中含有的少量活性 SiO_2 和活性 Al_2O_3 等酸性氧化物，在石灰长期作用下反应，生成不溶性的水化硅酸钙和水化铝酸钙，使颗粒间的黏结力不断增强，灰土或三合土的强度及耐水性能也不断提高。因此,灰土和三合土在一些建筑物的基础和地面垫层及公路路面的基层被广泛应用。

（4）硅酸盐制品

以石灰和硅质材料（如石英砂、粉煤灰等）为原料,加水拌和,经成型,蒸养或蒸压处理等工序而制成的建筑材料,统称为硅酸盐制品。常用的有蒸压灰砂砖、粉煤灰砖、蒸压加气混凝土砌块或板材等。

工程案例

2-1　某工地配制石灰砂浆,现场有消石灰粉、生石灰粉和生石灰块可供选用。因生石灰块价格较低,故工地负责人决定使用生石灰块加水配制石灰膏,再配制石灰砂浆。使用数日后,墙面出现众多凸出的膨胀性裂缝,如图2-2所示,请分析原因。

原因分析　石灰块陈伏时间不够,在已硬化的石灰砂浆中,过火石灰继续熟化,体积膨胀,使得表面出现裂缝。

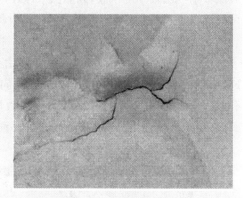

图2-2　墙面裂缝

防治措施　如因时间紧,且无熟化好的石灰膏,可选用消石灰粉或生石灰粉。生石灰粉在磨细的过程中,过火石灰也被磨细成细粉,可有效地减少熟化时间。

2-2　既然石灰不耐水,为什么由它配制的灰土或三合土却可以用于基础的垫层、道路的基层等潮湿部位?

原因分析　石灰土或三合土是由消石灰粉和黏土等按比例配制而成的。加适量的水充分拌和后,经碾压或夯实,在潮湿环境中石灰与黏土表面的活性氧化硅或氧化铝反应,生成具有水硬性的水化硅酸钙或水化铝酸钙,所以灰土或三合土的强度和耐水性会随使用时间的延长而逐渐提高,适于在潮湿环境中使用。再者,由于石灰的可塑性好,与黏土等拌合后经压实或夯实,使灰土或三合土的密实度大大提高,降低了孔隙率,使水的侵入大为减少。因此灰土或三合土可以用于基础的垫层、道路的基层等潮湿部位。

评　黏土表面存在少量的活性氧化硅和氧化铝,可与消石灰$Ca(OH)_2$反应,生成水硬性物质。

任务 2.2　石膏

任务导入	● 我国是石膏资源丰富的国家,石膏作为建筑材料使用已有悠久的历史。由于石膏及石膏制品具有轻质、高强、隔热、耐火、吸声、容易加工等一系列优良性能,特别是近年来在建筑中广泛采用框架轻板结构,作为轻质板材主要品种之一的石膏板受到普重视,其生产和应用都得到迅速发展。本任务主要学习石膏。
任务目标	➤ 了解石膏的分类;熟悉建筑石膏的凝结硬化特点; ➤ 掌握石膏的技术特性及应用。

石膏是一种使用历史悠久的气硬性胶凝材料,它的主要成分是硫酸钙($CaSO_4$)。自然界存在的石膏主要有天然二水石膏($CaSO_4 \cdot 2H_2O$,又称生石膏或软石膏)、天然无水石膏

（$CaSO_4$，又称硬石膏）和各种工业废石膏（化学石膏）。石膏胶凝材料具有许多优越的建筑性能，其制品具有质量轻、隔热、吸声、耐火、美观及易于加工等许多优点，我国的石膏资源极其丰富，分布很广，因而在建筑工程中得到广泛的应用。

2.2.1　石膏种类与生产

根据硫酸钙所含结晶水数量的不同，石膏分为二水石膏（$CaSO_4 \cdot 2H_2O$）、无水石膏（$CaSO_4$）和半水石膏（$CaSO_4 \cdot 1/2H_2O$）。

天然二水石膏简称石膏，又称生石膏、软石膏。它是由含两个结晶水的硫酸钙（$CaSO_4 \cdot 2H_2O$）所复合组成的沉积岩石。

天然硬石膏又称无水石膏，主要是由无水硫酸钙（$CaSO_4$）组成的沉积岩石。多呈现白色或无色透明体。

半水石膏是二水石膏加热后生成的产物。

石膏胶凝材料品种主要有建筑石膏、高强石膏、粉刷石膏、无水石膏水泥、高温煅烧石膏等。

建筑石膏。天然石膏或工业副产品石经脱水处理制得的，以 β 型半水硫酸钙为主要成分，不预加任何外加剂或添加物的粉状胶凝材料。在常压下加热温度达到 107～170℃时，二水石膏脱水变成 β 型半水石膏（即建筑石膏又称熟石膏），其反应式为：

$$CaSO_4 \cdot 2H_2O \xrightarrow{107\sim170℃} \beta- CaSO_4 \cdot \frac{1}{2}H_2O + 1\frac{1}{2}H_2O$$

高强石膏。将二水石膏在压蒸条件下（0.13 MPa、125℃）加热，则生成 α 型半水石膏（即高强石膏），其反应式为：

$$CaSO_4 \cdot 2H_2O \xrightarrow{125(0.13\ MPa)} \alpha- CaSO_4 \cdot \frac{1}{2}H_2O + 1\frac{1}{2}H_2O$$

β 型的半水硫酸钙磨细制成的白色粉末即为建筑石膏（又称 β 型半水石膏），其晶体细小，将它调制成一定稠度的浆体的需水量较大，因而其制品的孔隙率较大，强度较低。α 型的半水硫酸钙磨细制成的白色粉末即为高强石膏（又称 α 型半水石膏），其晶体粗大，比表面积较小，拌和时所需水量较小，因而其制品的孔隙率较小，密实度大，强度较高。

粉刷石膏是由 β 型半水石膏和其他石膏相（硬石膏或煅烧黏土质石膏）、各种缓凝剂及辅料（石灰、烧黏土、氧化铁红等）组成的一种新型抹灰材料。按用途可分为面层粉刷石膏、底层粉刷石膏和保温层粉刷石膏三类。粉刷石膏可以现拌现用，不仅可以在水泥砂浆或混合砂浆底层上抹灰，也可在各种混凝土墙、板等较为光滑的底层上抹灰。石膏粉刷层表面坚硬、光滑细腻、不起灰，便于进行再装饰，如贴墙纸、刷涂料等。

人工在 600～750℃下煅烧二水石膏制得的硬石膏或天然硬石膏，加入适量激发剂混合磨细后可制得无水石膏水泥。无水石膏水泥宜用于室内，主要用作石膏板或其他制品，也可用于室内抹灰。

天然二水石膏或天然硬石膏 800～1 000℃下煅烧，使部分 $CaSO_4$ 分解出 CaO，磨细后可制得高温煅烧石膏。由于硬化后有较高的强度和耐磨性，抗水

建筑标准

《建筑石膏》

性、抗冻性较好适宜做地板,故又称地板石膏。

石膏的品种虽然很多,但是在建筑上应用最多的是建筑石膏。

建筑石膏按原材料种类分为三类,见表 2 - 4。

表 2 - 4　建筑石膏分类(GB/T 9776—2008)

类别	天然建筑石膏	脱硫建筑石膏	磷建筑石膏
代号	N	S	P

建筑石膏按 2 h 强度(抗折)分为 3.0、2.0、1.6 三个等级。

建筑石膏按产品名称、代号、等级及标准编号的顺序标记。

示例:等级为 2.0 的天然建筑石膏标记如下:建筑石膏 N 2.0 GB/T 9776—2008。

2.2.2　建筑石膏的水化与凝结硬化

建筑石膏与适量的水相混合,最初形成具有良好可塑性的浆体,但很快就失去可塑性而发展成为具有一定强度的固体,这个过程就称为石膏的凝结硬化。其原因是浆体内部发生了一系列的物理化学变化,主要的化学反应式如下:

$$CaSO_4 \cdot \frac{1}{2}H_2O + \frac{3}{2}H_2O \longrightarrow CaSO_4 \cdot 2H_2O$$

首先 β 型的半水石膏溶解于水中,很快形成饱和溶液,溶液中的 β 型半水石膏与水反应生成了二水石膏,由于二水石膏在水中的溶解度比 β 型半水石膏小得多,因此 β 型半水石膏的饱和溶液对于二水石膏就成为过饱和溶液,二水石膏逐渐的结晶析出,致使液相中原有的平衡浓度被破坏,β 型半水石膏进一步溶解、水化,如此循环进行,直至完全变成二水石膏为止。随着水化反应不断进行,且水分不断蒸发,浆体失去可塑性,这一过程称为凝结。其后,晶体颗粒逐渐长大、连生、相互交错,使得强度不断增长,直到剩余水分完全蒸发,这一过程称为硬化。

建筑石膏在凝结硬化过程中,将其从加水开始拌和一直到浆体刚开始失去可塑性的过程称为浆体的初凝,对应的这段时间称为初凝时间;将其从加水拌和一直到浆体完全失去可塑性,并开始产生强度的过程称为浆体的硬化,对应的这段时间称为浆体的终凝时间。

2.2.3　建筑石膏的技术要求

建筑石膏为白色粉末、密度 2.6~2.75 g/cm³、堆积密度为 800~1 000 kg/m³。建筑石膏主要性能指标有强度、细度、凝结时间。根据《建筑石膏》(GB/T 9776—2008),建筑石膏按 2 h 强度(抗折强度)分为三个等级,见表 2 - 5。

表 2 - 5　建筑石膏的技术指标(GB/T 9776—2008)

技　术　指　标		产　品　等　级		
		3.0	2.0	1.6
强度/MPa	抗折强度	≥3.0	≥2.0	≥1.6
	抗压强度	≥6.0	≥4.0	≥3.0

技　术　指　标		产　品　等　级		
		3.0	2.0	1.6
细度/%	0.2 mm 方孔筛筛	≤10		
凝结时间/min	初凝时间	≥3		
	终凝时间	≤30		

建筑石膏在运输及储存时应注意防潮,一般储存 3 个月后,强度将降低 30%左右。储存期超过 3 个月或受潮的石膏,须经检验后才能使用。

2.2.4　建筑石膏的性质及应用

1. 建筑石膏的性质

（1）孔隙率大（约达总体的 50%～60%）。石膏在使用过程中,为使石膏浆具有良好的可塑性,通常加水量达 60%～80%,硬化后,由于多余水分的蒸发,内部具有很大的孔隙率。因而石膏制品具有表观密度小、强度较低、导热系数小、吸声性强、吸湿性大、可调节室内温度和湿度的特点。

（2）凝结硬化快。石膏浆体的初凝和终凝时间都很短,一般为几分钟至十几分钟,终凝不超过 30 min,在室内自然干燥条件下,一星期左右完全硬化。根据施工需要可加入适量的缓凝剂,常用的缓凝剂有硼砂、柠檬酸及其盐类、动物胶等。

（3）硬化后体积微膨胀。建筑石膏在凝结硬化时具有微膨胀性,这种特性可使硬化成型的石膏制品表面光滑饱满,干燥时不开裂,且能使制品造型棱角清晰,尺寸准确,有利于制造复杂花纹图案的石膏装饰制品。

（4）耐水性、抗冻性差。因建筑石膏硬化后具有很强的吸湿性,在潮湿环境中,晶体间黏结力削弱,强度显著降低,遇水则晶体溶解易破坏,吸水后受冻,将因孔隙中水分结冰而崩裂。

（5）防火性好。建筑石膏硬化后的主要成分是二水石膏,当其遇火时,二水石膏释放出部分结晶水,而水的热容量很大,蒸发时会吸收大量的热,并在制品表面形成蒸汽幕,可有效地防止火势的蔓延。

（6）具有一定的调温调湿性能。由于石膏制品具有多孔结构,且其热容量较大,吸湿性强,当室内温度、湿度发生变化时,石膏制品能吸入水分或呼出水分,吸收热量或放出热量,可使环境的温度和湿度得到一定的调节。

（7）石膏制品具有良好的可加工性,且装饰性能好。石膏制品可锯、可钉、可刨,便于施工操作。并且其表面细腻平整,色泽洁白,具有典雅的装饰效果。

2. 建筑石膏的应用

石膏具有上述诸多优良性能,主要用于室内抹灰、粉刷、制造建筑装饰制品、石膏板等。

（1）室内抹灰及粉刷

将建筑石膏加水及缓凝剂拌和成浆体,可用作室内粉刷材料。石膏浆中还可以掺入部分石灰,或将建筑石膏加水、砂拌和成石膏砂浆,用于室内抹灰,抹灰后的表面光滑、细腻、洁白美观。石膏砂浆也可作为油漆等的打底层。

（2）建筑装饰制品

建筑石膏装饰制品的种类较多,我国生产的石膏制品主要有纸面石膏板、空心石膏条板、纤维石膏板、石膏砌块和其他石膏装饰板等。建筑石膏配以纤维增强材料、黏结剂等,还可以制作各种石膏角线、线板、角花、雕塑艺术装饰制品等。

工程案例

2-3 石膏粉拌水为一桶石膏浆,用以在光滑的天花板上直接粘贴,石膏饰条前后半小时完工。几天后最后粘贴的两条石膏饰条突然坠落,请分析原因。

原因分析 其原因有两个方面,可有针对性地解决。1.建筑石膏拌水后一般于数分钟至半小时左右凝结,后来粘贴石膏饰条的石膏浆已初凝,黏结性能差。可掺入缓凝剂,延长凝结时间;或者分多次配制石膏浆,即配即用。2.在光滑的天花板上直接贴石膏条,粘贴难以牢固,宜对表面予以打刮,以利粘贴;或者在黏结的石膏浆中掺入部分黏结性强的黏结剂。

任务 2.3　水玻璃

任务导入	● 水玻璃作为气硬性胶凝材料,在建筑工程中常用来配制水玻璃砂浆、水玻璃混凝土,以及单独使用水玻璃为主要原材料配制涂料。水玻璃在防酸工程和耐热工程中的应用广泛。本任务主要学习水玻璃。
任务目标	➢ 了解水玻璃的制备及凝结硬化机理; ➢ 掌握水玻璃的性质及应用。

2.3.1　水玻璃的组成和生产

水玻璃,又名泡花碱,可溶于水,由碱金属氧化物和二氧化硅结合而成的硅酸盐材料。根据碱金属氧化物种类不同,水玻璃又主要分为硅酸钠水玻璃(简称钠水玻璃,$Na_2O \cdot nSiO_2$)、硅酸钾水玻璃(简称钾水玻璃,$K_2O \cdot nSiO_2$)。在工程中最常用的是钠水玻璃。

水玻璃的主要原料是石英砂、纯碱。将原料磨细,按比例配合,在玻璃熔炉内加热至1 300~1 400℃,熔融而生成硅酸钠,冷却后即成固态水玻璃:

$$Na_2CO_3 + nSiO_2 \xrightarrow{1\,300℃-1\,400℃} Na_2O \cdot nSiO_2 + CO_2\uparrow$$

固态水玻璃在0.3~0.8 MPa的蒸压锅内加水加热,溶解为无色、淡黄或青灰色透明或半透明黏稠液体,即成为液态水玻璃。

水玻璃中二氧化硅与碱金属氧化物之间的物质的量比 n 称为水玻璃模数,即 $n = SiO_2$ 物质的量/R_2O 物质的量。水玻璃模数一般为1.5~3.5,模数提高,水玻璃中的胶体组分增多,黏结能力大。但模数越大,水玻璃越难以在水中溶解。模数相同的水玻璃溶液,密度越大,则浓度越稠,黏性越大,黏结力越好。在液体水玻璃中加入尿素,不改变黏度的情况下可提高黏结力25%左右。

2.3.2　水玻璃的硬化

水玻璃在空气中吸收二氧化碳,析出无定形的二氧化硅凝胶,凝胶因干燥而逐渐硬化:

$$Na_2O \cdot nSiO_2 + CO_2 + mH_2O \longrightarrow Na_2CO_3 + nSiO_2 \cdot mH_2O$$

因空气中的二氧化碳含量很低，凝结硬化反应过程进行得很缓慢。为了加速硬化过程，需加热或掺入促硬剂氟硅酸钠（Na_2SiF_6），促使硅酸凝胶加速析出。氟硅酸钠的适宜掺量为水玻璃质量的 $12\sim15\%$。如掺量太少，不但硬化慢、强度低，而且未经反应的水玻璃易溶于水，导致耐水性差；但掺量过多，又会引起凝结过速，使施工困难，而且渗透性增大，强度较低。

2.3.3　水玻璃的性质

水玻璃具有良好的胶结能力，硬化后抗拉和抗压强度高，不燃烧，耐热性好，耐酸性强，可耐除氢氟酸外的各种无机酸和有机酸的作用。

（1）黏结力强，强度较高。水玻璃具有良好的胶结能力，且硬化后强度较高。如水玻璃胶泥的抗拉强度大于 2.5 MPa，水玻璃混凝土的抗压强度在 $15\sim40$ MPa 之间。此外，水玻璃硬化析出的硅酸凝胶还可堵塞毛细孔隙，从而起到防止水渗透的作用。对于同一模数的液体水玻璃，其浓度越稠，则黏结力越强。而不同模数的液体水玻璃，模数越大，其胶体组分越多，黏结力也随之增加。

（2）耐酸性、耐热性好。硬化后的水玻璃，因其主要成分是 SiO_2，所以能抵抗大多数无机酸和有机酸的作用。水玻璃硬化后形成 SiO_2 空间网状骨架，具有良好的耐热性能。

（3）耐碱性、耐水性差。$Na_2O \cdot nSiO_2$ 和 Na_2CO_3 溶于水和碱，故水玻璃不耐碱性介质的侵蚀。

2.3.4　水玻璃的应用

水玻璃在建筑上的用途有以下几种：

1. 涂刷或浸渍材料

直接将液体水玻璃涂刷或浸渍多孔材料时，由于在材料表面形成 SiO_2 膜层，可提高抗水及抗风化能力，又因材料的密实度提高，还可提高强度和耐久性。但不能用以涂刷或浸渍石膏制品，因二者反应，在制品孔隙中生成硫酸钠结晶，体积膨胀，将石膏制品胀裂。

2. 加固土壤

将水玻璃和氯化钙溶液交替注入土壤中，两种溶液发生化学反应，生成的硅胶和硅酸钙凝胶，能将土粒胶结并填充孔隙，起到防止水分渗透和加固土壤作用，提高土壤的强度和承载能力。

3. 配制防水剂

在水玻璃中加入两种、三种或四种矾的溶液，搅拌均匀，即可得二矾、三矾或四矾防水剂。如四矾防水剂是以蓝矾（硫酸铜）、白矾（硫酸铝钾）、绿矾（硫酸亚铁）、红矾（重铬酸钾）各取一份溶于 60 份沸水中，再降至 50℃，投入 400 份水玻璃，搅拌均匀而成。这类防水剂与水泥水化过程中析出的氢氧化钙反应生成不溶性硅酸盐，堵塞毛细管道和孔隙，从而提高砂浆的防水性，这种防水剂因为凝结迅速，宜调配水泥防水砂浆，适用于堵塞漏洞、缝隙等局部抢修。

4. 配制耐酸砂浆、耐酸混凝土

水玻璃具有较高的耐酸性，用水玻璃和耐酸粉料，粗细集料配合，可制成防腐工程的耐

酸胶泥、耐酸砂浆和耐酸混凝土。

5. 配制耐火材料

水玻璃硬化后形成 SiO_2 非晶态空间网状结构,具有良好的耐火性,因此可与耐热集料一起配制成耐热砂浆及耐热混凝土。

工程案例

2-4 某些建筑物的室内墙面装修过程中我们可以观察到,使用以水玻璃为成膜物质的腻子作为底层涂料,施工过程往往散落到铝合金窗上,造成了铝合金窗外表形成有损美观的斑迹。试分析原因。

原因分析 一方面铝合金制品不耐酸碱,而另一方面水玻璃呈强碱性。当含碱涂料与铝合金接触时,引起铝合金窗表面发生腐蚀反应,从而使铝合金表面锈蚀而形成斑迹。

2-5 以一定密度的水玻璃溶液浸渍或涂刷黏土砖、水泥混凝土、石材等多孔材料,可提高材料的密实度、强度、抗渗性、抗冻性及耐水性。

原因分析 这是因为水玻璃与空气中的二氧化碳反应生成硅酸凝胶,同时水玻璃也与材料中的氢氧化钙反应生成硅酸钙凝胶,两者填充于材料的孔隙,使材料致密。

练习题

拓展知识

中英文对照

一、填空题

1. 胶凝材料按照化学成分分为_____和_____两类。无机胶凝材料按照硬化条件不同分为_____和_____两类。

2. 建筑石膏的化学成分是_____,高强石膏的化学成分为_____,生石膏的化学成分为_____。

3. 生石灰的熟化是指_____。熟化过程的特点:一是_____,二是_____。

4. 生石灰按照煅烧程度不同可分为_____、_____和_____;按照 MgO 含量不同分为_____和_____。

5. 水玻璃的特性是_____、_____和_____。

6. 水玻璃的凝结硬化较慢,为了加速硬化,需要加入_____作为促硬剂,适宜掺量为_____。

二、简述题

1. 简述气硬性胶凝材料和水硬性胶凝材料的区别。

2. 建筑石膏与高强石膏的性能有何不同?

3. 建筑石膏的特性如何?用途如何?

4. 生石灰在熟化时为什么需要陈伏两周以上?为什么在陈伏时需在熟石灰表面保留一层水?

5. 石灰的用途如何?在储存和保管时需要注意哪些方面?

6. 水玻璃的用途如何?

本章自测及答案

第3章
水　泥

本章电子资源

背景材料

　　水硬性胶凝材料的代表物质是水泥。水泥泛指加水拌和成塑性浆体，能胶结砂、石等适当材料并能在空气和水中硬化的粉状水硬性胶凝材料。

　　水泥是建筑工程中最基本的建筑材料，不仅大量应用于工业与民用建筑，还广泛应用于公路、铁路、水利、海港及国防等工程建设中。

　　水泥的品种很多，按其性能和用途可分为：通用水泥、专用水泥及特性水泥三大类。通用水泥一般是指土木建筑工程通常采用的水泥，即目前常用的硅酸盐水泥、普通硅酸盐水泥、矿渣硅酸盐水泥、火山灰质硅酸盐水泥、粉煤灰硅酸盐水泥及复合硅酸盐水泥；专用水泥指专门用途的水泥，主要有油井水泥、道路水泥、砌筑水泥等；特性水泥指某种性能比较突出的水泥，主要有快硬硅酸盐水泥、膨胀水泥、抗硫酸盐硅酸盐水泥等。按其主要水硬性物质不同可分为硅酸盐水泥、铝酸盐水泥、硫铝酸盐水泥、铁铝酸盐水泥和氟铝酸盐水泥等。

学习目标

◇ 掌握水泥的概念及分类
◇ 掌握硅酸盐水泥熟料的矿物组成及水化特性
◇ 理解水泥的凝结硬化机理
◇ 掌握通用水泥主要技术性质及应用特性
◇ 掌握水泥石的侵蚀机理
◇ 掌握混合材料的概念及种类
◇ 掌握水泥验收内容、储存保管的要求
◇ 掌握水泥性能检测方法

任务3.1　通用硅酸盐水泥

任务导入	● 水泥是建筑工程中最重要的建筑材料之一，它和钢材、木材构成了基本建设的三大材料。水泥是无机水硬性胶凝材料，它与水拌和形成的浆体既能在空气中硬化，又能在水中硬化，因此，水泥不仅大量应用于工业与民用建筑工程，还广泛用于农业、交通、海港和国防建设等工程中。 ● 水泥的品种很多，按水泥的用途和性能又可分为通用水泥（常用于一般工程的水泥）、专用水泥（具有专门用途的水泥）及特种水泥（具有某种特殊性能的水泥，如快硬硅酸盐水泥、膨胀水泥等）。本任务主要学习通用硅酸盐水泥。

任务目标	➤ 了解硅酸盐水泥的生产,熟悉硅酸盐水泥的矿物组成及凝结硬化过程; ➤ 掌握通用硅酸盐水泥的品种、组成、主要技术性质、性能及适用范围,在工程中能够合理选用水泥品种; ➤ 掌握混合材料的概念及种类; ➤ 了解水泥储存、运输和保管应注意的事项; ➤ 能够进行水泥技术性质检测,并对检测结果判定; ➤ 能够解决或解释工程中相关问题。

建筑标准

《通用硅酸盐水泥》

通用硅酸盐水泥是指以硅酸盐水泥熟料和适量的石膏,及规定的混合材料制成的水硬性胶凝材料。通用硅酸盐水泥按混合材料的品种和掺量分为硅酸盐水泥、普通硅酸盐水泥、矿渣硅酸盐水泥、火山灰质硅酸盐水泥、粉煤灰硅酸盐水泥和复合硅酸盐水泥。

通用硅酸盐水泥的组分应符合表 3-1 的规定。

表 3-1 通用硅酸盐水泥的组分

品　　　种	代号	组分(质量分数)/%				
		熟料+石膏	粒化高炉矿渣	火山灰质混合材料	粉煤灰	石灰石
硅酸盐水泥	P·Ⅰ	100	—	—	—	—
	P·Ⅱ	≥95	≤5	—	—	—
		≥95	—	—	—	≤5
普通硅酸盐水泥	P·O	≥80 且<95	>5 且≤20			
矿渣硅酸盐水泥	P·S·A	≥50 且<80	>20 且≤50	—	—	—
	P·S·B	≥30 且<50	>50 且≤70	—	—	—
火山灰质硅酸盐水泥	P·P	≥60 且<80	—	>20 且≤40	—	—
粉煤灰硅酸盐水泥	P·F	≥60 且<80	—	—	>20 且≤40	—
复合硅酸盐水泥	P·C	≥50 且<80	>20 且≤50			

3.1.1 硅酸盐水泥

1. 硅酸盐水泥的定义

我国现行国家标准《通用硅酸盐水泥》(GB 175—2007)规定:凡是由硅酸盐水泥熟料,0~5%的石灰石或粒化高炉矿渣、适量的石膏磨细制成的水硬性胶凝材料,称为硅酸盐水泥。

硅酸盐水泥可分为两种类型:

Ⅰ型硅酸盐水泥,是不掺混合材料的水泥,其代号为 P·Ⅰ。

Ⅱ型硅酸盐水泥,是在硅酸盐水泥熟料粉磨时掺加不超过水泥质量 5%的石灰石或粒化高炉矿渣混合材料的水泥,其代号为 P·Ⅱ。

2. 硅酸盐水泥生产工艺简介

生产硅酸盐水泥的关键是有高质量的硅酸盐水泥熟料。目前国内外多以石灰石、黏土为主要原料(有时需加入校正原料),将其按一定比例混合磨细,首先制得具有适当化学成分的生料;然后将生料在水泥窑(回转窑或立窑)中经过 1 400℃～1 450℃的高温煅烧至部分熔融,冷却后即得到硅酸盐水泥熟料;最后将适量的石膏和0～5%的石灰石或粒化高炉矿渣混合磨细制成硅酸盐水泥。因此硅酸盐水泥生产工艺概括起来简称为"两磨一烧"。该过程如图 3-1 所示。

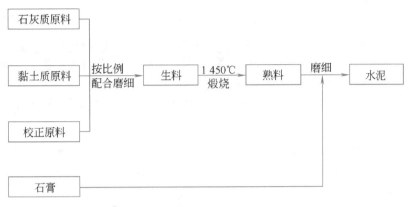

图3-1　硅酸盐水泥生产过程示意图

3. 硅酸盐水泥熟料的矿物组成

视频

水泥的生产

生料在煅烧过程中,首先是石灰石和黏土分别分解成 CaO、SiO_2、Al_2O_3 和 Fe_2O_3,然后在一定的温度范围内相互反应,经过一系列的中间过程后,生成硅酸三钙($3CaO \cdot SiO_2$)、硅酸二钙($2CaO \cdot SiO_2$)、铝酸三钙($3CaO \cdot Al_2O_3$)和铁铝酸四钙($4CaO \cdot Al_2O_3 \cdot Fe_2O_3$),称为水泥的熟料矿物。

水泥具有许多优良的建筑技术性能,这些性能取决于水泥熟料的矿物成分及其含量,各种矿物单独与水作用时,表现出不同的性能,详见表 3-2。

表 3-2　水泥熟料矿物的组成、含量及特性

特　性	硅酸三钙(C_3S)	硅酸二钙(C_2S)	铝酸三钙(C_3A)	铁铝酸四钙(C_4AF)
含量/%	37～60	15～37	7～15	10～18
水化速度	快	慢	最快	快
水化热	高	低	最高	中
强度	高	早期低,后期高	中	中(对抗折有利)
耐化学侵蚀	差	良	最差	中
干缩性	中	小	大	小

由表 3-2可知,C_3S 支配水泥的早期强度,而 C_2S 对水泥后期强度影响明显。C_3A 本身强度不高,对硅酸盐水泥的整体强度影响木大,但其凝结硬化快。如果水泥中 C_3A 含量过高,会使水泥形成急凝,来不及施工,而且具有破坏性。由于 C_3A 的水化热大,易引起干燥收缩,硅酸盐水泥中 C_3A 含量不能过高。C_4AF 的强度和硬化速度一般,其主要特性是干缩小,耐磨性强,抗折性能较好,并有一定的耐化学腐蚀性。在水泥熟料煅烧时,C_4AF 和

C_3A的形成能降低烧成温度,有利于熟料的煅烧,在硅酸盐水泥中是不可缺少的矿物成分。因此,改变熟料矿物的相对含量,水泥的性质即发生相应的变化。如提高C_3S的含量,可制得早强硅酸盐水泥;提高C_2S和C_4AF的含量,降低C_3A和C_3S的含量,可制得水化热低的水泥,如大坝水泥;由于C_3A能与硫酸盐发生化学作用,产生结晶,体积膨胀,易产生裂缝破坏,因此在抗硫酸盐水泥中,C_3A含量应小于5%。

4. 硅酸盐水泥的凝结与硬化

视频

水泥水化

水泥用适量的水调和后,最初形成具有可塑性的浆体,由于水泥的水化作用,随着时间的增长,水泥浆逐渐变稠失去流动性和可塑性(但尚无强度),这一过程称为凝结;随后产生强度逐渐发展成为坚硬的水泥石的过程称之为硬化。水泥的凝结和硬化是人为划分的两个阶段,实际上是一个连续而复杂的物理化学变化过程,这些变化决定了水泥石的某些性质,对水泥的应用有着重要意义。

1) 硅酸盐水泥的水化作用

水泥加水后,水泥颗粒被水包围,其熟料矿物颗粒表面立即与水发生化学反应,生成了一系列新的化合物,并放出一定的热量。其反应如下:

$$2(3CaO \cdot SiO_2) + 6H_2O = 3CaO \cdot 2SiO_2 \cdot 3H_2O + 3Ca(OH)_2$$
硅酸三钙　　　　　　　　水化硅酸钙　　　　　氢氧化钙

$$2(2CaO \cdot SiO_2) + 4H_2O = 3CaO \cdot 2SiO_2 \cdot 3H_2O + Ca(OH)_2$$
硅酸二钙　　　　　　　　水化硅酸钙　　　　　氢氧化钙

$$3CaO \cdot Al_2O_3 + 6H_2O = 3CaO \cdot Al_2O_3 \cdot 6H_2O$$
铝酸三钙　　　　　　　　水化铝酸钙

$$4CaO \cdot Al_2O_3 \cdot Fe_2O_3 + 7H_2O = 3CaO \cdot Al_2O_3 \cdot 6H_2O + CaO \cdot Fe_2O_3 \cdot H_2O$$
铁铝酸四钙　　　　　　　水化铝酸钙　　　　　　水化铁酸钙

为了调节水泥的凝结时间,在熟料磨细时应掺加适量(3%左右)石膏,这些石膏与部分水化铝酸钙反应,生成难溶的水化硫铝酸钙,呈针状晶体并伴有明显的体积膨胀。

$$3CaO \cdot Al_2O_3 \cdot 6H_2O + 3(CaSO_2 \cdot 2H_2O) + 19H_2O = 3CaO \cdot Al_2O_3 \cdot 3CaSO_4 \cdot 31H_2O$$
水化铝酸钙　　　　　　石膏　　　　　　　　　　　水化硫铝酸钙

综上所述,硅酸盐水泥与水作用后,生成的主要水化产物有水化硅酸钙、水化铁酸钙凝胶体;氢氧化钙、水化铝酸钙和水化硫铝酸钙晶体。在完全水化的水泥石中,水化硅酸钙约占50%,氢氧化钙约占25%。

2) 硅酸盐水泥的凝结和硬化

硅酸盐水泥的凝结硬化过程非常复杂,当前常把硅酸盐水泥凝结硬化划分为以下几个阶段,如图3-2所示。

当水泥加水拌和后,在水泥颗粒表面立即发生水化反应,生成的胶体状水化产物聚集在颗粒表面,使化学反应减慢,未水化的水泥颗粒分散在水中,成为水泥浆体。此时水泥浆体具有良好的可塑性,如图3-2(a)所示。随着水化反应继续进行,新生成的水化物逐渐增多,自由水分不断减少,水泥浆体逐渐变稠,包有凝胶层的水泥颗粒凝结成多孔的空间网络结构。由于此时水化物尚不多,包有水化物膜层的水泥颗粒相互间引力较小,颗粒之间尚可分离,如图3-2(b)所示。水泥颗粒不断水化,水化产物不断生成,水化凝胶体含量不断增加,生成的胶体状水化产物不断增多并在某些点接触,构成疏松的网状结构,使浆体失去流动性及可塑性,水泥逐渐凝结,如图3-2(c)所示。此后由于生成的水化硅酸钙凝胶、氢氧化钙和水化硫铝酸钙晶体等水化产物不断增多,它们相互接触连生,到一定程度,建立起较紧密的网状结晶结构,并在网状结构内部不断充实水化产物,使水泥具有初步的强度。随着硬化时间(龄期)的延续,水泥颗粒内部未水化部分将继续水化,使晶体逐渐增多,凝胶体逐渐密实,水泥石就具有愈来愈高的胶结力和强度,最后形成具有较高强度的水泥石,水泥进入硬化阶段,如图3-2(d)所示。这就是水泥的凝结硬化过程。

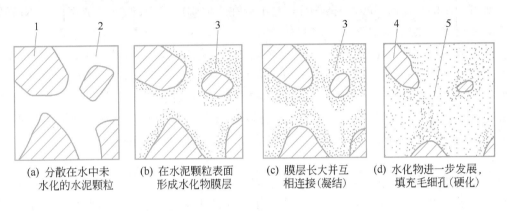

(a) 分散在水中未　　　(b) 在水泥颗粒表面　　　(c) 膜层长大并互　　　(d) 水化物进一步发展,
水化的水泥颗粒　　　　形成水化物膜层　　　　相连接(凝结)　　　　填充毛细孔(硬化)

图3-2　水泥凝结硬化过程示意图
1—水泥颗粒;2—水分;3—凝胶;4—水泥颗粒的未水化内核;5—毛细孔

硬化后的水泥石是由晶体、胶体、未水化完的水泥熟料颗粒、游离水分和大小不等的孔隙组成的不均质结构体,如图3-2(d)所示。

由上述过程可知,水泥的凝结硬化是从水泥颗粒表面逐渐深入到内层的,在最初的几天(1～3 d)水分渗入速度快,所以强度增加率快,大致28 d可完成这个过程基本部分。随后,水分渗入越来越难,所以水化作用就越来越慢。另外强度的增长还与温度、湿度有关。温、湿度越高,水化速度越快,则凝结硬化快;反之则慢。若水泥石处于完全干燥的情况下,水化就无法进行,硬化停止,强度不再增长。所以,混凝土构件浇注后应加强洒水养护;当温度低于0℃时,水化基本停止。因此冬期施工时,需要采取保温措施,保证水泥凝结硬化的正常进行。实践证明,若温度和湿度适宜,未水化的水泥颗粒仍将继续水化,水泥石的强度在几年甚至几十年后仍缓慢增长。

3) 影响硅酸盐水泥凝结硬化的主要因素

(1) 水泥矿物组成

水泥的矿物组成及各组分的比例是影响水泥凝结硬化的最主要因素。不同矿物成分单独和水起反应时所表现出来的特点是不同的,其强度发展规律也必然不同。如在水泥中提高C_3A的含量,将使水泥的凝结硬化加快,同时水化热也大。一般来讲,若在水泥熟料中掺加混合材料,将使水泥的抗侵蚀性提高,水化热降低,早期强度降低。

(2) 水泥的细度

水泥颗粒的粗细直接影响水泥的水化、凝结硬化、强度及水化热等。这是因为水泥颗粒越细,总表面积越大,与水的接触面积也大,因此水化迅速,凝结硬化也相应增快,早期强度也高。但水泥颗粒过细,易与空气中的水分及二氧化碳反应,致使水泥不宜久存,过细的水泥硬化时产生的收缩亦较大,水泥磨得越细,耗能越多,成本越高。

(3) 石膏掺量

石膏称为水泥的缓凝剂,主要用于调节水泥的凝结时间,是水泥中不可缺少的组分。

水泥熟料在不加入石膏的情况下与水拌和会立即产生凝结,同时放出热量。其主要原因是由于熟料中的 C_3A 的水化活性比水泥中其他矿物成分的活性高,很快溶于水中,在溶液中电离出三价铝离子(Al^{3+}),在胶体体系中,当存在高价电荷时,可以促进胶体的凝结作用,使水泥不能正常使用。石膏起缓凝作用的机理是:水泥水化时,石膏很快与 C_3A 作用产生很难溶于水的水化硫铝酸钙(钙矾石),它沉淀在水泥颗粒表面,形成保护膜,从而阻碍了 C_3A 过快的水化反应,并延缓了水泥的凝结时间。

石膏的掺量太少,缓凝效果不显著;过多地掺入石膏,其本身会生成一种促凝物质,反而使水泥快凝。适宜的石膏掺量主要取决于水泥中 C_3A 的含量和石膏中 SO_3 的含量,同时也与水泥细度及熟料中 SO_3 的含量有关。石膏掺量一般为水泥重量的 $3\%\sim5\%$。若水泥中石膏掺量超过规定的限量时,还会引起水泥强度降低,严重时会引起水泥体积安定性不良,使水泥石产生膨胀性破坏。所以国家标准规定硅酸盐水泥中 SO_3 不得超过 3.5%。

(4) 水灰比

水泥水灰比的大小直接影响新拌水泥浆体内毛细孔的数量,拌和水泥时,用水量过大,新拌水泥浆体内毛细孔的数量就要增大。由于生成的水化物不能填充大多数毛细孔,从而使水泥总的孔隙率不能减少,必然使水泥的密实程度不大,强度降低。在不影响拌和、施工的条件下,水灰比小,则水泥浆稠,水泥石的整体结构内毛细孔减少,胶体网状结构易于形成,促使水泥的凝结硬化速度快,强度显著提高。

(5) 养护条件(温度、湿度)

养护环境有足够的温度和湿度,有利于水泥的水化和凝结硬化过程,有利于水泥的早期强度发展。如果环境十分干燥时,水泥中的水分蒸发,导致水泥不能充分水化,同时硬化也将停止,严重时会使水泥石产生裂缝。

通常,养护时温度升高,水泥的水化加快,早期强度发展也快。若在较低的温度下硬化,虽强度发展较慢,但最终强度不受影响。当温度低于 $5℃$ 时,水泥的凝结硬化速度大大减慢;当温度低于 $0℃$ 时,水泥的水化将基本停止,强度不但不增长,甚至会因水结冰而导致水泥石结构破坏。实际工程中,常通过蒸汽养护、蒸压养护来加快水泥制品的凝结硬化过程。

(6) 养护龄期

水泥的水化硬化是一个较长时期内不断进行的过程,随着水泥颗粒内各熟料矿物水化程度的提高,凝胶体不断增加,毛细孔不断减少,使水泥石的强度随龄期增长而增加。实践证明,水泥一般在 28 d 内强度发展较快,28 d 后增长缓慢。

此外,水泥中外加剂的应用,水泥的贮存条件等,对水泥的凝结硬化以及强度,都有一定的影响。

5. 硅酸盐水泥的技术标准

(1) 细度

细度是指水泥颗粒的粗细程度。细度对水泥性质影响很大,不仅影响水泥的水化速度、强度,而且影响水泥的生产成本。一般情况下,水泥颗粒越细,总表面积越大,与水接触的面积越大,则水化速度越快,凝结硬化越快,水化产物越多,早期强度也越高,在水泥生产过程中消耗的能量越多,机械损耗也越大,生产成本增加,且水泥在空气中硬化时收缩也增大,易产生裂缝,所以细度应适宜。国家标准(GB 175—2007)规定:硅酸盐水泥的细度采用比表面积测定仪检验,其比表面积应不小于 300 m^2/kg。

（2）凝结时间

水泥从加水开始到失去流动性,即从可塑状态发展到固体状态所需的时间叫凝结时间。用水量的多少,即水泥浆的稀稠对水泥浆体的凝结时间影响很大,因此国家标准规定水泥的凝结时间必须采用标准稠度的水泥净浆,在标准温度、湿度的条件下用水泥凝结时间测定仪测定。水泥凝结时间分初凝时间和终凝时间。

初凝时间是从水泥加水拌和起至水泥浆开始失去可塑性所需的时间;从加水拌和起至水泥浆完全失去塑性的时间为水泥的终凝时间。水泥的凝结时间,对施工有重大意义。如凝结过快,混凝土会很快失去流动性,以致无法浇筑,所以初凝不宜过快,以便有足够的时间完成混凝土的搅拌、运输、浇注和振捣等工序的施工操作;但终凝亦不宜过迟,以便混凝土在浇捣完毕后,尽早完成凝结并开始硬化,具有一定强度,以利下一步施工的进行,并可尽快拆去模板,提高模板周转率。水泥的凝结时间与水泥矿物成分和细度有关。国家标准规定:初凝不早于 45 min,终凝不迟于 390 min.

水泥在使用中,有时会发生不正常的快凝现象,有假凝和瞬凝两种。假凝是指水泥与水拌和几分钟后就发生的、没有明显放热的凝固现象。而瞬凝是指水泥与水拌和后立刻出现的、有明显放热现象的快凝现象。

假凝出现后可不再加水,而是将已凝固的水泥浆继续搅拌,便可恢复塑性,对强度无明显影响,水泥可继续使用。而瞬凝出现后,水泥浆体在大量放热的情况下很快凝结成为一种很粗糙的且和易性差的拌合物,严重降低水泥的强度,影响水泥的正常使用。产生快凝现象的原因主要是水泥中的石膏在磨细过程中脱水造成假凝,或者水泥中未掺石膏或石膏掺量不足导致水泥产生瞬凝。

（3）标准稠度用水量

使水泥净浆达到一定的可塑性时所需的水量,称为水泥的用水量。不同水泥在达到一定稠度时,需要的水量不一定相同。水泥加水量的多少,直接影响水泥的各种性质。为了测定水泥的凝结时间、体积安定性等性能,使其具有可比性,必须在一定的稠度下进行,这个规定的稠度,称为标准稠度。水泥净浆达到标准稠度时所需的拌和水量,称为水泥净浆标准稠度用水量。一般以占水泥质量的百分数表示。常用水泥净浆标准稠度用水量为 22％～32％。水泥熟料矿物成分、细度、混合材料的种类和掺量不同时,其标准稠度用水量亦有差别。

国家标准《水泥标准稠度用水量、凝结时间、安全性检验方法》(GB/T 1346—2011)规定,水泥标准稠度用水量可采用"标准法"或"代用法"进行测定。

（4）体积安定性

水泥的体积安定性是指水泥浆体硬化过程中体积变化的稳定性。不同水泥在凝结硬化过程中,几乎都产生不同程度的体积变化。水泥石均匀轻微的体积变化,一般不致影响混凝土的质量,但如果水泥在硬化以后产生不均匀的体积变化,即体积安定性不良,使构件产生膨胀性裂缝,就会危及建筑物的安全。

水泥的安定性不良，是由于其某些成分缓慢水化、产生膨胀的缘故。在熟料的矿物组成中，游离的 CaO 和 MgO 含量过多是导致安定性不良的主要原因，此外，所掺的石膏超量，也是一个不容忽视的因素。熟料中所含过烧的游离氧化钙(f-CaO)和氧化镁水化很慢，往往在水泥硬化后才开始水化，这些氧化物在水化时体积剧烈膨胀，使水泥石开裂。当石膏掺入过多时，在水泥硬化后，多余的石膏与水化铝酸钙反应生成含水硫铝酸钙($3CaO \cdot Al_2O_3 \cdot 3CaSO_4 \cdot 31 H_2O$)，使体积膨胀，也会引起水泥石开裂。国家标准规定：水泥体积安定性用沸煮法检验(f-CaO)，必须合格。

（5）强度及强度等级

水泥的强度是评定水泥质量的重要指标，是划分强度等级的依据。

《水泥胶砂强度检验方法(ISO 活动)》(GB/T 17671—1999)规定：水泥、标准砂及水按 1:3:0.5 的比例混合，胶砂流动度不小于 180 mm，按规定的方法制成 40 mm×40 mm×160 mm 的试件，在标准条件下(温度 20±1℃，相对湿度在 90% 以上)进行养护，分别测其 3 天、28 天的抗压强度和抗折强度，以确定水泥的强度等级。

根据 3 d、28 d 抗折强度和抗压强度划分硅酸盐水泥强度等级，并按照 3 d 强度的大小分为普通型和早强型(用 R 表示)。

硅酸盐水泥分为 42.5、42.5R、52.5、52.5R、62.5、62.5R 六个强度等级。各强度等级水泥的各龄期强度值不得低于国家标准(GB 175—2007)规定(见表 3-3)，如有一项指标低于表中数值，则应降低强度等级。直至四个数值都满足表中规定为止。

表 3-3　硅酸盐水泥的强度指标(GB 175—2007)

强度等级	抗压强度/MPa		抗折强度/MPa	
	3 d	28 d	3 d	28 d
42.5	≥17.0	≥42.5	≥3.5	≥6.5
42.5R	≥22.0		≥4.0	
52.5	≥23.0	≥52.5	≥4.0	≥7.0
52.5R	≥27.0		≥5.0	
62.5	≥28.0	≥62.5	≥5.0	≥8.0
62.5R	≥32.0		≥5.5	

（6）水化热

水泥在水化过程中放出的热称为水化热。水化放热量和放热速度不仅取决于水泥的矿物组成，而且还与水泥细度、水泥中掺混合材料及外加剂的品种、数量等有关。硅酸盐水泥水化放热量大部分在早期放出，以后逐渐减少。

大型基础、水坝、桥墩等大体积混凝土构筑物，由于水化热聚集在内部不易散热，内部温度常上升到 50℃～60℃ 以上，内外温度差引起的应力，可使混凝土产生裂缝，因此水化热对大体积混凝土是有害因素。在大体积混凝土工程中，不宜采用硅酸盐水泥这类水化热较高的水泥品种。

除上述技术要求外，国家标准还对硅酸盐水泥的不溶物、烧失量等化学指标做了明确规定。

工程案例

3-1 为什么水泥必须具有一定的细度？

解 在矿物组成相同的条件下，水泥磨得愈细，水泥颗粒平均粒径愈小，比表面积越大，水泥水化时与水的接触面越大，水化速度越快，水化反应越彻底。相应地水泥凝结硬化速度就越快，早期强度和后期强度就越高。但其 28 d 水化热也越大，硬化后的干燥收缩值也越大。另外要把水泥磨得更细，也需要消耗更多的能量，造成成本提高。因此水泥应具有一定的细度。

评 国家标准 GB 175—2007 规定，水泥的细度可用比表面积或 0.08 mm 方孔筛的筛余量(未通过部分占试样总量的百分率)来表示。

3-2 20 世纪 90 年代中期，普陀区锦普大楼，由于使用了安定性不良的水泥，导致正在施工中的 11~14 层主体结构产生不规则龟裂，为了保证工程质量，对 11~14 层结构采取了定向爆破作业给予拆除，该工程采用的水泥为建设方自行采购的小窑水泥(即立窑生产的水泥)，该事件发生以后，上海市质量检查部门高度重视，要求所有进场的水泥都必须通过安定性检验合格后才能使用。何谓水泥的体积安定性？水泥的体积安定性不良的原因是什么？安定性不良的水泥应如何处理？

解 水泥浆体硬化后体积变化的均匀性称为水泥的体积安定性。即水泥硬化浆体能保持一定形状，不开裂，不变形，不溃散的性质。导致水泥安定性不良的主要原因是：

(1) 由于熟料中含有的游离氧化钙、游离氧化镁过多；

(2) 掺入石膏过多；

其中游离氧化钙是一种最为常见，影响也是最严重的因素。熟料中所含游离氧化钙或氧化镁都是过烧的，结构致密，水化很慢。加之被熟料中其他成分所包裹，使得其在水泥已经硬化后才进行熟化，生成六方板状的 $Ca(OH)_2$ 晶体，这时体积膨胀 97% 以上，从而导致不均匀体积膨胀，使水泥石开裂。

当石膏掺量过多时，在水泥硬化后，残余石膏与水化铝酸钙继续反应生成钙矾石，体积增大约 1.5 倍，也导致水泥石开裂。

体积安定性不良的水泥，会发生膨胀性裂纹使水泥制品或混凝土开裂、造成结构破坏。因此体积安定性不良的水泥，不得在工程中使用。

评 水泥的体积安定性用雷氏法或试饼法检验。沸煮后的试饼如目测未发现裂缝，用直尺检查也没有弯曲，表明安定性合格。反之为不合格。雷式夹两试件指针尖之间距离增加值的平均值不大于 5.0 mm 时，认为水泥安定性合格。沸煮法仅能检验游离氧化钙的危害。游离氧化镁和过量石膏往往不进行检验，而由生产厂控制二者的含量，并低于标准规定的数量。

6. 硅酸盐水泥石的腐蚀与防止

1) 水泥石的腐蚀

硅酸盐水泥配制成各种混凝土用于不同的工程结构，在正常使用条件下，水泥石强度会不断增长，具有较好的耐久性。但在某些侵蚀介质(软水、含酸或盐的水等)作用下，会引起水泥石强度降低，甚至造成建筑物结构破坏，这种现象称为水泥石的腐蚀。引起水泥石腐蚀的主要原因有：

(1) 软水腐蚀(溶出性侵蚀)

雨水、雪水、蒸馏水、工业冷凝水及含重碳酸盐很少的河水及湖水都属于软水。硅酸盐水泥属于典型的水硬性胶凝材料，对于一般的江、河、湖水等具有足够的抵抗能力。但是当水泥石长期受到软水浸泡时，水泥的水化产物就将按照溶解度的大小，依次逐渐被水溶解，产生溶出性侵蚀，最终导致水泥石破坏。

在硅酸盐水泥的各种水化物中，$Ca(OH)_2$ 的溶解度最大，最先被溶出(每升水中能溶解 $Ca(OH)_2$ 1.3 g 以上)。在静水及无压力水作用下，由于周围的水易被溶出的 $Ca(OH)_2$ 所饱和而使溶解作用停止，溶出仅限于表面，所以影响不大。但是，若水泥石在流动的水中特别是有压力的水中，溶出的 $Ca(OH)_2$ 不断被冲走，而且，由于石灰浓度的继续降低，还会引起其他水化物的分解溶解，侵蚀作用不断深入内部，使水泥空隙增大，强度下降，使水泥石结构遭受进一步破坏，以致全部溃裂。

实际工程中，将与软水接触的水泥构件事先在空气中硬化，形成碳酸钙外壳，可对溶出性侵蚀作用起到防止作用。

(2) 酸性腐蚀

当水中溶有无机酸或有机酸时，水泥石就会受到溶析和化学溶解的双重作用。酸类离解出来的 H^+ 离子和酸根 R^- 离子，分别与水泥石中 $Ca(OH)_2$ 的 OH^- 和 Ca^{2+} 结合成水和钙盐。各类酸中对水泥石腐蚀作用最快的是无机酸中的盐酸、氢氟酸、硝酸、硫酸和有机酸中的醋酸、蚁酸和乳酸。

例如，盐酸与水泥石中的 $Ca(OH)_2$ 作用：

$$2HCl + Ca(OH)_2 \Longrightarrow CaCl_2 + 2H_2O$$

生成的氯化钙易溶于水，其破坏方式为溶解性化学腐蚀。

硫酸与水泥石中的氢氧化钙作用：

$$H_2SO_4 + Ca(OH)_2 \Longrightarrow CaSO_4 \cdot 2H_2O$$

生成的二水石膏或者直接在水泥石孔隙中结晶产生膨胀，或者再与水泥石中的水化铝酸钙作用，生成高硫型水化硫铝酸钙，其破坏性更大。

在工业污水、地下水中常溶解有较多的 CO_2。水中的 CO_2 与水泥石中的 $Ca(OH)_2$ 反应生成不溶于水的 $CaCO_3$，如 $CaCO_3$ 继续与含碳酸的水作用，则变成易溶解于水的 $Ca(HCO_3)_2$，由于 $Ca(OH)_2$ 的溶失以及水泥石中其他产物的分解而使水泥石结构破坏。其化学反应如下：

$$Ca(OH)_2 + CO_2 + H_2O \Longrightarrow CaCO_3 + 2H_2O$$
$$CaCO_3 + CO_2 + H_2O \Longrightarrow Ca(HCO_3)_2$$

(3) 盐类腐蚀

① 硫酸盐的腐蚀

绝大部分硫酸盐都有明显的侵蚀性，当环境水中含有钠、钾、铵等硫酸盐时，它们能与水泥石中的 $Ca(OH)_2$ 起置换作用，生成硫酸钙 $CaSO_4 \cdot 2H_2O$，并能结晶析出。且硫酸钙与水泥石中固态的水化铝酸钙作用，生成高硫型水化硫铝酸钙(即钙矾石)，其反应式如下：

$$3CaO \cdot Al_2O_3 \cdot 6H_2O + 3(CaSO_4 \cdot 2H_2O) + 19H_2O = 3CaO \cdot Al_2O_3 \cdot 3CaSO_4 \cdot 31H_2O$$

高硫型水化硫铝酸钙呈针状晶体,比原体积增加 1.5 倍以上,俗称"水泥杆菌",对水泥石起极大的破坏作用。

当水中硫酸盐浓度较高时,硫酸钙将在孔隙中直接结晶成二水石膏,使体积膨胀,导致水泥石破坏。

综上所述,硫酸盐的腐蚀实质上是膨胀性化学腐蚀。

② 镁盐的腐蚀

当环境水是海水及地下水时,常含有大量的镁盐,如硫酸镁和氯化镁等。它们与水泥石中的 $Ca(OH)_2$ 起如下反应:

$$MgSO_4 + Ca(OH)_2 + 2H_2O = CaSO_4 \cdot 2H_2O + Mg(OH)_2$$
$$MgCl_2 + Ca(OH)_2 = CaCl_2 + Mg(OH)_2$$

上式反应生成的 $Mg(OH)_2$ 松软而无胶凝能力,$CaCl_2$ 易溶于水,$CaSO_4 \cdot 2H_2O$ 则引起硫酸盐的破坏作用。因此,硫酸镁对水泥石起着镁盐和硫酸盐双重腐蚀作用。

(4)强碱腐蚀

碱类溶液如浓度不大时一般是无害的。但铝酸盐含量较高的硅酸盐水泥遇到强碱作用后也会被破坏。如 NaOH 可与水泥石中未水化的铝酸盐作用,生成易溶的铝酸钠:

$$3CaO \cdot Al_2O_3 + 6NaOH = 3Na_2O \cdot Al_2O_3 + 3Ca(OH)_2$$

当水泥石被 NaOH 液浸透后又在空气中干燥,会与空气中的 CO_2 作用生成 Na_2CO_3:

$$2NaOH + CO_2 = Na_2CO_3 + H_2O$$

碳酸钠在水泥石毛细孔中结晶沉积,而使水泥石胀裂。

除上述各种腐蚀类型外,还有一些如糖类、动物脂肪等,亦会对水泥石产生腐蚀。

实际上水泥石的腐蚀是一个极为复杂的物理化学作用过程,在它遭受的腐蚀环境中,很少是一种侵蚀作用,往往是几种同时存在,互相影响。产生水泥石腐蚀的根本原因是:

① 水泥石中存在易被腐蚀的氢氧化钙和水化铝酸钙。

② 水泥石本身不密实,存在很多毛细孔通道,使侵蚀性介质易于进入其内部。

③ 水泥石外部存在着侵蚀性介质。

硅酸盐水泥熟料硅酸三钙含量高,水化产物中氢氧化钙和水化铝酸钙的含量多,所以抗侵蚀性差,不宜在有腐蚀性介质的环境中使用。

2) 防止水泥石腐蚀的方法

(1)根据侵蚀环境特点,合理选用水泥品种,改变水泥熟料的矿物组成或掺入活性混合材料。例如选用水化产物中氢氧化钙含量较少的水泥,可提高对软水等侵蚀作用的抵抗能力;为抵抗硫酸盐的腐蚀,采用铝酸三钙含量低于 5% 的抗硫酸盐水泥。

(2)提高水泥石的密实度。为了提高水泥石的密实度,应严格控制硅酸盐水泥的拌和用水量,合理设计混凝土的配合比,降低水灰比,认真选取骨料,选择最优施工方法。此外,在混凝土和砂浆表面进行碳化或氟硅酸处理,生成难溶的碳酸钙外壳,或氟化钙及硅胶薄膜,提高表面密实度,也可减少侵蚀性介质渗入内部。

(3)加作保护层。当腐蚀作用较大时,可在混凝土或砂浆表面敷设耐腐蚀性强且不透水的保护层。例如用耐腐蚀的石料、陶瓷、塑料、防水材料等覆盖于水泥石的表面,形成不透水的保护层,以防止腐蚀介质与水泥石直接接触。

工程案例

3-3 为什么流动的软水对水泥石有腐蚀作用?

解 水泥石中存在有水泥水化生成的氢氧化钙。氢氧化钙 $Ca(OH)_2$ 可以微溶于水。水泥石长期接触软水时,会使水泥石中的氢氧化钙不断被溶出并流失,从而引起水泥石孔隙率增加。当水泥石中游离的氢氧化钙 $Ca(OH)_2$ 浓度减少到一定程度时,水泥石中的其他含钙矿物也可能分解和溶出,从而导致水泥石结构的强度降低,所以流动的软水或具有压力的软水对水泥石有腐蚀作用。

评 造成水泥石腐蚀的基本原因有:

(1) 水泥石中含有较多易受腐蚀的成分,主要有氢氧化钙 $Ca(OH)_2$、水化铝酸三钙 C_3AH_6 等。

(2) 水泥石本身不密实,内部含有大量毛细孔,腐蚀性介质易于渗入和溶出,造成水泥石内部也受到腐蚀。工程环境中存在有腐蚀性介质且其来源充足。

3-4 既然硫酸盐对水泥石具有腐蚀作用,那么为什么在生产水泥时掺入的适量石膏对水泥石不产生腐蚀作用?

解 硫酸盐对水泥石的腐蚀作用,是指水或环境中的硫酸盐与水泥石中水泥水化生成的氢氧化钙 $Ca(OH)_2$、水化铝酸钙 C_3AH_6 反应,生成水化硫铝酸钙(钙矾石),产生 1.5 倍的体积膨胀。由于这一反应是在变形能力很小的水泥石内产生的,因而造成水泥石破坏,对水泥石具有腐蚀作用。

生产水泥时掺入的适量石膏也会和水化产物水化铝酸钙 C_3AH_6 反应生成膨胀性产物水化硫铝酸钙,但该水化物主要在水泥浆体凝结前产生,凝结后产生的较少。由于此时水泥浆还未凝结,尚具有流动性及可塑性,因而对水泥浆体的结构无破坏作用。并且硬化初期的水泥石中毛细孔含量较高,可以容纳少量膨胀的钙矾石,而不会使水泥石开裂,因而生产水泥时掺入的适量石膏对水泥石不产生腐蚀作用,只起到了缓凝的作用。

评 硫酸盐与水泥石中水泥水化生成的氢氧化钙 $Ca(OH)_2$、水化铝酸钙 C_3AH_6 反应,生成水化硫铝酸钙(钙矾石),产生 1.5 倍的体积膨胀。钙矾石为微观针状晶体,人们常称其为水泥杆菌。

7. 硅酸盐水泥的性能与应用

(1) 强度高

硅酸盐水泥具有凝结硬化快、强度高,尤其是早期强度增长快的特性,因此可用于地上、地下和水中重要结构的高强及高性能混凝土工程中,也可用于有早强要求的混凝土工程中。

(2) 抗冻性好

硅酸盐水泥拌合物不易发生泌水,硬化后的水泥石密实度较大,所以适用于严寒地区遭受反复冻融的工程。

(3) 抗碳化性能好

硅酸盐水泥水化后生成物中有大量的 $Ca(OH)_2$,因此硅酸盐水泥硬化后的水泥石呈现强碱性,埋于其中的钢筋在碱性环境中表面会生成一层保护膜,对钢筋起保护作用,使钢筋不锈蚀。由于空气中的二氧化碳与水泥石中的氢氧化钙发生碳化反应使水泥石由碱性变为中性,当碳化深度达到钢筋附近时,钢筋失去碱性保护而锈蚀,表面疏松膨胀,会造成钢筋混凝土构件报废。硅酸盐水泥碱性强、密实度高、抗碳化性能好,所以适用于重要的钢筋混凝土结构和预应力混凝土工程。

（4）水化热高

硅酸盐水泥的 C_3S 和 C_3A 含量高,与水发生反应,放热速度快,水化热大,用于冬期施工可避免冻害,但是水化热大不利于大体积混凝土施工,所以不宜用于大体积混凝土工程。

（5）耐腐性差

由于硅酸盐水泥石中含有较多的易受腐蚀的氢氧化钙和水化铝酸钙,因此其耐腐蚀性能差,不宜用于水利工程、海水作用和矿物水作用的工程。

（6）耐热性差

当水泥石受热温度到 250～300℃时,水泥石中的水化物开始脱水,水泥石收缩,强度开始下降;当温度达 700～800℃时,强度降低更多,甚至破坏。水泥石中的氢氧化钙在 547℃ 以上开始脱水分解成氧化钙,当氧化钙遇水,则因熟化而发生膨胀导致水泥石破坏。因此,硅酸盐水泥不宜用于有耐热要求的混凝土工程以及高温环境。

（7）耐磨性好

硅酸盐水泥强度高,耐磨性好,适用于道路、地面等对耐磨性要求较高的工程。

工程案例

3-5 某大体积的混凝土工程,浇筑两周后拆模,发现挡墙有多道贯穿型的纵向裂缝。该工程使用某立窑水泥厂生产的强度等级为 42.5 硅酸盐水泥,其熟料矿物组成如下:

熟料	C_3S	C_2S	C_3A	C_4AF
含量/%	61	14	14	11

请分析裂缝出现的原因。并说明影响硅酸盐水泥水化热的因素有哪些? 水化热的大小对水泥的应用有何影响?

原因分析 由于该工程所使用的水泥 C_3A 和 C_3S 含量高,导致该水泥的水化热高,且在浇筑混凝土过程中,混凝土的整体温度高,随着混凝土温度随环境温度下降,混凝土产生冷缩,造成混凝土出现贯穿型纵向裂缝。

影响硅酸盐水泥水化热的因素主要有硅酸三钙 C_3S、铝酸三钙 C_3A 的含量及水泥的细度。硅酸三钙 C_3S、铝酸三钙 C_3A 的含量越高,水泥的水化热越高;水泥的细度越细,水化放热速度越快。

水化热大的水泥不得在大体积混凝土工程中使用。在大体积混凝土工程中由于水化热积聚在内部不易散发而使混凝土的内部温度急剧升高,混凝土内外温差过大,以致造成明显的温度应力,使混凝土产生裂缝。严重降低混凝土的强度和其他性能。但水化热对冬季施工的混凝土工程较为有利,能加快早期强度增长,使抵御初期受冻的能力提高。

　　评　水泥矿物在水化反应中放出的热量称为水化热。水泥水化热的大小及放热的快慢,主要取决于熟料的矿物组成和水泥细度。铝酸三钙 C_3A 的水化热最大,硅酸三钙 C_3S 的水化热也很大。通常水泥等级越高,水化热度越大。凡对水泥起促凝作用的因素均可提高早期水化热。反之,凡能延缓水化作用的因素均可降低水化热。

3.1.2　掺混合材料的硅酸盐水泥

　　凡在硅酸盐水泥熟料中,掺入一定量的混合材料和适量石膏共同磨细制成的水硬性胶凝材料均属于掺混合材料的硅酸盐水泥。在硅酸盐水泥熟料中掺加一定量的混合材料,能改善水泥的性能,增加水泥品种,提高产量,调节水泥的强度等级,扩大水泥的使用范围。掺混合材料的硅酸盐水泥有:普通硅酸盐水泥、矿渣硅酸盐水泥、火山灰质硅酸盐水泥、粉煤灰硅酸盐水泥及复合硅酸盐水泥。

　1. 混合材料

　　用于水泥中的混合材料分为活性混合材料和非活性混合材料两大类。

　1) 活性混合材料

　　磨成细粉掺入水泥后,能与水泥水化产物的矿物成分起化学反应,生成水硬性胶凝材料,凝结硬化后具有强度并能改善硅酸盐水泥的某些性质,称为活性混合材料。常用活性混合材料有:粒化高炉矿渣、火山灰质混合材料和粉煤灰。

　（1）粒化高炉矿渣

　　粒化高炉矿渣是将炼铁高炉的熔融矿渣经急速冷却而成的质地疏松、多孔的颗粒状材料,粒径一般为 0.5~5 mm。当熔融矿渣进行水淬急冷处理时,则由于液相黏度很快加大,阻滞了晶体的成长,形成玻璃态结构,因此,粒化高炉矿渣虽然会有少量的结晶物质,但其主要部分是由玻璃质组成。粒化高炉矿渣的活性与化学成分的组成和含量有关,与玻璃质的数量和性能也有关。粒化高炉矿渣中的活性成分,主要是活性 Al_2O_3 和 SiO_2,即使在常温下也可与 $Ca(OH)_2$ 起化学反应并产生强度。在含 CaO 较高的碱性矿渣中,因其中还含有 $2CaO \cdot SiO_2$ 等成分,故本身具有弱的水硬性。

　（2）火山灰质混合材料

　　火山灰质混合材料,一般按生成条件不同可分为火山生成的、沉积生成的和人工烧成的三种。其中:

　　① 火山生成的火山灰质混合材料是火山爆发时喷出的高温岩浆,因地球表面温度低,压力小,又有气流运动等因素,使岩浆来不及结晶而形成玻璃物质,如火山灰、凝灰岩、浮石、沸石等。其活性成分是活性氧化铝和活性氧化硅(含量达 75%~80%)。

　　② 沉积生成的火山灰质混合材料大部分有沉积生成的含水硅酸岩,如硅藻土、硅藻石、蛋白石等,它的主要活性物质是无定形氧化硅。

　　③ 人工烧成的火山灰质混合材料是经人工烧结的产物、经人工燃烧或自燃烧的工业废渣,如烧黏土、烧页岩、煤灰与煤渣、煤矸石等。这一类的活性成分主要是氧化铝。

　　火山灰质混合材料磨成细粉后,单独加水并不反应,但是细粉与石灰混合,加水拌和后,不但能在空气中硬化而且能在水中继续硬化,这种性质称火山灰性。

（3）粉煤灰

火力发电厂以煤为燃料发电,煤粉燃烧后,从烟气中收集下来的灰渣,被称为粉煤灰,又称飞灰。它的粒径一般为 0.001～0.05 mm。由于煤粉在高温下瞬间燃烧,急速冷却,所以粉煤灰中玻璃体矿物常占到相当比例,这是粉煤灰具有较高火山灰活性的重要原因之一。粉煤灰所含颗粒大多为玻璃态实心或空心的球形体,表面比较致密,因此可使拌和物之间的内摩擦力减小,从而减少拌和水量,降低水灰比,对水泥石强度有利。

2）非活性混合材料

经磨细后加入水泥中,不具有活性或活性很微弱的矿质材料,称为非活性混合材料。它们掺入水泥中仅起提高产量、调节水泥强度等级,节约水泥熟料的作用,这类材料有:磨细石英砂、石灰石、黏土、慢冷矿渣及各种废渣。

上述的活性混合材料都含有大量活性的 Al_2O_3 和 SiO_2,它们在 $Ca(OH)_2$ 溶液中,会发生水化反应,在饱和的 $Ca(OH)_2$ 溶液中水化反应更快,生成水化硅酸钙和水化铝酸钙:

$$x Ca(OH)_2 + SiO_2 + m H_2O = x CaO \cdot SiO_2 \cdot n H_2O$$
$$y Ca(OH)_2 + Al_2O_3 + m H_2O = y CaO \cdot Al_2O_3 \cdot n H_2O$$

当液相中有 $CaSO_4 \cdot 2H_2O$ 存在时,将与 $CaO \cdot Al_2O_3 \cdot n H_2O$ 反应生成水化硫铝酸钙。水泥熟料的水化产物 $Ca(OH)_2$,以及水泥中石膏具备了使活性混合材料发挥活性的条件。即 $Ca(OH)_2$ 和 $CaSO_4 \cdot 2H_2O$ 起着激发水化、促进水泥硬化的作用,故称为激发剂。常用的激发剂有碱性激发剂和硫酸盐激发剂两类。硫酸盐激发剂的激发作用必须在有碱性激发剂的条件下,才能充分发挥。

2. 普通硅酸盐水泥

凡由硅酸盐水泥熟料、6%～20%混合材料、适量石膏磨细制成的水硬性胶凝材料,称为普通硅酸盐水泥(简称普通水泥),代号 P・O。

掺活性混合材料时,最大掺量不得超过 20%,其中允许用不超过水泥质量 5%的窑灰或不超过水泥质量 8%的非活性混合材料来代替。掺非活性混合材料,最大掺量不得超过水泥质量的 8%。

由于普通水泥混合料掺量很小,因此其性能与同等级的硅酸盐水泥相近。但由于掺入了少量的混合材料,与硅酸盐水泥相比,普通水泥硬化速度稍慢,其 3 d、28 d 的抗压强度稍低,这种水泥被广泛应用于各种强度等级的混凝土或钢筋混凝土工程,是我国水泥的主要品种之一。

普通水泥按照国家标准《通用硅酸盐水泥》(GB 175—2007)规定,其强度等级分为:42.5、42.5R、52.5、52.5R 四个强度等级,各强度等级水泥的各龄期强度不得低于表 3-4 中的数值,其他技术性能的要求如表 3-5 所示。普通硅酸盐水泥的初凝时间不小于 45 min,终凝不大于 600 min。

表 3-4 普通硅酸盐水泥各龄期的强度要求(GB 175—2007)

强度等级	抗压强度/MPa		抗折强度/MPa	
	3 d	28 d	3 d	28 d
42.5	≥17.0	≥42.5	≥3.5	≥6.5
42.5R	≥22.0		≥4.0	

续表

强度等级	抗压强度/MPa		抗折强度/MPa	
	3 d	28 d	3 d	28 d
52.5	≥23.0	≥52.5	≥4.0	≥7.0
52.5R	≥27.0		≥5.0	

注:R—早强型。

表 3-5　普通硅酸盐水泥的技术指标(GB 175—2007)

项目	细度比表面积/m²·kg⁻¹	凝结时间		安定性(沸煮法)	抗压强度/MPa	MgO/%	SO₃/%	烧失量/%	碱含量/%
		初凝/min	终凝/h						
指标	≥300	≥45	≤10	必须合格	表 3-4	≤5.0	≤3.5	≤5.0	0.60

3. 矿渣硅酸盐水泥、火山灰质硅酸盐水泥和粉煤灰硅酸盐水泥

1) 定义

(1) 矿渣硅酸盐水泥

凡由硅酸盐水泥熟料和粒化高炉矿渣、适量石膏磨细制成的水硬性胶凝材料称为矿渣硅酸盐水泥(简称矿渣水泥),代号 P·S(A 或 B)。水泥中粒化高炉矿渣掺量按质量百分比计为 21%~50%者,代号为 P·S·A;水泥中粒化高炉矿渣掺量按质量百分比计为 51%~70%者,代号为 P·S·B。允许用石灰石、窑灰、粉煤灰和火山灰质混合材料中的一种材料代替矿渣,代替数量不得超过水泥质量的 8%。

矿渣硅酸盐水泥的水化分两步进行,首先是熟料矿物的水化,生成水化硅酸钙、水化铝酸钙、水化铁酸钙、氢氧化钙、水化硫铝酸钙等水化物,其次是 Ca(OH)₂ 起着碱性激发剂的作用,与矿渣中的活性 Al₂O₃ 和活性 SiO₂ 作用生成水化硅酸钙、水化铝酸钙等水化物,两种反应交替进行又相互制约。矿渣中的 C₂S 也和熟料中的 C₂S 一样参与水化作用,生成水化硅酸钙。

矿渣硅酸盐水泥中的石膏,一方面可以调节水泥的凝结时间;另一方面又是矿渣的激发剂,与水化铝酸钙起反应,生成水化硫铝酸钙。故矿渣硅酸盐水泥中的石膏掺量可以比硅酸盐水泥的多一些,但若掺量过多,会降低水泥的质量,故 SO₃ 的含量不得超过 4%。

(2) 火山灰质硅酸盐水泥

凡由硅酸盐水泥熟料和火山灰质混合材料、适量石膏磨细制成的水硬性胶凝材料称为火山灰质硅酸盐水泥(简称火山灰水泥),代号 P·P。水泥中火山灰质混合材料掺量按质量百分比计为 21%~40%。

火山灰质硅酸盐水泥的水化、硬化过程及水化产物与矿渣硅酸盐水泥相类似。水泥加水后,先是熟料矿物的水化,生成水化硅酸钙、水化铝酸钙、水化铁酸钙、氢氧化钙、水化硫铝酸钙等水化物,其次是 Ca(OH)₂ 起着碱性激发剂的作用,再与火山灰质混合材料中的活性 Al₂O₃ 和活性 SiO₂ 作用生成水化硅酸钙、水化铝酸钙等水化物。火山灰质混合材料品种多,组成与结构差异较大,虽然各种火山灰水泥的水化、硬化过程基本相同,但水化速度和水化产物等却随着混合材料、硬化环境和水泥熟料的不同而发生变化。

(3) 粉煤灰硅酸盐水泥

凡由硅酸盐水泥熟料和粉煤灰、适量石膏磨细制成的水硬性胶凝材料称为粉煤灰硅酸盐水泥(简称粉煤灰水泥),代号 P·F。水泥中粉煤灰掺量按质量百分比计为21%～40%。

粉煤灰硅酸盐水泥的水化、硬化过程与矿渣硅酸盐水泥相似,但也有不同之处。粉煤灰的活性组成主要是玻璃体,这种玻璃体比较稳定而且结构致密,不易水化。在水泥熟料水化产物 Ca(OH)$_2$ 的激发下,经过28天到3个月的水化龄期,才能在玻璃体表面形成水化硅酸钙和水化铝酸钙。

2) 强度等级与技术要求

矿渣硅酸盐水泥、火山灰硅酸盐水泥、粉煤灰硅酸盐水泥按照我国现行标准《通用硅酸盐水泥》(GB 175—2007)规定,其强度等级分为:32.5、32.5R、42.5、42.5R、52.5、52.5R 六个强度等级,各强度等级水泥的各龄期强度不得低于表 3-6 中的数值。矿渣硅酸盐水泥、火山灰硅酸盐水泥、粉煤灰硅酸盐水泥的细度以筛余表示,其 80 μm 方孔筛筛余不大于10%或 45 μm 方孔筛筛余不大于30%;其初凝时间不小于 45 min,终凝不大于 600 min。其他技术性能的要求如表 3-7 所示。

表 3-6 矿渣水泥、火山灰水泥、粉煤灰水泥各龄期的强度要求(GB 175—2007)

强度等级	抗压强度/MPa		抗折强度/MPa	
	3 d	28 d	3 d	28 d
32.5	10.0	32.5	2.5	5.5
32.5R	15.0	32.5	3.5	5.5
42.5	15.0	42.5	3.5	6.5
42.5R	19.0	42.5	4.0	6.5
52.5	21.0	52.5	4.0	7.0
52.5R	23.0	52.5	4.5	7.0

注:R—早强型。

表 3-7 矿渣水泥、火山灰水泥、粉煤灰水泥技术指标(GB 175—2007)

项目	细度(80 μm 方孔筛)的筛余量/%	凝结时间		安定性(沸煮法)	抗压强度/MPa	水泥中 MgO/%	水泥中 SO$_3$/%		碱含量按 Na$_2$O+0.658K$_2$O 计/%
		初凝/min	终凝/h				矿渣水泥	火山灰、粉煤灰水泥	
指标	≤10%	≥45	≤10	必须合格	见表 4-6	≤6.0①	≤4.0	≤3.5	供需双方商定
试验方法	GB/T 1345—2005	GB/T 1346—2011			GB/T 17671—1999		GB/T 176—2017		

注:① 如果水泥中氧化镁的含量(质量分数)大于 6.0% 时,需进行水泥压蒸安定性试验并合格。
② 若使用活性骨料需要限制水泥中碱含量时,由供需双方商定。

3) 矿渣水泥、火山灰水泥、粉煤灰水泥特性与应用

(1) 三种水泥的共性

三种水泥均掺有较多的混合材料,所以这些水泥有以下共性:

① 凝结硬化慢,早期强度低,后期强度增长较快

三种水泥的水化过程较硅酸盐水泥复杂。首先是水泥熟料矿物与水反应,所生成的氢氧化钙和掺入水泥中的石膏分别作为混合材料的碱性激发剂和硫酸盐激发剂;其次是与混

合材料中的活性氧化硅、氧化铝进行二次化学反应。由于三种水泥中熟料矿物含量减少,而且水化分两步进行,所以凝结硬化速度减慢,不宜用于早期强度要求较高的工程。

② 水化热较低

由于水泥中熟料的减少,使水泥水化时发热量高的 C_3S 和 C_3A 含量相对减少,故水化热较低,可优先使用于大体积混凝土工程,不宜用于冬季施工。

③ 耐腐蚀能力好,抗碳化能力较差

这类水泥水化产物中 $Ca(OH)_2$ 含量少,碱度低,故抗碳化能力较差,对防止钢筋锈蚀不利,不宜用于重要的钢筋混凝土结构和预应力混凝土。但抗溶出性侵蚀、抗盐酸类侵蚀及抗硫酸盐侵蚀的能力较强,宜用于有耐腐蚀要求的混凝土工程。

④ 对温度敏感,蒸汽养护效果好

这三种水泥在低温条件下水化速度明显减慢,在蒸汽养护的高温高湿环境中,活性混合材料参与二次水化反应,强度增长比硅酸盐水泥快。

⑤ 抗冻性、耐磨性差

与硅酸盐水泥相比较,由于加入较多的混合材料,用水量增大,水泥石中孔隙较多,故抗冻性、耐磨性较差,不适用于受反复冻融作用的工程及有耐磨要求的工程。

（2）三种水泥的特性

矿渣水泥、火山灰水泥、粉煤灰水泥除上述的共性外,各自的特点如下:

① 矿渣水泥

由于矿渣水泥硬化后氢氧化钙的含量低,矿渣又是水泥的耐火掺料,所以矿渣水泥具有较好的耐热性,可用于配制耐热混凝土。同时,由于矿渣为玻璃体结构,亲水性差,因此矿渣水泥保水性差,易产生泌水、干缩性较大,不适用于有抗渗要求的混凝土工程。

② 火山灰水泥

火山灰水泥需水量大,在硬化过程中的干缩较矿渣水泥更为显著,在干热环境中易产生干缩裂缝。因此,火山灰水泥不适用于干燥环境中的混凝土工程,使用时必须加强养护,使其在较长时间内保持潮湿状态。

火山灰水泥颗粒较细,泌水性小,故具有较高的抗渗性,适用于有一般抗渗要求的混凝土工程。

③ 粉煤灰水泥

粉煤灰水泥的主要特点是干缩性比较小,甚至比硅酸盐水泥及普通水泥还小,因而抗裂性较好;由于粉煤灰的颗粒多呈球形微粒,吸水率小,所以粉煤灰水泥的需水量小,配制的混凝土和易性较好。

4. 复合硅酸盐水泥

凡由硅酸盐水泥熟料、两种或两种以上规定的混合材料、适量石膏磨细制成的水硬性胶凝材料,称为复合硅酸盐水泥（简称复合水泥）,代号 P·C。水泥中混合材料总掺加量按质量百分比计应大于 20%,但不超过 50%。允许用不超过 8% 的窑灰代替部分混合材料;掺矿渣时混合材料掺量不得与矿渣硅酸盐水泥重复。

复合硅酸盐水泥中掺入两种或两种以上的混合材料,可以明显地改善水泥的性能,克服了掺加单一混合材料水泥的弊端,有利于水泥的使用与施工。复合硅酸盐水泥的性能一般受所用混合材料的种类、掺量及比例等因素的影响,早期强度高于矿渣硅酸盐水泥、火山灰质硅酸盐水泥、粉煤灰硅酸盐水泥,大体上的性能与上述三种水泥相似,适用范围较广。

按照国家标准《通用硅酸盐水泥》(GB 175—2007)的规定,水泥熟料中氧化镁的含量、三氧化硫的含量、细度、安定性、凝结时间等指标与火山灰硅酸盐水泥、粉煤灰硅酸盐水泥相同。复合硅酸盐水泥分为 32.5R、42.5、42.5R、52.5、52.5R 五个强度等级,各强度等级水泥的各龄期强度不得低于表 3-8 数值。复合硅酸盐水泥的细度用筛余表示,80 μm 方孔筛筛余不大于 10%或 45 μm 方孔筛筛余不大于 30%;其初凝时间不小于 45 min,终凝不大于 600 min。

表 3-8　复合硅酸盐水泥各龄期的强度要求(GB 175—2007)

强度等级	抗压强度/MPa		抗折强度/MPa	
	3 d	28 d	3 d	28 d
32.5R	≥15.0	≥32.5	≥3.5	≥5.5
42.5	≥15.0	≥42.5	≥3.5	≥6.5
42.5R	≥19.0		≥4.0	
52.5	≥21.0	≥52.5	≥4.0	≥7.0
52.5R	≥23.0		≥4.5	

注:R—早强型。

3.1.3　水泥的应用、验收与保管

1. 六种常用水泥的特性与应用

硅酸盐水泥、普通水泥、矿渣水泥、火山灰水泥、粉煤灰水泥及复合水泥等水泥是在工程中应用最广的品种,此六种水泥的特性如表 3-9 所示;它们的应用如表 3-10 所示。

表 3-9　通用水泥的特性

性　质	硅酸盐水泥	普通水泥	矿渣水泥	火山灰水泥	粉煤灰水泥	复合水泥
凝结硬化	快	较快	慢	慢	慢	与所掺两种或两种以上混合材料的种类、掺量有关,其特性基本与矿渣水泥、火山灰水泥、粉煤灰水泥的特性相似。
早期强度	高	较高	低	低	低	
后期强度	高	高	增长较快	增长较快	增长较快	
水化热	大	较大	较低	较低	较低	
抗冻性	好	较好	差	差	差	
干缩性	小	较小	大	大	较小	
耐蚀性	差	较差	较好	较好	较好	
耐热性	差	较差	好	较好	较好	
泌水性			大	抗渗性较好		
抗碳化能力			差			

表 3-10 通用水泥的选用

混凝土工程特点及所处环境条件			优先选用	可以选用	不宜选用
普通混凝土	1	在一般气候环境中的混凝土	普通水泥	矿渣水泥、火山灰水泥、粉煤灰水泥和复合水泥	
	2	在干燥环境中的混凝土	普通水泥	矿渣水泥	火山灰水泥、粉煤灰水泥
	3	在高温环境中或长期处于水中的混凝土	矿渣水泥、火山灰水泥、粉煤灰水泥、复合水泥	普通水泥	
	4	厚大体积的混凝土	矿渣水泥、火山灰水泥、粉煤灰水泥、复合水泥		硅酸盐水泥 普通水泥
有特殊要求的混凝土	1	要求快硬、高强（>C60）的混凝土	硅酸盐水泥	普通水泥	矿渣水泥、火山灰水泥、粉煤灰水泥、复合水泥
	2	严寒地区的露天混凝土、寒冷地区处于水位升降范围的混凝土	普通水泥	矿渣水泥（强度等级>32.5）	火山灰水泥、粉煤灰水泥
	3	严寒地区处于水位升降范围的混凝土	普通水泥（强度等级>42.5）		矿渣水泥、火山灰水泥、粉煤灰水泥、复合水泥
	4	有抗渗要求的混凝土	普通水泥、火山灰水泥		矿渣水泥
	5	有耐磨性要求的混凝土	硅酸盐水泥、普通水泥	矿渣水泥（强度等级>32.5）	火山灰水泥、粉煤灰水泥
	6	受侵蚀性介质作用的混凝土	矿渣水泥、火山灰水泥、粉煤灰水泥、复合水泥		硅酸盐水泥

工程案例

3-6 掺混合材料的水泥与硅酸盐水泥相比,在性能上有何特点? 为什么?

原因分析 与硅酸盐水泥相比,掺混合材料的水泥在性质上具有以下不同点:

(1) 早期强度低,后期强度发展快。这是因为掺混合材料的硅酸盐水泥熟料含量少,活性混合材料的水化速度慢于熟料,故早期强度低。后期因熟料水化生成的$Ca(OH)_2$不断增多并和活性混合材料中的活性氧化硅 SiO_2 和活性氧化铝 Al_2O_3 不断水化,从而生成众多水化产物,故后期强度发展快,甚至可以超过同标号硅酸盐水泥。

(2) 掺混合材料的水泥水化热低,放热速度慢。因掺混合材料的水泥熟料含量少,故水化热低。虽然活性材料水化时也放热,但放热量很少,远远低于熟料的水化热。

(3) 适于高温养护,具有较好的耐热性能。采用高温养护掺活性混合材料较多的硅酸盐水泥,可大大提高早期强度,并可提高后期强度。这是因为在高温下活性混合材料的水化反应大大加快。同时早期生成的水化产物对后期活性混合材料和熟料的水化没有多少阻碍作用,后期仍可正常水化,故高温养护后,水泥的后期强度也高于常温下养护的强度。而对于未掺活性混合材料的硅酸盐水泥,在高温养护下,熟料的水化速度加快,由于熟料占绝大多数,故在短期内就生成大量的水化产物,沉淀在水泥颗粒附近。这些水化产物膜层阻碍了熟料的后期水化,因而高温养护虽提高了早期强度,但对硅酸盐水泥的后期强度发展不利。

(4) 具有较强的抗侵蚀、抗腐蚀能力。因掺混合材料较多的硅酸盐水泥中熟料少,故熟料水化后易受腐蚀的成分 $Ca(OH)_2$、C_3AH_6 较少,且活性混合材料的水化进一步降低了 $Ca(OH)_2$ 的数量,故耐腐蚀性较好。

评　掺混合材料的水泥主要有组成中掺有多量粒化高炉矿渣的矿渣硅酸盐水泥;掺有多量火山灰质混合材料的火山灰质硅酸盐水泥;掺有多量粉煤灰的粉煤灰硅酸盐水泥。虽然混合材料的品种不同,但其主要化学成分均为活性氧化硅和活性氧化铝。而硅酸盐水泥的组成中不含或含有很少的混合材料。此外二者均含有硅酸盐水泥熟料和适量石膏。

2. 水泥的验收

水泥可以采用袋装或者散装,袋装水泥每袋净含量 50 kg,且不得少于标志质量的 99%,随机抽取 20 袋水泥,其总质量不得少于 1 000 kg。

水泥袋上应清楚标明下列内容:执行标准、水泥品种、代号、强度等级、生产者名称、生产许可证标志(QS)及编号、出厂编号、包装日期、净含量。包装袋两侧应根据水泥的品种采用不同的颜色印刷水泥名称和强度等级,硅酸盐水泥和普通硅酸盐水泥采用红色,矿渣硅酸盐水泥采用绿色;火山灰质硅酸盐水泥、粉煤灰硅酸盐水泥和复合硅酸盐水泥采用黑色或蓝色。

散装水泥发运时应提交与袋装水泥标志相同内容的卡片。

建设工程中使用水泥之前,要对同一生产厂家、同期出厂的同品种、同强度等级的水泥,以一次进场的、同一出厂编号的水泥为一批,按照规定的抽样方法抽取样品,对水泥性能进行检验。袋装水泥以每一编号内随机抽取不少于 20 袋水泥取样;散装水泥于每一编号内采用散装水泥取样器随机取样。重点检验水泥的凝结时间、安定性和强度等级,合格后方可投入使用。存放期超过 3 个月的水泥,使用前必须重新进行复验,并按复验结果使用。

3. 水泥的保管

水泥进场后的保管应注意以下问题:

(1) 不同生产厂家、不同品种、强度等级和不同出厂日期的水泥应分别堆放,不得混存混放,更不能混合使用。

(2) 水泥的吸湿性大,在储存和保管时必须注意防潮防水。临时存放的水泥要做好上盖下垫;必要时盖上塑料薄膜或防雨布,要垫高存放,离地面或墙面至少 200 mm 以上。

(3) 存放袋装水泥,堆垛不宜太高,一般以 10 袋为宜,太高会使底层水泥过重而造成袋包装破裂,使水泥受潮结块。如果储存期较短或场地太狭窄,堆垛可以适当加高,但最多不宜超过 15 袋。

(4) 水泥储存时要合理安排库内出入通道和堆垛位置,以使水泥能够实行先进先出的发放原则。避免部分水泥因长期积压在不易运出的角落里,造成受潮而变质。

（5）水泥储存期不宜过长，以免受潮变质或引起强度降低。储存期按出厂日期起算，一般水泥为三个月，铝酸盐水泥为两个月，快硬水泥和快凝快硬水泥为一个月。水泥超过储存期必须重新检验，根据检验的结果决定是否继续使用或降低强度等级使用。

水泥在储存过程中易吸收空气中的水分而受潮，水泥受潮以后，多出现结块现象，而且烧失量增加，强度降低。对水泥受潮程度的鉴别和处理可按表 3-11 所示。

表 3-11　受潮水泥的简易鉴别和处理方法

受潮程度	水泥外观	手　感	强度降低	处理方法
轻微受潮	水泥新鲜，有流动性，肉眼观察完全呈细粉	用手捏碾无硬粒	强度降低不超过 5%	使用不改变
开始受潮	水泥凝有小球粒，但易散成粉末	用手捏碾无硬粒	强度降低 5% 以下	用于要求不严格的工程部位
受潮加重	水泥细度变粗，有大量小球粒和松块	用手捏碾，球粒可成细粉，无硬粒	强度降低 15%～20%	将松块压成粉末，降低强度用于要求不严格的工程部位
受潮较重	水泥结成粒块，有少量硬块，但硬块较松，容易击碎	用手捏碾，不能变成粉末，有硬粒	强度降低 30%～50%	用筛子筛去硬粒、硬块，降低强度用于要求较低的工程部位
严重受潮	水泥中有许多硬粒、硬块，难以压碎	用手捏碾不动	强度降低 50% 以上	不能用于工程中

工程案例

3-7　广西百色某车间盖单层砖房屋，采用预制空心板及 12 m 跨现浇钢筋混凝土大梁，1983 年 10 月开工，使用进场已 3 个多月并存放于潮湿地方的水泥。1984 年拆完大梁底模板和支撑，1 月 4 日下午房屋全部倒塌。原因分析：事故的主因是使用受潮水泥，且采用人工搅拌，无严格配合比。致使大梁混凝土在倒塌后用回弹仪测定平均抗压强度仅 5 MPa 左右，有些地方竟测不出回弹值。此外还存在振捣不实，配筋不足等问题。针对水泥出现的问题，应如何防治。

分析　防治措施：施工现场入库水泥应按品种、标号、出厂日期分别堆放，并建立标志。先到先用，防止混乱。防止水泥受潮。水泥不慎受潮，可分情况处理、使用：

（1）有粉块，可用手捏成粉末，尚无硬块。可压碎粉块，通过试验，按实际强度使用。

（2）部分水泥结成硬块。可筛去硬块，压碎粉块。通过试验，按实际强度使用，可用于不重要的、受力小的部位，也可用于砌筑砂浆。

（3）大部分水泥结成硬块。粉碎、磨细，不能作为水泥使用，但仍可作水泥混合材料或混凝土掺合料。

任务 3.2　专用水泥

任务导入	● 专用水泥是为满足工程要求而生产的专门用于某种工程的水泥。专用水泥一般以使用的工程命名。如道路硅酸盐水泥、砌筑水泥、油井水泥。本任务主要学习专用水泥。
任务目标	➤ 了解道路硅酸盐水泥的技术要求、性质与应用； ➤ 了解砌筑水泥的技术要求、性质与应用。

3.2.1　道路硅酸盐水泥

1. 定义与代号

由道路硅酸盐水泥熟料,适量石膏和混合材料,磨细制成的水硬性胶凝材料,称为道路硅酸盐水泥(简称道路水泥),代号 P·R。道路硅酸盐水泥中,熟料和石膏(质量分数)为 90%～100%,活性混合材料(质量分数)为 0～10%。

2. 道路硅酸盐水泥熟料

道路硅酸盐水泥熟料要求铝酸三钙($3CaO·Al_2O_3$)的含量应不超过 5.0%,铁铝酸四钙($4CaO·Al_2O_3·Fe_2O_3$)的含量应不低于 15.0%,游离氧化钙(CaO)的含量,不应大于 1.0%。

3. 技术要求

道路水泥的性能要求是耐磨性好、收缩小、抗冻性好、抗冲击性好,有较高的抗折强度和良好的耐久性。道路水泥主要依靠改变水泥熟料的矿物组成、粉磨细度、石膏加入量和外加剂来实现。一般适当提高熟料中 C_3S 和 C_4AF 的含量,限制 C_3A 和游离氧化钙的含量。C_4AF 的脆性小、抗冲击性强、体积收缩最小,提高 C_4AF 的含量,可以提高水泥的抗折强度和耐磨性。水泥的粉磨细度增加,虽然可提高强度,但水泥的细度增加,收缩增加很快,从而易产生微细裂缝,使道路易于破坏。适当提高水泥中的石膏加入量,可提高水泥的强度和降低收缩率,对生产道路水泥是有利的。为了提高道路混凝土的耐磨性,可加入适量的石英砂。

现行规范《道路硅酸盐水泥》(GB/T 13693—2017)对道路硅酸盐水泥提出了一系列的技术要求,如表 3-12 和表 3-13 所示。道路硅酸盐水泥按照 28 d 抗折强度分为 7.5 和 8.5 两个等级。

表 3-12　道路硅酸盐水泥物理性能(GB/T 13693—2017)

水泥品种	细度比表面积 /m²·kg⁻¹	凝结时间/min		安定性 (沸煮法)	强度 /MPa	干缩性(28 d 干缩率)/%	耐磨性(28 d 磨耗量)/kg·m⁻²
		初凝	终凝				
道路水泥	300～450	≥90	≤720	必须合格	见表 3-13	≤0.10	≤3.00

注:水泥中碱含量以 $Na_2O+0.658K_2O$ 的计算值来表示,由供需双方商定。若使用活性骨料或用户提出低碱要求时,水泥中碱含量不得大于 0.60%。

表 3-13　道路硅酸盐水泥强度等级要求(GB/T 13693—2017)

强度等级	抗压强度/MPa		抗折强度/MPa	
	3 d	28 d	3 d	28 d
7.5	≥21.0	≥42.5	≥4.0	≥7.5
8.5	≥26.0	≥52.5	≥8.0	≥8.5

道路水泥是一种强度高、特别是抗折强度高,耐磨性好,干缩性小,抗冲击性好,抗冻性和抗硫酸性比较好的水泥。它适用于道路路面、机场跑道道面,城市广场等工程。

3.2.2　砌筑水泥

1. 定义与代号

砌筑水泥是由硅酸盐水泥熟料加入规定的混合材料和适量石膏,磨细制成的保水性较好的水硬性胶凝材料,代号 M。

建筑标准

《砌筑水泥》

2. 技术要求

砌筑水泥,按强度等级分为 12.5、22.5 和 32.5 三个等级。现行规范《砌筑水泥》(GB/T 3183—2017)对砌筑水泥提出一系列的技术要求,如表 3-14 和表 3-15 所示。

表 3-14　砌筑水泥物理性能(GB/T 3183—2017)

项目	细度(80 μm 方孔筛)的筛余量/%	凝结时间/min		安定性(沸煮法)	强度/MPa	保水率/%
		初凝	终凝			
指标	≤10.0	≥60	≤720	必须合格	见表 3-15	≥80

表 3-15　砌筑水泥强度等级(GB/T 3183—2017)

强度等级	抗压强度/MPa			抗折强度/MPa		
	3 d	7 d	28 d	3 d	7 d	28 d
12.5	—	≥7.0	≥12.5	—	≥1.5	≥3.0
22.5	—	≥10.0	≥22.5	—	≥2.0	≥4.0
32.5	≥10.0	—	≥32.5	≥2.5	—	≥5.5

砌筑水泥主要用于砌筑砂浆、内墙抹面砂浆及基础垫层等,允许用于生产砌块等制品。砌筑水泥一般不应用于配制混凝土,通过试验,允许用于低强度等级混凝土,但不得用于钢筋混凝土等承重结构。

任务 3.3　特性水泥

任务导入	● 特性水泥是指具有某种突出性能的水泥统称。它不是专用的,可以在需要和规定的特性范围 内使用。品种较多,如中热水泥、低热水泥、膨胀水泥、抗硫酸盐水泥、白水泥等。本任务主要学习特性水泥。
任务目标	➤ 了解白色硅酸盐水泥和彩色硅酸盐水泥的技术性质及应用; ➤ 了解中低热水泥的技术性质及应用; ➤ 了解膨胀水泥的技术性质及应用

3.3.1　白色硅酸盐水泥

在氧化铁含量少的硅酸盐水泥熟料中加入适量的石膏,磨细制成的水硬性胶凝材料称为白色硅酸盐水泥简称白水泥,代号 P·W。组成上,白色硅酸盐水泥熟料和石膏共占 70%～100%,石灰岩、白云质石灰岩和石英砂等天然矿物占 0%～30%。

白水泥与常用水泥的主要区别在于氧化铁含量少,因而色白。白水泥与常用水泥的生产制造方法基本相同,关键是严格控制水泥原料的铁含量,严防在生产过程中混入铁质。此外,锰、铬等的氧化物也会导致水泥白度的降低,必须控制其含量。

白水泥的性能与硅酸盐水泥基本相同。根据国家标准 GB2015—2017 的规定,白色硅酸盐水泥按强度分为 32.5、42.5 和 52.5 三个强度等级,各强度等级水泥各规定龄期的强度不得低于表 3-16 的数值。

表 3 - 16　白色硅酸盐水泥强度等级要求(GB2015—2017)

强度等级	抗压强度/MPa		抗折强度/MPa	
	3 d	28 d	3 d	28 d
32.5	≥12.0	≥32.5	≥3.0	≥6.0
42.5	≥17.0	≥42.5	≥3.5	≥6.5
52.5	≥22.0	≥52.5	≥4.0	≥7.0

　　白水泥的技术要求中与其他品种水泥最大的不同是有白度要求,白色硅酸盐水泥按照白度分为 1 级和 2 级,代号分别为 P·W-1 和 P·W-2;白度的测定方法按 GB/T 5950—2008 进行,1 级白水泥白度值不小于 89,2 级白水泥白度不小于 87。白水泥其他各项技术要求包括:细度要求为 0.045 mm 方孔筛筛余不超过 30.0%;其初凝时间不得早于 45 min,终凝时间不迟于 600 min;体积安定性用沸煮法检验必须合格,同时熟料中三氧化硫含量不得超过 3.5%。

　　白水泥可以采用袋装或者散装,袋装水泥每袋净含量 50 kg,且不得少于标志质量的 99%,随机抽取 20 袋水泥,其总质量不得少于 1 000 kg。

　　水泥袋上应清楚标明下列内容:执行标准、水泥品种、代号、强度等级、生产者名称、生产许可证标志(QS)及编号、出厂编号、包装日期、净含量。包装袋两侧应印有水泥名称、强度等级,用蓝色印刷。

3.3.2　彩色硅酸盐水泥

　　彩色硅酸盐水泥是由硅酸盐水泥熟料及适量石膏(或白色硅酸盐水泥)、混合材料及着色剂磨细或混合制成的带有色彩的水硬性胶凝材料。

　　彩色硅酸盐水泥根据其着色方法不同,有三种生产方式:一是直接烧成法,在水泥生料中加入着色原料而直接煅烧成彩色水泥熟料,再加入适量石膏共同磨细;二是染色法,将白色硅酸盐水泥熟料或硅酸盐水泥熟料、适量石膏和碱性着色物质共同磨细制得彩色水泥;三是将干燥状态的着色物质直接掺入白水泥或硅酸盐水泥中。当工程使用量较少时,常用第三种办法。

　　彩色硅酸盐水泥有红色、黄色、蓝色、绿色、棕色、黑色等。根据行业标准《彩色硅酸盐水泥》(JC/T 870—2012)的规定,彩色硅酸盐水泥强度等级分为 27.5、32.5 和 42.5 三个等级。各级彩色水泥各规定龄期的强度不得低于表 3 - 17 的数据。

表 3 - 17　彩色硅酸盐水泥的强度等级要求(JC/T 870—2012)

强度等级	抗压强度/MPa		抗折强度/MPa	
	3 d	28 d	3 d	28 d
27.5	≥7.5	≥27.5	≥2.0	≥5.0
32.5	≥10.0	≥32.5	≥2.5	≥5.5
42.5	≥15.0	≥42.5	≥3.5	≥6.5

　　彩色硅酸盐水泥其他各项技术要求为:细度要求 0.080 mm 方孔筛筛余不得超过 6.0%;初凝时间不得早于 1 h,终凝时间不得迟于 10 h;体积安定性用沸煮法检验必须合格,彩色水泥中三氧化硫的含量不得超过 4.0%。

白色和彩色硅酸盐水泥主要应用于建筑装饰工程中,常用于配制各类彩色水泥浆、水泥砂浆,用于饰面刷浆或陶瓷铺贴的勾缝,配制装饰混凝土、彩色水刷石、人造大理石及水磨石等制品,并以其特有的色彩装饰性,用于雕塑艺术和各种装饰部件。

建筑标准

《中热硅酸盐水泥、低热硅酸盐水泥》

3.3.3 中低热水泥

中低热水泥包括:中热硅酸盐水泥、低热硅酸盐水泥,在《中热硅酸盐水泥、低热硅酸盐水泥》(GB 200—2017)中,对这两种水泥做出了相应的规定。

1. 定义与代号

(1) 中热硅酸盐水泥

以适当成分的硅酸盐水泥熟料,加入适量石膏,磨细制成的具有中等水化热的水硬性胶凝材料,称为中热硅酸盐水泥(简称中热水泥),代号P·MH。

(2) 低热硅酸盐水泥

以适当成分的硅酸盐水泥熟料,加入适量石膏,磨细而成的具有低水化热的水硬性胶凝材料,称为低热硅酸盐水泥(简称低热水泥),代号 P·LH。

2. 硅酸盐水泥熟料的要求

(1) 中热硅酸盐水泥熟料要求硅酸三钙($3CaO·SiO_2$)的含量不超过 55.0%,铝酸三钙($3CaO·Al_2O_3$)的含量应不超过 6.0%,游离氧化钙($f-CaO$)的含量应不超过 1.0%。

(2) 低热硅酸盐水泥熟料要求硅酸二钙($2CaO·SiO_2$)的含量不小于 40.0%,铝酸三钙($3CaO·Al_2O_3$)的含量应不超过 6.0%,游离氧化钙(CaO)的含量应不超过 1.0%。

3. 技术要求

中热水泥,强度等级为 42.5,低热水泥按强度等级分为 32.5 和 42.5 两个等级。

现行规范《中热硅酸盐水泥、低热硅酸盐水泥》(GB 200—2017)规定了中低热水泥化学成分要求,氧化镁的含量(质量分数)不大于 5.0%,如果水泥经压蒸安定性试验合格,则水泥中氧化镁的含量(质量分数)允许放宽到 6.0%;三氧化硫的含量(质量分数)不大于 3.5%;烧失量(质量分数)不大于 3.0%;水泥中不溶物的含量(质量分数)不大于 0.75%;按水泥中碱含量以 $Na_2O+0.658K_2O$ 的计算值来表示,由供需双方协商确定。若使用活性骨料或用户提出低碱要求时,中热及低热水泥中碱含量不得大于 0.60%。用户提出要求时,水泥中硅酸三钙、硅酸二钙和铝酸三钙的含量应符合表 3-18 规定或由买卖双方协商确定。

表 3-18　水泥中硅酸三钙、硅酸二钙和铝酸三钙的含量(GB 200—2017)

水泥品种	C_3S/%	C_2S/%	C_3A/%
中热水泥	≤55.0	—	≤6.0
低热水泥	—	≥40.0	≤6.0

中低热水泥的比表面积不小于 250 m^2/kg;初凝时间不小于 60 min,终凝时间不大于 720 min;煮沸安定性应合格;强度 3 d、7 d 和 28 d 的强度应符合表 3-19 规定。低热水泥 90 d 的抗压强度不小于 62.5 MPa。

表 3 - 19　中热硅酸盐水泥、低热硅酸盐水泥强度等级要求(GB 200—2017)

品　种	强度等级	抗压强度/MPa			抗折强度/MPa		
		3 d	7 d	28 d	3 d	7 d	28 d
中热水泥	42.5	≥12.0	≥22.0	≥42.5	≥3.0	≥4.5	≥6.5
低热水泥	32.5	—	≥10.0	≥32.5	—	≥3.0	≥5.5
	42.5	—	≥13.0	≥42.5	—	≥3.5	≥6.5

中低热水泥 3 d 和 7 d 的水化热应符合表 3 - 20 的数值,且 32.5 级低热水泥 28 d 的水化热不大于 290 kJ/kg,42.5 级低热水泥 28 d 的水化热不大于 310 kJ/kg。

表 3 - 20　水泥 3 d 和 7 d 的水化热指标

品　种	强度等级	水化热/kJ · kg⁻¹	
		3 d	7 d
中热水泥	42.5	≤251	≤293
低热水泥	32.5	≤197	≤230
	42.5	≤230	≤260

中低热水泥主要用于要求水化热较低的大坝和大体积工程。中热水泥主要适用于大坝溢流面的面层和水位变动区等要求耐磨性和抗冻性的工程,低热水泥主要适用于大坝或大体积建筑物内部及水下工程。

3.3.4　膨胀水泥

由胶凝物质和膨胀剂混合而成的胶凝材料称为膨胀水泥,在水化过程中能产生体积膨胀,在硬化过程中不仅不收缩,而且有不同程度的膨胀。使用膨胀水泥能克服和改善普通水泥混凝土的一些缺点(常用水泥在硬化过程中常产生一定收缩,造成水泥混凝土构件裂纹、透水和不适宜某些工程的使用),能提高水泥混凝土构件的密实性,能提高混凝土的整体性。

膨胀水泥水化硬化过程中体积膨胀,可以达到补偿收缩、增加结构密实度以及获得预加应力的目的。由于这种预加应力来自水泥本身的水化,所以称为自应力,并以"自应力值"(MPa)来表示其大小。按自应力的大小,膨胀水泥可分为两类:当自应力值≥2.0 MPa 时,称为自应力水泥;当自应力值<2.0 MPa 时,则称为膨胀水泥。

膨胀水泥按主要成分划分为硅酸盐型、铝酸盐型、硫铝酸盐型和铁铝酸钙型,其膨胀机理都是水泥石中所形成的钙矾石的膨胀。其中硅酸盐膨胀水泥凝结硬化较慢;铝酸盐膨胀水泥凝结硬化较快。

(1)硅酸盐膨胀水泥

它是以硅酸盐水泥为主要成分,外加铝酸盐水泥和石膏为膨胀组分配制而成的膨胀水泥。其膨胀值的大小通过改变铝酸盐水泥和石膏的含量来调节。

（2）铝酸盐膨胀水泥

铝酸盐膨胀水泥由铝酸盐水泥熟料，二水石膏为膨胀组分混合磨细或分别磨细后混合而成，具有自应力值高以及抗渗、气密性好等优点。

（3）硫铝酸盐膨胀水泥

它是以无水硫铝酸钙和硅酸二钙为主要成分，以石膏为膨胀组分配制而成。

（4）铁铝酸钙膨胀水泥

它是以铁相、无水硫铝酸钙和硅酸二钙为主要成分，以石膏为膨胀组分配制而成。

以上四种膨胀水泥通过调整各种组成的配合比例，就可得到不同的膨胀值，制成不同类型的膨胀水泥。膨胀水泥的膨胀作用基于硬化初期，其膨胀源均来自水泥水化形成的钙矾石，产生体积膨胀。由于这种膨胀作用发生在硬化初期，水泥浆体尚具备可塑性，因而不至于引起膨胀破坏。

膨胀水泥适用于配制补偿收缩混凝土，用于构件的接缝及管道接头、混凝土结构的加固和修补、防渗堵漏工程、机器底座及地脚螺丝的固定等。自应力水泥适用于制造自应力钢筋混凝土压力管及配件。

任务 3.4 水泥检测试验

任务导入	● 水泥的性能决定了水泥的应用范围，而且直接影响了建筑工程的质量。本任务主要学习水泥的性能检测。
任务目标	➢ 掌握水泥的取样要求； ➢ 掌握水泥标准稠度用水量检测方法； ➢ 掌握水泥体积安定检测方法； ➢ 掌握水泥胶砂强度检测方法； ➢ 正确使用仪器与设备，熟悉其性能； ➢ 正确、合理记录并处理数据，并对结果做出判定。

【试验目的】

了解通用硅酸盐水泥检验的一般规定；了解通用硅酸盐水泥检验的检查项目；掌握通用硅酸盐水泥的合格性判定方法。

【相关标准】

①《水泥取样方法》（GB/T 12573—2008）；②《通用硅酸盐水泥》（GB 175—2007）；③《水泥标准稠度用水量、凝结时间、安定性检验方法》（GB/T 1346—2011）；④《水泥胶砂强度检验方法 ISO》（GB/T 17671—1999）；⑤《水泥细度检验方法》（GB/T 1345—2005）。

3.4.1 水泥检验的取样要求

1. 编号及取样

取样应在具有代表性的部位进行，并且不应在污染严重的环境中取样。一般在以下部位取样：

（1）水泥输送管路中；（2）袋装水泥堆场；（3）散装水泥卸料处或水泥运输机具上。

水泥出厂前按同品种、同强度等级编号和取样。袋装水泥和散装水泥应分别进行编号和取样。每一编号为一取样单位。水泥出厂编号按年生产能力规定为：

200×10^4 t 以上，不超过 4 000 t 为一编号；

120×10^4 t～200×10^4 t，不超过 2 400 t 为一编号；

60×10^4 t～120×10^4 t，不超过 1 000 t 为一编号；

30×10^4 t～60×10^4 t，不超过 600 t 为一编号；

10×10^4 t～30×10^4 t，不超过 400 t 为一编号；

10×10^4 t 以下，不超过 200 t 为一编号。

进场的水泥应按批进行复验。按同一生产厂家、同一等级、同一品种、同一批号且连续进场的水泥，袋装≤200 t 为一批，散装≤500 t 为一批，每批抽样不少于一次。

取样应有代表性，可连续取，也可从 20 个以上不同部位分别抽取等量水泥，总数至少 12 kg；袋装水泥取样于每一个编号内随机抽取不少于 20 袋水泥，采用袋装水泥取样器取样，每次抽取的单样量应尽量一致。水泥试样应充分拌匀，通过 0.9 mm 方孔筛并记录筛余物情况，当试验水泥从取样至试验要保持 24 h 以上时，应把它贮存在基本装满和气密的容器里，这个容器应不与水泥起反应。试验用水应是洁净的淡水，仲裁试验或其他重要试验用蒸馏水，其他试验可用饮用水。仪器、用具和试模的温度与试验室一致。

2. 养护条件

试验室温度应为 20±2℃，相对湿度应大于 50％。养护箱温度为 20±1℃，相对湿度应大于 90％。

3. 对试验材料的要求

（1）水泥试样应充分拌匀；（2）试验用水必须是洁净的淡水；（3）水泥试样、标准砂、拌和用水等温度应与试验室温度相同。

3.4.2 水泥标准稠度用水量

水泥标准稠度净浆对标准试杆（或试锥）的沉入具有一定阻力。通过试验不同含水量水泥净浆的穿透性，以确定水泥标准稠度净浆中所需加入的水量。

1. 试验目的

水泥的凝结时间和安定性都与用水量有关，为消除试验条件的差异而有利于比较，水泥净浆须有一个标准的稠度。本试验的目的就是测定水泥净浆达到标准稠度时的用水量，以便为进行凝结时间和安定性试验做好准备。

2. 主要仪器设备

① 测定水泥标准稠度和凝结时间的维卡仪（见图 3-3 和图 3-4）；② 试模：采用圆模（见图 3-5）；③ 量筒或滴定管，精度±0.5 mL；④ 天平，最大称量不小于 1 000 g，分度值不大于 1 g。

建筑标准

《水泥标准稠度用水量、凝结时间、安定性检验方法》

动画

水泥标准稠度用水量试验

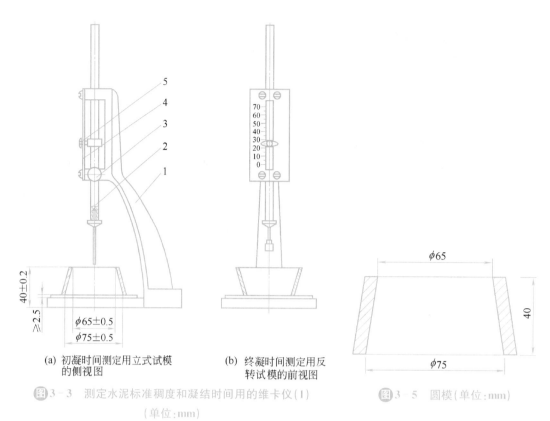

(a) 初凝时间测定用立式试模
的侧视图

(b) 终凝时间测定用反
转试模的前视图

图 3 - 3   测定水泥标准稠度和凝结时间用的维卡仪(1)
(单位:mm)

1—铁座;2—金属滑杆;3—松紧螺丝旋钮;4—标尺;5—指针

图 3 - 5   圆模(单位:mm)

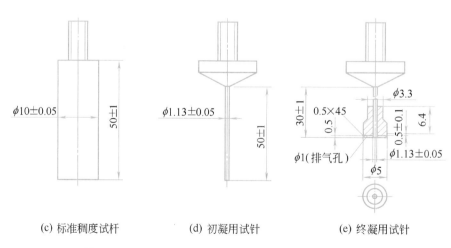

(c) 标准稠度试杆

(d) 初凝用试针

(e) 终凝用试针

图 3 - 4   测定水泥标准稠度和凝结时间用的维卡仪(2)

3. 主要仪器设备简介

（1）标准法维卡仪

标准稠度试杆由有效长度为 50±1 mm，直径为 10±0.05 mm 的圆柱形耐腐蚀金属制成。初凝用试针由钢制成，其有效长度初凝针为 50±1 mm，终凝针为 30±1 mm，直径为 1.13±0.05 mm。滑动部分的总质量为 300±1 g。与试杆、试针联结的滑动杆表面应光滑，能靠重力自由下落，不得有紧涩和摇动现象，如图 3-4 所示。

（2）盛装水泥净浆的试模（见图 3-5）应由耐腐蚀的，有足够硬度的金属制成。试模为深 40±0.2 mm，顶内径为 65±0.5 mm，底内径为 75±0.5 mm 的截顶圆锥体。每个试模应配备一个边长或直径约 100 mm，厚度 4～5 mm 的平板玻璃底板或金属底板。

（3）水泥净浆搅拌机

水泥净浆搅拌机应符合 JC/T 729—2005 的要求，如图 3-6 所示。

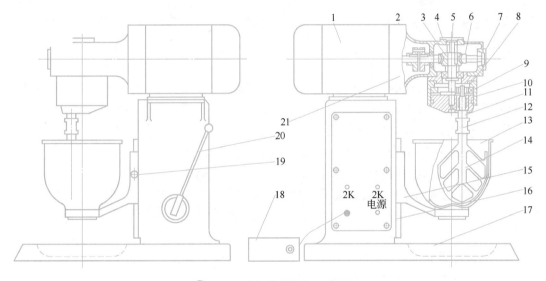

图 3-6　水泥浆搅拌机示意图

1—双速电机；2—连接法兰；3—蜗轮；4—轴承盖；5—蜗杆轴；6—蜗轮轴；7—轴承盖；8—行星齿轮；9—内齿圈；10—行星定位套；11—叶片轴；12—调节螺母；13—搅拌锅；14—搅拌叶片；15—滑板；16—立柱；17—底座；18—时间控制器；19—定位螺钉；20—升降手柄；21—减速器

4. 试样的制备

称取 500 g 水泥，洁净自来水（有争议时应以蒸馏水为准）。

5. 试验方法与步骤

1）标准法测定

（1）试验前必须检查维卡仪器金属棒是否能自由滑动；试模和玻璃底板用湿布擦拭，将试模放在底板上；调整至试杆接触玻璃板时指针对准零点；搅拌机应运转正常等。

（2）水泥净浆的拌和

用水泥净浆搅拌机搅拌，搅拌锅和搅拌叶片先用湿布擦过，将拌和水倒入搅拌锅内，在 5～10 s 内将称好的 500 g 水泥全部加入水中，防止水和水泥溅出；拌和时，先将锅放在搅拌机的锅座上，升至搅拌位置，启动搅拌机，低速搅拌 120 s，停 15 s，同时将叶片和锅壁上的水泥浆刮入锅中间，接着高速搅拌 120 s 停机。

（3）标准稠度用水量的测定步骤

拌和结束后，立即将拌制好的水泥净浆一次性将其装入已置于玻璃底板上的试模中，浆体超过试模上端，用宽约 25 mm 的直边刀轻轻拍打超出试模部分的浆体 5 次以排除浆体中的孔隙，然后在试模上面约 1/3 处，略倾斜于试模分别向外轻轻锯掉多余的净浆，再从试模边沿轻抹顶部一次，使净浆表面光滑。在锯掉多余净浆和抹平的操作过程中，注意不要压实净浆；抹平后速将试模和底板移到维卡仪上，并将其中心定在试杆下，降低试杆直至与水泥净浆表面接触，拧紧螺丝 1～2 s 后，突然放松，使试杆垂直自由地沉入水泥净浆中。在试杆停止沉入或释放试杆 30 s 时记录试杆距底板之间的距离，升起试杆后，立即擦净；整个操作应在搅拌后 1.5 min 内完成。以试杆沉入净浆并距底板 6±1 mm 的水泥净浆为标准稠度净浆。其拌和水量为该水泥的标准稠度用水量（P），按水泥质量的百分比计。

$$P = （拌和用水量 / 水泥质量）× 100\%\qquad(3-1)$$

如超出范围，须另称试样，调整水量，重做试验，直至达到杆沉入净浆并距底板 6±1 mm 时为止。

2）代用法测定

（1）标准稠度用水量可用调整水量和不变水量两种方法中的任一种测定。采用调整水量方法时拌合水量按经验找水，采用不变水量方法时拌合水量用 142.5 mL。

（2）试验前必须检查维卡仪器金属棒应能自由滑动；当试锥接触锥模顶面时，将指针应对准标尺零点；搅拌机应运转正常等。代用法所用试验仪器中维卡仪和净浆搅拌机与标准法相同，区别在于所用试锥和装净浆的锥模不同，见图 3-7。

（3）标准稠度的测定

① 水泥净浆的拌制与标准法相同。

② 拌和结束后，立即将拌制好的水泥净浆装入锥模中，用宽约 25 mm 的直边刀在浆体表面轻轻插捣 5 次，再轻振 5 次，刮去多余的净浆，抹平后迅速放到仪试锥下面的固定位置上。将试锥降至净浆表面，拧紧螺丝 1～2 s，然后突然放松，让试锥垂直自由地沉入水泥净浆中，到试锥停止下沉或释放试锥 30 s 时记录试锥下沉深度，整个操作应在 1.5 min 内完成。

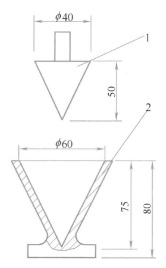

图 3-7　试锥和锥模（单位：mm）
1—试锥；2—锥模

③ 用调整用水量方法测定时，以试锥下沉深度 30±1 mm 时的净浆为标准稠度净浆。其拌合用水量为该水泥的标准稠度用水量（P），按水泥质量的百分比计。如下沉深度超出范围需另称试样，调整水量，重新试验，直至达到 30±1 mm 为止。

④ 用不变水量方法测定时，根据下式计算得到标准稠度用水量 P。当试锥下沉深度小于 13 mm 时，应改用调整水量法测定。

$$P = 33.4 - 0.185S\qquad(3-2)$$

式中：P—标准稠度用水量，%；S—试锥下沉深度，mm。

3.4.3 水泥净浆凝结时间

凝结时间是指试针沉入水泥标准稠度净浆至一定深度所需要的时间。

1. 试验目的

测定水泥加水后至开始凝结(初凝)以及凝结终了(终凝)所用的时间,用以评定水泥性质。

视频

水泥凝结时间

2. 主要仪器设备

测定仪与测定标准稠度用水量时所用的测定仪相同,只是将试杆换成试针,如图 3 - 4(d)、(e)所示,试模见图 3 - 5。

3. 试样的制备

以标准稠度用水量制成标准稠度净浆,装模和刮平后(步骤与标准法测定标准稠度用水量一致),立刻放入湿气养护箱,记录自水泥全部加入水中的时刻为凝结时刻的起始时间。

4. 试验方法与步骤

(1) 初凝时间的测定:试样在湿气养护箱中养护至加水后 30 min 时进行第一次测定。测定时,从湿气养护箱中取出试模放到试针下,降低试针与水泥净浆表面接触。拧紧螺钉 1~2 s 后,突然放松,试针垂直自由地沉入水泥净浆。观察试针停止下沉或释放试针 30 s 时指针的读数。临近初凝时间时,每隔 5 min(或更短时间)测定一次。当试针沉至距底板4±1 mm 时,为水泥达到初凝状态;由水泥全部加入水中至初凝状态的时间为水泥的初凝时间,用 min 来表示。

(2) 终凝时间的测定:为了准确观测试针沉入的状况,在终凝针上安装了一个环形附件。在完成初凝时间测定后,立即将试模连同浆体以平移的方式从玻璃板取下,翻转 180°,直径大端向上,小端向下放在玻璃板上,再放入湿气养护箱中继续养护,临近终凝时间时每隔 15 min(或更短时间)测定一次,当试针沉入试体 0.5 mm 时,即环形附件开始不能在试体上留下痕迹时,为水泥达到终凝状态。由水泥全部加入水中至终凝状态的时间为水泥的终凝时间,用 min 来表示。

(3) 注意事项:在最初测定的操作时应轻轻扶持金属柱,使其徐徐下降,以防试针撞弯,但结果以自由下落为准;在整个测试过程中试针沉入的位置至少要距试模内壁 10 mm,临近初凝时,每隔 5 min(或更短时间)测定一次,临近终凝时每 15 min(或更短时间)测定一次,到达初凝时立刻重复测一次,当两次结论相同时才能确定到达初凝状态,到达终凝时,需要在试体另外两个不同点测试,确认结论相同才能确定到达终凝状。每次测定不能让试针落入原针孔,每次测试完毕须将试针擦拭干净并将试模放回湿气养护箱内,且整个测试过程要防止试模受震。

3.4.4 水泥安定性

水泥安定性用雷氏夹法(标准法)或试饼法(代用法)检验,有争议时以雷氏夹法为准。雷氏法是通过水泥标准稠度净浆在雷氏夹中煮沸后试针的相对位移表征其体积膨胀的程度。试饼法是通过水泥标准稠度净浆试饼煮沸后的外形变化情况表征其体积安定性。

视频

1. 试验目的

当用含有游离 CaO、MgO 或石膏较多的水泥拌制混凝土时,会使混凝土出现龟裂、翘曲,甚至崩溃,造成建筑物的漏水,加速腐蚀等危害。所以必须检验水

水泥体积安定性

泥加水拌和后在硬化过程中体积变化是否均匀,是否因体积变化而引起膨胀、裂缝或翘曲。

2. 主要仪器设备

(1)沸腾箱

雷氏沸腾箱的内层由不易锈蚀的金属材料制成。箱内能保证试验用水在 30 ± 5 min由室温升到沸腾,并可始终保持沸腾状态 3 h 以上。整个试验过程无须增添试验水量。箱体有效容积为 410 mm×240 mm×310 mm,一次可放雷氏夹试样 36 件或试饼 30~40 个。箅板与电热管的距离大于 50 mm。箱壁采用保温层以保证箱内各部位温度一致。

(2)雷氏夹

雷氏夹由铜质材料制成,其结构如图 3-8 所示。当一根指针的根部悬挂在一根金属丝或尼龙丝上,另一根指针的根部再挂上 300 g 质量的砝码时,两根指针的针尖距离增加应在 17.5 ± 2.5 mm 范围内,即 $2x=17.5\pm2.5$ mm(见图 3-9),当去掉砝码后针尖的距离能恢复到挂砝码前的状态。

(3)雷氏夹膨胀测定仪

如图 3-10 所示,雷氏夹膨胀测定仪标尺最小刻度为 0.5 mm。

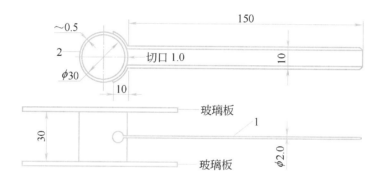

图3-8 雷氏夹(单位:mm)

1—指针;2—环模。

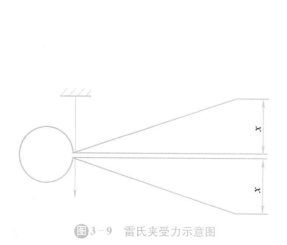

图3-9 雷氏夹受力示意图

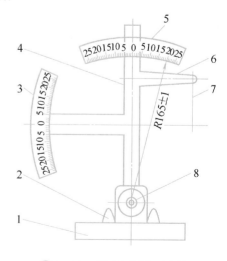

图3-10 雷氏夹膨胀测定仪

1—底座;2—模子座;3—测弹性标尺;4—立柱;
5—测膨胀标尺;6—悬臂;7—悬丝;8—弹簧顶扭

（4）玻璃板

每个雷氏夹需配备两个边长或直径约 80 mm、厚度 4～5 mm 的玻璃板。

（5）水泥净浆搅拌机

3. 试样的制备

（1）试验前准备工作

凡与水泥净浆接触的玻璃杯和雷氏夹内表面都要稍稍涂上一层油。

（2）雷氏法（标准法）试件制备

将预先准备好的雷氏夹放在已稍擦油的玻璃杯上，并立即将已制作好的标准稠度净浆一次装满雷氏夹，装浆时一只手轻轻扶持雷氏夹，另一手用宽约 25 mm 的直边刀在浆体表面轻轻插捣 3 次，然后抹平，盖上稍涂油的玻璃板，立刻将试件移至湿气养护箱内养护 24±2 h。

（3）试饼法（代用法）试件的制备

每个样品需准备两块边长约 100 mm 的玻璃板，凡与水泥净浆接触的玻璃板都要稍稍涂上一层油。将制好的标准稠度净浆中取出一部分分成两等份，使之呈球形，放在预先准备好的玻璃板上，轻轻振动玻璃板并用湿布擦过的小刀由边缘向中央抹，做成直径70～80 mm、中心厚约 10 mm、边缘渐薄、表面光滑的试饼。接着将试饼放入湿气养护箱内养护 24±2 h。

4. 沸煮

脱去玻璃板取下试件，先测量雷氏夹指针尖端间的距离（A），精确到 0.5 mm，接着将试件放入煮沸箱水中的试件架上，指针朝上。调整好煮沸箱内的水位，使能保证在整个煮沸过程中都超过试件，不需中途添补试验用水，同时又能保证在 30±5 min 内升至沸腾。然后在 30±5 min 内加热至沸并恒沸 180±5 min。

用试饼法（代用法）时，先调整好沸煮箱内的水位，使能保证在整个沸煮过程中都超过试件，不需中途添补试验用水，同时又能保证在 30±5 min 内升至沸腾。脱去玻璃板取下试饼，在试饼无缺陷的情况下将试饼放在沸煮箱中的篦板上，在 30±5 min 内加热升至沸腾并沸腾 180±5 min。

5. 试验结果处理

（1）雷氏夹法

煮沸结束后，立刻放掉煮沸箱的热水，打开箱盖，待箱体冷却至室温，取出试件进行判别。测量雷氏夹指针尖端的距离（C），精确至 0.5 mm，当两个试样煮后增加距离（C－A）的平均值不大于 5.0 mm 时，即认为该水泥安定性合格。当两个试样的增加距离值（C－A）的平均值大于 5.0 mm 时，应用同一样品立即重做一次试验。以复检结果为准。

（2）试饼法

煮沸结束后，立刻放掉煮沸箱的热水，打开箱盖，待箱体冷却至室温，取出试件进行判别。目测试饼未发现裂缝，用钢直尺检查也没有弯曲（使钢直尺和试饼底部紧靠，以两者间不透光为不弯曲）的试饼为安定性合格，反之为不合格（图 3-11）。当两个试饼判别结果有矛盾时，该水泥的体积安定性为不合格。

3.4.5　水泥胶砂强度

本方法为 40 mm×40 mm×160 mm 棱柱试体的水泥抗压强度和抗折强度测定。试体是由按质量计的一份水泥、三份中国 ISO 标准砂、用 0.5 的水灰比拌制的一组塑性胶砂制成。

崩溃　　　　　　　　放射性龟裂　　　　　　弯曲

图 3‑11　安定性不合格的试饼

建筑标准

胶砂用行星搅拌机搅拌，在振实台上成型。也可使用频率 2 800～3 000 次/min，振幅 0.75 mm 振动台成型。

试体连模一起在湿气中养护 24 h，然后脱模在水中养护至强度试验。

到试验龄期时将试体取出，先进行抗折强度试验，折断后每截再进行抗压强度试验。

《水泥胶砂强度
检验方法》

1. 试验目的

检验水泥各龄期强度，以确定强度等级；或已知强度等级，检验强度是否满足原强度等级规定中各龄期强度数值。

2. 主要仪器设备

水泥胶砂搅拌机、水泥胶砂试体成型振实台、水泥胶砂试模、抗折试验机、抗折夹具、金属直尺、抗压试验机、抗压夹具、量水器等。

主要仪器设备简介：

(1) 水泥胶砂搅拌机

应符合《水泥胶砂强度检验方法(ISO 法)》(GB/T 17671—1999)要求(图 3‑12)。工作时搅拌叶片既绕自身轴线转动，又沿搅拌锅周边公转，运动轨道似行星式的水泥胶砂搅拌机。

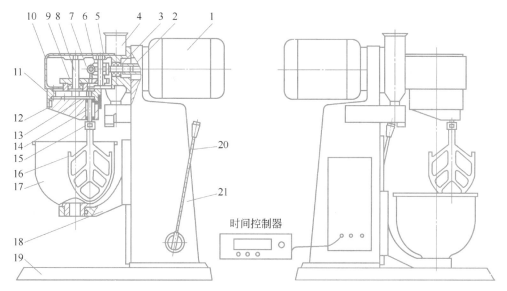

时间控制器

图 3‑12　胶砂搅拌机结构示意图

1—电机；2—联轴套；3—蜗杆；4—砂罐；5—传动箱盖；6—蜗轮；7—齿轮Ⅰ；8—主轴；
9—齿轮Ⅱ；10—传动箱；11—内齿轮；12—偏心座；13—行星齿轮；14—搅拌叶轴；
15—调节螺母；16—搅拌叶；17—搅拌锅；18—支座；19—底座；20—手柄；21—立柱

（2）水泥胶砂试体成型振实台

振实台应符合 JC/T 82 的要求（图 3-13）。振实台应安装在高度约 400 mm 的混凝土基座上。混凝土体积约为 0.25 m³，重约 600 kg。需防外部振动影响振实效果时，可在整个混凝土基座下放一层厚约 5 mm 天然橡胶弹性衬垫。

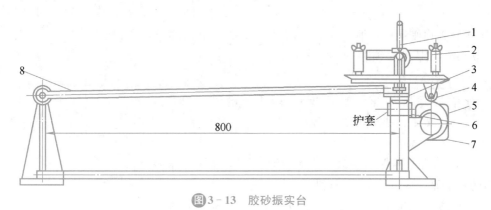

图 3-13 胶砂振实台

1—卡具；2—模套；3—突头；4—随动轮；5—凸轮；6—止动器；7—同步电机；8—臂杆

当无振实台时，可用全波振幅 0.75±0.02 mm，频率为 2 800～3 000 次/min 的振动台代替。

（3）试模

试模由三个水平的模槽组成。可同时成型三条为 40 mm×40 mm×160 mm 的棱形试体，其材质和制造应符合《水泥胶砂试模》（JC/T 726—2005）要求。

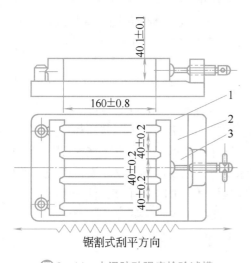

图 3-14 水泥胶砂强度检验试模

1—隔板；2—端板；3—底板 A：160 mm；B、C：40 mm

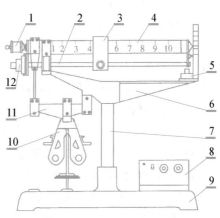

图 3-15 电动抗折试验机

1—平衡锤；2—传动丝杠；3—游动砝码；4—上杠杆；
5—启动开关；6—机架；7—立柱；8—电器控制箱；
9—底座；10—抗折夹具；11—下杠杆；12—电动机

（4）抗折试验机

电动双杠杆抗折试验机见图 3-15。抗折夹具的加荷与支撑圆柱直径均为 10±0.1 mm，两个支撑圆柱中心距为 100±0.2 mm。

抗折强度试验机应符合《水泥胶砂电动抗折试验机》（JC/T 724—2005）的要求。

（5）抗压试验机

抗压试验机的最大荷载以 200～300 kN 为宜,在较大的五分之四量程范围内使用时记录的荷载应有±1%精度,并具有按 2 400 N/s±200 N/s 速率的加荷能力。

（6）抗压夹具

抗压夹具由硬质钢材制成,加压板长为 40±0.1 mm,宽不小于 40 mm,加压面必须磨平(图 3-16)。

3. 水泥胶砂试验用砂

水泥胶砂强度用砂应使用中国 ISO 标准砂。通常以 1 350 g±5 g 混合小包装供应。

4. 试样成型步骤及养护

（1）将试模擦净,四周模板与底板接触面上应涂黄油,紧密装配,防止漏浆。内壁均匀刷一薄层机油。

（2）每成型三条试样材料用量为水泥 450±2 g,ISO 标准砂 1350±5 g,水 225±1 g。适用于硅酸盐水泥、普通硅酸盐水泥、矿渣硅酸盐水泥、粉煤灰硅酸盐水泥、复合硅酸盐水泥和火山灰质灰硅酸盐水泥。

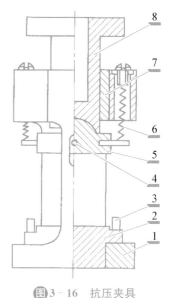

图 3-16　抗压夹具
1—框架;2—下压板;3—定位销;
4—定向销;5—上压板和球座;
6—吊簧;7—铜套;8—传压柱

（3）用搅拌机搅拌砂浆的拌和程序为:先使搅拌机处于等待工作状态,然后按以下程序进行操作:先把水加入锅内,再加水泥,把锅安放在搅拌机固定架上,上升至固定位置。然后立即开动机器,低速搅拌 30 s 后,在第二个 30 s 开始的同时均匀地将砂子加入。把机器转至高速再拌 30 s。停拌 90 s,在第一个 15 s 内用一胶皮刮具将叶片和锅壁上的胶砂刮入锅中间。在高速下继续搅拌 60 s。各个搅拌阶段,时间误差应在±1 s 以内。停机后,将粘在叶片上的胶砂刮下,取下搅拌锅。

（4）在搅拌砂的同时,将试模和模套固定在振实台上。待胶砂搅拌完成后,取下搅拌锅,用一个适当的勺子直接从搅拌锅里将胶砂分两层装入试模,装第一层时,每个槽里约放 300 g 胶砂,用大播料器垂直架在模套顶部,沿每个模槽来回一次将料层播平,接着振实 60 次。再装第二层胶砂,用小播料器播平,再振实 60 次。移开模套,从振实台上取下试模,用一金属直尺以近似 90°的角度架在试模模顶的一端,沿试模长度方向以横向锯割动作慢慢向另一端移动,一次将超过试模部分的胶砂刮去,并用同一直尺在近乎水平的情况下将试体表面抹平。

（5）在试模上做标记或加字条标明试样编号和试样相对于振实台的位置。

（6）试样成型试验室的温度应保持在 20±2℃,相对湿度不低于 50%。

（7）试样养护

① 将做好标记的试模放入雾室或湿箱的水平架子上养护,湿空气(温度保持在 20±1℃,相对湿度不低于 90%)应能与试模各边接触。一直养护到规定的脱模时间(对于 24 h 龄期的,应在破型试验前 20 min 内脱模;对于 24 h 以上龄期的应在成型后 20～24 h 之间脱模)时取出脱模。脱模前用防水墨汁或颜色笔对试体进行编号和其他标记,两个龄期以上的试体,在编号时应将同一试模中的三条试体分在两个以上龄期内。

② 将做好标记的试样立即水平或竖直放在 20±1℃水中养护,水平放置时刮平面应朝上。养护期间试样之间间隔或试体上表面的水深不得小于 5 mm。

5. 强度检验

试样从养护箱或水中取出后,在强度试验前应用湿布覆盖。

1) 抗折强度测试

(1) 检验步骤

① 各龄期必须在规定的时间 3 d±2 h、7 d±3 h、28 d±3 h(见表 3 – 21)内取出三条试样先做抗折强度测定。测定前须擦去试样表面的水分和砂粒,消除夹具上圆柱表面黏着的杂物。试样放入抗折夹具内,应使试样侧面与圆柱接触。

表 3 – 21　不同龄期的试样强度试验必须在下列时间内进行

龄期	24 h	48 h	3 d	7 d	28 d
试验时间	±15 min	±30 min	±45 min	±2 h	±8 h

② 采用杠杆式抗折试验机时,在试样放入之前,应先将游动砝码移至零刻度线,调整平衡砣使杠杆处于平衡状态。试样放入后,调整夹具,使杠杆有一仰角,从而在试样折断时尽可能地接近平衡位置。然后,起动电机,丝杆转动带动游动砝码给试样加荷;试样折断后从杠杆上可直接读出破坏荷载和抗折强度。

③ 抗折强度测定时的加荷速度为 50 ± 10 N/s。

④ 抗折强度按式(3 – 3)计算,精确到 0.1 MPa。

(2) 试验结果

① 抗折强度值,可在仪器的标尺上直接读出强度值。也可在标尺上读出破坏荷载值,按下式计算,精确至 0.1 MPa。

$$R_i = \frac{1.5 F_i L}{b^3} \qquad (3 – 3)$$

式中:R_i—抗折强度(MPa),计算精确到 0.1 MPa;F_i—折断时施加于棱柱体中部的荷载,N;L—支撑圆柱之间的距离,mm;b—棱柱体正方形截面的边长,mm。

② 抗折强度以一组三个棱柱体抗折结果的平均值作为试验结果。当三个强度值中有超过平均值的±10%时,应剔除后再取平均值作为抗折强度试验结果。

2) 抗压强度测试

(1) 检验步骤

① 抗折试验后的两个断块应立即进行抗压试验。抗压试验须用抗压夹具进行。试样受压面为 40 mm×40 mm。试验前应清除试样的受压面与加压板间的砂粒或杂物,检验时以试样的侧面作为受压面,试样的底面靠紧夹具定位销,并使夹具对准压力机压板中心。

② 抗压强度试验在整个加荷过程中以 $2\,400\pm200$ N/s 的速率均匀地加荷直至破坏。

(2) 检验结果

① 抗压强度按下式计算,计算精确至 0.1 MPa。

$$R_c = \frac{F_P}{A} \qquad (3 – 4)$$

式中:R_c—抗压强度,MPa;F_P—破坏荷载,N;A—受压面积 mm²。

② 抗压强度以一组三个棱柱体上得到的六个抗压强度测定值的算术平均值为试验结果。如果六个测定值中有一个超出六个平均值的±10%,应剔除这个结果,而以剩下五个的

平均数为结果。如果五个测定值中再有超过它们平均数±10%的,则此组结果作废。

工程案例

3-8 一强度等级为 42.5 的复合硅酸盐水泥样品,进行 28 天龄期胶砂强度检验的结果如下:抗折荷载分别为:3.28 kN、3.35 kN 及 2.76 kN,抗压荷载分别为:73.6 kN、75.2 kN、72.9 kN、74.3 kN、63.1 kN 及 74.6 kN,计算该水泥的抗压强度和抗折强度。

解 抗折强度:

$$R_{f1} = \frac{1.5 F_i L}{b^3} = \frac{1.5 \times 3.28 \times 1\,000 \times 100}{40 \times 40 \times 40} = 7.7 \text{ MPa}$$

$$R_{f2} = \frac{1.5 F_i L}{b^3} = \frac{1.5 \times 3.35 \times 1\,000 \times 100}{40 \times 40 \times 40} = 7.9 \text{ MPa}$$

$$R_{f3} = \frac{1.5 F_i L}{b^3} = \frac{1.5 \times 2.76 \times 1\,000 \times 100}{40 \times 40 \times 40} = 6.5 \text{ MPa}$$

$$平均值 = \frac{R_{f1} + R_{f2} + R_{f3}}{3} = \frac{7.7 + 7.9 + 6.5}{3} = 7.4 \text{ MPa},$$

因 $\frac{7.4 - 6.5}{7.4} \times 100 = 12.2\% > 10\%$,故 R_{f3} 值应舍弃。

$$抗折强度值 = \frac{R_{f1} + R_{f3}}{2} = \frac{7.7 + 7.9}{2} = 7.8 \text{ MPa}$$

抗压强度:

$$R_{C1} = \frac{F_{C1}}{A} = \frac{73\,600}{1\,600} = 46.0 \text{ MPa}$$

$$R_{C2} = \frac{F_{C2}}{A} = \frac{75\,200}{1\,600} = 47.0 \text{ MPa}$$

$$R_{C3} = \frac{F_{C3}}{A} = \frac{72\,900}{1\,600} = 45.6 \text{ MPa}$$

$$R_{C4} = \frac{F_{C4}}{A} = \frac{74\,300}{1\,600} = 46.4 \text{ MPa}$$

$$R_{C5} = \frac{F_{C5}}{A} = \frac{63\,100}{1\,600} = 39.4 \text{ MPa}$$

$$R_{C6} = \frac{F_{C6}}{A} = \frac{74\,600}{1\,600} = 46.6 \text{ MPa}$$

$$平均值_2 = \frac{R_{C1} + R_{C2} + R_{C3} + R_{C4} + R_{C5} + R_{C6}}{6}$$

$$= \frac{46.0 + 47.0 + 45.6 + 46.4 + 39.4 + 46.6}{6}$$

$$= 45.2$$

因 $\frac{45.2 - 39.4}{45.2} \times 100 = 12.8\% > 10\%$,故 R_{C5} 应舍弃。

$$抗压强度值 = \frac{46.0 + 47.0 + 45.6 + 46.4 + 46.6}{5}$$

$$= 46.3 \text{ MPa}$$

该组水泥样品 28 天抗折强度值为 7.8 MPa,抗压强度值为 46.3 MPa。

拓展知识

中英文对照

练习题

一、填空题

1. 建筑工程中通用水泥主要包括_____、_____、_____、_____、_____和_____六大品种。

2. 水泥按其主要水硬性物质分为_____、_____、_____及_____等系列。

3. 硅酸盐水泥是由_____、_____、_____经磨细制成的水硬性胶凝材料。按是否掺入混合材料分为_____和_____,代号分别为____和_____。

4. 硅酸盐水泥熟料的矿物主要有_____、_____、_____和_____。其中决定水泥强度的主要矿物是_____和_____。

5. 水泥石是一种_____体系。水泥石由_____、_____、_____和_____组成。

6. 水泥的细度是指_____,对于硅酸盐水泥,其细度的标准规定是其比表面积应大于_____;对于其他通用水泥,细度的标准规定是_____。

7. 国家标准规定,硅酸盐水泥的初凝不早于_____min,终凝不迟于_____min。

8. 硅酸盐水泥的强度等级有_____、_____、_____、_____、_____和_____六个。其中 R 型为_____,主要是其_____d 强度较高。

9. 水泥石的腐蚀主要包括_____、_____、_____和_____四种。

10. 混合材料按其性能分为_____和_____两类。

11. 普通硅酸盐水泥是由_____、_____和_____磨细制成的水硬性胶凝材料。

12. 矿渣水泥、粉煤灰水泥和火山灰水泥的强度等级有_____、_____、_____、_____和_____。其中 R 型为_____。

13. 普通水泥、矿渣水泥、粉煤灰水泥和火山灰水泥的性能,国家标准规定:

(1) 细度:通过_____的方孔筛筛余量不超过_____;

(2) 凝结时间:初凝不早于_____min,终凝不迟于_____h;

(3) 体积安定性:经过_____法检验必须_____。

14. 矿渣水泥与普通水泥相比,其早期强度较_____,后期强度的增长较_____,抗冻性较_____,抗硫酸盐腐蚀性较_____,水化热较_____,耐热性较_____。

二、名词解释

1. 水泥的凝结和硬化　　　2. 水泥的体积安定性　　　3. 混合材料

4. 水泥标准稠度用水量　　5. 水泥的初凝时间和终凝时间

三、简述题

1. 矿渣水泥、粉煤灰水泥、火山灰水泥与硅酸盐水泥和普通水泥相比,三种水泥的共同特性是什么?

2. 水泥在储存和保管时应注意哪些方面?

3. 防止水泥石腐蚀的措施有哪些?

4. 仓库内有三种白色胶凝材料,它们是生石灰粉、建筑石膏和白水泥,用什么简易方法可以辨别?

5. 水泥的验收包括哪几个方面？过期受潮的水泥如何处理？

四、计算题

1. 称取 25 g 某普通水泥作细度试验，称得筛余量为 2.0 g。问该水泥的细度是否达到标准要求？

2. 某普通水泥，储存期超过三个月。已测得其 3 d 强度达到强度等级为 32.5 MPa 的要求。现又测得其 28 d 抗折、抗压破坏荷载如下表所示：

试件编号	1		2		3	
抗折破坏荷载/kN	2.9		2.6		2.8	
抗压破坏荷载/kN	65	64	64	53	66	70

计算后判定该水泥是否能按原强度等级使用。

重点学习活动

水泥品种的选择与应用

背景：水泥的品种繁多，不同品种的水泥具有不同的特性。

问题：根据所给工程特点选择适宜的水泥品种，并说明理由，以进一步增强根据工程特点选择合适水泥品种的核心能力。

方案：写出 10 个工程背景下，可选和不可选硅酸盐水泥品种各一个、选择具有代表性的一个品种即可；根据"外界条件决定所选水泥的特性"的要求，简要填写各选择的理由。

评价：

（1）答案填写形式见示例。

（2）根据教师的安排，可分组完成，对不一致选择，展开讨论。

工程背景	可选水泥品种	不可选水泥品种	选择理由
湿热养护的混凝土构件 厚大体积的混凝土工程	掺混合材水泥	硅酸盐水泥	体积厚大—— 水化热低
热养护的混凝土构件			
水下混凝土工程			
现浇混凝土梁、板、柱			
高温设备的混凝土基础			
严寒地区受冻融的混凝土工程			
接触硫酸盐介质的混凝土工程			
水位变化区的混土工程			
高强混凝土工程			
有耐磨要求的混凝土工程			

第 4 章
混凝土

本章电子资源

✴ 背景材料

　　混凝土是现代建筑工程中用途最广、用量最大的建筑材料之一,也是重要的建筑结构材料。混凝土组成材料质量及配合比设计是影响混凝土强度和耐久性的主要因素。本章主要介绍了普通混凝土的组成材料基本知识、技术性质、配合比设计及砂浆技术性质、配合比设计等知识。

✴ 学习目标

◇ 了解混凝土的分类及特点
◇ 掌握普通混凝土组成材料及技术要求
◇ 了解普通混凝土的外加剂种类及作用
◇ 掌握混凝土拌合物的主要技术性质及影响因素
◇ 掌握普通混凝土的主要技术性质及影响因素
◇ 掌握普通混凝土的配合比设计和试验调整的方法
◇ 掌握混凝土主要性能指标检测的能力
◇ 了解普通混凝土的质量控制
◇ 了解高强混凝土的特点及性质
◇ 了解泵送混凝土的特点及性质
◇ 了解其他品种混凝土的应用

混凝土发展简史

　　混凝土是现代建筑工程中用途最广、用量最大的建筑材料之一。目前全世界每年生产的混凝土材料超过 100 亿 t。混凝土作为建筑工程材料的历史其实很久远,用石灰、砂和卵石制成的砂浆和混凝土在公元前 500 年就已经在东欧使用,但最早使用水硬性胶凝材料制备混凝土的还是罗马人。这种用火山灰、石灰、砂、石制备的"天然混凝土"具有凝结力强、坚固耐久、不透水等特点,在古罗马得到广泛应用,万神殿和罗马圆形剧场就是其中杰出的代表。因此,可以说混凝土是古罗马最伟大的建筑遗产。

　　混凝土发展史中最重要的里程碑是约瑟夫·阿斯普丁发明了波特兰水泥,从此,水泥逐渐代替了火山灰、石灰用于制造混凝土,但主要用于墙体、屋瓦、铺地、栏杆等部位。直到 1875 年,威廉·拉塞尔斯采用改良后的钢筋强化的混凝土技术获得专利,混凝土才真正成为最重要的现代建筑材料。1895～1900 年间用混凝土成功地建造了第一批桥墩,至此,混凝土开始作为最主要的结构材料,影响和塑造现代建筑。

任务 4.1 混凝土的定义与分类

任务导入	● 混凝土是当今世界上用量最大的重要的土木工程材料,广泛应用与民用建筑工程、水利工程、地下工程、公路、铁路、桥涵及国防工程中。本任务主要学习混凝土的定义、分类与特点。
任务目标	➤ 了解混凝土的定义; ➤ 了解混凝土的分类; ➤ 掌握混凝土的特点。

混凝土是由胶凝材料、粗细骨料(集料)、水、外加剂及矿物掺合料按照适当的比例配合,经拌合成型和硬化而成的一种人造石材。在建筑工程中应用最多的是以水泥为胶凝材料,以砂、石为骨料,加水并掺入外加剂和掺合料拌制的混凝土,称为普通水泥混凝土,简称普通混凝土。

普通混凝土广泛应用于工业与民用建筑、水利工程、地下工程、公路、铁路、桥涵及国防建设中,是当今世界上应用最广、用量最大的人造建筑材料,而且也是重要的建筑结构材料。

4.1.1 混凝土的分类

普通混凝土的种类很多,其分类方法也各不相同,常见的有以下几种分类方法:

1. 按表观密度分类

(1)重混凝土。表观密度大于 2 800 kg/m³,常采用重晶石、铁矿石、钢屑等作骨料和锶水泥、钡水泥共同配制防辐射混凝土,作为核工程的屏蔽结构材料。

(2)普通混凝土。表观密度为 2 000～2 800 kg/m³ 的混凝土,是建筑工程中应用最广泛的混凝土,主要用作各种建筑工程的承重结构材料。

(3)轻混凝土。表观密度小于 2 000 kg/m³,采用陶粒、页岩等轻质多孔骨料或掺加引气剂、泡沫剂形成多孔结构的混凝土,具有保温隔热性能好、质量轻等优点,多用于保温材料或高层、大跨度建筑的结构材料。

轻混凝土

2. 按所用胶凝材料分类

按照所用胶凝材料的种类,混凝土可以分为水泥混凝土、硅酸盐混凝土、石膏混凝土、水玻璃混凝土、沥青混凝土、聚合物水泥混凝土、树脂混凝土等。

3. 按流动性分类

按照新拌混凝土流动性大小,可分为干硬性混凝土(坍落度小于 10 mm 且需用维勃稠度表示)、塑性混凝土(坍落度为 10～90 mm)、流动性混凝土(坍落度为 100～150 mm)及大流动性混凝土(坍落度大于或等于 160 mm)。

4. 按用途分类

按用途可分为结构混凝土、大体积混凝土、防水混凝土、耐热混凝土、膨胀混凝土、防辐射混凝土、道路混凝土等。

5. 按生产和施工方法分类

按照生产方式,混凝土可分为预拌混凝土和现场搅拌混凝土;按照施工方法可分为现浇混凝土、预制混凝土、泵送混凝土、喷射混凝土等。

(1) 现浇混凝土是指在施工现场支模浇筑的混凝土。

(2) 预制混凝土是指根据设计要求在预制厂预制混凝土构件,然后运到工地直接进行组装。

(3) 泵送混凝土是指利用混凝土泵通过管道输送的混凝土。

(4) 喷射混凝土是指利用压缩空气,将按一定比例配合的混凝土拌合物通过管道输送并高速喷射到受喷面上凝结硬化,从而形成混凝土支护层。

6. 按强度等级分类

(1) 低强度混凝土。抗压强度小于 30 MPa。

(2) 中强度混凝土。抗压强度为 30~60 MPa。

(3) 高强度混凝土。抗压强度大于或等于 60 MPa。

(4) 超高强混凝土。其抗压强度在 100 MPa 以上。

混凝土的品种虽然繁多,但在实践工程中还是以普通水泥混凝土应用最为广泛,如果没有特殊说明,狭义上我们通常称其为混凝土,本章做重点讲述。

4.1.2 混凝土的性能特点

视频

混凝土生产

1. 原材料丰富,成本低

混凝土中约占 80% 以上用量的砂、石材料,不仅具有资源丰富、分布广、易于取材等特点,而且原材料加工简单、能耗低、价格便宜。

2. 适应性强

不需要采取过多的工艺措施,只要改变混凝土各组成材料的品种及数量,就可以制成具有各种不同性能的混凝土,以满足建筑工程上的不同要求。

3. 良好的可塑性

混凝土在未凝固前,具有良好的可塑性,因此就能够利用模板浇筑成不同形状及任意尺寸的整体结构或构件。

4. 可用钢筋增强

混凝土与钢筋有牢固的黏结力与相近的线膨胀系数,且混凝土对钢筋还有良好的保护作用,因此两者可以复合成钢筋混凝土。这样就不仅弥补了混凝土抗拉及抗折强度低的缺点,而且还可以通过用钢筋混凝土结构代替钢木结构的途径来节省大量的钢材与木材,从而扩大了混凝土的应用范围。

5. 较高的强度,良好的耐久性与防火性

硬化混凝土具有较高的抗压强度,且可以根据结构物的需要,配制各种等级的混凝土。混凝土不仅有着良好的耐久性,对外界的侵蚀破坏因素如风化作用、化学腐蚀、撞击磨损等有较强的抵抗力,而且维护费用低,是较好的防火材料。

混凝土作为建筑工程材料中使用最为广泛的一种材料,它的优点主要体现在以下几个方面:

混凝土具有许多优点,当然相应的缺点也不容忽视,主要表现如下:

(1) 抗拉强度低。是混凝土抗压强度的 1/10 左右,是钢筋抗拉强度的 1/100 左右。

(2) 延展性不高。属于脆性材料,变形能力差,只能承受少量的张力变形,否则就会因无法承受而开裂;抗冲击能力差,在冲击荷载作用下容易产生脆断。

（3）自重大，比强度低。高层、大跨度建筑物要求材料在保证力学性质的前提下，以减轻自重为宜。

（4）体积不稳定性。尤其是当水泥浆量过大时，这一缺陷表现得更加突出，随着温度、湿度、环境介质的变化，容易引发体积变化，产生裂纹等内部缺陷，直接影响建筑物的使用寿命。

任务 4.2 混凝土的组成材料

任务导入	● 混凝土的技术性能很大程度上取决于原材料的性质及其相对含量，同时也与施工工艺有关。为保证混凝土的质量，需要全面了解混凝土组成材料的性质、作用及质量要求。本任务主要学习混凝土的组成材料。
任务目标	➤ 掌握建设用砂的定义、分类、性能技术要求； ➤ 掌握建设用石的定义、分类、性能技术要求； ➤ 了解混凝土用水的质量要求； ➤ 了解外加剂的种类； ➤ 掌握减水剂、引气剂、膨胀剂、早强剂、引气剂的品种、性能及应用； ➤ 了解矿物掺合料的种类、性能及应用。

普通混凝土由水泥、砂、石子、水以及必要时掺入的化学外加剂组成。水泥和水形成水泥浆，均匀填充砂子之间的空隙并包裹砂子表面形成水泥砂浆；水泥砂浆再均匀填充石子之间的空隙并略有富余，即形成混凝土拌合物（又称为"新拌混凝土"）；水泥凝结硬化后即形成硬化混凝土。硬化后的混凝土结构见图 4-1。

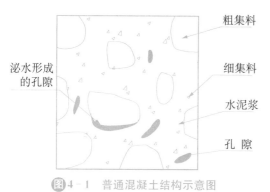

图 4-1 普通混凝土结构示意图

粗集料

细集料

水泥浆

孔隙

泌水形成的孔隙

在硬化混凝土的体积中，水泥石大约占 25% 左右，砂和石子占 70% 以上，孔隙和自由水占 1%～5%。各组成材料在混凝土硬化前后的作用见表 4-1。

表 4-1 各组成材料在混凝土硬化前后的作用

组成材料	硬化前的作用	硬化后的作用
水泥＋水	润滑作用	胶结作用
砂＋石子	填充作用	骨架作用

水泥浆多，混凝土拌和物流动性大，反之干稠；混凝土中水泥浆过多则混凝土水化温度升高，收缩大，抗侵蚀性不好，容易引起耐久性不良。粗细骨料主要起骨架作用，传递应力，给混凝土带来很大的技术优点，它比水泥浆具有更高的体积稳定性和更好的耐久性，可以有效减少收缩裂缝的产生和发展，降低水化热。

现代混凝土中除了以上组分外，还多加入化学外加剂与矿物细粉掺和料。化学外加剂的品种很多，可以改善、调节混凝土的各种性能，而矿物细粉掺和料则可以有效提高新拌混凝土的工作性和硬化混凝土的耐久性，同时降低成本。

混凝土的技术性质是由原材料的性质、配合比、施工工艺(搅拌、成型、养护)等因素决定的。因此,了解原材料的性质、作用及其质量要求,合理选择和正确使用原材料,才能保证混凝土的质量。

4.2.1 水泥

水泥是普通混凝土的胶凝材料,其性能对混凝土的性质影响很大,在确定混凝土组成材料时,应正确选择水泥品种和水泥强度等级。

1. 水泥品种的选择

水泥品种应该根据混凝土工程特点、所处的环境条件和施工条件等进行选择。一般可以采用硅酸盐水泥、普通硅酸盐水泥、矿渣硅酸盐水泥、火山灰质硅酸盐水泥、粉煤灰硅酸盐水泥和复合水泥,必要时也可以采用膨胀水泥、自应力水泥或快硬硅酸盐水泥等其他水泥。所用水泥的性能必须符合现行国家有关标准的规定。在满足工程要求的前提下,应选用价格较低的水泥品种,以节约造价。例如:在大体积混凝土工程中,为了避免水泥水化热过大,通常选用矿渣硅酸盐水泥、火山灰硅酸盐水泥、粉煤灰硅酸盐水泥。

2. 水泥强度等级的选择

水泥强度等级应根据混凝土设计强度等级进行选择。原则上配制高强度等级的混凝土应选用强度等级高的水泥;配制低强度等级的混凝土,选用强度等级低的水泥。一般情况下,水泥强度等级为混凝土强度等级的 1.5~2.0 倍。配制高强混凝土时,可选择水泥强度等级为混凝土强度等级的 1 倍左右。

通常,混凝土强度等级为 C30 以下时,可采用强度等级为 32.5 的水泥;混凝土强度等级大于 C30 时,可采用强度等级为 42.5 以上的水泥。

当用低强度等级水泥配制较高强度等级混凝土时,会使水泥用量过大,一方面混凝土硬化后的收缩和水化热增大,混凝土的水灰比过小而使拌合物流动性差,造成施工困难,不易成型密实;另一方面也不经济。

当用高强度等级的水泥配制较低强度等级混凝土时,水泥用量偏小,水灰比偏大,混凝土拌合物的和易性与耐久性较差。为了保证混凝土的和易性、耐久性,可以掺入一定数量的外掺料,如粉煤灰,但掺量必须经过试验确定。

工程案例

4-1 为什么不宜用高强度等级水泥配制低强度等级的混凝土?为什么不宜用低强度等级水泥配制高强度等级的混凝土?

分析 采用高强度等级水泥配制低强度等级混凝土时,只需少量的水泥或较大的水灰比就可满足强度要求,但却满足不了施工要求的良好的和易性,使施工困难,并且硬化后的耐久性较差。因而不宜用高强度等级水泥配制低强度等级的混凝土。

用低强度等级水泥配制高强度等级的混凝土时,一是很难达到要求的强度,二是需采用很小的水灰比或者说水泥用量很大,因而硬化后混凝土的干缩变形和徐变变形大,对混凝土结构不利,易于干裂。同时由于水泥用量大,水化放热量也大,对大体积或较大体积的工程也极为不利。此外经济上也不合理。所以不宜用低强度等级水泥配制高强度等级的混凝土。

评 若用低强度水泥来配制高强度混凝土,为满足强度要求必然使水泥用量过多。这不仅不经济,而且使混凝土收缩和水化热增大还将因必须采用很小的水灰比而造成混凝土太干,施工困难,不易捣实,使混凝土质量不能保证。如果用高强度水泥来配制低强度混凝土,单从强度考虑只需用少量水泥就可满足要求,但为了又要满足混凝土拌合物和易性及混凝土耐久性要求,就必须再增加一些水泥用量。这样往往产生超强现象,也不经济。当在实际工程中因受供应条件限制而发生这种情况时,可在高强度水泥中掺入一定量的掺合料(如粉煤灰)即能使问题得到较好解决。

4.2.2 细骨料

骨料是指在混凝土中起骨架、填充和稳定体积作用的岩石颗粒等粒状松散材料。普通混凝土用骨料按粒径分为细骨料和粗骨料。骨料在混凝土中所占的体积为70%~80%。由于骨料不参与水泥复杂的水化反应,因此,过去通常将它视为一种惰性填充料。随着混凝土技术的不断深入研究和发展,混凝土材料与工程界越来越意识到骨料对混凝土的许多重要性能,如和易性、强度、体积稳定性及耐久性等都会产生很大的影响。

细骨料通常指的是砂。砂按产源分为天然砂和人工砂两类。

天然砂是自然生成的,经人工开采和筛分的粒径小于4.75 mm的岩石颗粒,包括河砂、湖砂、山砂、淡化海砂,但不包括软质、风化的岩石颗粒。人工砂包括机制砂和混合砂。岩石、卵石、未经化学处理过的矿山尾矿,经除土、机械破碎、整形、筛分、粉控等工艺制成的,粒径小于4.75 mm的岩石颗粒称为机制砂,但不包括软质、风化的颗粒。混合砂是指由天然砂与机制砂按一定比例混合而成的砂。

建筑标准

《建设用砂》

砂在混凝土中可以使混凝土结构均匀,同时可以抑制和减小水泥石硬化过程中产生的体积收缩,如化学收缩、干燥收缩等,避免或减少混凝土硬化后产生收缩裂纹。

根据国家标准《建设用砂》(GB/T 14684—2011),砂按技术要求分为Ⅰ类、Ⅱ类和Ⅲ类。根据行业标准《普通混凝土用砂、石质量及检验方法标准》(JGJ 52—2006),针对混凝土的强度不同,对砂有相应技术要求。

1. 物理性能

砂的表观密度不小于2 500 kg/m³,松散堆积密度不小于1 400 kg/m³,空隙率不大于44%。

2. 砂中有害物质的含量

为保证混凝土的质量,混凝土用砂不应混有草根、树叶、树枝、塑料品、煤块、炉渣等杂物。砂中常含有如云母、有机物、硫化物及硫酸盐、氯盐、黏土、淤泥等杂质。

云母呈薄片状,表面光滑,容易沿界面裂开,与水泥黏结不牢,会降低混凝土强度;有机物是指天然砂中混杂的动植物的腐殖质或腐殖土等,有机物能减缓水泥的凝结,影响混凝土的强度;硫酸盐、硫化物将对硬化的水泥凝胶体产生腐蚀,造成水泥石的开裂,降低混凝土的耐久性;氯盐引起混凝土中钢筋锈蚀,破坏钢筋与混凝土的黏结,使保护层混凝土开裂;黏土、淤泥多覆盖在砂的表面妨碍水泥与砂的黏结,降低混凝土的强度和耐久性。

表 4-2　有害物质含量(JGJ 52—2006)

项　　目	质 量 指 标
云母(按质量计,%)	≤2.0
轻物质(按质量计,%)	≤1.0
硫化物及硫酸盐含量(折算成 SO_3 按质量计,%)	≤1.0
有机物含量(用比色法试验)	颜色不应深于标准色。当颜色深于标准色时,应按水泥胶砂强度试验方法进行强度对比试验,抗压强度比不应低于 0.95

3. 含泥量、泥块含量和石粉含量

砂中的粒径小于 75 μm 的尘屑、淤泥等颗粒的质量占砂子质量的百分率称为含泥量。砂中原粒径大于 1.18 mm,经水浸洗、手捏后小于 600 μm 的颗粒含量称为泥块含量。石粉含量是指人工砂中粒径小于 75 μm 的颗粒含量。

天然砂的含泥量会影响砂与水泥石的黏结,使混凝土达到一定流动性的需水量增加,混凝土的强度降低,耐久性变差,同时硬化后的干缩性较大。

人工砂在生产时会产生一定的石粉,虽然石粉与天然砂中的含泥量均是指粒径小于 75 μm 的颗粒含量,但石粉的成分、粒径分布和在砂中所起的作用不同。人工砂中适量的石粉对混凝土是有一定益处的。人工砂颗粒坚硬、多棱角,拌制的混凝土在同样条件下比天然砂的和易性差,而人工砂中适量的石粉可弥补人工砂形状和表面特征引起的不足,起到完善砂级配的作用。

天然砂的含泥量和泥块含量应符合表 4-3 的规定。人工砂的石粉含量应符合表 4-4 的规定。

表 4-3　天然砂的含泥量和泥块含量(JGJ 52—2006)

混凝土强度等级	≥C60	C55～C30	≤C25
含泥量(按质量计,%)	≤2.0	≤3.0	≤5.0
泥块含量(按质量计,%)	≤0.5	≤1.0	≤2.0

表 4-4　人工砂的石粉含量(JGJ 52—2006)

混凝土强度等级		≥C60	C55～C30	≤C25
石粉含量/%	MB<1.4(合格)	≤5.0	≤7.0	≤10.0
	MB≥1.4(不合格)	≤2.0	≤3.0	≤5.0

4. 砂的粗细程度和颗粒级配

砂的粗细程度是指不同粒径的砂混合在一起后的总体平均粗细程度。砂的颗粒级配是指不同粒径的砂相互搭配的情况。为了配制出来的混凝土有较好的和易性、密实度和强度,并节约水泥,应选用颗粒级配好,粗细程度适当的骨料。对于砂子来说,应选用空隙率小,总表面积小的砂。

《普通混凝土用砂、石质量及检验标准》(JGJ 52—2006)规定,砂的颗粒级配和粗细程度用筛分析的方法进行测定。用级配区表示砂的颗粒级配,用细度模数表示砂的粗细。砂的筛分析方法使用标准方孔筛,方孔筛的规格见表4-5。

表4-5　砂的公称直径、砂筛筛孔的公称直径和方孔筛筛孔边长尺寸

砂的公称直径	砂筛筛孔的公称直径	方孔筛筛孔边长
5.00 mm	5.00 mm	4.75 mm
2.50 mm	2.50 mm	2.36 mm
1.25 mm	1.25 mm	1.18 mm
630 μm	630 μm	600 μm
315 μm	315 μm	300 μm
160 μm	160 μm	150 μm
80 μm	80 μm	75 μm

将质量为500 g的干砂试样由粗到细依次过筛,然后称得余留在各个筛上的砂子质量(g),计算分计筛余百分率 a_i(即各号筛的筛余量与试样总量之比)、累计筛余百分率 A_i(即该号筛的筛余百分率加上该号筛以上各筛余百分率之和)。分计筛余与累计筛余的关系见表4-6。

表4-6　分计筛余与累计筛余的关系

方筛孔尺寸/mm	分计筛余量/g	分计筛余/%	累计筛余/%
4.75 mm	M_1	a_1	$A_1 = a_1$
2.36 mm	M_2	a_2	$A_2 = a_1 + a_2$
1.18 mm	M_3	a_3	$A_3 = a_1 + a_2 + a_3$
600 μm	M_4	a_4	$A_4 = a_1 + a_2 + a_3 + a_4$
300 μm	M_5	a_5	$A_5 = a_1 + a_2 + a_3 + a_4 + a_5$
150 μm	M_6	a_6	$A_6 = a_1 + a_2 + a_3 + a_4 + a_5 + a_6$

根据下列公式计算砂的细度模数(M_x):

$$M_x = \frac{(A_2 + A_3 + A_4 + A_5 + A_6) - 5A_1}{100 - A_1} \qquad (4-1)$$

按照细度模数把砂分为粗砂、中砂、细砂、特细砂。其中粗砂: $M_x = 3.7 \sim 3.1$;中砂: $M_x = 3.0 \sim 2.3$;细砂: $M_x = 2.2 \sim 1.6$,特细砂: $M_x = 1.5 \sim 0.7$。

良好的级配能使骨料的空隙率和总表面积均较小,从而使所需的水泥浆量较少,并且能够提高混凝土的密实度,并进一步改善混凝土的其他性能。在混凝土中砂粒之间的空隙是由水泥浆所填充,为达到节约水泥的目的,就应尽量减少砂粒之间的空隙,因此就必须有大小不同的颗粒搭配。从图4-2可以看出,如果是单一粒径的砂堆积,空隙最大[图4-2(a)];两种不同粒径的砂搭配起来,空隙就减少了[图4-2(b)];如果三种不同粒径的砂搭配起来,空隙就更小了[图4-2(c)]。

颗粒级配常以级配区和级配曲线表示,除特细砂外,砂的颗粒级配根据630 μm 方孔筛的累计筛余率分成三个级配区,即Ⅰ区、Ⅱ区和Ⅲ区,如表4-7及图4-3所示。任何一种

砂,只要其累计筛余率 $A_1 \sim A_6$ 分别分布在某一级配区的相应累计筛余率的范围内,即为级配合理,符合级配要求。

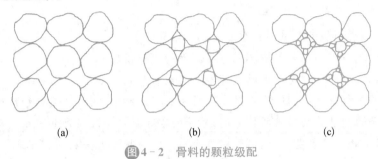

(a)　　　　　　　　　(b)　　　　　　　　　(c)

图 4-2　骨料的颗粒级配

表 4-7　颗粒级配

累计筛余/%	级配区		
方筛孔尺寸	Ⅰ区	Ⅱ区	Ⅲ区
4.75 mm	10~0	10~0	10~0
2.36 mm	35~5	25~0	15~0
1.18 mm	65~35	50~10	25~0
600 μm	85~71	70~41	40~16
300 μm	95~80	92~70	85~55
150 μm	100~90	100~90	100~90

注:① 砂的实际颗粒级配与表中所列数字相比,除 4.75 mm 和 600 μm 筛挡外,可以略有超出,但超出总量应小于5%。
　　② Ⅰ区人工砂中 150 μm 筛孔的累计筛余可以放宽到 100~85,Ⅱ区人工砂中 150 μm 筛孔的累计筛余可以放宽到 100~80,Ⅲ区人工砂中 150 μm 筛孔的累计筛余可以放宽到 100~75。

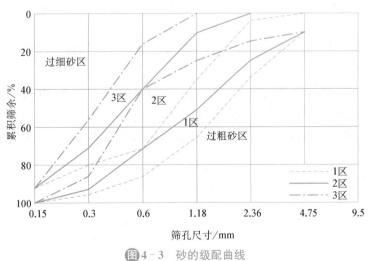

图 4-3　砂的级配曲线

　　Ⅰ区砂较粗,Ⅲ区砂偏细,Ⅱ区砂粗细适中,配制混凝土时宜优先选用Ⅱ区砂。当采用Ⅰ区砂时,应提高砂率,并保持足够的水泥用量,满足混凝土的和易性;当采用Ⅲ区砂时,宜适当降低砂率;当采用特细砂时,应符合相应的规定。

配制泵送混凝土，宜选用中砂。

工程案例

4-2 何谓骨料级配？骨料级配良好的标准是什么？

分析 骨料级配是指骨料中不同粒径颗粒的组配情况。

骨料级配良好的标准是骨料的空隙率和总表面积均较小。使用良好级配的骨料，不仅所需水泥浆量较少，经济性好，而且还可提高混凝土的和易性、密实度和强度。

评 石子的空隙是由砂浆所填充的；砂子的空隙是由水泥浆所填充的。砂子的空隙率愈小，则填充的水泥浆量越少，达到同样和易性的混凝土混合料所需水泥量较少，因此可以节约水泥。砂粒的表面是由水泥浆所包裹的。在空隙率相同的条件下，砂粒的比表面积愈小，则所需包裹的水泥浆也就愈少，达到同样和易性的混凝土混合料，其水泥用量较少。由此可见，骨料级配良好的标准应当是空隙率小，同时比表面积也较小。

4.2.3 粗骨料

混凝土常用的粗骨料有碎石和卵石。卵石是由自然风化、水流搬运和分选、堆积形成的且粒径大于 4.75 mm 的岩石颗粒；碎石是天然岩石或卵石经机械破碎、筛分制成的且粒径大于 4.75 mm 的岩石颗粒。

根据国家标准《建设用卵石、碎石》(GB/T 14685—2011)，卵石、碎石按技术要求分为Ⅰ类、Ⅱ类和Ⅲ类。根据行业标准 JGJ 52—2006，针对混凝土的强度不同，对卵石、碎石有相应技术要求。其中Ⅰ类适用于 C60 以上的混凝土；Ⅱ类适用于 C30～C60 的混凝土；Ⅲ类适用于 C30 以下的混凝土。

建筑标准

《建设用碎石、卵石》

技术要求

1. 物理性能

粗骨料表观密度不小于 2 600 kg/m³，连续级配松散堆积空隙率不大于 47%。

2. 有害物质的含量

粗集料中的有害杂质主要有黏土、淤泥及细屑，硫酸盐及硫化物，有机物质，蛋白石及其他含有活性氧化硅的岩石颗粒等。它们的危害作用与在细集料中相同。碎石或卵石中的硫化物和硫酸盐含量以及卵石中有机物等有害物质含量，应符合表 4-8 的规定。

表 4-8 卵石或碎石中的有害物质含量(JGJ 52—2006)

项　目	质量指标
硫化物及硫酸盐含量(折算成 SO₃ 按质量计，%)	≤1.0
卵石中有机物含量(用比色法试验)	颜色不应深于标准色。当颜色深于标准色时，应按水泥胶砂强度试验方法进行强度对比试验，抗压强度比不应低于 0.95

当碎石或卵石中含有颗粒状硫酸盐或硫化物杂质时，应进行专门检验，确认能满足混凝土耐久性要求后，方可采用。

3. 含泥量和泥块含量

卵石、碎石的含泥量是指粒径小于 75 μm 的颗粒含量；泥块含量是指卵石、碎石中原粒径大于 4.75 mm,经水洗、手捏后小于 2.36 mm 的颗粒含量。含泥量和泥块含量过大时,会影响粗集料与水泥石之间的黏结,降低混凝土的强度和耐久性。卵石、碎石中的含泥量和泥块含量应符合表 4-9 的规定。

表 4-9　卵石、碎石含泥量和泥块含量(JGJ 52—2006)

项　目	指标		
	≥C60	C55～C30	≤C25
含泥量(按质量计,%)	≤0.5	≤1.0	≤2.0
泥块含量(按质量计,%)	≤0.2	≤0.5	≤0.7

4. 针、片状颗粒含量

卵石表面光滑少棱角,空隙率和表面积均较小,拌制混凝土时所需的水泥浆量较少,混凝土拌和物和易性较好。碎石表面粗糙,富有棱角,集料的空隙率和总表面积较大;与卵石混凝土比较,碎石具有棱角,表面粗糙,混凝土拌和物集料间的摩擦力较大,对混凝土的流动阻滞性较强,因此所需包裹集料表面和填充空隙的水泥浆较多。如果要求流动性相同,用卵石时用水量可少一些,所配制混凝土的强度不一定低。

针、片状颗粒

针状颗粒,是指卵石和碎石颗粒的长度大于该颗粒所属相应粒级的平均粒径 2.4 倍者;片状颗粒是指厚度小于平均粒径 0.4 倍者。平均粒径是指该粒级上下限粒径的平均值。

针、片状颗粒本身的强度不高,在承受外力时容易产生折断,因此不仅会影响混凝土的强度,而且会增大石子的空隙率,使混凝土的和易性变差。

针、片状颗粒含量分别采用针状规准仪和片状规准仪测定。卵石和碎石中针片状颗粒含量应符合表 4-10 的规定。

表 4-10　卵石、碎石中针片状颗粒含量(JGJ 52—2006)

项　目	指标		
	≥C60	C55～C30	≤C25
针、片状颗粒总含量(按质量计,%)	≤8	≤15	≤25

5. 最大粒径

粗集料的最大粒径是指公称粒级的上限值。粗集料的粒径越大,其比表面积越小,达到一定流动性时包裹其表面的水泥砂浆数量减小,可节约水泥;或者在和易性一定、水泥用量一定时,可以减少混凝土的单位用水量,提高混凝土的强度。

粗集料的最大粒径不宜过大,实践证明当粗集料的最大粒径超过 40 mm 时,会造成混凝土施工操作较困难,混凝土不易密实,引起强度降低和耐久性变差。

根据《混凝土质量控制标准》(GB 50164—2011)的规定,对于混凝土结构,粗骨料最大公称粒径不得大于构件截面最小尺寸的 1/4,且不得大于钢筋最小净间距的 3/4;对混凝土实心板,骨料的最大公称粒径不宜大于板厚的 1/3,且不得大于 40 mm;对于大体积混凝土,粗骨料最大公称粒径不宜小于 31.5 mm。对于泵送混凝土,最大粒径与输送管内径之比,碎石宜小于或等于 1∶3;卵石宜小于或等于 1∶2.5。

6. 颗粒级配

粗骨料的级配试验也采用筛分法测定,即用 2.36 mm、4.75 mm、9.50 mm、16.0 mm、19.0 mm、26.5 mm、31.5 mm、37.5 mm、53.0 mm、63.0 mm、75.0 mm 和 90 mm 等十二种孔径的方孔筛进行筛分,其原理与砂的基本相同。国家标准《建筑用碎石、卵石》(GB/T 14685—2011)对碎石和卵石的颗粒级配规定见表 4-11。

表 4-11 碎石和卵石的颗粒级配

公称粒径 /mm		累计筛余/%											
		方孔筛孔径/mm											
		2.36	4.75	9.50	16.0	19.0	26.5	31.5	37.5	53.0	63.0	75.0	90
连续粒级	5~10	95~100	80~100	0~15	0	—	—	—	—	—	—	—	—
	5~16	95~100	85~100	30~60	0~10	0	—	—	—	—	—	—	—
	5~20	95~100	90~100	40~80	—	0~10	0	—	—	—	—	—	—
	5~25	95~100	90~100	—	30~70	—	0~5	0	—	—	—	—	—
	5~31.5	95~100	90~100	70~90	—	15~45	—	0~5	0	—	—	—	—
	5~40	—	95~100	70~90	—	30~65	—	—	0~5	0	—	—	—
单粒粒级	10~20	—	95~100	85~100	0~15	0	—	—	—	—	—	—	—
	16~31.5	—	95~100	—	85~100	—	—	0~10	0	—	—	—	—
	20~40	—	—	95~100	—	80~100	—	—	0~10	0	—	—	—
	31.5~63	—	—	—	95~100	—	—	75~100	45~75	—	0~10	0	—
	40~80	—	—	—	—	95~100	—	—	70~100	—	30~60	0~10	0

石子的级配按粒径尺寸分为连续粒级和单粒粒级。连续粒级是石子颗粒由小到大连续分级,每级石子占一定比例。用连续粒级配制的混凝土混合料和易性较好,不易发生离析现象,易于保证混凝土的质量,便于大型混凝土搅拌站使用,适合泵送混凝土。单粒粒级是人为地剔除集料中某些粒级颗粒,大集料空隙由小许多的小粒径颗粒填充,降低石子的空隙率,密实度增加,节约水泥,但是拌合物容易产生分层离析,施工困难,一般在工程中较少使用。如果混凝

土拌合物为低流动性或干硬性的,同时采用机械强力振捣时,采用单粒级配是合适的。

7. 坚固性和强度

混凝土中粗骨料起骨架作用必须具有足够的坚固性和强度。坚固性是指卵石、碎石在自然风化和其他外界物理化学因素作用下抵抗破裂的能力。采用硫酸钠溶液法进行试验,卵石和碎石经 5 次循环后,其质量损失应符合表 4-12 的规定。

表 4-12　卵石或碎石的坚固性指标

混凝土所处的环境条件极其性能要求	5 次循环后的质量损失/%
在严寒及寒冷地区室外使用,并经常处于潮湿或干湿交替状态下的混凝土;有腐蚀介质作用或经常处于水位变化区的地下结构或有抗疲劳、耐磨、抗冲击等要求的混凝土	≤8
在其他条件下使用的混凝土	≤12

碎石的强度可用岩石抗压强度和压碎值指标表示,卵石的强度用压碎值指标表示。岩石抗压强度是将岩石制成 50 mm×50 mm×50 mm 的立方体(或 Φ50 mm×50 mm 圆柱体)试件,浸没于水中浸泡 48 h 后,从水中取出,擦干表面,放在压力机上进行强度试验。压碎指标是将一定量风干后筛除大于 19.0 mm 及小于 9.50 mm 的颗粒,并去除针片状颗粒的石子后装入一定规格的圆筒内,在压力机上施加荷载到 200 kN 并稳定 5 s,卸荷后称取试样质量(G_1),再用孔径为 2.36 mm 的筛筛除被压碎的细粒,称取出留在筛上的试样质量(G_2)。计算公式如下:

$$Q_e = \frac{G_1 - G_2}{G_1} \times 100\% \qquad (4-2)$$

骨料的强度检测仪器

式中:Q_e—压碎指标,%;G_1—试样的质量,g;G_2—压碎试验后筛余的试样质量,g。

压碎值指标是指碎石或卵石抵抗压碎的能力。压碎值指标越小,表明石子的强度越高。碎石的压碎值指标的规定见表 4-13,卵石的压碎值指标的规定见表 4-14。

表 4-13　碎石的压碎值指标

岩石品种	混凝土强度等级	碎石压碎指标值/%
水成岩	C60~C40	≤10
	≤C35	≤16
变质岩或深成的火成岩	C60~C40	≤12
	≤C35	≤20
火成岩	C60~C40	≤13
	≤C35	≤30

注:水成岩包括石灰岩、砂岩等;变质岩包括片麻岩、石英岩等;深成的火成岩包括花岗岩、正长岩、闪长岩和橄榄岩等;喷出的火成岩包括玄武岩和辉绿岩等。

表 4-14　卵石的压碎值指标

混凝土强度等级	C60~C40	≤C35
压碎指标值/%	≤12	≤16

工程案例

4-3 什么是石子的最大粒径? 工程上石子的最大粒径是如何确定的?

分析 粗骨料公称粒级的上限称为该粒级的最大粒径。

工程上对混凝土中每立方米水泥用量小于 170 kg 的贫混凝土,采用较大粒径的粗骨料对混凝土强度有利。特别在大体积混凝土中,采用大粒径粗骨料,对于减少水泥用量、降低水泥水化热有着重要的意义。不过对于结构常用的混凝土,尤其是高强混凝土,从强度观点来看,当使用的粗骨料最大粒径超过 40 mm 后,并无多大好处,因为这时由于减少用水量获得的强度提高,被大粒径骨料造成的较少黏结面积和不均匀性的不利影响所抵消。因此,只有在可能的情况下,粗骨料最大粒径应尽量选用大一些。但最大粒径的确定,还要受到混凝土结构截面尺寸及配筋间距的限制。

评 粗骨料最大粒径增大时,骨料总表面积减小,因此包裹其表面所需的水泥浆量减少,可节约水泥,并且在一定和易性及水泥用量条件下,能减少用水量而提高混凝土强度。因此,在可能的情况下,粗骨料最大粒径应尽量选用大一些。最大粒径的选用,除了受结构上诸因素的限制外,还受搅拌机以及输送管道等条件的限制。

4-4 砂、石中的黏土、淤泥、细屑等粉状杂质及泥块对混凝土的性质有哪些影响?

分析 砂、石中的黏土、淤泥、细屑等粉状杂质含量增多,为保证拌合料的流动性,将使混凝土的拌合用水量(W)增大,即 W/C 增大,黏土等粉状物还降低水泥石与砂、石间的界面黏结强度,从而导致混凝土的强度和耐久性降低,变形增大;若保持强度不降低,必须增加水泥用量,但这将使混凝土的变形增大。

泥块对混凝土性能的影响与上述粉状物的影响基本相同,但对强度和耐久性的影响程度更大。

评 黏土、淤泥、细屑等粉状杂质本身强度极低,且总表面积很大,因此包裹其表面所需的水泥浆量增加,造成混凝土的流动性降低且大大降低了水泥石与砂、石间的界面黏结强度。

4-5 水泥混凝土中使用卵石或碎石,对混凝土性能的影响有何差异?

分析 碎石表面粗糙且多棱角,而卵石多为椭球形,表面光滑。碎石的内摩擦力大。

在水泥用量和用水量相同的情况下,碎石拌制的混凝土由于自身的内摩擦力大,拌合物的流动性降低,但碎石与水泥石的黏结较好,因而混凝土的强度较高。在流动性和强度相同的情况下,采用碎石配制的混凝土水泥用量较大。而采用卵石拌制的混凝土的流动性较好,但强度较低。当水灰比大于 0.65 时,二者配制的混凝土的强度基本上没有什么差异,然而当水灰比较小时强度相差较大。

4.2.4 水

混凝土拌合用水和混凝土养护用水统称为混凝土用水。包括饮用水、地下水、地表水、再生水、混凝土企业设备洗刷水和海水等。

混凝土拌合及养护用水的质量要求具体有:不得影响混凝土的和易性及凝结;不得有损于混凝土强度发展;不得降低混凝土的耐久性;不得加快钢筋腐蚀及导致预应力钢筋脆断;不得污染混凝土表面;各物质含量限量值应符合表 4-15 的要求。

表 4-15　混凝土拌合用水水质要求(JGJ 63—2006)

项　目	预应力混凝土	钢筋混凝土	素混凝土
PH	≥5.0	≥4.5	≥4.5
不溶物/mg·L^{-1}	≤2 000	≤2 000	≤5 000
可溶物/mg·L^{-1}	≤2 000	≤5 000	≤10 000
Cl$^-$/mg·L^{-1}	≤500	≤1 200	≤3 500
SO$_4^{2-}$/mg·L^{-1}	≤600	≤2 000	≤2 700
碱含量/mg·L^{-1}	≤1 500	≤1 500	≤1 500

注:碱含量按 $Na_2O+0.658K_2O$ 计算值来表示。采用非碱活性骨料时,可不检验碱含量。

对于设计使用年限为 100 年的结构混凝土,氯离子含量不得超过 500 mg/L;对使用钢丝或经热处理的预应力混凝土,氯离子含量不得超过 350 mg/L。混凝土拌合用水不应有漂浮明显的油脂和泡沫,不应有明显的颜色和异味。混凝土企业设备洗刷水不宜用于预应力混凝土、装饰混凝土、加气混凝土和暴露于腐蚀环境的混凝土;不得用于使用碱活性或潜在碱活性骨料的混凝土。另外,海水中含有硫酸盐、镁盐和氯化物,对水泥石有侵蚀作用,也会造成钢筋锈蚀,因此未经处理的海水不得用于拌制钢筋混凝土和预应力混凝土。在无法获得水源的情况下,海水可用于素混凝土,但不宜用于装饰混凝土。

工程案例

4-6　为什么不宜用海水拌制混凝土?

分析　用海水拌制混凝土时,由于海水中含有较多硫酸盐(SO_4^{2-}约 2 400 mg/L),混凝土的凝结速度加快,早期强度提高,但 28 天及后期强度下降(28 d 强度约降低 10%),同时抗渗性和抗冻性也下降。当硫酸盐含量较高时,还可能对水泥石造成腐蚀。同时,海水中含有大量氯盐(Cl^-约 15 000 mg/L),对混凝土中钢筋有加速锈蚀作用,因此对于钢筋混凝土和预应力混凝土结构,不得采用海水拌制混凝土。

评　对有饰面要求的混凝土,也不得采用海水拌制,因为海水中含有大量的氯盐、镁盐和硫酸盐,混凝土表面会产生盐析而影响装饰效果。

4.2.5　外加剂

外加剂是在拌制混凝土过程中掺入,用以改善混凝土性能的物质,掺量不大于水泥质量的 5%(特殊情况除外)。它赋予新拌混凝土和硬化混凝土以优良的性能,如提高抗冻性、调节凝结时间和硬化时间、改善工作性、提高强度等,是生产各种高性能混凝土和特种混凝土必不可少的组分。

混凝土外加剂

1. 外加剂的分类

根据《混凝土外加剂术语》(GB 8075—2017)的规定,混凝土外加剂按其主要功能分为四类:

(1) 改善混凝土拌和物流变性能的外加剂,如各种减水剂和泵送剂等;

(2) 调节混凝土凝结时间、硬化性能的外加剂,如缓凝剂、早强剂、促凝剂和速凝剂等;

(3) 改善混凝土耐久性的外加剂。包括引气剂、防水剂和阻锈剂等;

(4) 改善混凝土其他性能的外加剂。包括膨胀剂、防冻剂、着色剂等。

2. 混凝土常用的外加剂

1) 减水剂

混凝土减水剂是指在保持混凝土拌合物和易性一定的条件下,具有减水和增强作用的外加剂,又称为"塑化剂",高效减水剂又称为"超塑化剂"。根据减水剂的作用效果及功能不同,减水剂可分为普通减水剂、高效减水剂、高性能减水剂、早强减水剂、缓凝减水剂、引气减水剂、缓凝高效减水剂等。

(1) 减水剂的作用机理

常用的减水剂属于离子型表面活性剂。当表面活性剂溶于水后,受水分子的作用,亲水基团指向水分子,溶于水中,憎水基团则吸附于固相表面、溶解于油类或指向空气中,作定向排列,降低了水的表面张力。

当水泥加水拌合形成水泥浆的过程中,由于水泥为颗粒状材料,其比表面积大,颗粒之间容易吸附在一起,把一部分水包裹在颗粒之间而形成絮凝状结构,包裹的水分不能起到使水泥浆流动的作用,因此混凝土拌合物流动性降低。

当水泥浆中加入表面活性剂后,一方面表面活性剂在水泥颗粒表面作定向排列使水泥颗粒表面带有同种电荷,这种排斥力远远大于水泥颗粒之间的分子引力,使水泥颗粒分散,絮凝状结构中的水分释放出来,混凝土拌合用水的作用得到充分的发挥,拌合物的流动性明显提高,其原理见图 4-4。另一方面,表面活性剂的极性基与水分子产生缔合作用,使水泥颗粒表面形成一层溶剂化水膜,阻止了水泥颗粒之间直接接触,起到润滑作用,改善了拌合物的流动性。

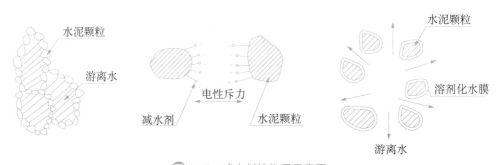

图 4-4　减水剂的作用示意图

由于表面活性剂对水泥颗粒的包裹,水泥水化反应速度减慢,因此减水剂一般具有一定的缓凝作用。

(2) 减水剂的作用效果

在混凝土中掺入减水剂后,具有以下技术经济效果:

① 减少混凝土拌合物的用水量,提高混凝土的强度。在混凝土中掺入减水剂后,可在混凝土拌合物坍落度基本一定的情况下,减少混凝土的单位用水量 5%～25%(普通型 5%～15%,高效型 10%～30%),从而降低了混凝土水灰比,使混凝土强度提高。

② 提高混凝土拌合物的流动性。在混凝土各组成材料用量一定的条件下,加入减水剂能明显提高混凝土拌合物的流动性,一般坍落度可提高 100～200 mm。

③ 节约水泥。在混凝土拌合物坍落度、强度一定的情况下,拌合物用水量减少的同时,水泥用量也可以减少,可节约水泥 5%～20%。

④ 改善混凝土拌合物的性能。掺入减水剂后,可以减少混凝土拌合物的泌水、离析现象;延缓拌合物的凝结时间;减缓水泥水化放热速度;显著提高混凝土硬化后的抗渗性和抗冻性,提高混凝土的耐久性。

（3）常用的减水剂

减水剂是目前应用最广的外加剂,按化学成分分为木质素系减水剂、萘系减水剂、树脂系减水剂、糖蜜系减水剂、腐殖酸系减水剂、聚羧酸系减水剂等。

（4）减水剂的掺法

减水剂的掺法主要有先掺法、同掺法、后掺法等,其中以"后掺法"为最佳。后掺法是指减水剂加入混凝土中时,不是在搅拌时加入,而是在运输途中或在施工现场分一次加入或几次加入,再经二次或多次搅拌,成为混凝土拌合物。后掺法可减少、抑制混凝土拌合物在长距离运输过程中的分层离析和坍落度损失;可提高混凝土拌合物的流动性、减水率、强度和降低减水剂掺量、节约水泥等,并可提高减水剂对水泥的适应性等。特别适合于采用泵送法施工的商品混凝土。

2) 早强剂

早强剂是能加速水泥水化和硬化,促进混凝土早期强度增长的外加剂,可缩短混凝土养护龄期,加快施工进度,提高模板和场地周转率。早强剂主要是无机盐类、有机物等,但现在越来越多地使用各种复合型早强剂。

混凝土工程可采用下列早强剂:① 硫酸盐、硫酸复盐、硝酸盐、碳酸盐、亚硝酸盐、氯盐、硫氰酸盐等无机盐类;② 三乙醇胺、甲酸盐、乙酸盐、丙酸盐等有机化合物类。

早强剂宜用于蒸养、常温、低温和最低气温不低于 $-5℃$ 环境中施工的有早强要求的混凝土工程。炎热条件以及环境温度低于 $-5℃$ 时不宜使用早强剂。

早强剂不宜用于大体积混凝土;三乙醇胺等有机类早强剂不宜用于蒸养混凝土。

无机盐类早强剂不宜用于下列情况:

① 处于水位变化的结构;② 露天结构及经常受水淋、受水流冲刷的结构;③ 相对湿度大于 80% 环境中使用的结构;④ 直接接触酸、碱或其他侵蚀性介质的结构;⑤ 有装饰要求的混凝土、特别是要求色彩一致或表面有金属装饰的混凝土。

3) 缓凝剂

缓凝剂是一种能延缓水泥水化反应,从而延长混凝土的凝结时间,使新拌混凝土较长时间保持塑性,方便浇注,提高施工效率,同时对混凝土后期各项性能不会造成不良影响的外加剂。缓凝剂按按化学成分可分为有机缓凝剂和无机缓凝剂。主要有糖类及碳水化合物,如淀粉、纤维素的衍生物等;羟基羧酸,如柠檬酸、酒石酸、葡萄糖以及其盐类;可溶硼酸盐和磷酸盐等。

缓凝剂的作用机理。一般来讲,多数有机缓凝剂有表面活性,它们在固-液界面上产生吸附,改变固体粒子的表面性质,或是通过其分子中亲水基团吸附大量的水分子形成较厚的水膜层,使晶体间的相互接触受到屏蔽,改变了结构形成过程;或是通过其分子中的某些官能团与游离的 Ca^{2+} 生成难溶性的钙盐吸附于矿物颗粒表面,从而抑制水泥的水化过程,起到缓凝效果。大多数无机缓凝剂与水泥水化产物生成复盐,沉淀于水泥矿物颗粒表面,抑制水泥的水化。缓凝剂的机理较复杂,通常是以上多种缓凝机理综合作用的结果。

缓凝剂的掺量一般很小,使用时应严格控制,过量掺入会使混凝土强度下降。

缓凝剂宜用于对坍落度保持能力有要求的混凝土、静停时间较长或长距离运输的混凝土、自密实混凝土、大体积混凝土;不宜用于气温低于5℃施工的混凝土;柠檬酸(钠)及酒石酸(钾钠)等缓凝剂不宜单独用于贫混凝土;含有糖类组分的缓凝剂与减水剂复合使用时,应进行相容性试验。

4) 防冻剂

防冻剂是能使混凝土在负温下硬化,并在规定养护条件下达到预期性能的外加剂。

常用的防冻剂有强电解质无机盐类(氯盐类、氯盐阻锈类、无氯盐类);水溶性有机化合物类;有机化合物与无机盐复合类、复合型防冻剂。

混凝土工程可采用以某些醇类、尿素等有机化合物为防冻组分的有机化合物类防冻剂。

氯盐类防冻剂适用于无筋混凝土;氯盐阻锈类防冻剂适用于钢筋混凝土;无氯盐类防冻剂可用于钢筋混凝土工程和预应力钢筋混凝土工程。

混凝土工程可采用防冻组分与早强、引气和减水组分复合而成的防冻剂。

防冻剂用于负温条件下施工的混凝土。防冻剂的品种、掺量应以混凝土浇筑后5 d内的预计日最低气温选用。在日最低气温为−5℃~−10℃、−10℃~−15℃、−15℃~−20℃时,应分别选用规定温度为−5℃、−10℃、−15℃的防冻剂,并增加相应的混凝土冬季施工措施,如暖棚法、原料(砂、石、水)预热法等。

5) 膨胀剂

膨胀剂是能使混凝土产生一定体积膨胀的外加剂。根据《混凝土膨胀剂》(GB/T 23439—2017)的要求,混凝土膨胀剂按水化产物分为:硫铝酸钙类混凝土膨胀剂(A)、氧化钙类混凝土膨胀剂(C)和硫铝酸钙-氧化钙类混凝土膨胀剂(AC)。硫铝酸钙类混凝土膨胀剂与水泥、水拌和后经水化反应生成钙矾石;氧化钙类混凝土膨胀剂与水泥、水拌和后经水化反应生成氢氧化钙;硫铝酸钙-氧化钙类混凝土膨胀剂与水泥、水拌和后经水化反应生成钙矾石和氢氧化钙。

膨胀剂的作用机理。上述各种膨胀剂的成分不同,其膨胀机理也各不相同。硫铝酸钙类膨胀剂加入水泥混凝土后,自身组成中的无水硫铝酸钙或参与水泥矿物的水化或与水泥水化产物反应,形成高硫型硫铝酸钙(钙矾石),钙矾石相的生成使固相体积增加,而引起表观体积的膨胀。氧化钙类膨胀剂的膨胀作用主要由氧化钙晶体水化生成氢氧化钙晶体,体积增加所致。

混凝土膨胀剂物理性能见表4-16。

表 4-16 混凝土膨胀剂性能指标

项　目			指　标　值	
			Ⅰ型	Ⅱ型
细度	比表面积/m² · kg⁻¹	⩾	200	
	1.18 mm 筛筛余/%	⩽	0.5	
凝结时间	初凝/min	⩾	45	
	终凝/min	⩽	600	

项　目			指　标　值	
			Ⅰ型	Ⅱ型
限制膨胀率/%	水中 7 d	≥	0.035	0.050
	空气中 21 d	≥	−0.015	−0.010
抗压强度/MPa	7 d	≥	22.5	
	28 d	≥	42.5	

用膨胀剂配制的补偿收缩混凝土宜用于混凝土结构自防水、工程接缝、填充灌浆,采取连续施工的超长混凝土结构,大体积混凝土工程等;用膨胀剂配制的自应力混凝土宜用于自应力混凝土输水管、灌注桩等。

含硫铝酸钙类、硫铝酸钙-氧化钙类膨胀剂配制的混凝土(砂浆)不得用于长期环境温度为 80℃以上的工程。

膨胀剂应用于钢筋混凝土工程和填充性混凝土工程。

6) 引气剂

引气剂是指在搅拌过程中能引入大量分布均匀的、稳定而封闭的微小气泡的外加剂。引气剂在每 1 m³ 混凝土中可生成 500~3 000 个直径为 50~1 250 μm(大多在 200 μm 以下)的独立气泡。

引气剂的种类较多。主要有:可溶性树脂酸盐(松香酸)、文沙尔树脂、皂化的吐尔油、十二烷基磺酸钠、十二烷基苯磺酸钠、磺化石油羟类的可溶性盐等。

(1) 引气剂的分子结构特性

引气剂为憎水性表面活性物质,它能在水泥—水—空气的界面定向排列,形成单分子吸附膜,提高泡膜的强度,并使气泡排开水分而吸附于固相粒子表面,因而能使搅拌过程混进的空气形成微小而稳定的气泡,均匀分布于混凝土中。

(2) 引气剂对混凝土的作用

① 改善混凝土拌合物的和易性

大量微小封闭的球状气泡在混凝土拌合物内形成,如同滚珠一样,减少了颗粒间的摩擦阻力,减少泌水和离析,改善了混凝土拌合物的保水性、粘聚性。

② 显著提高混凝土的抗渗性、抗冻性

大量均匀分布的封闭气泡切断了混凝土中的毛细管渗水通道,改变了混凝土的孔结构,使混凝土抗渗性显著提高。

③ 降低混凝土强度

由于大量气泡的存在,减少了混凝土的有效受力面积,使混凝土强度有所降低。一般混凝土的含气量每增加 1%,其抗压强度将降低 4%~5%,抗折强度降低 2%~3%。

近年来,引气剂逐渐被引气型减水剂所代替,因为它不但能减水且有引气作用,提高混凝土强度,节约水泥。

引气剂及引气减水剂宜用于有抗冻融要求的混凝土、泵送混凝土和易产生泌水的混凝土。可用于抗渗混凝土、抗硫酸侵蚀混凝土、贫混凝土、轻骨料混凝土、人工砂混凝土和有饰面要求的混凝土等,但引气剂不宜用于蒸养混凝土及预应力混凝土。

7）泵送剂

能改善混凝土泵送性能的外加剂称为泵送剂。

混凝土的可泵性主要体现在混凝土拌合物的流动性和稳定性,即有足够的粘聚性,不离析、不泌水,以及混凝土拌合物与管壁及自身的摩擦力三个方面。

普通混凝土最容易泵送,泵送剂主要是提高混凝土保水性及改善混凝土泵送性。

可作为泵送剂的材料有高效减水剂、普通减水剂、缓凝剂、引气剂、增稠剂等。主要适用于商品混凝土搅拌站拌制泵送混凝土。

高效减水剂有多环芳香族磺酸盐类、水溶性树脂磺酸盐类;普通减水剂有木质素磺酸盐类。有机缓凝剂有糖钙、蔗糖、葡萄糖酸钙、酒石酸、柠檬酸等;无机缓凝剂有氧化锌、硼砂等。引气剂有松香皂、烷基苯磺酸盐、脂肪醇磺酸盐等。增稠剂有聚乙烯氧化物、纤维素衍生物、海藻酸盐等。

泵送剂宜用于泵送施工的混凝土。泵送剂可用于工业与民用建筑结构工程混凝土、桥梁混凝土、水下灌注桩混凝土、大坝混凝土、清水混凝土、防辐射混凝土和纤维增强混凝土。泵送剂宜用于日平均气温5℃以上的施工环境。泵送剂不宜用于蒸汽养护混凝土和蒸压养护的预制混凝土。

在使用泵送剂时,应注意以下几点:

（1）根据不同水泥用量选用不同类型的泵送剂。贫、富混凝土泵送剂反用会使效果适得其反。

（2）注意外加剂与水泥是否适应,使用前应做适应性试验。

（3）应严格控制用水量,在施工中不得随意加水。尽量减少新拌混凝土的运输距离和出料到浇注的时间,以减少坍落度损失。如损失过大,不得加水以增大坍落度,可采用二次掺减水剂。

（4）高强泵送混凝土水泥用量大,水灰比小,应注意浇水养护、特别应注意早期养护。

4.2.6 矿物掺合料

1. 矿物掺合料种类和掺量

掺合料

矿物掺合料是指在混凝土搅拌过程中加入的、具有一定细度和活性的、用于改善新拌混凝土和硬化混凝土性能的某些矿物类产品,也称为矿物外加剂,用代号 MA 表示,是混凝土的第六组分。常用的矿物掺合料按其矿物组成分为五类:磨细矿渣（S）、粉煤灰（FA）、磨细天然沸石（Z）、硅灰（SF）、偏高岭土（MK）。

根据《高强高性能混凝土用矿物外加剂》（GB/T 18736—2017）的规定,矿物外加剂的标记依次为:矿物外加剂-分类-等级 标准号。例如:硅灰,标识为"MA - SF GB/T 18736—2017"。

矿物掺合料在混凝土中的掺量应通过试验确定。采用硅酸盐水泥时,钢筋混凝土中矿物掺合料最大掺量宜符合表 4 - 17 的规定;预应力钢筋混凝土中矿物掺合料最大掺量宜符合表 4 - 18 的规定。对基础大体积的混凝土,粉煤灰、粒化高炉矿渣粉和复合掺合料的最大掺量可增加 5%,采用掺量大于 30% 的 C 类粉煤灰的混凝土应以实际使用的水泥和粉煤灰掺量进行安定性检验。

表 4-17　钢筋混凝土中矿物掺合料最大掺量

矿物掺合料种类	水胶比	最大掺量/%	
		采用硅酸盐水泥时	采用普通硅酸盐水泥时
粉煤灰	≤0.40	45	35
	>0.40	40	30
粒化高炉矿渣粉	≤0.40	65	55
	>0.40	55	45
钢渣粉	—	30	20
磷渣粉	—	30	20
硅灰	—	10	10
复合掺合料	≤0.40	65	55
	>0.40	55	45

注:① 采用其他通用硅酸盐水泥时,宜将水泥混合材料掺量20%以上的混合材量计入矿物掺合料;
　　② 复合掺合料各组分的掺量不宜超过单掺时的最大掺量;
　　③ 在混合使用两种及两种以上矿物掺合料时,矿物掺合料总掺量应符合表中复合掺合料的规定。

表 4-18　预应力混凝土中矿物掺合料最大掺量

矿物掺合料种类	水胶比	最大掺量/%	
		采用硅酸盐水泥时	采用普通硅酸盐水泥时
粉煤灰	≤0.40	35	30
	>0.40	25	20
粒化高炉矿渣粉	≤0.40	55	45
	>0.40	45	35
钢渣粉	—	20	10
磷渣粉	—	20	10
硅灰	—	10	10
复合掺合料	≤0.40	55	45
	>0.40	45	35

注:① 采用其他通用硅酸盐水泥时,宜将水泥混合材料掺量20%以上的混合材量计入矿物掺合料;
　　② 复合掺合料各组分的掺量不宜超过单掺时的最大掺量;
　　③ 在混合使用两种及两种以上矿物掺合料时,矿物掺合料总掺量应符合表中复合掺合料的规定。

2. 矿物掺合料在混凝土中的作用

(1) 掺合料可以代替部分水泥,成本低廉,经济效益显著。

(2) 增大混凝土的后期强度。矿物细掺料中含有活性的 SiO_2 和 Al_2O_3,与水泥中的石膏及水泥水化生成的 $Ca(OH)_2$ 反应,生成 C—S—H 和 C—A—H、水化硫铝酸钙。提高了混凝土的后期强度。但是值得提出的是,除硅灰外的矿物细掺料,混凝土的早期强度随掺量的增加而降低。

(3) 改善新拌混凝土的工作性。混凝土提高流动性后,很容易使混凝土产生离析和泌水,掺入矿物细掺料后,混凝土具有很好的粘聚性。像粉煤灰等需水量小的掺合料还可以降低混凝土的水胶比,提高混凝土的耐久性。

(4)降低混凝土温升。水泥水化产生热量,而混凝土又是热的不良导体,在大体积混凝土施工中,混凝土内部温度可达到50～70℃,比外部温度高,产生温度应力,混凝土内部体积膨胀,而外部混凝土随着气温降低而收缩。内部膨胀和外部收缩使得混凝土中产生很大的拉应力,导致混凝土产生裂缝。掺合料的加入,减少了水泥的用量,就进一步降低了水泥的水化热,降低混凝土温升。

(5)提高混凝土的耐久性。混凝土的耐久性与水泥水化产生的$Ca(OH)_2$密切相关,矿物细掺料和$Ca(OH)_2$发生化学反应,降低了混凝土中的$Ca(OH)_2$含量;同时减少混凝土中大的毛细孔,优化混凝土孔结构,降低混凝土孔径,使混凝土结构更加致密,提高了混凝土的抗冻性、抗渗性、抗硫酸盐侵蚀等耐久性能。

(6)抑制碱-骨料反应。试验证明,矿物掺合料掺量较大时,可以有效地抑制碱-骨料反应。内掺30%的低钙粉煤灰能有效地抑制碱硅反应的有害膨胀,利用矿渣抑制碱骨料反应,其掺量宜超过40%。

(7)不同矿物细掺料复合使用的"超叠效应"。不同矿物细掺料在混凝土中的作用有各自的特点。例如,矿渣火山灰活性较高,有利于提高混凝土强度,但自干燥收缩大;掺优质粉煤灰的混凝土需水量小,且自干燥收缩和干燥收缩都很小,在低水胶比下可以保证较好的抗碳化性能。硅灰可以提高混凝土的早期和后期强度,但自干燥收缩大,且不利于降低混凝土温升。因此,复掺时,可充分发挥它们的各自优点,取长补短。例如,可复掺粉煤灰和硅灰,用硅灰提高混凝土的早期强度,用优质粉煤灰降低混凝土需水量和自干燥收缩。

3. 粉煤灰

粉煤灰又称飞灰,是电厂燃烧煤粉的锅炉烟气中收集到的细粉末,其颗粒多呈球形,表面光滑,大部分由直径以μm计的实心和(或)中空玻璃微珠以及少量的莫来石、石英等结晶物质所组成。

粉煤灰有高钙粉煤灰和低钙粉煤灰之分,由褐煤燃烧形成的粉煤灰,其氧化钙含量较高(一般大于10%),呈褐黄色,称为高钙粉煤灰(C类粉煤灰),它具有一定的水硬性;由烟煤和无烟煤燃烧形成的粉煤灰,其氧化钙含量很低(一般小于10%),呈灰色或深灰色,称为低钙粉煤灰(F类粉煤灰),一般具有火山灰活性。

1)粉煤灰质量要求和等级

根据国家标准《用于水泥和混凝土中的粉煤灰》(GB 1596—2017)的规定,粉煤灰分三个等级,其质量指标见表4-19。

表4-19 粉煤灰等级与质量指标(GB 1596—2017)

指　　标	级　　别		
	Ⅰ	Ⅱ	Ⅲ
细度(45 μm 方孔筛筛余)/%	≤12.0	≤30.0	≤45.0
需水量比/%	≤95	≤105	≤115
烧失量/%	≤5.0	≤8.0	≤15.0

指　　标		级　　别		
		Ⅰ	Ⅱ	Ⅲ
含水量/%		≤1.0		
三氧化硫质量(SO₃)分数/%		≤3.0		
游离氧化钙/%	F 类粉煤灰	≤1.0		
	C 类粉煤灰	≤4.0		
安定性(雷氏法)/(mm)C 类粉煤灰		≤5.0		
密度/g·cm⁻³		≤2.6		
强度活性指数/%		≥70.0		

注:表中需水量比是指掺 30%粉煤灰的硅酸盐水泥与不掺粉煤灰的硅酸盐水泥,达到相同流动度(125～135 mm)时所用的水量之比。

低钙粉煤灰来源比较广泛,是当前国内外用量最大、使用范围最广的混凝土掺合料,高钙粉煤灰其游离氧化钙含量较高,可能造成混凝土开裂,使用受到限制。

根据国家标准《混凝土质量控制标准》(GB 50164—2011)的规定,粉煤灰的主要控制项目应包括细度、需水量比、烧失量和三氧化硫含量,C 类粉煤灰的主要控制项目还应包括游离氧化钙含量和安定性。

2) 粉煤灰在混凝土中的作用

(1) 活性行为和胶凝作用。粉煤灰的活性来源于它所含的玻璃体,它与水泥水化生成的 Ca(OH)₂ 发生二次水化反应,生成 C—S—H 和 C—A—H、水化硫铝酸钙,强化了混凝土界面过渡区,同时提高混凝土的后期强度。

(2) 充填行为和致密作用。粉煤灰是高温煅烧的产物,其颗粒本身很小,且强度很高。粉煤灰颗粒分布于水泥浆体中水泥颗粒之间时,提高混凝土胶凝体系的密实性。

(3) 需水行为和减水作用。由于粉煤灰的颗粒大多是球形的玻璃珠,优质粉煤灰由于其“滚珠轴承”的作用,可以改善混凝土拌合物的和易性,减少混凝土单位体积用水量,硬化后水泥浆体干缩小,提高混凝土的抗裂性。

(4) 降低混凝土早期温升,抑制开裂。大掺量粉煤灰混凝土特别适合大体积混凝土。

(5) 二次水化和较低的水泥熟料量使最终混凝土中的 Ca(OH)₂ 大为减少,可以有效提高混凝土抵抗化学侵蚀的能力。

(6) 当掺加量足够大时,可以明显抑制混凝土碱骨料反应的发生。

(7) 降低氯离子渗透能力,提高混凝土的护筋性。

3) 粉煤灰的掺量

混凝土中粉煤灰的掺量,根据混凝土结构类型、水泥品种和水胶比确定。粉煤灰的最大掺量的确定,除了与早期强度、施工时的环境温度、大体积混凝土等有关外,混凝土的抗冻性、抗碳化性等耐久性指标也很重要。对钢筋混凝土,粉煤灰掺量过大可导致混凝土碱度降低,使钢筋保护层碳化,进而对混凝土中钢筋锈蚀产生不利影响。

粉煤灰在混凝土中的掺量应通过试验确定,最大掺量宜符合表 4 - 20 的规定。对浇筑量比较大的基础钢筋混凝土,粉煤灰最大掺量可增加 5%～10%。对早期强度要求较高或环境温度、湿度较低条件下施工的粉煤灰混凝土宜适当降低粉煤灰掺量。

表 4-20 粉煤灰的最大掺量(%)

混凝土种类	硅酸盐水泥		普通硅酸盐水泥	
	水胶比≤0.4	水胶比>0.4	水胶比≤0.4	水胶比>0.4
预应力混凝土	30	25	25	15
钢筋混凝土	40	35	35	30
素混凝土	55		45	
碾压混凝土	70		65	

4) 粉煤灰掺合料在工程中的应用

国家标准《粉煤灰混凝土应用技术规范》(GB/T 50146—2014)规定,预应力混凝土宜掺用Ⅰ级 F 类粉煤灰,掺用Ⅱ级 F 类粉煤灰时应经过试验论证;其他混凝土宜掺用Ⅰ级、Ⅱ级粉煤灰,掺用Ⅲ级粉煤灰时应经过试验论证。粉煤灰混凝土宜掺用硅酸盐水泥和普通硅酸盐水泥配制。采用其他品种的硅酸盐水泥时,应根据水泥中混合材料的品种和掺量,并通过试验确定粉煤灰的合理掺量。粉煤灰与其他掺合料同时掺用时,其合理掺量应通过试验确定。

粉煤灰供应单位应按现行国家标准《用于水泥和混凝土中的粉煤灰》(GB/T 1596—2017)的相关规定出具批次产品合格证、标识和出厂检验报告,并应按相关标准要求提供型式检验报告。出厂粉煤灰的标识应包括粉煤灰种类、等级、生产方式、批号、数量、生产厂名称和地址、出厂日期等。粉煤灰以同一厂家连续供应的 200 t 相同种类、相同等级的粉煤灰为一验收批,不足 200 t 时宜按一批计。

4. 硅灰

硅灰又称硅粉或硅烟灰,是在冶炼硅铁合金或硅工业时,通过烟道排出的粉尘,经收集得到的以无定形二氧化硅为主要成分的粉体材料。硅灰的颗粒是微细的玻璃球体,部分粒子凝聚成片或球状的粒子。其平均粒径为 $0.1\sim0.2\ \mu m$,是水泥颗粒粒径的 $1/50\sim1/100$,比表面积高达 $2.0\times10^4\ m^2/kg$。其主要成分是 SiO_2(占 90%以上),它的活性要比水泥高 $1\sim3$ 倍。

硅灰按其使用时的状态,可分为硅灰(SF)和硅灰浆(SF-S)。硅灰浆是以水为载体的含有一定数量硅灰的匀质性浆料。根据《砂浆与混凝土中用硅灰》(GB/T 27690—2011)规定,硅灰技术要求要符合表 4-21 的规定。

表 4-21 硅灰的技术要求(GB/T 27690—2011)

项　目	级　别
固含量(液料)	按生产厂控制值的±2%
总碱量	≤1.5%
SiO₂含量	≥85.0%
氯含量	≤0.1%
含水率(粉料)	≤3.0%
烧失量	≤4.0%

项　　目	级　　别
流动度比/%	≥95
需水量比	≤125%
比表面积（BET 法）	≥15 m²/g
活性指数（7 d 快速法）	≥105%
放射性	I_{ra}≤1.0 和 I_r≤1.0
抑制碱骨料反应性	14 d 膨胀率降低值≥35%
抗氯离子渗透性	28 d 电通量之比≤40%

注：硅灰浆折算为固体含量按此表进行检验。

根据国家标准《混凝土质量控制标准》（GB 50164—2011）的规定，硅灰的主要控制项目应包括比表面积和二氧化硅含量。

以 10% 硅灰等量取代水泥，混凝土强度可提高 25% 以上。由于硅灰具有高比表面积，因而其需水量很大，将其作为混凝土掺和料，必须配以减水剂，方可保证混凝土的和易性。硅粉混凝土的特点是特别早强和耐磨，很容易获得早强，而且耐磨性优良。硅粉使用时掺量较少，一般为胶凝材料总重的 5%～10%，且不高于 15%，通常与其他矿物掺和料复合使用。在我国，因其产量低，目前价格很高，出于价格考虑，一般混凝土强度低于 80 MPa 时，都不考虑掺加硅粉。

5. 粒化高炉矿渣粉

粒化高炉矿渣粉是指以粒化高炉矿渣为主要原料，可掺加少量天然石膏，磨制成一定细度的粉体。根据《用于水泥与混凝土中的粒化高炉矿渣粉》（GB/T 18046—2017）规定，矿渣粉技术要求要符合表 4-22 的规定。

表 4-22　矿渣粉技术要求（GB/T 18046—2017）

项　　目		级　　别		
		S105	S95	S75
比表面积/m²·kg⁻¹		≥500	≥400	≥300
密度/g·cm⁻³		≥2.8		
活性指数/%	7 d	≥95	≥70	≥55
	28 d	≥105	≥95	≥75
流动度比/%		≥95		
初凝时间比/%		≤200		
含水量（质量分数）%		≤1.0		
三氧化硫（质量分数）%		≤4.0		
氯离子（质量分数）%		≤0.06		
烧失量（质量分数）%		≤1.0		

项　目	级　别		
	S105	S95	S75
不溶物(质量分数)%	≤3.0		
玻璃体含量(质量分数)%	≥85		
放射性	I_{ra}≤1.0 和 I_r≤1.0		

根据国家标准《混凝土质量控制标准》(GB 50164—2011)的规定,粒化高炉矿渣粉的主要控制项目应包括比表面积、活性指数和流动度比。

粒化高炉矿渣在水淬时形成的大量玻璃体具有微弱的自身水硬性。用于高性能混凝土的矿渣粉磨至比表面积超过 400 m²/kg,可以较充分地发挥其活性,减少泌水性。研究表明,矿渣磨得越细,其活性越高,掺入混凝土中后,早期产生的水化热越多,越不利于控制混凝土的温升,而且成本较高;当矿渣的比表面积超过 400 m²/kg 后,用于很低水胶比的混凝土中时,混凝土早期的自收缩随掺量的增加而增大;矿渣粉磨得越细,掺量越大,则低水胶比的高性能混凝土拌合物越黏稠。因此,磨细矿渣的比表面积不宜过细。用于大体积混凝土时,矿渣的比表面积宜不超过 420 m²/kg;超过 420 m²/kg 的,宜用于水胶比不很低的非大体积混凝土,而且矿渣颗粒多为棱形,会使混凝土拌合物的需水量随掺入矿渣微粉细度的提高而增加,同时生产成本也大幅度提高,综合经济技术效果并不好。

磨细矿渣粉和粉煤灰复合掺入时,矿渣粉弥补了粉煤灰的先天"缺钙"的不足,而粉煤灰又可以起到辅助减水作用,同时自干燥收缩和干燥收缩都很小,上述问题可以得到缓解,而且复掺可以改善颗粒级配和混凝土的孔结构及孔级配,进一步提高混凝土的耐久性,是未来商品混凝土发展的趋势。

6.沸石粉

沸石是一族架状构造的多孔性碱金属或碱土金属的含水铝硅酸盐矿物。天然沸石粉是以天然沸石岩为原料,经粉磨至规定细度的粉末状材料。

沸石粉按性能可分为Ⅰ级、Ⅱ级和Ⅲ级。沸石的技术要求应符合表 4‐23 的规定。

表 4‐23　沸石粉的技术要求(JG/T 566—2018)

项　目		Ⅰ级	Ⅱ级	Ⅲ级
吸铵值/(mmol/100 g)		≥130	≥100	≥90
细度(45 μm 筛余)(质量分数)/%		≤12	≤30	≤45
活性指数/%	7 d	≥90	≥85	≥80
	28 d	≥90	≥85	≥80
需水量比/%		≤115		
含水量(质量分数)/%		≤5.0		
氯离子含量(质量分数)/%		≤0.06		
硫化物及硫酸盐含量(按 SO₃质量计)(质量分数)/%		≤1.0		
放射性		应符合 GB6566 的规定		

沸石粉掺入混凝土中可取代 10%～20%的水泥,可以改善混凝土拌合物的粘聚性,减少泌水,宜用于泵送混凝土,可减少混凝土离析及堵泵。沸石粉应用于轻骨料混凝土,可较大改善轻骨料混凝土拌合物的粘聚性,减少轻骨料的上浮。

工程案例

4-7 简述什么是粉煤灰效应?

分析 粉煤灰由于其本身的化学成分、结构和颗粒形状等特征,在混凝土中可产生下列三种效应,总称为"粉煤灰效应"。

(1) 活性效应。粉煤灰中所含的 SiO_2 和 Al_2O_3 具有化学活性,它们能与水泥水化产生的 $Ca(OH)_2$ 反应,生成类似水泥水化产物中的水化硅酸钙和水化铝酸钙,可作为胶凝材料一部分而起增强作用。

(2) 颗粒形态效应。煤粉在高温燃烧过程中形成的粉煤灰颗粒,绝大多数为玻璃微珠,掺入混凝土中可减小内摩阻力,从而可减少混凝土的用水量,起减水作用。

(3) 微骨料效应。粉煤灰中的微细颗粒均匀分布在水泥浆内,填充孔隙和毛细孔,改善了混凝土的孔结构,增大了密实度。

评 由于粉煤灰效应的结果,粉煤灰可以改善混凝土拌合物的流动性、保水性、可泵性等性能,并能降低混凝土的水化热,以及提高混凝土的抗化学侵蚀、抗渗、抑制碱—骨料反应等耐久性能。混凝土中掺入粉煤灰取代部分水泥后,混凝土的早期强度将随掺入量增多而有所降低,但 28 d 以后长期强度可以赶上甚至超过不掺粉煤灰的混凝土。

任务 4.3 混凝土的技术性质

任务导入	● 混凝土拌合物应具有良好的和易性,以便于施工操作,得到结构均匀、成型密实的混凝土,保证混凝土的强度和耐久性。硬化混凝土的性质主要包括强度、变形性质和耐久性等。本任务主要学习混凝土的技术性质。
任务目标	➢ 掌握混凝土拌合物和易性的概念;掌握混凝土拌合物和易性的检测方法;掌握影响混凝土和易性的因素 ➢ 掌握混凝土强度立方体抗压强度的检测方法;掌握混凝土强度的等级划分依据;了解混凝土轴心抗压强度、抗拉强度概念;掌握影响混凝土抗压强度的因素; ➢ 掌握混凝土耐久性的概念及提高混凝土耐久性的技术措施; ➢ 掌握混凝土在荷载作用和非荷载作用下的变形性能; ➢ 了解膨胀水泥的技术性质及应用

普通混凝土组成材料按一定比例混合,经拌合均匀后即形成混凝土拌合物,又称为新拌混凝土;水泥凝结硬化后,即形成硬化混凝土。

混凝土拌合物应具有良好的和易性,以便于施工操作,得到结构均匀、成型密实的混凝土,保证混凝土的强度和耐久性。硬化混凝土的性质主要包括强度、变形性质和耐久性等。

4.3.1 混凝土拌合物的和易性

1. 和易性的概念

和易性(又称工作性)是混凝土在凝结硬化前必须具备的性能,是指混凝土拌合物易于施工操作(拌和、运输、浇灌、捣实)并获得质量均匀、成型密实的混凝土性能。和易性是一项综合的技术性质,包括流动性、粘聚性和保水性等三个方面的含义。

(1) 流动性是指混凝土拌合物在本身自重或施工机械振捣的作用下,克服内部阻力和与模板、钢筋之间的阻力,产生流动,并均匀密实地填满模板的能力。

(2) 黏聚性是指混凝土拌合物具有一定的黏聚力,在施工、运输及浇筑过程中,不至于出现分层离析,使混凝土保持整体均匀性的能力。

(3) 保水性是指混凝土拌合物具有一定的保水能力,在施工中不致产生严重的泌水现象。

混凝土拌和物的流动性、粘聚性和保水性三者之间既互相联系,又互相矛盾。如粘聚性好则保水性一般也较好,但流动性可能较差;当增大流动性时,粘聚性和保水性往往变差。因此,拌合物的工作性是三个方面性能的总和,直接影响混凝土施工的难易程度,同时对硬化后混凝土的强度、耐久性、外观完好性及内部结构都具有重要影响,是混凝土的重要性能之一。

2. 和易性测定方法及指标

混凝土拌合物和易性的评定,通常采用测定混凝土拌合物的流动性、辅以直观经验评定粘聚性和保水性的方法。混凝土拌合物的稠度可采用坍落度、维勃稠度或扩展度表示。坍落度检验适用于坍落度不小于 10 mm 的混凝土拌合物,维勃稠度检验适用于维勃稠度 5 s～30 s 的混凝土拌合物,扩展度适用于泵送高强混凝土和自密实混凝土。粘聚性和保水性主要通过目测观察来判定。

(1) 坍落度法

坍落度是指混凝土拌合物在自重作用下坍落的高度。坍落度方法,它适用于测定最大骨料粒径不大于 40 mm、坍落度不小于 10 mm 的混凝土拌合物的流动性。测定的具体方法为:将标准圆锥坍落度筒(无底)放在水平的、不吸水的刚性底板上并固定,混凝土拌合物按规定方法装入其中,装满刮平后,垂直向上将筒提起,移到一旁,筒内拌合物失去水平方向约束后,由于自重将会产生坍落现象。然后量出向下坍落的尺寸(mm)就叫作坍落度,作为流动性指标,如图 4-5 所示。坍落度越大表示混凝土拌合物的流动性越大。

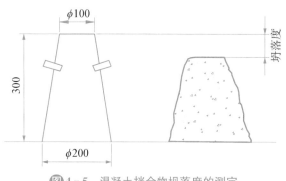

图 4-5　混凝土拌合物坍落度的测定

进行坍落度试验时,还须同时观察下列现象:捣棒插捣是否困难;表面是否容易抹平;轻击拌合物锥体侧面时,锥体能否保持整体而渐渐下坍,抑或突然倒坍、部分崩裂或发生石子离析现象以及水分从混凝土拌合物中析出的情况等。从有无这些现象,可以综合评定混凝土拌合物的粘聚性和保水性。

坍落度值小,说明混凝土拌合物的流动性小,流动性过小会给施工带来不便,影响工程质量,甚至造成工程事故。坍落度过大又会使混凝土分层,造成上下不匀。所以,混凝土拌合物的坍落度值应在一个适宜范围内。

根据坍落度的不同,可将混凝土拌合物分为 5 级,见表 4-24。

表 4 - 24　混凝土拌合物的坍落度等级划分

等　级	坍落度/mm	等　级	坍落度/mm
S1	10～40	S4	160～210
S2	50～90	S5	≥220
S3	100～150		

（2）维勃稠度测定

坍落度值小于 10 mm 的混凝土叫作干硬性混凝土,通常采用维勃稠度仪测定其稠度（维勃稠度）。测定的具体方法为:在筒内按坍落度实验方法装料,提起坍落度筒,在拌合物试体顶面放一透明盘,启动振动台,测量从开始振动至混凝土拌合物与压板全面接触时的时间即为维勃稠度值（单位:s）。该方法适用于骨料最大粒径不超过 40 mm,维勃稠度在 5～30 s 之间的混凝土拌合物的稠度测定。

根据维勃稠度的不同,可将混凝土拌合物分为 5 级,见表 4-25。

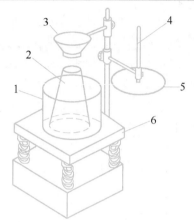

图 4 - 6　混凝土维勃稠度试验装置
1—圆柱形容器;2—坍落度筒;3—漏斗;
4—测杆;5—透明圆盘;6—振动台

表 4 - 25　混凝土拌合物的维勃稠度等级划分

等　级	维勃稠度/s	等　级	维勃稠度/s
V0	≥31	V3	10～6
V1	30～21	V4	5～3
V2	20～11		

（3）扩展度法

扩展度是指混凝土拌合物坍落后扩展的直径。扩展度法适用于骨料公称粒径不大于 40 mm、坍落度不小于 160 mm 混凝土扩展度的测定。按坍落度测定的方法进行坍落度测量后,混凝土拌合物会继续塌落,用钢尺测量混凝土拌合物展开扩展面的最大直径以及与最大直径呈垂直方向的直径,当两直径之差小于 50 mm 时,应以其算术平均值作为坍落扩展度试验结果。

根据扩展度的不同,可将混凝土拌合物分为 6 级,见表 4-26。

泵送高强混凝土的扩展度不宜小于 500 mm;自密实混凝土的扩展度不宜小于 600 mm。

表 4 - 26　混凝土拌合物的扩展度等级划分

等　级	扩展度/mm	等　级	扩展度/mm
F1	≤340	F4	490～550
F2	350～410	F5	560～620
F3	420～480	F6	≥630

3. 影响混凝土拌合物和易性的主要因素

（1）用水量

混凝土中的用水量对拌合物的流动性起决定性的作用。实践证明，在骨料一定的条件下，为了达到拌合物流动性的要求，所加的拌合水量基本是一个固定值，即使水泥用量在一定范围内改变（每立方米混凝土增减 50～100 kg），也不会影响流动性。在混凝土学中称为固定加水量定则或需水性定则。必须

和易性

指出，在施工中为了保证混凝土的强度和耐久性，不允许采用单纯增加用水量的方法来提高拌合物的流动性，应在保持水灰比一定时，同时增加水泥浆的数量，骨料绝对数量一定但相对数量减少，使拌合物满足施工要求。

（2）水泥浆

水泥浆是由水泥和水拌和而成的浆体，具有流动性和可塑性，它是普通混凝土拌合物工作度最敏感的影响因素。混凝土拌合物的流动性是其在外力与自重作用下克服内摩擦阻力产生运动的反映。混凝土拌合物内摩擦阻力，一部分来自水泥浆颗粒间的内聚力与黏性；另一部分来自骨料颗粒间的摩擦力。前者主要取决于水灰比的大小；后者取决于骨料颗粒间的摩擦系数。骨料间水泥浆层越厚，摩擦力越小，因此原材料一定时，坍落度主要取决于水泥浆量多少和黏度大小。只增大用水量时，坍落度加大，而稳定性降低（即易于离析和泌水），也影响拌合物硬化后的性能，所以过去通常是维持水灰比不变，调整水泥浆量来满足工作度要求；现在因考虑到水泥浆多会影响耐久性，多以掺外加剂来调整和易性，满足施工需要。

（3）骨料品种

采用级配合格的中砂拌制混凝土时，因其空隙率较小且比表面积小，填充颗粒之间的空隙及包裹颗粒表面的水泥浆数量可减少；在水泥浆数量一定的条件下，相当于增加水泥浆数量，因此可提高拌合物的流动性，且粘聚性和保水性也相应提高。

天然卵石呈圆形或卵圆形，表面较光滑，颗粒之间的摩擦阻力较小；碎石形状不规则，表面粗糙多棱角，颗粒之间的摩擦阻力较大。在其他条件完全相同的情况下，采用卵石拌制的混凝土，比用碎石拌制的混凝土的流动性好。另外在允许的情况下，应尽可能选择最大粒径较大的石子，可降低粗骨料的总表面积，使水泥浆的富余量加大，可提高拌合物的流动性。但砂、石子过粗，会使混凝土拌合物的粘聚性和保水性下降，同时也不易拌合均匀。

（4）砂率

砂率是指混凝土拌合物中砂的质量占砂、石子总质量的百分数。用公式表示如下：

$$\beta_s = \frac{m_s}{m_s + m_g} \times 100\% \qquad (4-3)$$

式中：β_s—混凝土砂率；m_s—混凝土中砂用量，kg；m_g—混凝土中石子用量，kg。

在混凝土拌合物中，是砂子填充石子（粗骨料）的空隙，而水泥浆则填充砂子的空隙，同时有一定富余量去包裹骨料的表面，润滑骨料，使拌合物具有流动性和易密实的性能。但砂率过大，细骨料含量相对增多，骨料的总表面积明显增大，包裹砂子颗粒表面的水泥浆层显得不足，水泥浆的润滑作用减弱，拌合物的流动性变差。砂率过小，砂不能填满石子之间的空隙，或填满后不能保证石子之间有足够厚度的砂浆层，不仅会降低拌合物的流动性，而且还会影响拌合物的粘聚性和保水性。因此，合适的砂率，既能保证拌合物具有良好的流动性，而且能使拌合物的粘聚性、保水性良好，这一砂率称为"合理砂率"。

　　合理砂率是指在水泥浆数量一定的条件下,能使拌合物的流动性(坍落度)达到最大,且粘聚性和保水性良好时的砂率,如图4-7所示;或者是在流动性(坍落度)、强度一定,粘聚性良好时,水泥用量最小时的砂率,因为当砂率过小时,必须增大水泥用量,以保证有足够的砂浆量来包裹和润滑粗骨料;当砂率过大时,也要加大水泥用量,以保证有足够的水泥浆包裹和润滑细骨料。在最佳砂率时,水泥用量最少,如图4-8所示。

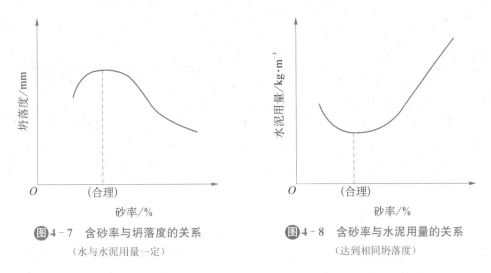

图4-7　含砂率与坍落度的关系
(水与水泥用量一定)

图4-8　含砂率与水泥用量的关系
(达到相同坍落度)

　　(5)水泥与外加剂的影响

　　与普通硅酸盐水泥相比,采用矿渣水泥、火山灰水泥的混凝土拌合物流动性较小。但是矿渣水泥的保水性差,尤其气温低时泌水较大。

　　在拌制混凝土拌合物时加入适量外加剂,如减水剂、引气剂等,使混凝土在较低水灰比、较小用水量的条件下仍能获得很高的流动性。

　　(6)矿物掺合料

　　矿物掺合料不仅自身水化缓慢,还减缓了水泥的水化速率,使混凝土的工作性更加流畅,并防止泌水及离析的发生。

　　(7)搅拌作用的影响

　　不同搅拌机械拌和出的混凝土拌合物,即使原材料条件相同,和易性仍可能出现明显的差别。特别是搅拌水泥用量大、水灰比小的混凝土拌合物,这种差别尤其显著。即使是同类搅拌机,如果使用维护不当,叶片被硬化的混凝土拌合物逐渐包裹,就减弱了搅拌效果,使拌合物越来越不均匀,和易性差。

　　(8)时间和温度

　　搅拌后的混凝土拌合物,随着时间的延长而逐渐变得干稠,坍落度降低,流动性下降,这种现象称为坍落度损失,从而使和易性变差。其原因是一部分水已与水泥硬化,一部分被水泥骨料吸收,一部分水蒸发,以及混凝土凝聚结构的逐渐形成,致使混凝土拌合物的流动性变差。

　　混凝土拌合物的和易性也受温度的影响,因为环境温度升高,水分蒸发及水化反应加快,相应使流动性降低。因此,施工中为保证一定的和易性,必须注意环境温度的变化,采取相应的措施。

　　4.改善混凝土和易性的措施

　　针对如上影响混凝土和易性的因素,在实际施工中,可以采取如下措施来改善混凝土的和易性。

（1）采用合理砂率，有利于和易性的改善，同时可以节省水泥，提高混凝土的强度等质量。

（2）改善骨料粒形与级配，特别是粗骨料的级配，并尽量采用较粗的砂、石。

（3）掺加化学外加剂与活性矿物掺和料，改善、调整拌合物的工作性，以满足施工要求。

（4）当混凝土拌和物坍落度太小时，保持水胶比不变，适当增加水与胶凝材料用量；当坍落度太大时，保持砂率不变，适当增加砂、石骨料用量。

工程案例

4-8 现场浇灌混凝土时，严禁施工人员随意向混凝土拌合物中加水，试从理论上分析加水对混凝土质量的危害。

分析 现场浇灌混凝土时，施工人员向混凝土拌合物中加水，虽然增加了用水量，提高了流动性，但是将使混凝土拌合料的粘聚性和保水性降低。特别是因水灰比 W/C 的增大，增加了混凝土内部的毛细孔隙的含量，因而会降低混凝土的强度和耐久性，并增大混凝土的变形，造成质量事故。故现场浇灌混凝土时，必须严禁施工人员随意向混凝土拌合物中加水。

评 不能采用仅增加用水量的方式来提高混凝土的流动性。施工现场万一必须提高混凝土的流动性时，必须在保证水灰比不变的情况下，既增加用水量，又增加水泥用量。

4-9 何谓砂率？何谓合理砂率？影响合理砂率的主要因素是什么？

分析 砂率是混凝土中砂的质量与砂和石总质量之比。

合理砂率是指用水量、水泥用量一定的情况下，能使拌合料具有最大流动性，且能保证拌合料具有良好的粘聚性和保水性的砂率。或是在坍落度一定时，使拌合料具有最小水泥用量的砂率。

影响合理砂率的主要因素有砂、石的粗细，砂、石的品种与级配，水灰比以及外加剂等。石子越大，砂子越细、级配越好、水灰比越小，则合理砂率越小。采用卵石和减水剂、引气剂时，合理砂率较小。

评 砂率表示混凝土中砂子与石子二者的组合关系，砂率的变动，会使骨料的总表面积和空隙率发生很大的变化，因此对混凝土拌合物的和易性有显著的影响。

当砂率过大时，骨料的总表面积和空隙率均增大，当混凝土中水泥浆量一定的情况下，拌合物就显得干稠，流动性就变小，如要保持流动性不变，则需增加水泥浆，就要多耗用水泥。反之，若砂率过小，则拌合物中显得石子过多而砂子过少，形成砂浆量不足以包裹石子表面，并不能填满石子间空隙。使混凝土产生粗骨料离析、水泥浆流失，甚至出现溃散等现象。

4.3.2 硬化混凝土的技术性质

1. 混凝土的立方体抗压强度（f_{cu}）

按照《混凝土物理力学性能试验方法标准》（GB/T 50081—2019）的规定，混凝土立方体抗压强度是指按照标准要求制作 150×150×150 mm 的立方体试件，在标准养护条件下（温度为 20±2℃，相对湿度 95% 以上），养护至 28 d 龄期（从搅拌加水开始计时），测得的混凝土抗压强度值为混凝土立方体抗压强，用 f_{cu} 表示。

$$f_{cu} = \frac{F}{A} \qquad\qquad\qquad (4-4)$$

式中：f_{cu}—混凝土的立方体抗压强度，MPa；F—破坏荷载，N；A—试件承压面积，mm²。

测定混凝土立方体试块的抗压强度，可根据粗骨料最大粒径，按表 4-27 选取试块尺寸。其中：边长为 150 mm 的立方体试件为标准试件，边长为 100 mm、200 mm 的立方体试件为非标准试件。当混凝土强度等级小于 C60 时，用非标准试件测得的强度值均应乘以尺寸换算系数。当混凝土强度等级不小于 C60 时，宜采用标准试件；当使用非标准试件时，尺寸换算系数宜由试验确定。换算系数见表 4-27。

表 4-27　试件尺寸换算系数

骨料最大粒径/mm	试件尺寸/mm	换算系数
≤31.5	100×100×100	0.95
37.5	150×150×150	1.00
63.0	200×200×200	1.05

对于同一混凝土材料，采用不同的试验方法，如不同的养护温度、湿度，以及不同形状、尺寸的试件等其强度值将有所不同。

2. 混凝土立方体抗压标准强度（$f_{cu,k}$）与强度等级

混凝土立方体抗压标准强度是指按标准方法制作和养护的边长为 150 mm 的立方体试件，在 28 d 龄期，用标准试验方法测得的强度总体分布中具有不低于 95% 保证率的抗压强度值，用 $f_{cu,k}$ 表示。

混凝土强度等级是按照立方体抗压标准强度来划分的。混凝土强度等级用符号 C 与立方体抗压强度标准值（以 MPa 计）表示，普通混凝土划分为 C15、C20、C25、C30、C35、C40、C45、C50、C55、C60、C65、C70、C75、C80 等十四个等级。C30 即表示混凝土立方体抗压强度标准值 30 MPa ≤ $f_{cu,k}$ < 35 MPa。混凝土强度等级是混凝土结构设计、施工质量控制和工程验收的重要依据。

3. 混凝土轴心抗压强度（f_{cp}）

立方体抗压强度是评定混凝土强度等级的依据。在结构设计中，考虑到受压构件是棱柱体（或是圆柱体），而不是立方体，所以采用棱柱体试件比用立方体试件更能反映混凝土的实际受压情况。由棱柱体试件测得的抗压强度称为轴心抗压强度，用 f_{cp} 表示。根据《混凝土物理力学性能试验方法标准》（GB/T 50081—2019）的规定，混凝土轴心抗压强度检测采用 150 mm×150 mm×300 mm 的棱柱体标准试件，也可采用非标准尺寸棱柱体试件。当混凝土强度等级小于 C60 时，用非标准试件测得的强度值应乘以尺寸换算系数，对于 200 mm×200 mm×400 mm 的试件换算系数为 1.05；对 100 mm×100 mm×300 mm 的试件换算系数为 0.95。当混凝土强度等级 > C60 时宜采用标准试件；使用非标准试件时，尺寸换算系数应由试验确定。试验表明：轴心抗压强度（f_{cp}）和立方体抗压强度（f_{cu}）之比为 0.70~0.80。

4. 混凝土抗拉强度

混凝土的抗拉强度采用劈裂抗拉试验法测得，但其值较低，一般为抗压强度的

$1/10\sim1/20$,其值随着混凝土强度等级的提高,比值有所降低。在工程设计时,抗拉强度是确定混凝土的抗裂度的重要指标,有时也用来间接衡量混凝土与钢筋的黏结强度等。我国采用立方体的劈裂抗拉试验来测定混凝土的劈裂抗拉强度,并可换算得到混凝土的轴心抗拉强度。

5. 影响混凝土强度的因素

(1) 水泥强度等级与水灰比

混凝土的强度主要取决于水泥石的强度及其与骨料间的黏结力,而水泥石的强度及其与骨料间的黏结力取决于水泥强度等级及水灰比的大小。因此,水泥强度等级与水灰比是影响混凝土强度的主要因素。实验证明,水泥强度等级愈高,胶结力愈强,混凝土的强度愈高。

为了获得必要的流动性,在拌制混凝土时,所需水量比水泥水化所需的化学结合水多得多,即需要较大的水灰比。一般常用的塑性混凝土,水灰比常在 $0.4\sim0.6$ 之间。多余的水分存在,是混凝土产生微小裂缝的重要原因。水灰比大,泌水性多,水泥石的密实度小。在水泥强度等级相同的情况下,混凝土的强度随水灰比增大而有规律地降低。

根据大量试验结果及工程实践,水泥强度及灰水比与混凝土强度有如下关系:

$$f_{cu}=\alpha_a \cdot f_{ce}\left(\frac{m_c}{m_w}-\alpha_b\right) \qquad (4-5)$$

式中:f_{cu}—混凝土 28 d 龄期的抗压强度值,MPa;f_{ce}—水泥 28 d 抗压强度的实测值,MPa;m_c/m_w—混凝土灰水比,即水灰比的倒数;α_a、α_b—回归系数。与水泥、骨料的品种有关。

利用上述经验公式,可以根据水泥强度和水灰比值的大小估计混凝土的强度;也可以根据水泥强度和要求的混凝土强度计算混凝土的水灰比。

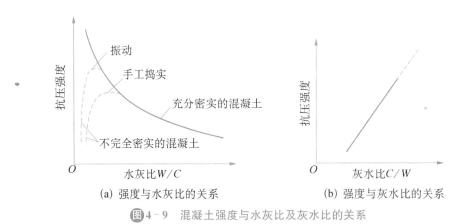

(a) 强度与水灰比的关系   (b) 强度与灰水比的关系

图 4-9   混凝土强度与水灰比及灰水比的关系

(2) 骨料的种类及级配

粗骨料在混凝土硬化后主要起骨架作用。由于水泥石的强度、粗骨料的强度均高于混凝土的抗压强度,因此在混凝土抗压破坏时,一般不会出现水泥石和骨料先破坏的情况,最薄弱的环节是水泥石与骨料黏结的表面。水泥石与骨料的黏结强度不仅取决于水泥石的强度,而且还与粗骨料的品种有关。碎石形状不规则,表面粗糙、多棱角,与水泥石的黏结强度较高;卵石呈圆形或卵圆形,表面光滑,与水泥石的黏结强度较低。因此,在水泥石强度及其他条件相同时,碎石混凝土的强度高于卵石混凝土的强度。

（3）养护条件与龄期

为混凝土创造适当的温度、湿度条件以利其水化和硬化的工序称为养护。养护的基本条件是温度和湿度。在适当的温度和湿度条件下，水泥的水化才能顺利进行，促使混凝土强度发展。

混凝土所处的温度环境对水泥的水化影响较大：温度越高，水化速度越快，混凝土的强度发展也越快。为了加快混凝土强度发展，在工程中采用自然养护时，可以采取一定的措施，如覆盖、利用太阳能养护。另外，采用热养护，如蒸汽养护、蒸压养护，可以加速混凝土的硬化，提高混凝土的早期强度。当环境温度低于 0℃时，混凝土中的大部分或全部水分结成冰，水泥不能与固态的冰发生化学反应，混凝土的强度将停止发展。

环境的湿度是保证混凝土中水泥正常水化的重要条件。在适当的湿度下，水泥能正常水化，有利于混凝土强度的发展。湿度过低，混凝土表面会产生失水，迫使内部水分向表面迁移，在混凝土中形成毛细管通道，使混凝土的密实度、抗冻性、抗渗性下降，强度较低；或者混凝土表面产生干缩裂缝，不仅强度较低，而且影响表面质量和耐久性。

为了使混凝土正常硬化，必须保证混凝土成型后的一定时间内保持一定的温度和湿度。在自然环境中，利用自然气温进行的养护称为自然养护。《混凝土结构工程施工及验收规范》(GB 50204—2015)规定，对已浇注完毕的混凝土，应在 12 h 内加以覆盖和浇水。覆盖可采用锯末、塑料薄膜、麻袋片等；浇水养护时间，对于硅酸盐水泥、普通硅酸盐水泥或矿渣硅酸盐水泥拌制的混凝土，浇水养护时间不得少于 7 昼夜，对掺缓凝型外加剂或有抗渗要求的混凝土不得少于 14 昼夜，浇水次数应能保持混凝土表面长期处于潮湿状态。当环境温度低于 4℃时，不得浇水养护。

龄期是指混凝土在正常养护条件下所经历的时间。在正常的养护条件下，混凝土的抗压强度随龄期的增加而不断发展，在 7～14 d 内强度发展较快，以后逐渐减慢，28 d 后强度发展更慢。由于水泥水化的原因，混凝土的强度发展可持续数十年。

试验证明，当采用普通水泥拌制的、中等强度等级的混凝土，在标准养护条件下，混凝土的抗压强度与其龄期的对数成正比。

发展趋势可以用下式的对数关系来描述：

$$f_n = f_{28} \cdot \frac{\lg n}{\lg 28} \tag{4-6}$$

式中：f_n—n d 龄期混凝土的抗压强度，MPa；F_{28}—28 d 龄期混凝土的抗压强度，MPa；
　　　n—养护龄期($n \geqslant 3$)，d。

（4）外加剂

在混凝土拌合过程中掺入适量减水剂，可在保持混凝土拌合物和易性不变的情况下，减少混凝土的单位用水量，提高混凝土的强度。掺入早强剂可以提高混凝土的早期强度，而对后期强度无影响。

6. 提高混凝土强度的措施

（1）选用高强度等级水泥

在混凝土配合比相同以及满足施工和易性和混凝土耐久性要求条件下，水泥强度等级越高，混凝土强度也越高。

（2）降低水灰比

水灰比越低，混凝土硬化后留下的孔隙少，混凝土密实度高，强度可显著提高。

（3）掺用混凝土外加剂、掺和料

在混凝土中掺入减水剂，可减少用水量，提高混凝土强度；一般来说，掺入矿物细掺料，能提高混凝土后期强度，但是掺加硅灰既能提高混凝土的早期强度，又能提高混凝土的后期强度。

（4）采用湿热处理

① 蒸汽养护。将混凝土放在低于100℃的常压蒸汽中养护，经16～20 h 养护后，其强度可达正常条件下养护28 d 强度的70%～80%。蒸汽养护最适合掺活性混合材料的矿渣水泥、火山灰水泥、粉煤灰水泥，因为在湿热条件下，可加速活性混合材料与水泥水化析出的氢氧化钙的化学反应，使混凝土不仅提高早期强度，而且后期强度也得到提高，28 d 强度可提高10%～40%。

② 蒸压养护。混凝土在100℃以上温度和几个大气压的蒸压釜中进行养护，主要适用于硅酸盐混凝土拌合物及其制品，如灰-砂砖、石灰-粉煤灰砌块、石灰-粉煤灰加气混凝土等。由于在高温高压条件下，砂及粉煤灰等材料中二氧化硅和三氧化二铝的溶解度和溶解速度大大提高，加速了与石灰的反应速率，因而制品强度增长较快。

（5）采用机械搅拌和振捣混凝土

采用机械搅拌，不仅比人工搅拌工效高，而且也均匀，故能提高混凝土的强度；采用机械振捣，可使混凝土混合料的颗粒产生振动，暂时破坏水泥的凝聚结构，降低水泥浆的黏度和集料的摩擦力，使混凝土拌合物转入液体状态，提高流动性。因此，在满足施工和易性要求的条件下，可减少拌和用水量，降低水灰比。同时，混凝土混合物被振捣后，它的颗粒互相靠近，并把空气排出，使混凝土内部孔隙大大减少，因此提高混凝土的密实度和强度。

工程案例

4-10 什么是混凝土材料的标准养护、自然养护、蒸汽养护、压蒸养护？

混凝土的养护

分析 标准养护是指将混凝土制品在温度为20±2℃，相对湿度大于95%的标准条件下进行的养护。评定强度等级时需采用该养护条件。

自然养护是指对在自然条件（或气候条件）下的混凝土制品适当地采取一定的保温、保湿措施，并定时定量向混凝土浇水，保证混凝土材料强度能正常发展的一种养护方式。

蒸汽养护是将混凝土材料在小于100℃的高温水蒸气中进行的一种养护。蒸汽养护可提高混凝土的早期强度，缩短养护时间。

压蒸养护是将混凝土材料在8～16大气压下，175～203℃的水蒸气中进行的一种养护。压蒸养护可大大提高混凝土材料的早期强度。

评 养护对混凝土强度发展有很大的影响。升高温度，水泥的水化加速，强度发展加快，但温度过高对用硅酸盐水泥和普通水泥拌制的混凝土的后期强度的发展有不利影响。温度降低，则水泥水化减慢，早期强度将明显降低。湿度同样是混凝土强度正常发展的必要条件。混凝土的抗压强度是在标准养护条件下养护后测得的值。自然养护和蒸汽养护属于非标准养护条件，强度值有一定的随意性。压蒸养护需要的蒸压釜设备比较庞大，仅在生产硅酸盐混凝土制品时应用。

4.3.3　混凝土的变形

1. 在非荷载作用下的变形

(1) 化学收缩

由于水泥水化产物的总体积小于水化前反应物的总体积而产生的混凝土收缩称为化学收缩。化学收缩是不可恢复的,其收缩量随混凝土龄期的延长而增加,大致与时间的对数成正比。收缩值为$(4\sim100)\times10^{-6}$ mm/mm,可使混凝土内部产生细微裂缝,这些细微裂缝可能会影响混凝土的承载性能和耐久性能。

(2) 温度变形

混凝土与其他材料一样,也会随着温度的变化产生热胀冷缩的变形。混凝土的温度线膨胀系数为$(1\sim1.5)\times10^{-5}$ mm/(mm·℃)。

混凝土温度变形,除由于降温或升温影响外,还有混凝土内部与外部的温差影响。在混凝土硬化初期,水泥水化放出较多的热量,混凝土又是热的不良导体,散热较慢,因此在大体积混凝土内部的温度比外部高,有时可达$50\sim70℃$。这将使内部混凝土的体积产生较大的膨胀,而外部混凝土却随气温降低而收缩。内部膨胀和外部收缩互相制约,在外层混凝土中将产生很大拉应力,严重时使混凝土产生裂缝。因此,对大体积混凝土工程,必须尽量减少混凝土发热量。目前常用的方法如下:

① 最大限度地减少用水量和水泥用量;② 采用低热水泥;③ 选用热膨胀系数低的骨料,减小热变形;④ 预冷原材料,在混凝土中埋冷却水管,表面绝热,减小内外温差;⑤ 对混凝土合理分缝、分块、减轻约束等。

2. 干湿变形

混凝土在干燥过程中,首先发生气孔水和毛细水的蒸发。气孔水的蒸发并不引起混凝土的收缩。毛细孔水的蒸发,使毛细孔中形成负压,随着空气湿度的降低,负压逐渐增大,产生收缩力,导致混凝土收缩。同时,水泥凝胶体颗粒的吸附水也发生部分蒸发,由于分子引力的作用,粒子间距离变小,使凝胶体产生紧缩。混凝土这种体积收缩,在重新吸水后大部分可以恢复,但仍有残余变形不能完全恢复。通常,残余收缩为收缩量的$30\%\sim60\%$。当混凝土在水中硬化时,体积不变,甚至轻微膨胀。这是由于凝胶体中胶体粒子间的距离增大所致。

混凝土的湿胀变形量很小,一般无损坏作用。但干缩变形对混凝土危害较大,在一般条件下,混凝土的极限收缩值达$(50\sim90)\times10^{-5}$ mm/mm,会使混凝土表面出现拉应力而导致开裂,严重影响混凝土的耐久性。在工程设计中,混凝土的线收缩采用$(15\sim20)\times10^{-5}$ mm/mm。干缩主要是水泥石产生的,因此,降低水泥用量、减小水灰比是减小干缩的关键。

3. 在荷载作用下的变形

(1) 在短期荷载作用下的变形

混凝土的弹塑性变形,由于混凝土本身的不均质性,说明它不是完全的弹性体,而是一种弹塑性体。受力时,混凝土既产生可以恢复的弹性变形,又会产生不可恢复的塑性变形,其应力与应变关系不是直线而是曲线。

在工程应用中,采用反复加荷、卸荷的方法使塑性变形减小,从而测得弹性变形。

混凝土弹性模量受其组成相及孔隙率影响,并与混凝土的强度有一定的相关性。混凝土的强度越高,弹性模量也越高。

（2）徐变

混凝土在恒定荷载的长期作用下，沿着作用力方向的变形随时间不断增长，一般要延续2～3年才逐渐趋于稳定。这种在长期荷载作用下产生的变形，称为徐变。

一般认为，混凝土的徐变是由于水泥石中凝胶体在长期荷载作用下的黏性流动，是凝胶孔水向毛细孔内迁移的结果。

影响混凝土徐变的因素很多，包括荷载大小、持续时间、混凝土的组成特性以及环境温湿度等，而最根本的是水灰比与水泥用量，即水泥用量越大，水灰比越大，徐变越大。

混凝土徐变可以消除钢筋混凝土内部的应力集中，使应力重新较均匀地分布，对大体积混凝土还可以消除一部分由于温度变形所产生的破坏应力。但在预应力钢筋混凝土结构中，徐变会使钢筋的预加应力受到损失，使结构的承载能力受到影响。

工程案例

4-11　混凝土产生干缩湿胀的原因是什么？影响混凝土干缩变形的因素有哪些？

分析　混凝土在干燥空气中存放时，混凝土内部吸附水分蒸发而引起凝胶体失水产生紧缩，以及毛细管内游离水分蒸发，毛细管内负压增大，也使混凝土产生收缩，称为干缩；混凝土在水中硬化时，体积不变，甚至有轻微膨胀，称为湿胀。这是由于凝胶体中胶体粒子的吸附水膜增厚，胶体粒子间距离增大所致。

影响混凝土干缩的因素有：水泥品种和细度、水灰比、水泥用量和用水量等。火山灰质硅酸盐水泥比普通硅酸盐水泥干缩大；水泥越细，收缩也越大；水泥用量多，水灰比大，收缩也大；混凝土中砂石用量多，收缩小；砂石越干净，捣固越好，收缩也越小。

评　毛细孔隙和凝胶的存在造成混凝土在干燥时产生收缩，而毛细孔隙和凝胶的多少都直接与水灰比和水泥用量有关。故影响干缩的主要因素为水灰比和水泥用量。

4.3.4　混凝土的耐久性

混凝土的耐久性是指混凝土抵抗环境介质作用并长期保持其良好的使用性能和外观完整性的能力。它是一个综合性概念，包括抗渗性、抗冻性、抗侵蚀性、抗碳化性、抗碱骨料反应，这些性能决定着混凝土经久耐用的程度。

1. 混凝土的抗渗性

（1）抗渗性的定义

混凝土材料抵抗压力水渗透的能力称为抗渗性，它是决定混凝土耐久性最基本的因素。混凝土渗水的主要原因是由于混凝土内部存在连通的毛细孔和裂缝，形成了渗水通道。渗水通道主要来源于水泥石内的孔隙、水泥浆泌水形成的泌水通道、收缩引起的微小裂缝等。钢筋锈蚀、冻融循环、硫酸盐侵蚀和碱集料反应这些导致混凝土品质劣化的原因中，水能够渗透到混凝土内部都是破坏的前提。因此，提高混凝土的密实度，可以提高抗渗性。

（2）抗渗性的等级

混凝土的抗渗性用抗渗等级表示。是以28 d龄期的标准试件，按规定方法进行试验时所能承受的最大静水压力来确定。可分为P4、P6、P8、P10和P12等五个等级，分别表示混凝土能抵抗0.4、0.6、0.8、1.0和1.2 MPa的静水压力而不发生渗透。《普通混凝土配合比设计规程》(JGJ 55—2011)中规定,抗渗等级不低于 P6 的混凝土称为抗渗混凝土。

（3）提高抗渗性的途径

影响混凝土抗渗性的根本因素是孔隙率和孔隙特征,混凝土孔隙率越低,连通孔越少,抗渗性越好。所以,提高混凝土抗渗性的主要措施是降低水灰比、选择好的骨料级配、充分振捣和养护、掺用引气剂和优质粉煤灰掺和料等方法来实现。

2. 混凝土的抗冻性

（1）抗冻性定义与冻融破坏机理

混凝土的抗冻性是指混凝土在水饱和状态下经受多次冻融循环作用,能保持强度和外观完整性的能力。

混凝土是多孔材料,若内部含有水分,则因为水在负温下结冰,体积膨胀约 9%,然而,此时水泥浆体及骨料在低温下收缩,以致水分接触位置将膨胀,而溶解时体积又将收缩,在这种冻融循环的作用下,混凝土结构受到结冰体积膨胀造成的静水压力和因冰水蒸气压的差异推动未冻结区向冻结区迁移所造成的渗透压力,当这两种压力所产生的内应力超过混凝土的抗拉强度,混凝土就会产生裂缝,多次冻融循环使裂缝不断扩展直到破坏。混凝土的密实度、孔隙构造和数量,以及孔隙的充水程度是决定抗冻性的重要因素。密实的混凝土和具有封闭孔隙的混凝土抗冻性较高。

（2）抗冻性的等级

混凝土的抗冻性是指其在水饱和状态下,能经受多次冻融循环作用保持强度和外观完整性的能力。一般以龄期 28 d 的试块在吸水饱和后,经标准养护或同条件养护后,所能承受的反复冻融循环次数表示,这时混凝土试块抗压强度下降不得超过 25%,质量损失不超过 5%。混凝土的抗冻等级分为:F10、F15、F25、F50、F100、F150、F200、F250 及 F300 共 9 个等级,分别表示混凝土所能承受冻融循环的最大次数不小于 10、15、25、50、100、150、200、250、300 次。《普通混凝土配合比设计规程》(JGJ 55—2011)中规定,抗冻等级等于或大于 F50 级的混凝土称为抗冻混凝土。

影响混凝土抗冻性能的因素主要有孔隙的数量和构造、孔隙的充水程度、环境温度降低程度等。密实的混凝土和具有封闭孔隙的混凝土(如加气混凝土),其抗冻性都很高。选择适宜的水灰比,也是保证混凝土抗冻性的重要因素。

（3）提高混凝土抗冻性的措施:

① 降低混凝土水胶比,降低孔隙率;② 掺加引气剂,保持含气量在 4%～5%;③ 提高混凝土强度,在相同含气量的情况下,混凝土强度越高,抗冻性越好。

3. 混凝土的碳化

（1）碳化的定义

碳化是空气中的二氧化碳与水泥石中的水化产物在有水的条件下发生化学反应,生成碳酸钙和水。碳化过程是二氧化碳由表及里向混凝土内部逐渐扩散的过程。

（2）混凝土保护钢筋不生锈的原因

混凝土保护钢筋不生锈是因为混凝土孔隙的孔溶液通常含有较大量的 Na^+、K^+、OH^- 及少量 Ca^{2+} 等离子存在,为保持离子电中性 OH^- 浓度较高,即 PH 较大。在这样的强碱环境中,钢筋表面生成一层致密钝化膜,使钢材难以进行电化学反应,即电化学腐蚀难以进行。一旦这层钝化膜遭到破坏,钢筋的周围又有一定的水分和氧时,混凝土中的钢筋就会腐蚀。

（3）混凝土碳化的影响

混凝土碳化使混凝土的碱度降低，减弱了对钢筋的保护作用，可能导致钢筋锈蚀。碳化引起混凝土收缩，使混凝土抗压强度增大，但可能使混凝土的表面产生微细裂纹，而使混凝土抗拉和抗折强度下降。混凝土碳化也导致水泥石中的水化产物分解。

（4）影响碳化的因素

影响混凝土碳化的外部环境有：① 二氧化碳的浓度。二氧化碳浓度越高将加速碳化的进行；② 环境湿度。水分是碳化反应进行的必需条件。相对湿度在 50%～75% 时，碳化速度最快。

影响混凝土碳化内部因素有：① 水泥品种与掺和料用量。在混凝土中随着胶凝材料体系中硅酸盐水泥熟料成分减少，掺和料用量的增加，碳化加快。② 混凝土的密实度。随着水胶比降低，孔隙率减少，二氧化碳气体和水不易扩散到混凝土内部，碳化速度减慢。

4. 抗侵蚀性

当混凝土所处使用环境中有侵蚀性介质时，混凝土很可能遭受侵蚀，通常有软水侵蚀、硫酸盐侵蚀、镁盐侵蚀、碳酸侵蚀、一般酸侵蚀与强碱腐蚀等。随着混凝土在海洋、盐渍、高寒等环境中的大量使用，对混凝土的抗侵蚀性提出了更严格的要求。

混凝土的抗侵蚀性受胶凝材料的组成、混凝土的密实度、孔隙特征与强度等因素影响。

5. 抗碱-骨料反应

碱活性骨料是指能与水泥中的碱发生化学反应，引起混凝土膨胀、开裂、甚至破坏的骨料。这种化学反应称为碱—骨料反应。碱—骨料反应有三种类型：

碱集料反应

（1）碱—氧化硅反应。碱与骨料中活性 SiO_2 发生反应，生成硅酸盐凝胶，吸水膨胀，引起混凝土膨胀、开裂。活性骨料有蛋白石、方石英、安山岩、凝灰岩等。

（2）碱—硅酸盐反应。碱与某些层状硅酸盐骨料，如千枚岩、粉砂岩和含蛭石的黏土岩类等加工成的骨料反应，产生膨胀性物质。其作用比上述碱—氧化硅反应缓慢，但是后果更为严重，造成混凝土膨胀、开裂。

（3）碱—碳酸盐反应。水泥中的碱（Na_2O、K_2O）与白云岩或白云岩质石灰岩加工成的骨料作用，生成膨胀物质而使混凝土开裂破坏。

碱—骨料反应首先决定于两种反应物的存在和含量：水泥中的碱含量高，骨料中含有一定的活性成分。当水泥中碱含量大于 0.6% 时（折算成 Na_2O 含量），就会与活性骨料发生碱—骨料反应，这种反应很缓慢，由此引起的膨胀破坏往往几年后才会发现，所以应予以足够的重视。

6. 提高混凝土耐久性的主要措施

混凝土所处的环境条件不同，其耐久性的含义也有所不同，应根据混凝土所处环境条件采取相应的措施来提高耐久性。提高混凝土耐久性的主要措施有：

（1）合理选择混凝土的组成材料

① 应根据混凝土的工程特点或所处的环境条件，合理选择水泥品种；

② 选择质量良好、技术要求合格的集料。

（2）提高混凝土制品的密实度

① 严格控制混凝土的水灰比和水泥用量。混凝土的最大水灰比和最小水泥用量必须符合表 4-28 的规定。

表 4 - 28　混凝土的最大水灰比和最小水泥用量

环境条件		结构物类别	最大水灰比			最小水泥用量		
			素混凝土	钢筋混凝土	预应力混凝土	素混凝土	钢筋混凝土	预应力混凝土
1. 干燥环境		正常的居住或办公用房屋内	不作规定	0.65	0.60	200	260	300
2. 潮湿环境	无冻害	高湿度的室内部件 室外部件 在非侵蚀性土和（或）水中的部件	0.70	0.60	0.60	225	280	300
	有冻害	经受冻害的室外部件 在非侵蚀性土和（或）水中且经受冻害的部件 高湿度且经受冻害的室内部件	0.55	0.55	0.55	250	280	300
3. 有冻害和除冰剂的潮湿环境		经受冻害和除冰剂作用的室内和室外部件	0.50	0.50	0.50	300	300	300

② 选择级配良好的集料及合理砂率值，保证混凝土的密实度。

③ 掺入适量减水剂，可减少混凝土的单位用水量，提高混凝土的密实度。

④ 严格按操作规程进行施工操作，加强搅拌、合理浇注、振捣密实、加强养护，确保施工质量，提高混凝土制品的密实度。

(3) 改善混凝土的孔隙结构

在混凝土中掺入适量引气剂，可改善混凝土内部的孔结构，封闭孔隙的存在，可以提高混凝土的抗渗性、抗冻性及抗侵蚀性。

任务 4.4　普通混凝土配合比设计

任务导入	● 普通混凝土配合比设计就是根据原材料的技术性能及施工条件，确定出能满足工程所要求的技术经济指标的各项组成材料的用量。配制混凝土过程中，必须严格控制组成材料之间的比例关系，以保证混凝土的质量。本任务主要学习普通混凝土配合比设计。
任务目标	➢ 了解混凝土配合比设计的基本要求； ➢ 熟悉混凝土配合比设计的基本资料； ➢ 掌握混凝土配合比设计的三个参数； ➢ 掌握混凝土配合比设计步骤； ➢ 掌握施工配合比的修正计算。

混凝土的配合比就是指混凝土各组成材料用量之间的比例。混凝土配合比设计就是根据工程要求、结构形式和施工条件来确定各组成材料数量之间的比例关系。混凝土的配合比主要有"质量比"和"体积比"两种表示方法。工程中常用"质量比"表示。

混凝土的质量配合比，在工程中也有两种表示方法：

以 $1 m^3$ 混凝土中各组成材料的实际用量表示。例如水泥 $m_c = 295 kg$，砂 $m_s = 648 kg$，石子 $m_g = 1 330 kg$，水 $m_w = 165 kg$。

以各组成材料用量之比表示。例如上例也可表示为 $m_c:m_s:m_g=1:2.20:4.51$，$m_w/m_c=0.56$。

1. 混凝土配合比的设计原则

设计混凝土配合比的目的,就是要根据原材料的技术性能及施工条件,合理选择原材料,并确定出能满足工程所要求的技术经济指标的各项组成材料的用量。普通混凝土配合比设计,应根据工程特点、原材料的质量、施工方法等因素,通过理论计算和试配确定,使混凝土组成材料之间用量的比例关系符合下列要求:

(1) 满足强度要求。即满足结构设计或施工进度所要求的强度。

(2) 满足施工和易性要求。应根据结构物截面尺寸、形状、配筋的疏密程度以及施工方法、设备等因素来确定和易性大小。

(3) 满足耐久性要求。查明构件使用环境,确定技术要求以选定水泥品种、最大水灰比和最小水泥用量。

(4) 满足经济要求。水泥强度等级与混凝土强度等级要相适应,在保证混凝土质量的前提下,尽量节约水泥,合理利用地方材料和工业废料。

2. 混凝土配合比设计的三个参数

普通混凝土四种主要组成材料的相对比例,通常由以下三个参数来控制。

(1) 水灰比

混凝土中水与水泥的比例称为水灰比。如前所述,水灰比对混凝土和易性、强度和耐久性都具有重要的影响,因此,通常是根据强度和耐久性来确定水灰比的大小。一方面,水灰比较小时可以使强度更高且耐久性更好;另一方面,在保证混凝土和易性所要求用水量基本不变的情况下,只要满足强度和耐久性对水灰比的要求,选用较大水灰比时,可以节约水泥。

(2) 砂率

砂子占砂石总质量的百分率称为砂率。砂率对混合料的和易性影响较大,若选择不恰当,还会对混凝土强度和耐久性产生影响。砂率的选用应该合理,在保证和易性要求的条件下,宜取较小值,以利于节约水泥。

(3) 用水量

用水量是指 1 m³ 混凝土拌合物中水的用量(kg/m³)。在水灰比确定后,混凝土中单位用水量也表示水泥浆与集料之间的比例关系。为节约水泥和改善耐久性,在满足流动性条件下,应尽可能取较小的单位用水量。

3. 混凝土配合比设计步骤

混凝土配合比设计步骤包括配合比计算、试配和调整、施工配合比的确定等过程。

1) 初步配合比计算

混凝土初步配合比计算应按下列步骤进行计算:① 计算配制强度 $f_{cu,o}$,并求出相应的水灰比;② 选取每立方米混凝土的用水量,并计算出每立方米混凝土的水泥用量;③ 选取砂率,计算粗骨料和细骨料的用量,并提出供试配用的初步配合比。

(1) 配制强度($f_{cu,o}$)的确定

根据《普通混凝土配合比设计规程》(JGJ 55—2011)规定,当混凝土的设计强度等级小于 C60 时,配制强度应按下式确定:

建筑标准

《普通混凝土配合比设计规程》

$$f_{cu,0} \geqslant f_{cu,k} + 1.645\sigma \tag{4-7}$$

式中：$f_{cu,0}$—混凝土配制强度，MPa；$f_{cu,k}$—混凝土立方体抗压强度标准值，这里取混凝土的设计强度等级值，MPa；σ—混凝土强度标准差，MPa。

当设计强度等级不小于 C60 时，配制强度应按下式确定：

$$f_{cu,0} \geqslant 1.15 f_{cu,k} \tag{4-8}$$

混凝土强度标准差应按照下列规定确定：

① 当具有近 1 个月～3 个月的同一品种、同一强度等级混凝土的强度资料时，且试件组数不少于 30 时，其混凝土强度标准差 σ 应按下式计算：

$$\sigma = \sqrt{\frac{\sum\limits_{i=1}^{n} f_{cu,i}^2 - n m_{fcu}^2}{n-1}} \tag{4-9}$$

式中：σ—混凝土强度标准差，MPa；$f_{cu,i}$—第 i 组的试件强度，MPa；m_{fcu}—n 组试件的强度平均值，MPa；n—试件组数。

对于强度等级不大于 C30 的混凝土：当混凝土强度标准差计算值不小于 3.0 MPa 时，应按计算结果取值；当混凝土强度标准差计算值小于 3.0 MPa 时，应取 3.0 MPa。

对于强度等级大于 C30 且不大于 C60 的混凝土：当混凝土强度标准差计算值不小于 4.0 MPa 时，应按计算结果取值；当混凝土强度标准差计算值小于 4.0 MPa 时，应取 4.0 MPa。

② 当没有近期的同一品种，同一强度等级混凝土强度资料时，其强度标准差可按表 4-29 取值。

表 4-29　标准差 σ 值(MPa)

混凝土强度标准值	≤C20	C25～C45	C50～C55
σ	4.0	5.0	6.0

(2) 水胶比(W/B)的初步确定

当混凝土强度等级小于 C60 时，混凝土水胶比宜按下式计算：

$$W/B = \frac{\alpha_a f_b}{f_{cu,0} + \alpha_a \alpha_b f_b} \tag{4-10}$$

式中：W/B—混凝土水胶比；α_a、α_b—回归系数；f_b—胶凝材料 28 d 胶砂抗压强度，MPa，可实测，且试验方法应按现行家标准《水泥胶砂强度检验方法(ISO 法)》(GB/T 17671—1999)执行。

① 回归系数(α_a、α_b)宜按下列规定确定：

根据工程所使用的原材料，通过试验建立的水胶比与混凝土强度关系式来确定；

当不具备上述试验统计资料时，可按表 4-30 选用。

表 4-30　回归系数

系数	碎石	卵石
α_a	0.53	0.49
α_b	0.20	0.13

② 当胶凝材料 28 d 胶砂抗压强度值(f_b)无实测值时,可按下式计算:

$$f_b = \gamma_f \gamma_s f_{ce} \qquad (4-11)$$

式中:γ_f、γ_s——粉煤灰影响系数和粒化高炉矿渣粉影响系数,可按表 4-31 选用;f_{ce}——水泥 28 d 胶砂抗压强度,MPa,可实测,也可计算确定。

表 4-31　粉煤灰影响系数(γ_f)和粒化高炉矿渣粉影响系数(γ_s)

掺量/%	粉煤灰影响系数 γ_f	粒化高炉矿渣粉影响系数 γ_s
0	1.00	1.00
10	0.85～0.95	1.00
20	0.75～0.85	0.95～1.00
30	0.65～0.75	0.90～1.00
40	0.55～0.65	0.80～0.90
50	—	0.70～0.85

注:① 采用Ⅰ级、Ⅱ级粉煤灰宜取上限值;
　　② 采用 S75 级粒化高炉矿渣粉宜取下限值,采用 S95 级粒化高炉矿渣粉宜取上限值,采用 S105 级粒化高炉矿渣粉可取上限值加 0.05;
　　③ 当超出表中的掺量时,粉煤灰和粒化高炉矿渣粉影响系数应经试验确定。

③ 当水泥 28 d 胶砂抗压强度(f_{ce})无实测值时,可按下式计算:

$$f_{ce} = \gamma_c f_{ce,g} \qquad (4-12)$$

式中:γ_c——水泥强度等级的富余系数,可按实际统计资料确定;当缺乏实际统计资料时,也可按表 4-32 选用;$f_{ce,g}$——水泥强度等级值,MPa。

表 4-32　水泥强度等级值的富余系数(γ_c)

水泥强度等级值	32.5	42.5	52.5
富余系数	1.12	1.16	1.10

(3) 用水量和外加剂用量

① 每立方米干硬性或塑性混凝土的用水量(m_{w0})应符合下列规定:

混凝土水胶比在 0.40～0.80 范围时,可按表 4-33 和表 4-34 选取;
混凝土水胶比小于 0.40 时,可通过试验确定。

表 4-33　干硬性混凝土的用水量(kg/m³)

拌合物稠度		卵石最大公称粒径/mm			碎石最大公称粒径/mm		
项目	指标	10.0	20.0	40.0	16.0	20.0	40.0
维勃稠度	16～20	175	160	145	180	170	155
	11～15	180	165	150	185	175	160
	5～10	185	170	155	190	180	165

表 4 - 34 塑性混凝土的用水量(kg/m³)

拌合物稠度		卵石最大公称粒径/mm				碎石最大公称粒径/mm			
项目	指标	10.0	20.0	31.5	40.0	16.0	20.0	31.5	40.0
坍落度 /mm	10～30	190	170	160	150	200	185	175	165
	35～50	200	180	170	160	210	195	185	175
	55～70	210	190	180	170	220	205	195	185
	75～90	215	195	185	175	230	215	205	195

注:① 本表用水量系采用中砂时的取值。采用细砂时,每立方米混凝土用水量可增加 5 kg～10 kg;采用粗砂时,可减少 5 kg～10 kg;
　　② 掺用矿物掺合料和外加剂时,用水量应相应调整。

② 掺外加剂时,每立方米流动性或大流动性混凝土的用水量(m_{w0})可按下式计算:

$$m_{w0} = m'_{w0}(1-\beta) \qquad (4-13)$$

式中:m_{w0}——计算配合比每立方米混凝土的用水量,kg/m³;m'_{w0}——未掺外加剂时推定的满足实际坍落度要求的每立方米混凝土用水量,kg/m³,以表 4 - 34 中 90 mm 坍落度的用水量为基础,按每增大 20 mm 坍落度相应增加 5 kg/m³ 用水量来计算,当坍落度增加到 180 mm 以上时,随坍落度相应的增加的用水量可减少;β——外加剂的减水率,%,应经混凝土试验确定。

③ 每立方米混凝土中外加剂用量(m_{a0})应按下式计算:

$$m_{a0} = m_{b0}\beta_a \qquad (4-14)$$

式中:m_{a0}——计算配合比每立方米混凝土中外加剂用量,kg/m³;m_{b0}——计算配合比每立方米混凝土中胶凝材料用量,kg/m³;β_a——外加剂掺量,%,应经混凝土试验确定。

(4)胶凝材料、矿物掺合料和水泥用量

① 每立方米混凝土的胶凝材料用量(m_{b0})应按下式计算,并应进行试拌调整,在拌合物性能满足的情况下,取经济合理的胶凝材料用量。

$$m_{b0} = \frac{m_{w0}}{W/B} \qquad (4-15)$$

式中:m_{b0}——计算配合比每立方米混凝土中胶凝材料用量,kg/m³;m_{w0}——计算配合比每立方米混凝土的用水量,kg/m³;W/B——混凝土水胶比。

② 每立方米混凝土的矿物掺合料用量(m_{f0})应按下式计算:

$$m_{f0} = m_{b0}\beta_f \qquad (4-16)$$

式中:m_{f0}——计算配合比每立方米混凝土中矿物掺合料用量,kg/m³;β_f——矿物掺合料掺量,%。

③ 每立方米混凝土的水泥用量(m_{c0})应按下式计算:

$$m_{c0} = m_{b0} - m_{f0} \qquad (4-17)$$

式中:m_{c0}——计算配合比每立方米混凝土中水泥用量,kg/m³。

除配制 C15 及其以下强度等级的混凝土外,混凝土的最小胶凝材料用量应符合表 4 - 35 的规定。

表4-35 混凝土的最小胶凝材料用量

最大水胶比	混凝土的最小胶凝材料的用量/kg·m⁻³		
	素混凝土	钢筋混凝土	预应力混凝土
0.60	250	280	300
0.55	280	300	300
0.50	320		
≤0.45	330		

（5）砂率

① 砂率（β_s）应根据骨料的技术指标、混凝土拌合物性能和施工要求，参考既有历史资料确定。

② 当缺乏砂率的历史资料时，混凝土砂率的确定应符合下列规定：

坍落度小于 10 mm 的混凝土，其砂率应经试验确定。

坍落度为 10 mm～60 mm 的混凝土，其砂率可根据粗骨料品种、最大公称粒径及水胶比按表4-36选取。

坍落度大于 60 mm 的混凝土，其砂率可经试验确定，也可在表4-36的基础上，按坍落度每增大 20 mm、砂率增大 1% 的幅度予以调整。

表4-36 混凝土的砂率（%）

水胶比	卵石最大公称粒径/mm			碎石最大公称粒径/mm		
	10.0	20.0	40.0	16.0	20.0	40.0
0.40	26～32	25～31	24～30	30～35	29～34	27～32
0.50	30～35	29～34	28～33	33～38	32～37	30～35
0.60	33～38	32～37	31～36	36～41	35～40	33～38
0.70	36～41	35～40	34～39	39～44	38～43	36～41

注：① 本表数值系中砂的选用砂率，对细纱或粗砂，可相应地减少或增大砂率；
② 采用人工砂配制混凝土时，砂率可适当增大；
③ 只用一个单粒级粗骨料配制混凝土时，砂率应适当增大。

（6）粗、细骨料用量

采用质量法计算混凝土配合比：

$$m_{f0} + m_{c0} + m_{g0} + m_{s0} + m_{w0} = m_{cp} \quad\quad\quad (4-18)$$

$$\beta_s = \frac{m_{s0}}{m_{g0} + m_{s0}} \times 100\% \quad\quad\quad (4-19)$$

式中：m_{g0}—计算配合比每立方米混凝土的粗骨料用量，kg/m³；m_{s0}—计算配合比每立方米混凝土的细骨料用量，kg/m³；β_s—砂率，%；m_{cp}—每立方米混凝土拌合物的假定质量（kg），可取 2 350 kg/m³～2 450 kg/m³。

采用体积法计算混凝土配合比时，

$$\frac{m_{c0}}{\rho_c}+\frac{m_{f0}}{\rho_f}+\frac{m_{g0}}{\rho_g}+\frac{m_{s0}}{\rho_s}+\frac{m_{w0}}{\rho_w}+0.01\alpha=1 \tag{4-20}$$

式中：ρ_c—水泥密度，kg/m³，可按现行国家标准《水泥密度测定方法》(GB/T 208—2014)测定，也可取 2900 kg/m³~3100 kg/m³；ρ_f—矿物掺合料密度，kg/m³，可按现行国家标准《水泥密度测定方法》(GB/T 208—2014)测定；ρ_g—粗骨料的表观密度，kg/m³，应按现行国家标准《普通混凝土用砂、石质量及检验方法标准》(JGJ 52—2006 测定)；ρ_s—细骨料的表观密度，kg/m³，应按现行国家标准《普通混凝土用砂、石质量及检验方法标准》(JGJ 52—2006)测定；ρ_w—水的密度，kg/m³，可取 1 000 kg/m³；α—混凝土的含气量百分数，在不适用引气剂或引气型外加剂时，α 可取 1。

2) 混凝土配合比的试配、调整与确定

(1) 配合比的试配

混凝土试配应采用强制式搅拌机进行搅拌，并应符合现行行业标准《混凝土试验用搅拌机》(JG 244—2009)的规定，搅拌方法宜与施工采用的方法相同。每盘混凝土试配的最小搅拌量应符合表 4-37 的规定，并不应小于搅拌机额定搅拌量的 1/4 且不应大于搅拌机公称容量。

表 4-37　混凝土试配的最小搅拌量

粗骨料最大公称粒径/mm	拌合物数量/L
≤31.5	20
40.0	25

在计算配合比的基础上应进行试拌。计算水胶比宜保持不变，并应通过调整配合比其他参数使混凝土拌合物性能符合设计和施工要求，然后修正计算配合比，提出试拌配合比。

在试拌配合比的基础上应进行混凝土强度试验，并应符合下列规定：

① 应至少采用三个不同的配合比，其中一个应为计算确定的试拌配合比，另外两个配合比的水胶比宜较试拌配合比分别增加和减少 0.05，用水量应与试拌配合比相同，砂率可分别增加和减少 1%。

② 进行混凝土强度试验时，拌合物性能应符合设计和施工要求；

③ 进行混凝土强度试验时，每个配合比应至少制作一组试件，并应标准养护到 28 d 或设计规定龄期时试压。

(2) 配合比的调整与确定

① 根据混凝土强度试验结果，宜绘制强度和胶水比的线性关系图或插值法确定略大于配制强度对应的胶水比；

② 在试拌配合比的基础上，用水量(m_w)和外加剂(m_a)应根据确定的水胶比作调整；

③ 胶凝材料用量(m_b)应以用水量乘以确定的胶水比计算得出；

④ 粗骨料和细骨料用量(m_g 和 m_s)应根据用水量和胶凝材料用量进行调整。

混凝土拌合物表观密度和配合比校正系数的计算应符合下列规定：

配合比调整后的混凝土拌合物的表观密度应按下式计算：

$$\rho_{c,c}=m_c+m_f+m_g+m_s+m_w \tag{4-21}$$

式中：$\rho_{c,c}$—混凝土拌合物的表观密度计算值，kg/m³；m_c—每立方米混凝土的水泥用量,kg/m³;m_f—每立方米混凝土的矿物掺合料用量,kg/m³;m_g—每立方米混凝土的粗骨料用量,kg/m³;m_s—每立方米混凝土的细骨料用量,kg/m³;m_w—每立方米混凝土的用水量,kg/m³。

混凝土配合比校正系数应按下式计算:

$$\delta = \frac{\rho_{c,t}}{\rho_{c,c}} \tag{4-22}$$

式中:δ—混凝土配合比校正系数;$\rho_{c,t}$—混凝土拌合物的表观密度实测值,kg/m³。

当混凝土拌合物表观密度实测值与计算值之差的绝对值不超过计算值的2%时,调整的配合比可维持不变;当二者之差超过2%时,应将配合比中每项材料用量均乘以校正系数(δ)。

配合比调整后,应测定拌合物水溶性氯离子含量,对耐久性有设计要求的混凝土应进行相关耐久性试验验证。

3) 施工配合比

设计配合比,是以干燥材料为基准的,而工地存放的砂、石材料都含有一定的水分。所以现场材料的实际称量应按工地砂、石的含水情况进行修正,修正后的配合比,叫作施工配合比。工地存放的砂、石的含水情况常有变化,应按变化情况,随时进行修正。

现假定工地测出的砂的含水率为$a\%$、石子的含水率为$b\%$,则将上述设计配合比换算为施工配合比,其材料的称量应为:

$$m_c' = m_c \text{(kg)}$$
$$m_s' = m_s(1 + a\%) \text{(kg)}$$
$$m_g' = m_g(1 + b\%) \text{(kg)}$$
$$m_w' = m_w - m_s \times a\% - m_g \times b\% \text{(kg)}$$

工程案例

4-12 某混凝土拌合物经试拌调整满足和易性要求后,各组成材料用量为水泥3.15 kg,水 1.89 kg,砂 6.24 kg,卵石 12.48 kg,实测混凝土拌合物表观密度为2 450 kg/m³;试计算每 m³ 混凝土的各种材料用量。

解

该混凝土拌合物各组成材料用量的比例为:

C∶S∶G∶W＝3.15∶6.24∶12.48∶1.89 ＝1∶1.98∶3.96∶0.60

由实测混凝土拌合物表观密度为 2 450 kg/m³:

C＋S＋G＋W＝2 450 kg

C＋1.98C＋3.96C＋0.60C＝7.54C＝2 450 kg

则每 m³ 混凝土的各种材料用量为:

水泥:C＝325 kg

砂:S＝1.98C＝644 kg

卵石:G＝3.96C＝1287 kg

水:W＝0.6C＝195 kg

评 混凝土拌合物各组成材料的单位用量之和即为其表观密度。

任务 4.5　商品混凝土

任务导入	● 商品混凝土就是指用作商业用途,例如可出售、购买的混凝土。现建筑施工大部分均使用商品混凝土。商品混凝土的质量对建筑结构起重要作用。本任务主要学习商品混凝土。
任务目标	➤ 了解商品混凝土的生产流程; ➤ 掌握商品混凝土的性能特点; ➤ 了解商品混凝土运输过程。

　　商品混凝土亦称预拌混凝土,是指预先拌好的质量合格的混凝土拌合物,以商品的形式出售给施工单位,并运到施工现场进行浇筑的混凝土拌合物。商品混凝土是把混凝土的生产过程,从原材料选择、配合比设计、外加剂与掺合料的选用、混凝土的拌制、混凝土输送到工地等一系列工程从一个个施工现场集中到搅拌站,由搅拌站统一经营管理,把各种成品以商品形式供应给施工单位

　　商品混凝土是混凝土生产由粗放型生产向集约化大生产的转变,实现了混凝土生产的专业化、商品化和社会化,是建筑依靠技术进步改变小生产方式,实现建筑工业化的一项重要改革。商品混凝土最早出现于欧洲,到 20 世纪 70 年代,世界商品混凝土的发展进入黄金时期,商品混凝土在混凝土总产量中已经占有绝对优势。

4.5.1　商品混凝土生产流程

　　商品混凝土的生产流程见图 4-10。

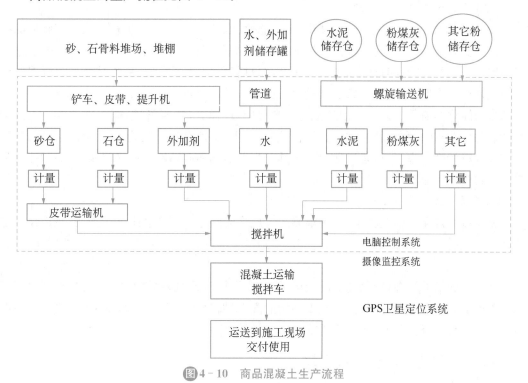

图 4-10　商品混凝土生产流程

4.5.2 商品混凝土特点

1. 环保性

由于商品混凝土搅拌站设置在城市边缘地区,相对于施工现场搅拌的传统工艺减少了粉尘、噪音、污水等污染,改善了城市居民的工作和居住环境。

随商品混凝土行业的发展和壮大,在工业废渣和城市废弃物处理处置及综合利用方面逐步发挥更大的作用,减少环境恶化。

2. "半成品"

商品混凝土是一种特殊的建筑材料。交货时是塑性、流态状的半成品。在所有权转移后,还需要使用方继续尽一定的质量义务,才能达到最终的设计要求。因此,它的质量是供需双方共同的责任。

3. 质量稳定性

由于商品混凝土搅拌站是一个专业性的混凝土生产企业,管理模式基本定型且比较单一,设备配置先进,不仅产量大、生产周期短,而且概率较为准确,搅拌较为均匀,生产工艺相对简洁、稳定,生产人员有比较丰富的经验,而且实现全天候生产,质量相对施工现场搅拌的混凝土更稳定可靠,提高了工程质量。"商品混凝土"简单来讲,就是水泥、骨料、水和外加剂等,采用先进设备按照程序中预定比例混合而成的混凝土半成品。相比早期人工现场搅拌的混凝土,其材料掺杂比例、容重等更加准确。因而,现场混凝土施工过程中,无须人工自行添加水或其他组成材料,而自行再次添加也属违规行为,也致使商品混凝土强度等级或质量得不到保证。

4. 技术先进性

随着21世纪混凝土工程的大型化、多功能化、施工与应用环境的复杂化、应用领域的扩大化以及资源与环境的优化,人们对传统的商品混凝土材料提出了更高的要求。由于施工现场搅拌一般都是些临时性设施,条件较差,原材料质量难以控制,制备混凝土的搅拌机容量小且计量精度低,也没有严格的质量保证体系。因此,质量很难满足混凝土具有的高性能化和多功能化的需要。而商品混凝土的生产集中、规模大,便于管理,能实现建设工程结构设计的各种要求,有利于新技术、新材料的推广应用,特别有利于散装水泥、混凝土外加剂和矿物掺合料的推广应用,这是保证混凝土具有高性能化和多功能化的必要条件,同时能够有效地节约资源和能源。

5. 提高工效

相比传统意义上的混凝土,商品混凝土大规模的商业化生产和罐装运送,并采用泵送工艺浇筑,不仅提高了生产效率,施工进度也得到很大的提高,明显缩短了工程建造周期。

6. 文明性

社会是和谐的社会,应用商品混凝土后,减少了施工现场建筑材料的堆放,明显改变了施工现场脏、乱、差等现象,提高了施工现场的安全性,当施工现场较为狭窄时,这一作用更显示出其优越性,施工的文明程度得到了根本性的提高。

4.5.3 商品混凝土的运输

在运输过程中应保证商品混凝土匀质性,达到不分层、不离析、不漏浆。《混凝土质量控制标准》(GB 50164—2011)规定,混凝土从搅拌机出料到浇筑完毕的持续时间,如果采用搅拌车运输,强度等级不大于 C30,气温不大于 25℃时为 120 min,气温不小于 25℃时为 90 min;强度等级不小于 C30,气温不大于 25℃时为 90 min,气温不小于 25℃时为 60 min。

(1)商品混凝土的运输必须使用搅拌车,在运输过程中须保持筒体旋转,以每分钟约 2～4 转的慢速进行搅动,以确保混凝土拌合物的和易性,不得产生离析和失水现象。在搅拌车筒体上铺上湿布,喷水冷却,降低筒内温度,减少坍落度损失。

(2)搅拌车运送商品混凝土的时间应控制在 1 h 内卸料完毕,当气温高于 30℃或运距较远时应考虑采取缓凝措施,混凝土运到现场须在 30 min 内开始卸料,否则会影响混凝土的坍落度和混凝土质量。

(3)商品混凝土的运送频率(供料速度)应保证施工现场的需要,确保混凝土浇筑的连续性。如浇筑部位为灌注桩,供料速度保证每根桩的浇筑时间按初盘混凝土的初凝时间控制。

(4)商品混凝土的运输人员应严格遵守以下规定:

① 商品混凝土必须由混凝土搅拌车直接运送到施工现场。

② 混凝土搅拌车自装料至卸料,搅拌筒必须一直转动,以保持混合料的均匀性。

③ 混凝土搅拌车应保持筒内无积水方能装料。

④ 严禁在运送混凝土中途和卸料时向搅拌筒内任意加水,任意加水的混凝土严禁使用。

⑤ 混凝土搅拌车每运送一次应冲洗一次搅拌筒,装料前须倒净搅拌筒内积水,防止影响混凝土水灰比。工作完毕后必须对筒内、外进行清洗,严禁将余料随地乱倒乱排。

⑥ 混凝土搅拌车运输人员随车携带由厂家出具的发料单。发料单应标明收料单位、地址、工程名称、发车时间、强度等级、数量等内容。浇筑现场应派专人对料单进行验收,每到一车,都要检查料单内容,防止混凝土车误送或超过初凝时间到达工地。

任务 4.6　其他品种混凝土

任务导入	● 随着建筑结构的变化及施工技术的发展,对混凝土的要求也越来越高。一些具有特殊性能的混凝土在土木工程扮演着重要的角色。本任务主要学习其他品种的混凝土。
任务目标	➤ 了解泵送混凝土的特点;掌握可泵性的要求; ➤ 了解高性能混凝土的定义、性能及应用; ➤ 了解自密实混凝土的定义、性能及应用。

4.6.1　泵送混凝土

1. 泵送混凝土定义及特点

(1)定义

将搅拌好的混凝土,采用混凝土输送泵沿管道输送和浇注,称为泵送混凝土。由于施工工艺上的要求,所采用的施工设备和混凝土配合比都与普通施工方法不同。

(2)特点

采用混凝土泵输送混凝土拌合物,可一次连续完成垂直和水平输送,而且可以进行浇注,因而生产率高,节约劳动力,特别适用于工地狭窄和有障碍的施工现场,以及大体积混凝土结构物和高层建筑。

2. 泵送混凝土的可泵性

(1) 可泵性

泵送混凝土是拌和料在压力下沿管道内进行垂直和水平的输送,它的输送条件与传统的输送有很大的不同。因此,对拌和料性能的要求与传统的要求相比,既有相同点也有不同的特点。按传统方法设计的有良好工作性(流动性和黏聚性)的新拌混凝土,在泵送时却不一定有良好的可泵性,可泵性实则就是拌和料在泵压下在管道中移动摩擦阻力和弯头阻力之和的倒数。阻力越小,则可泵性越好。

(2) 评价方法

新拌混凝土的可泵性可用坍落度和压力泌水值双指标来评价。

压力泌水值是在一定的压力下,一定量的拌和料在一定的时间内泌出水的总量,以总泌水量(mL)或单位混凝土泌水量(kg/m³)表示。压力泌水值太大,泌水较多,阻力大,泵压不稳定,可能堵泵;但是如果压力泌水值太小,拌和物黏稠,结构黏度过大,阻力大,也不易泵送。因此,可以得出结论,压力泌水值有一个合适的范围。实际施工现场测试表明,对于高层建筑坍落度大于 160 mm 的拌和料,压力泌水值在 70~110 mL(40~70 kg/m³ 混凝土)较合适。对于坍落度 100~160 mm 的拌和料,合适的泌水量范围相应还小一些。

在实际应用中,许多国家都对泵送混凝土的坍落度做了规定,一般认为 8~20 cm 范围较合适,具体的坍落度值要根据泵送距离和气温对混凝土的要求而定。

3. 坍落度损失

混凝土拌和料从加水搅拌到浇灌要经历一段时间,在这段时间内拌和料逐渐变稠,流动性(坍落度)逐渐降低,这就是所谓“坍落度损失”。坍落度损失过大,则将会给泵送、振捣等施工过程带来很大困难,或者造成振捣不密实,甚至出现蜂窝状缺陷。坍落度损失的原因是:① 水分蒸发;② 水泥在形成混凝土的最早期开始水化,特别是 C_3A 水化形成水化硫铝酸钙需要消耗一部分水;③ 新形成的少量水化生成物表面吸附一些水。这几个原因都使混凝土中游离水逐渐减少,致使混凝土流动性降低。

当坍落度损失成为施工中的问题时,可采取下列措施以减缓坍落度损失:

(1) 在炎热季节采取措施降低集料温度和拌和水温;在干燥条件下,采取措施防止水分过快蒸发。

(2) 在混凝土设计时,考虑掺加粉煤灰等矿物掺合料。

(3) 在采用高效减水剂的同时,掺加缓凝剂或引气剂或两者都掺。两者都有延缓坍落度损失的作用,缓凝剂作用比引气剂更显著。

4. 泵送混凝土配合比设计基本原则

根据泵送混凝土的工艺特点,确定泵送混凝土配合比设计基本原则如下:

(1) 要保证压送后的混凝土能满足所规定的和易性、匀质性、强度及耐久性等质量要求。

(2) 根据所用材料的质量、泵的种类、输送管的直径、压送距离、气候条件、浇筑部位及浇筑方法等,经过试验确定配合比。试验包括混凝土的试配和试送。

(3) 在混凝土配合成分中,应尽量采用减水性塑化剂等化学外加剂,以降低水胶比,适当提高砂率(一般为 40%～50%),改善混凝土可泵性。

4.6.2　高性能混凝土

高性能混凝土的出现,把混凝土技术从经验技术转变为高科技,代表着当今混凝土发展的总趋势。《高性能混凝土评价标准》(JGJ T385—2015)对高性能混凝土给出了明确的要求。

1. 高性能混凝土定义

高性能混凝土(HPC,high performance concrete)是指以建设工程设计和施工对混凝土性能特定要求为总体目标,选用优质常规原材料,合理掺加外加剂和矿物掺合料,采用较低水胶比并优化配合比,通过绿色预拌生产方式以及严格的施工措施,制成具有优异的拌合物性能、力学性能、长期性能和耐久性能的混凝土。

高性能混凝土包括特制品高性能混凝土和常规品高性能混凝土。特制品高性能混凝土是指符合高性能混凝土技术要求的轻骨料混凝土、高强混凝土、自密实混凝土、纤维混凝土。常规品混凝土是指除特制品高性能混凝土之外符合高性能混凝土技术要求并常规使用的混凝土。

2. 高性能混凝土特点

(1) 混凝土的耐久性

混凝土在所处工作环境下,长期抵抗劣化外力与劣化内因的作用,维持其应有性能的能力。

① 劣化外力:导致混凝土及混凝土结构性能降低的主要因素中,与外部环境有关的部分。如:大气中的 CO_2、SO_3、NO_x 等因素使混凝土中性化;海岸地区的氯化物侵入混凝土使钢筋锈蚀;寒冷地区使混凝土受冻融作用;盐碱地的酸碱使混凝土腐蚀等。

② 劣化内因:指导致混凝土及混凝土结构性能降低的主要原因中,与内部因素有关的部分。如:各种材料带入的有害氯离子,当达到一定数量时会使钢筋锈蚀;混入的碱活性骨料,会引起碱-骨料反应;过高的水灰比、过大的单方水泥用量、不足的混凝土保护层、混凝土浇筑的缺陷等,均会构成混凝土的劣化内因。

③ 劣化现象:由劣化外力或劣化内因引起的混凝土结构性能随时间逐渐降低的现象。如:中性化(碳化)、盐害、冻害、硫酸盐腐蚀、碱-骨料反应及钢筋锈蚀等。

④ 容许劣化状态:伴随着混凝土结构性能降低而出现的劣化状态中,尚能被结构正常使用所容许的最低性能的要求。

HPC 最突出的特点是要求混凝土在严酷的环境中的安全使用期有保证。即将耐久性作为混凝土设计的重要指标。

(2) 混凝土的工作性能

混凝土满足施工要求、适宜于施工操作的性能的总称。

HPC 对于新拌混凝土要求具有大流动性、可泵性、自流平、自密实等特点。同时要求对于施工速度、经济、均匀性、安全使用等都能获得保证。

(3) 混凝土的体积稳定性

混凝土凝结硬化后,抵抗收缩开裂,保持原有体积稳定的性能。

(4) 混凝土的力学性能

混凝土强度与受力变形性能的总称。

早强、高强也是高性能混凝土的基本性能之一。早强、高强有利于加快混凝土工程的速度,缩短施工工期。目前,高强(60~80 MPa),超高强(80~120 MPa),最高达 130 MPa 已在土木工程中逐渐推广应用。

3. 高性能混凝土设计与使用的基本规定

(1)高性能混凝土必须具有设计要求的强度等级,在设计使用年限内必须满足结构承载和正常使用功能要求。

(2)高性能混凝土应针对混凝土结构所处环境和预定功能进行耐久性设计。应选用适当的水泥品种、矿物微细粉,以及适当的水胶比,并采用适当的化学外加剂。

(3)处于多种劣化因素综合作用下的混凝土结构宜采用高性能混凝土。根据混凝土结构所处的环境条件,高性能混凝土应满足下列一种或几种技术要求:

① 水胶比不大于 0.38;② 56 d 龄期的 6 h 总导电量小于 1 000 C;③ 300 次冻融循环后相对动弹性模量大于 80%;④ 胶凝材料抗硫酸盐腐蚀试验的试件 15 周膨胀率小于 0.4%,混凝土最大水胶比不大于 0.45;⑤ 混凝土中可溶性碱总含量小于 3.0 kg/m³。

(4)高性能混凝土在脱模后,宜以塑料薄膜覆盖,保持表面潮湿,进行保温养护。

4. 高性能混凝土原材料

1) 水泥

配制高性能混凝土可采用硅酸盐水泥、普通硅酸盐水泥、矿渣硅酸盐水泥、火山灰质硅酸盐水泥及粉煤灰硅酸盐水泥、复合硅酸盐水泥。

也可采用中热硅酸盐水泥、低热硅酸盐水泥、低热矿渣硅酸盐水泥,及抗硫酸盐硅酸盐水泥。

采用的水泥必须符合现行有关国家标准的规定,且在一般情况下高性能混凝土不应采用立窑水泥。

2) 骨料

(1)细骨料

细骨料应选择质地坚硬、级配良好的中、粗河砂或人工砂。

(2)粗骨料

配制 C60 以上强度等级高性能混凝土的粗骨料,应选择级配良好的碎石或碎卵石。岩石的抗压强度与混凝土的抗压强度等级之比不低于 1.5,或其压碎值小于 10%。

粗骨料的最大粒径不宜大于 25 mm。且宜采用 10~25 mm 和 5~10 mm 两级粗骨料配合。

粗骨料中针片状颗粒含量应小于 5%,不得混入风化颗粒。

粗细骨料应为非碱活性骨料,在一般情况下不宜使用碱活性骨料。如果采用碱活性骨料,必须按相关规定检验骨料碱活性,进行专门的试验论证,并采取相应的预防措施。

粗、细骨料其他性能指标应符合现行相关标准的规定。

3) 矿物微细粉

矿物微细粉是指平均粒径≤10 μm、具有潜在水硬性的矿物质粉体材料。在 HPC 的材料组成上,必须含有矿物微细粉,这是一种改善混凝土结构构造、改善界面、提高性能的重要成分。在高性能混凝土中常掺入一、二种或同时掺入二种以上这类材料。

常用的矿物微细粉为硅粉、粉煤灰、磨细矿渣粉、天然沸石粉、偏高岭土粉及复合微细粉等。所选用矿物微细粉除必须对混凝土及钢材无害且满足各自相应标准的质量要求外,还应符合下列要求:

（1）宜选用Ⅰ级粉煤灰；当采用Ⅱ级粉煤灰时，应先通过试验证明能达到所要求的性能指标，方可采用；

（2）矿物微细粉等量取代水泥的最大用量宜为：

① 硅粉不大于10％；粉煤灰不大于30％；磨细矿渣粉不大于40％；天然沸石粉不大于10％；偏高岭土粉不大于15％；复合微细粉不大于40％。

② 当粉煤灰超量取代水泥时，超量值不宜大于25％。

4）化学外加剂

为达到混凝土的高性能要求，其组成材料中必须含有矿物微细粉和高效减水剂，矿物微细粉与高效减水剂双掺是 HPC 组成材料的最大特点。双掺能够最好地发挥矿物微细粉在 HPC 中的填充效应，使 HPC 具有更好的流动性、强度和耐久性。

高性能混凝土中使用的外加剂必须符合《混凝土外加剂》（GB 8076—2008）和《混凝土外加剂应用技术规程》（GB 50119—2013）的规定，并对混凝土及钢筋无害。所使用的减水剂必须是高效减水剂，其减水率应不低于20％。

工程中宜采用氨基磺酸系高效减水剂或聚羧酸高效减水剂。

4.6.3 自密实混凝土

自密实混凝土技术的发展已有近三十年的历史，在国内也已应用了近二十年，近年来自密实混凝土在我国的发展应用速度加快，应用领域也进一步拓展。

《自密实混凝土应用技术规程》（JGJ/T 283—2012）给自密实混凝土（SCC, self-compacting concrete）定义为：具有高流动性、不离析、均匀性和稳定性，浇筑时依靠其自重流动，无须振捣而达到密实的混凝土。

这种混凝土的优点有：在施工现场无振动噪音；可进行夜间施工，不扰民；对工人健康无害；混凝土质量均匀、耐久；钢筋布置较密或构件体型复杂时也易于浇筑；施工速度快，现场劳动量小。

1. 自密实混凝土组成材料

（1）水泥

自密实混凝土可选用硅酸盐水泥、普通硅酸盐水泥、矿渣硅酸盐水泥、火山灰硅酸盐水泥、粉煤灰硅酸盐水泥、复合硅酸盐水泥；使用矿物掺合料的自密实混凝土，宜选用硅酸盐水泥或普通硅酸盐水泥。

（2）矿物掺合料

① 粉煤灰。用于自密实混凝土的粉煤灰应符合现行国家标准《用于水泥和混凝土中的粉煤灰》（GB/T 1596—2017）中的Ⅰ级或Ⅱ级粉煤灰的技术性能指标要求。强度等级高于C60的自密实混凝土宜选用Ⅰ级粉煤灰。

② 粒化高炉矿渣粉。用于自密实混凝土的粒化高炉矿渣粉应符合现行国家标准《用于水泥和混凝土中的粒化高炉矿渣粉》（GB/T 18046—2017）的技术性能指标要求。

③ 沸石粉。用于自密实混凝土的沸石粉应符合现行国家标准《混凝土和砂浆用天然沸石粉》（JG/T 3048—1998）的要求。

④ 硅灰。用于自密实混凝土的硅灰应符合现行国家标准《砂浆和混凝土用硅灰》（GB/T 27690—2011）的要求。比表面积（m^2/kg）≥15 000，二氧化硅含量（％）≥85。

⑤ 复合矿物掺合料。由几种矿物复合磨细而成,按性能指标(28 d 活性指数)分为 F105、F95、F75 级。其技术性能指标应符合表 4 - 38 的要求。

表 4 - 38　复合矿物掺合料技术性能指标

项　目		级别及技术性能指标		
		F105	F95	F75
比表面积/m² · kg⁻¹	≥	450	400	350
细度(0.045 mm 方孔筛筛余)/%	≤	10		
活性指数/%	7 d　≥	90	70	50
	28 d　≥	105	95	75
流动度比/%	≥	85	90	95
含水量/%	≤	1.0		
三氧化硫/%	≤	4.0		
烧失量/%	≤	5.0		
氯离子/%	≤	0.02		

⑥ 惰性掺合料。试验研究表明,自密实混凝土中也可采用惰性掺合料(如石灰石粉、窑灰等),起填充和分散作用。但其主要技术性能应符合相关规定(三氧化硫≤4.0%、烧失量≤3.0%、氯离子≤0.02%、比表面积≥350 m²/kg、流动度比≥90%、含水量≤1.0%)。在自密实混凝土中由水泥、掺合料和骨料中粒径小于 0.075 mm 的颗粒的组合称为粉体(powder)。

(3)细骨料

细骨料宜选用第 2 级配区的中砂,砂的含泥量应不超过 3.0%,泥块含量应不超过 1.0%。

(4)粗骨料

粗骨料宜采用连续级配或 2 个单粒径级配的石子,最大粒径不宜大于 20 mm;石子的含泥量应不超过 1.0%,泥块含量应不超过 0.5%;针片状颗粒含量应不超过 8%;石子空隙率宜小于 40%。

(5)水

自密实混凝土拌合用水应符合现行《混凝土用水标准》(JGJ 63—2006)。

(6)外加剂

减水剂应选用高效减水剂,宜选用聚羧酸系高性能减水剂。当需要提高混凝土拌合物的粘聚性时,自密实混凝土中可掺入增粘剂。

2. 自密实混凝土拌合物性能

对自密实混凝土而言,工程所需的性能包括自密实性能、施工性、强度、耐久性等。与普通混凝土相比,自密实混凝土特有的性能要求为自密实性能,其他性能可能参照普通混凝土的规范要求。

自密实混凝土的自密实性能包括流动性、抗离析性和填充性。

(1)试验和评定的方法

可分别采用坍落度扩展度试验及扩展时间试验、V 漏斗试验和 U 型箱试验进行检测。

①坦落扩展度及扩展时间。用坦落度筒测量混凝土坦落度之后,随即测量混凝土拌合物坦落扩展终止后扩展面相互垂直的两个直径,其两直径的平均值(mm),即坦落扩展度。

用坦落度筒测量混凝土坦落度时,自坦落度筒提起开始计时至坦落扩展度达到500 mm的时间(s),即扩展时间。

②V漏斗试验。采用V形漏斗,检验自密实混凝土抗离析性能的一种试验方法。将混凝土拌合物装满V形漏斗,从开启出料口底盖开始计时,记录拌合物全部流出出料口所经历的时间(s)。

③U型箱试验。采用规定的U型箱,检测自密实混凝土拌合物通过钢筋间隙,并自行填充至箱内各个部位能力的一种试验方法。

根据测定将自密实性能分为三级,其指标应符合表4-39的要求。

表 4-39　混凝土自密实性能等级指标

性能等级	一级	二级	三级
U型箱试验填充高度/mm	320 以上 (隔栅型障碍 1 型)	320 以上 (隔栅型障碍 2 型)	320 以上 (无障碍)
坦落扩展度/mm	700±50	650±50	600±50
T50/s	5～20	3～20	3～20
V漏斗通过时间/s	10～25	7～25	4～25

(2)自密实性能等级的选用

自密实性能等级应根据结构物的结构形状、尺寸、配筋状态等选用。对于一般的钢筋混凝土结构物及构件可采用自密实性能等级二级。

一级:适用于钢筋的最小净间距为35～60 mm、结构形状复杂、构件断面尺寸小的钢筋混凝土结构物及构件的浇筑;

二级:适用于钢筋的最小净间距为60～200 的钢筋混凝土结构物及构件的浇筑;

三级:适用于钢筋的最小净间距200 mm以上、断面尺寸大、配筋量少的钢筋混凝土结构物及构件的浇筑,以及无筋结构的浇筑。

(3)影响自密实性能的主要因素

自密实混凝土是要求混凝土具有较大流动性的同时,又具有较高的浆体黏性,以防止离析。实现的原理是:增加粉体材料用量(同时减少粗骨料用量),选用优质高效减水剂和高性能减水剂,提高浆体的黏性和流动性,以利于充分包裹与分割粗、细骨料颗粒,使骨料悬浮在粉体浆体中,形成自密实性能。影响自密实性能的主要因素有:

①单位用水量和水粉比。单位用水量和水粉比是影响自密实混凝土流动性能和抗离析性能的重要因素。单位用水量指每立方米混凝土中水的用量(kg/m³);水粉比指单位体积中拌合水与单位体积中粉体量的体积之比。

单位用水量或水粉比过大将会导致自密实混凝土的流动性过大、抗离析性能不佳;单位用水量或水粉比过小将会导致自密实混凝土的流动性不足、过于黏稠。这两种情况都将导致自密实性能不能满足要求。

②粉体的种类和粉体的构成。虽然选用不同的粉体种类和粉体构成即使在相同的水粉比情况下会存在流动性能和抗离析性能的差别,但根据大量的试验经验,对于常用的水

泥、粉煤灰、矿粉、硅粉以及骨料中的粉体材料,只要选择的水粉比和用水量在一定范围内,均能配制出满足自密实性能要求的自密实混凝土。

③ 粗骨料最大粒径和用量。粗骨料最大粒径对自密实性能影响较大,通常最大粒径越大自密实性能越差,因而规定粗骨料最大粒径不宜大于 20 mm。从保证自密实混凝土良好的钢筋间隙通过性能和模板狭窄部的填充性能考虑,应采用较小的单位体积粗骨料量。

④ 外加剂。选用优质高性能减水剂可提高浆体的黏性和流动性。对于低强度等级的混凝土,由于其水胶比较大,往往属于贫混凝土,如果仅靠增加单位体积粉体量仍不能满足材料的抗离析性能时,可以掺用增粘剂予以改善。

3. 硬化后自密实混凝土的性能

自密实混凝土强度等级应满足配合比设计强度等级的要求。自密实混凝土的弹性模量、长期性能和耐久性等其他性能,应符合设计或相关标准的要求。一般情况下,为了满足自密实性能,往往需要较高的粉体用量,由于高效、高性能减水剂的使用,其单位用水量并没有增加,就使得自密实混凝土的水胶比较低,且控制较为严格,所以比较容易满足设计强度等级要求。自密实混凝土的最高强度可超过 100 MPa,经常用于高强和高耐久性混凝土结构。影响自密实混凝土硬化后性能的主要因素有:

(1) 水泥强度等级和水胶比

自密实混凝土的强度主要取决于水泥强度和水灰比,普通混凝土强度公式仍然适用。但通常按照强度设计得到的水泥体积用量不能满足自密实性能设计要求的粉体用量,为实现自密实性必须在保证强度设计的前提下提高粉体数量,通常采用的方法有以下三种。一是直接增加水泥的用量至满足粉体数量要求,该方法的直接影响是降低了水灰比,提高了混凝土的强度等级;二是使用活性掺合料超量取代水泥,该方法可在保证强度的前提下,增加了粉体的用量(水泥和活性掺合料统称为胶凝材料,单位体积用水量与胶凝材料用量的质量比称为水胶比);三是直接增加惰性掺合料至满足自密实性能要求。可见,方法一和二情况下,影响强度的主要因素为水泥强度等级和水胶比。

(2) 粉体构成

自密实混凝土浆体总量较大,粉体用量(由胶凝材料及部分惰性材料组成)也必须较大。如果胶凝材料单用水泥,混凝土强度会提高,但会引起混凝土早期水泥热较大、硬化混凝土收缩较大,不利于提高混凝土的耐久性和体积稳定性,因而,在胶凝材料中掺用优质活性矿物掺合料(从而增加粉体量)成为最佳选择。常用的粉体材料有:粉煤灰、粒化高炉矿渣、沸石粉、硅灰等,掺的材料不同、掺量的比例不同,混凝土性能也会有所不同。如掺粉煤灰在保证设计强度的条件下,更有利于提高混凝土的后期强度及耐久性,掺硅灰则可显著提高混凝土的强度及耐久性。

(3) 混凝土含气量

混凝土含气量不仅影响混凝土强度,而且影响其抗冻性,含气量增大,抗冻性提高,但强度有所下降。一般情况下,自密实混凝土含气量的选定主要考虑粗骨料的最大粒径、混凝土设计强度以及混凝土结构所处的环境条件等因素。

4. 自密实混凝土生产与运输

(1) 生产

① 原材料计量允许偏差。原材料计量允许偏差应符合表 4 - 40 的规定。

表 4 - 40　原材料计量允许偏差

序号	原材料品种	水泥/%	骨料/%	水/%	外加剂/%	掺合料/%
1	每盘计量 允许偏差	±2	±3	±1	±1	±2
2	累计计量 允许偏差	±1	±2	±1	±1	±1

② 宜采用强制式搅拌机搅拌。当采用其他类型的搅拌设备时,应根据需要适当延长搅拌时间。

③ 投料顺序宜先投入细骨料、水泥及掺合料搅拌 20 s 后,再投入 2/3 的用水量和粗骨料搅拌 30 s 以上,然后加入剩余水量和外加剂搅拌 30 s 以上。当在冬季施工时,应先投入骨料和全部净用水量后搅拌 30 s 以上,然后再投入胶凝材料搅拌 30 s 以上,最后加外加剂搅拌 40 s 以上。

④ 混凝土的检验规则除应符合现行国家标准《预拌混凝土》(GB/T 14902—2012)的规定外,尚应进行下列项目的检验:

混凝土出厂时应检验其流动性、抗离析性和填充性;

混凝土强度试件的制作方法:将混凝土搅拌均匀后直接倒入试模内,不得使用振动台和插捣方法成型。

(2)运输

① 应采用运输车运输。运输车在接料前应将车内残留的其他品种的混凝土清洗干净,并将车内积水排尽。

② 运输过程中严禁向车内的混凝土加水。

③ 混凝土运输时间应符合规定,未作规定时,宜在 90 min 内卸料完毕。当最高气温低于 25℃ 时,运送时间可延长 30 min。混凝土的初凝时间应根据运输时间和现场情况加以控制,当需延长运送时间时,应采用相应技术措施,并应通过试验验证。

④ 卸料前搅拌运输车应高速旋转 1 min 以上方可卸料。

⑤ 在混凝土卸料前,如需对混凝土扩展度进行调整时,加入外加剂后混凝土搅拌车应高速旋转 4 min,使混凝土均匀一致,经检测合格后方可卸料。外加剂的种类、掺量应事先试验确定。

任务 4.7　混凝土新技术

任务导入	● 混凝土为用量最大和用途最广的建筑材料,每年各国从事混凝土科研和实践工作的人员数量之多,难以计量,新技术、新成果也层出不穷。本任务主要学习混凝土新技术。
任务目标	➢ 了解再生骨料混凝土技术; ➢ 了解混凝土裂缝控制技术; ➢ 了解超高泵送混凝土技术。

4.7.1 再生骨料混凝土技术

1. 技术内容

掺用再生骨料配制而成的混凝土称为再生骨料混凝土,简称再生混凝土。科学合理地利用建筑废弃物回收生产的再生骨料以制备再生骨料混凝土,一直是世界各国致力研究的方向,日本等国家已经基本形成完备的产业链。随着我国环境压力严峻、建材资源面临日益紧张的局势,如何寻求可用的非常规骨料作为工程建设混凝土用骨料的有效补充已迫在眉睫,再生骨料成为可行选择之一。

(1) 再生骨料质量控制技术

① 再生骨料质量应符合国家标准《混凝土用再生粗骨料》(GB/T 25177—2010)或《混凝土和砂浆用再生细骨料》(GB/T 25176—2010)的规定,制备混凝土用再生骨料应同时符合行业标准《再生骨料应用技术规程》(JGJ/T 240—2011)相关规定。

② 由于建筑废弃物来源的复杂性,各地技术及产业发达程度差异和受加工处理的客观条件限制,部分再生骨料某些指标可能不能满足现行国家标准的要求,须经过试配验证后,可用于配制垫层等非结构混凝土或强度等级较低的结构混凝土。

(2) 再生骨料普通混凝土配制技术

设计配制再生骨料普通混凝土时,可参照行业标准《再生骨料应用技术规程》(JGJ/T 240—2011)相关规定进行。

2. 技术指标

(1) 再生骨料混凝土的拌合物性能、力学性能、长期性能和耐久性能、强度检验评定及耐久性检验评定等,应符合现行国家标准《混凝土质量控制标准》(GB 50164—2011)的规定。

(2) 再生骨料普通混凝土进行设计取值时,可参照以下要求进行:

① 再生骨料混凝土的轴心抗压强度标准值、轴心抗压强度设计值、轴心抗拉强度标准值、轴心抗拉强度设计值、剪切变形模量和泊松比均可按现行国家标准《混凝土结构设计规范》(GB 50010—2010)的规定取值。

② 仅掺用Ⅰ类再生粗骨料配制的混凝土,其受压和受拉弹性模量可按现行国家标准《混凝土结构设计规范》(GB 50010—2010)的规定取值;其他类别再生骨料配制的再生骨料混凝土,其弹性模量宜通过试验确定,在缺乏试验条件或技术资料时,可按表 4 - 41 的规定取值。

表 4 - 41 再生骨料普通混凝土弹性模量

强度等级	C15	C20	C25	C30	C35	C40
弹性模量($\times 10^4$ N/mm²)	1.83	2.08	2.27	2.42	2.53	2.63

③ 再生骨料混凝土的温度线膨胀系数、比热容和导热系数宜通过试验确定。当缺乏试验条件或技术资料时,可按现行国家标准《混凝土结构设计规范》(GB 50010—2010)和《民用建筑热工设计规范》(GB 50176—2016)的规定取值。

3. 适用范围

我国目前实际生产应用的再生骨料大部分为Ⅱ类及以下再生骨料,宜用于配制 C40 及以下强度等级的非预应力普通混凝土。鼓励再生骨料混凝土大规模用于垫层等非结构混凝土。

4.7.2 混凝土裂缝控制技术

1. 技术内容

混凝土裂缝控制与结构设计、材料选择和施工工艺等多个环节相关。结构设计主要涉及结构形式、配筋、构造措施及超长混凝土结构的裂缝控制技术等；材料方面主要涉及混凝土原材料控制和优选、配合比设计优化；施工方面主要涉及施工缝与后浇带、混凝土浇筑、水化热温升控制、综合养护技术等。

(1) 结构设计对超长结构混凝土的裂缝控制要求

超长混凝土结构如不在结构设计与工程施工阶段采取有效措施，将会引起不可控制的非结构性裂缝，严重影响结构外观、使用功能和结构的耐久性。超长结构产生非结构性裂缝的主要原因是混凝土收缩、环境温度变化在结构上引起的温差变形与下部竖向结构的水平约束刚度的影响。

为控制超长结构的裂缝，应在结构设计阶段采取有效的技术措施。主要应考虑以下几点：

① 对超长结构宜进行温度应力验算，温度应力验算时应考虑下部结构水平刚度对变形的约束作用、结构合拢后的最大温升与温降及混凝土收缩带来的不利影响，并应考虑混凝土结构徐变对减少结构裂缝的有利因素与混凝土开裂对结构截面刚度的折减影响。

② 为有效减少超长结构的裂缝，对大柱网公共建筑可考虑在楼盖结构与楼板中采用预应力技术，楼盖结构的框架梁应采用有粘接预应力技术，也可在楼板内配置构造无黏接预应力钢筋，建立预压力，以减小由于降温引起的拉应力，对裂缝进行有效控制。除了施加预应力以外，还可适当加强构造配筋、采用纤维混凝土等用于减小超长结构裂缝的技术措施。

③ 设计时应对混凝土结构施工提出要求，如对大面积底板混凝土浇筑时采用分仓法施工、对超长结构采用设置后浇带与加强带，以减少混凝土收缩对超长结构裂缝的影响。当大体积混凝土置于岩石地基上时，宜在混凝土垫层上设置滑动层，以达到减少岩石地基对大体积混凝土的约束作用。

(2) 原材料要求

① 水泥宜采用符合现行国家标准规定的普通硅酸盐水泥或硅酸盐水泥；大体积混凝土宜采用低热矿渣硅酸盐水泥或中、低热硅酸盐水泥，也可使用硅酸盐水泥同时复合大掺量的矿物掺合料。水泥比表面积宜小于 350 m^2/kg，水泥碱含量应小于 0.6%；用于生产混凝土的水泥温度不宜高于 60℃，不应使用温度高于 60℃ 的水泥拌制混凝土。

② 应采用二级或多级级配粗骨料，粗骨料的堆积密度宜大于 1 500 kg/m^3，紧密堆积密度的空隙率宜小于 40%。骨料不宜直接露天堆放、暴晒，宜分级堆放，堆场上方宜设罩棚。高温季节，骨料使用温度不宜高于 28℃。

③ 根据需要，可掺加短钢纤维或合成纤维的混凝土裂缝控制技术措施。合成纤维主要是抑制混凝土早期塑性裂缝的发展，钢纤维的掺入能显著提高混凝土的抗拉强度、抗弯强度、抗疲劳特性及耐久性；纤维的长度、长径比、表面性状、截面性能和力学性能等应符合国家有关标准的规定，并根据工程特点和制备混凝土的性能选择不同的纤维。

④ 宜采用高性能减水剂，并根据不同季节和不同施工工艺分别选用标准型、缓凝型或防冻型产品。高性能减水剂引入混凝土中的碱含量（以 $Na_2O+0.658K_2O$ 计）应小于

0.3 kg/m³;引入混凝土中的氯离子含量应小于 0.02 kg/m³;引入混凝土中的硫酸盐含量（以 Na_2SO_4 计）应小于 0.2 kg/m³。

⑤ 采用的粉煤灰矿物掺合料,应符合现行国家标准《用于水泥和混凝土中的粉煤灰》(GB/T 1596—2017)的规定。粉煤灰的级别不宜低于 Ⅱ 级,且粉煤灰的需水量比不宜大于 100%,烧失量宜小于 5%。

⑥ 采用的矿渣粉矿物掺合料,应符合《用于水泥和混凝土中的粒化高炉矿渣粉》(GB/T 18046—2017)的规定。矿渣粉的比表面积宜小于 450 m²/kg,流动度比应大于 95%,28 d 活性指数不宜小于 95%。

（3）配合比要求

① 混凝土配合比应根据原材料品质、混凝土强度等级、混凝土耐久性以及施工工艺对工作性的要求,通过计算、试配、调整等步骤选定。

② 配合比设计中应控制胶凝材料用量,C60 以下混凝土最大胶凝材料用量不宜大于 550 kg/m³,C60、C65 混凝土胶凝材料用量不宜大于 560 kg/m³,C70、C75、C80 混凝土胶凝材料用量不宜大于 580 kg/m³,自密实混凝土胶凝材料用量不宜大于 600 kg/m³;混凝土最大水胶比不宜大于 0.45。

③ 对于大体积混凝土,应采用大掺量矿物掺合料技术,矿渣粉和粉煤灰宜复合使用。

④ 纤维混凝土的配合比设计应满足《纤维混凝土应用技术规程》(JGJ/T 221—2010)的要求。

⑤ 配制的混凝土除满足抗压强度、抗渗等级等常规设计指标外,还应考虑满足抗裂性指标要求。

（4）大体积混凝土设计龄期

大体积混凝土宜采用长龄期强度作为配合比设计、强度评定和验收的依据。基础大体积混凝土强度龄期可取为 60 d(56 d)或 90 d;柱、墙大体积混凝土强度等级不低于 C80 时,强度龄期可取为 60 d(56 d)。

（5）施工要求

① 大体积混凝土施工前,宜对施工阶段混凝土浇筑体的温度、温度应力和收缩应力进行计算,确定施工阶段混凝土浇筑体的温升峰值、里表温差及降温速率的控制指标,制定相应的温控技术措施。

一般情况下,温控指标宜符合下列要求:夏(热)期施工时,混凝土入模前模板和钢筋的温度以及附近的局部气温不宜高于 40℃,混凝土入模温度不宜高于 30℃,混凝土浇筑体最大温升值不宜大于 50℃;在覆盖养护期间,混凝土浇筑体的表面以内(40～100 mm)位置处温度与浇筑体表面的温度差值不应大于 25℃;结束覆盖养护后,混凝土浇筑体表面以内(40～100 mm)位置处温度与环境温度差值不应大于 25℃;浇筑体养护期间内部相邻二点的温度差值不应大于 25℃;混凝土浇筑体的降温速率不宜大于 2.0℃/d。

基础大体积混凝土测温点设置和柱、墙、梁大体积混凝土测温点设置及测温要求应符合《混凝土结构工程施工规范》(GB 50666—2011)的要求。

② 超长混凝土结构施工前,应按设计要求采取减少混凝土收缩的技术措施,当设计无规定时,宜采用下列方法:

分仓法施工:对大面积、大厚度的底板可采用留设施工缝分仓浇筑,分仓区段长度不宜大于 40 m,地下室侧墙分段长度不宜大于 16 m;分仓浇筑间隔时间不应少于 7 d,跳仓接缝处按施工缝的要求设置和处理。

后浇带施工:对超长结构一般应每隔 40～60 m 设一宽度为 700～1 000 mm 的后浇带,缝内钢筋可采用直通或搭接连接;后浇带的封闭时间不宜少于 45 d;后浇带封闭施工时应清除缝内杂物,采用强度提高一个等级的无收缩或微膨胀混凝土进行浇筑。

③ 在高温季节浇筑混凝土时,混凝土入模温度应低于 30℃,应避免模板和新浇筑的混凝土直接受阳光照射;混凝土入模前模板和钢筋的温度以及附近的局部气温均不应超过 40℃;混凝土成型后应及时覆盖,并应尽可能避开炎热的白天浇筑混凝土。

④ 在相对湿度较小、风速较大的环境下浇筑混凝土时,应采取适当挡风措施,防止混凝土表面失水过快,此时应避免浇筑有较大暴露面积的构件;雨期施工时,必须有防雨措施。

⑤ 混凝土的拆模时间除考虑拆模时的混凝土强度外,还应考虑拆模时的混凝土温度不能过高,以免混凝土表面接触空气时降温过快而开裂,更不能在此时浇凉水养护;混凝土内部开始降温以前以及混凝土内部温度最高时不得拆模。

一般情况下,结构或构件混凝土的里表温差大于 25℃、混凝土表面与大气温差大于 20℃时不宜拆模;大风或气温急剧变化时不宜拆模;在炎热和大风干燥季节,应采取逐段拆模、边拆边盖的拆模工艺。

⑥ 混凝土综合养护技术措施。对于高强混凝土,由于水胶比较低,可采用混凝土内掺养护剂的技术措施;对于竖向等结构,为避免间断浇水导致混凝土表面干湿交替对混凝土的不利影响,可采取外包节水养护膜的技术措施,保证混凝土表面的持续湿润。

⑦ 纤维混凝土的施工应满足《纤维混凝土应用技术规程》(JGJ/T 221—2010)的规定。

2. 技术指标

混凝土的工作性、强度、耐久性等应满足设计要求,关于混凝土抗裂性能的检测评价方法主要如下:

(1) 圆环抗裂试验,见《混凝土结构耐久性设计与施工指南》(CCES 01—2004)附录 A1;

(2) 平板诱导试验,见《普通混凝土长期性能和耐久性能试验方法标准》(GB/T 50082—2009);

(3) 混凝土收缩试验,见《普通混凝土长期性能和耐久性能试验方法标准》(GB/T 50082—2009)。

3. 适用范围

适用于各种混凝土结构工程,特别是超长混凝土结构,如工业与民用建筑、隧道、码头、桥梁及高层、超高层混凝土结构等。

4.7.3　超高泵送混凝土技术

1. 技术内容

超高泵送混凝土技术,一般是指泵送高度超过 200 m 的现代混凝土泵送技术。近年来,随着经济和社会发展,超高泵送混凝土的建筑工程越来越多,因而超高泵送混凝土技术已成为现代建筑施工中的关键技术之一。超高泵送混凝土技术是一项综合技术,包含混凝土制备技术、泵送参数计算、泵送设备选定与调试、泵管布设和泵送过程控制等内容。

（1）原材料的选择

宜选择 C_2S 含量高的水泥，对于提高混凝土的流动性和减少坍落度损失有显著的效果；粗骨料宜选用连续级配，应控制针片状含量，而且要考虑最大粒径与泵送管径之比，对于高强混凝土，应控制最大粒径范围；细骨料宜选用中砂，因为细砂会使混凝土变得黏稠，而粗砂容易使混凝土离析；采用性能优良的矿物掺合料，如矿粉、Ⅰ级粉煤灰、Ⅰ级复合掺合料或易流型复合掺合料、硅灰等，高强泵送混凝土宜优先选用能降低混凝土黏性的矿物外加剂和化学外加剂，矿物外加剂可选用降粘增强剂等，化学外加剂可选用降粘型减水剂，可使混凝土获得良好的工作性；减水剂应优先选用减水率高、保塑时间长的聚羧酸系减水剂，必要时掺加引气剂，减水剂应与水泥和掺合料有良好的相容性。

（2）混凝土的制备

通过原材料优选、配合比优化设计和工艺措施，使制备的混凝土具有较好的和易性，流动性高，虽黏度较小，但无离析泌水现象，因而有较小的流动阻力，易于泵送。

（3）泵送设备的选择和泵管的布设

泵送设备的选定应参照《混凝土泵送施工技术规程》（JGJ/T 10—2011）中规定的技术要求，首先要进行泵送参数的验算，包括混凝土输送泵的型号和泵送能力，水平管压力损失、垂直管压力损失、特殊管的压力损失和泵送效率等。对泵送设备与泵管的要求为：

① 宜选用大功率、超高压的 S 阀结构混凝土泵，其混凝土出口压力满足超高层混凝土泵送阻力要求；

② 应选配耐高压、高耐磨的混凝土输送管道；

③ 应选配耐高压管卡及其密封件；

④ 应采用高耐磨的 S 管阀与眼镜板等配件；

⑤ 混凝土泵基础必须浇筑坚固并固定牢固，以承受巨大的反作用力，混凝土出口布管应有利于减轻泵头承载；

⑥ 输送泵管的地面水平管折算长度不宜小于垂直管长度的 1/5，且不宜小于 15 m；

⑦ 输送泵管应采用承托支架固定，承托支架必须与结构牢固连接，下部高压区应设置专门支架或混凝土结构以承受管道重量及泵送时的冲击力；

⑧ 在泵机出口附近设置耐高压的液压或电动截止阀。

（4）泵送施工的过程控制

应对到场的混凝土进行坍落度、扩展度和含气量的检测，根据需要对混凝土入泵温度和环境温度进行监测，如出现不正常情况，及时采取应对措施；泵送过程中，要实时检查泵车的压力变化、泵管有无渗水、漏浆情况以及各连接件的状况等，发现问题及时处理。泵送施工控制要求为：

① 合理组织，连续施工，避免中断；

② 严格控制混凝土流动性及其经时变化值；

③ 根据泵送高度适当延长初凝时间；

④ 严格控制高压条件下的混凝土泌水率；

⑤ 采取保温或冷却措施控制管道温度，防止混凝土摩擦、日照等因素引起管道过热；

⑥ 弯道等易磨损部位应设置加强安全措施；

⑦ 泵管清洗时应妥善回收管内混凝土，避免污染或材料浪费。泵送和清洗过程中产生

的废弃混凝土,应按预先确定的处理方法和场所,及时进行妥善处理,并不得将其用于浇筑结构构件。

2. 技术指标

(1) 混凝土拌合物的工作性良好,无离析泌水,坍落度宜大于 180 mm,混凝土坍落度损失不应影响混凝土的正常施工,经时损失不宜大于 30 mm/h,混凝土倒置坍落筒排空时间宜小于 10 s。泵送高度超过 300 m 的,扩展度宜大于 550 mm;泵送高度超过 400 m 的,扩展度宜大于 600 mm;泵送高度超过 500 m 的,扩展度宜大于 650 mm;泵送高度超过 600 m 的,扩展度宜大于 700 mm。

(2) 硬化混凝土物理力学性能符合设计要求。

(3) 混凝土的输送排量、输送压力和泵管的布设要依据准确的计算,并制定详细的实施方案,进行模拟高程泵送试验。

(4) 其他技术指标应符合《混凝土泵送施工技术规程》(JGJ/T 10—2011)和《混凝土结构工程施工规范》(GB 50666—2011)的规定。

3. 适用范围

超高泵送混凝土技术适用于泵送高度大于 200 m 的各种超高层建筑混凝土泵送作业,长距离混凝土泵送作业参照超高泵送混凝土技术。

拓展知识

中英文对照

任务 4.8　混凝土用骨料检测试验

任务导入	● 骨料在混凝土中所占的体积为 70%~80%。由于骨料不参与水泥复杂的水化反应,因此,过去通常将它视为一种惰性填充料。随着混凝土技术的不断深入研究和发展,工程界越来越意识到骨料对混凝土的许多重要性能,如和易性、强度、体积稳定性及耐久性等都会产生很大的影响。本任务主要学习混凝土用骨料性能检测。
任务目标	➤ 掌握骨料的取样要求; ➤ 掌握砂的筛分检测方法; ➤ 掌握砂的表观密度检测方法; ➤ 熟悉砂的堆积密度和紧密密度检测方法; ➤ 掌握石的筛分析检测方法; ➤ 正确使用仪器与设备,熟悉其性能; ➤ 正确、合理记录并处理数据,并对结果做出判定。

【试验目的】

了解混凝土用骨料检验的一般规定;了解混凝土用骨料检验的检查项目;掌握混凝土用骨料的检测方法。

【相关标准】

①《普通混凝土用砂、石质量及检验方法标准》(JGJ 52—2006);②《建设用砂》(GB/T 14684—2011);③《建设用碎石、卵石》(GB/T 14685—2011)

4.8.1　骨料检验的取样要求

1. 取样方法

(1) 在料堆上取样时,取样部位应均匀分布。取样前先将取样部位表层铲除。然后从不同部位抽取大致相等的砂 8 份,石 16 份,组成各自一组样品。

（2）从皮带运输机上取样时,应在皮带运输机机尾的出料处用接料器定时抽取砂 4 份,石 8 份组成各自一组样品。

（3）从火车、汽车、货船上取样时,从不同部位和深度抽取大致相等的砂 8 份,石 16 份,组成各自一组样品。

除筛分析外,当其余检验项目存在不合格时,应加倍取样进行复验。当复验仍有一项不满足标准要求时,应该不合格品处理。

2. 取样数量

单项试验的最少取样数量应满足表 4－42 和表 4－43 的规定。若进行几项试验时,如能保证试样经一项试验后不致影响另一项试验的结果,可用同一试样进行几项不同的试验。

表 4－42　每一单项检验项目所需砂的最少取样质量

序号	试验项目	最少取样数量/kg
1	筛分析	4.4
2	含泥量	4.4
3	泥块含量	20.0
4	石粉含量	1.6
5	云母含量	0.6
6	轻物质含量	3.2
7	有机物含量	2.0
8	硫化物及硫酸盐含量	0.05
9	氯离子含量	2.0
10	表观密度	2.6
11	紧密密度和堆积密度	5.0
12	含水率	1.0

表 4－43　每一单项检验项目所需碎石或卵石的最少取样数量　　　　　单位:kg

试验项目	最大粒径/mm							
	10.0	16.0	20.0	25.0	31.5	40.0	63.0	80.0
筛分析	8	15	16	20	25	32	50	64
表观密度	8	8	8	8	12	16	24	24
含水率	2	2	2	2	3	3	4	6
吸水率	8	8	16	16	16	24	24	32
紧密密度、堆积密度	40	40	40	40	80	80	120	120
含泥量	8	8	24	24	40	40	80	80

试验项目	最大粒径/mm							
	10.0	16.0	20.0	25.0	31.5	40.0	63.0	80.0
泥块含量	8	8	24	24	40	40	80	80
针、片状含量	1.2	4	8	12	20	40	—	—
硫化物、硫酸盐	1.0							

3. 每组样品应妥善包装,避免细料散失及防止污染,并附样品卡片,标明样品的编号、取样时间、代表数量、产地、样品量、要求检验项目及取样方式等。

4. 试样处理

样品的缩分可选择下列两种方法之一:

(1)用分料器法:将样品在潮湿状态下拌和均匀,然后使样品通过分料器,取接料斗的其中一份再次通过分料器。重复上述过程,直至将样品缩分到试验所需量为止。

(2)人工四分法:将所取每组样品置于平板上,在潮湿状态下拌合均匀,并堆成厚度约为 20 mm 的"圆饼"。然后沿互相垂直的两条直径把"圆饼"分成大致相等的四份,取其对角的两份重新拌匀,再堆成"圆饼"。重复上述过程,直至把样品缩分到试验所需量为止。

碎石或卵石缩分时,应将样品置于平板上,在自然状态下拌均匀,并堆成锥体,然后沿相互垂直的两条直径把锥体分成大致相等的四份,取其对角的两份重新拌匀,再堆成锥体。重复上述过程,直至把样品缩分至试验所需量为止。

砂、碎石或卵石的含水率、堆积密度、紧密密度检验所用的试样,可不经缩分,拌匀后直接进行试验。

5. 养护条件

试验室温度应为 $20\pm5\text{℃}$,相对湿度应大于 50%。养护箱温度为 $20\pm1\text{℃}$,相对湿度应大于 90%。

4.8.2　砂的筛分析

1. 试验目的

测定砂子的颗粒级配并计算细度模数,为混凝土配合比设计提供依据。

建筑标准

《普通混凝土用砂、石质量及检验标准》

2. 主要试验设备

(1)方孔筛:规格为 9.50 mm、4.75 mm、2.36 mm、1.18 mm、600 μm、300 μm、150 μm 的方孔筛各一只,并附有筛底和筛盖;

(2)天平:称量 1 000 g,感量 1 g;

(3)摇筛机;

(4)鼓风干燥箱:能温度控制在 $105\pm5\text{℃}$;

(5)搪瓷盘、毛刷等。

3. 试样制备

用于筛分析的试样,筛除大于 9.50 mm 的颗粒(并算出其筛余百分率),并将试样缩分至约 1 100 g,放在干燥箱中于 $105\pm5\text{℃}$ 下烘干到恒重,冷却至室温后,分为大致相等的两份备用。

注:恒重系指相邻两次称量间隔时间不大于 3 h 的情况下,前后两次称量之差小于该试验所要求的称量精度。

4. 试验步骤

(1) 准确称取烘干试样 500 g,精确至 1 g。将试样倒入按孔径大小从上到下组合的套筛(附筛底)上,然后进行筛分;将套筛装入摇筛机上,摇 10 min;取下套筛,按筛孔大小顺序再逐个用手筛,筛至每分钟的通过量小于试样总量 0.1% 为止,通过的颗粒并入下一号筛,并和下一号筛中试样一起过筛,这样的顺序进行,直至每个筛全部筛完为止;

称出各号筛的筛余量,精确至 1 g,试样在各号筛上的筛余量均不得超过按下式计算出的量。

$$G = \frac{A \times d^{1/2}}{200} \tag{4-23}$$

式中:G—在一个筛上的筛余量,g;A—筛面面积,mm^2;d—筛孔尺寸,mm。

(2) 称取各筛筛余试样的重量(精确至 1 g),所有各筛的分计筛余量和底盘中剩余量的总和与筛分前的试样总量相比,其相差不得超过 1%。

5. 数据处理与结果判定

(1) 计算分计筛余百分率:各号筛的筛余量与试样总量之比,精确至 0.1%;

(2) 计算累计筛余百分率:该号筛的分级筛余百分率加上该号筛以上各分级筛余百分率之和,精确至 0.1%;

(3) 按下式计算砂的细度模数,精确至 0.01;

$$\mu_f = \frac{\beta_2 + \beta_3 + \beta_4 + \beta_5 + \beta_6 - 5\beta_1}{100 - \beta_1} \tag{4-24}$$

式中:μ_f—砂的细度模数;β_1、β_2、β_3、β_4、β_5、β_6—分别为 4.75 mm、2.36 mm、1.18 mm、600 μm、300 μm、150 μm 筛的累计筛余百分率。

(4) 累计筛余百分率取两次试验结果的算术平均值,精确至 1%。细度模数取两次试验结果的算术平均值,精确至 0.1;如两次试验所得的细度模数之差大于 0.20 时,应重新试验。

4.8.3 砂的表观密度

试验目的:测定砂的表观密度,了解材料的基本性质。

1. 标准方法

1) 试验设备

(1) 天平:称量 1 000 g,感量 1 g;

(2) 容量瓶:容量 500 mL;

(3) 烘箱:温度控制在 105±5℃;

(4) 干燥器、浅盘、铝制料勺、温度计等。

2) 试样制备

经缩分后不少于 650 g 的样品装入浅盘,在温度 105±5℃的烘箱中烘干至恒重,并在干燥器内冷却至室温。

3) 试验步骤

(1) 称取烘干的试样 300 g(m_0),装入盛有半瓶冷开水的容量瓶中。

（2）摇转容量瓶，使试样在水中充分搅动以排除气泡，塞紧瓶塞，静置 24 h；然后用滴管加水至瓶颈刻度线平齐，再塞紧瓶塞，擦干容量瓶外壁的水分，称其质量 m_1。

（3）倒出容量瓶中的水和试样，将瓶的内外壁洗净，再向瓶内加入与上述水温相差不超过 2℃的冷开水至瓶颈刻度线。塞紧瓶塞，擦干容量瓶外壁水分，称质量 m_2。

4）数据处理与结果判定

表观密度 ρ 应按下式计算，精确至 10 kg/m³：

$$\rho = \left(\frac{m_0}{m_0 + m_2 - m_1} - \alpha_t \right) \times 1\,000 \tag{4-25}$$

式中：ρ—表观密度，精确至 10 kg/m³；m_0—试样的烘干质量，g；m_1—试样、水及容量瓶总质量，g；m_2—水及容量瓶总质量，g；α_t—水温对砂的表观密度影响的修正系数，见表 4-44。

表 4-44 不同水温下碎石或卵石的表观密度温度影响修正系数

水温/℃	15	16	17	18	19	20	21	22	23	24	25
α_t	0.002	0.003	0.003	0.004	0.004	0.005	0.005	0.006	0.006	0.007	0.008

以两次试验结果的算术平均值作为测定值。如两次结果之差值大于 20 kg/m³时，应重新取样进行试验。

2. 简易方法

1）试验设备

（1）天平：称量 1 000 g，感量 1 g；

（2）李氏瓶：容量 250 mL；

（3）烘箱：温度控制在 105℃±5℃。

2）试样制备

将样品缩分至不少于 120 g，在温度 105±5℃的烘箱中烘干至恒重，并在干燥器内冷却至室温，分成大致相等的两份备用。

图 4-11 李氏瓶

3）试验步骤

（1）向李氏瓶中注入冷开水至一定刻度处，擦干瓶颈内部附着水，记录水的体积 V_1；

（2）称取烘干试样 50 g（m_0），徐徐加入盛水的李氏瓶中；

（3）试样全部倒入瓶中后，用瓶内的水将黏附在瓶颈和瓶壁的试样洗入水中，摇转李氏瓶以排除气泡，静置约 24 h 后，记录瓶中水面升高的体积 V_2。

4）数据处理与结果判定

表观密度应按下式计算（精确至 10 kg/m³）：

$$\rho = \left(\frac{m_0}{V_2 - V_1} - \alpha_t \right) \times 1\,000 \tag{4-26}$$

式中：ρ—表观密度，精确至 10 kg/m³；m_0—烘干后试样质量，g；V_1—水的原有体积，mL；V_2—倒入试样后的水和试样体积，mL；α_t—水温对表观密度影响的修正系数。

以两次试验结果的算术平均值作为测定值。如两次结果之差值大于 20 kg/m³ 时,应重新取样进行试验。

4.8.4　砂的堆积密度和紧密密度

试验目的:测定砂的堆积密度和紧密密度,计算孔隙率,了解材料的基本性质。

1. 试验设备

(1) 秤:称量 5 kg,感量 5 g;

(2) 容量筒:金属制,圆柱形,内径 108 mm,净高 109 mm,筒壁厚 2 mm,容积 1 L,筒底厚度为 5 mm;

(3) 漏斗或铝制料勺;

(4) 烘箱:温度控制在 105±5℃;

(5) 直尺、浅盘等。

2. 试样制备

先用公称直径 5.00 mm 的筛子过筛,然后取经缩分后的样品不少于 3 L,装入浅盘,在温度 105±5℃ 的烘箱中烘干至恒重,取出并冷却至室温,分成大致相等的两份备用。试样烘干后若有结块,应在试验前先予捏碎。

3. 试验步骤

(1) 堆积密度:取试样一份,用漏斗或铝制勺,将它徐徐装入容量筒(漏斗出料口或料勺距容量筒筒口不超过 50 mm)直至试样装满并超出容量筒筒口。然后用直尺将多余的试样沿筒口中心线向相反方向刮平,称其质量 m_2。

(2) 紧密密度:取试样一份,分两层装入容量筒。装完一层后,在筒底垫放一根直径为 10 mm 的钢筋,将筒按住,左右交替颠击地面各 25 下,然后装入第二层。第二层装满后,用同样方法颠实(但筒底所垫钢筋的方向应与第一层放置方向垂直)。二层装完并颠实后,加料直到试样超出容量筒筒口,然后用直尺将多余的试样沿筒口中心线向两个相反方向刮平,称其质量 m_2。

4. 数据处理与结果判定

(1) 堆积密度(ρ_L)或紧密密度(ρ_c)计算(精确至 10 kg/m³):

$$\rho_L(\rho_c) = \frac{m_2 - m_1}{V} \times 1\ 000 \qquad (4-27)$$

式中:$\rho_L(\rho_c)$—堆积密度(紧密密度),精确至 10 kg/m³;m_1—容量筒的重量,kg;m_2—容量筒和砂总质量,kg;V—容量筒的容积,L。

以两次试验结果的算术平均值作为测定值。

(2) 空隙率按下式计算(精确至 1%):

$$v_l = \left(1 - \frac{\rho_l}{\rho}\right) \times 100(\%) \qquad (4-28)$$

$$v_c = \left(1 - \frac{\rho_c}{\rho}\right) \times 100(\%) \qquad (4-29)$$

式中:v_l—堆积密度的空隙率,%;v_c—紧密密度的空隙率,%;ρ_l—砂的堆积密度,kg/m³;

ρ_c—砂的紧密密度,kg/m³;ρ—砂的表观密度,kg/m³。

4.8.5　碎石或卵石的筛分析

1. 试验目的

测定粗骨料的颗粒级配,以便于选择优质粗骨料,同时为混凝土配合比设计提供依据。

2. 试验设备

（1）试验筛:筛孔公称直径为 100.0 mm、80.0 mm、63.0 mm、50.0 mm、40.0 mm、31.5 mm、25.0 mm、20.0 mm、16.0 mm、10.0 mm、5.00 mm 和 2.50 mm 的方孔筛,以及筛的底盘和盖各一只,其规格和质量要求应符合 GB6003.2 的规定(筛框直径为 300 mm);

（2）天平和秤:天平的称量 5 kg,感量 5 g;秤的称量 20 kg,感量 20 g;

（3）烘箱:温度控制在 105±5℃;

（4）浅盘。

3. 试样制备

试验前,用四分法将样品缩分至略重于表 4-45 规定的试样所需量,烘干或风干后备用。

表 4-45　筛分析所需试样的最小重量

最大公称粒径/mm	10.0	16.0	20.0	25.0	31.5	40.0	63.0	80.0
试样重量不少于/kg	2.0	3.2	4.0	5.0	6.3	8.0	12.6	16.0

4. 试验步骤

（1）按上表的规定称取试样;

（2）将试样按筛孔大小顺序过筛,当每号筛上筛余层的厚度大于试样的最大粒径时,应将该号筛上的筛余分成两份,再次进行筛分,直至各筛每分钟的通过量不超过试样总量的 0.1%;

注:当筛余颗粒的粒径大于 20 mm 时,在筛分过程中,允许用手指拨动颗粒。

（3）称取各筛筛余的重量,精确至试样总重量的 0.1%。在筛上的所有分计筛余量和筛底剩余的总和与筛分前测定的试样总量相比,其相差不得超过 1%。

5. 数据处理与结果判定

（1）由各筛上的筛余量除以试样总重量计算得出该号筛的分计筛余百分率(精确到 0.1%);

（2）每号筛计算得出的分计筛余百分率与大于该筛筛号各筛的分计筛余百分率相加,计算得出其累计筛余百分率(精确至 1%);

（3）根据各筛的累计筛余百分率,评定该试样的颗料级配。

工程案例

4-13　某砂作筛分试验,分别称取各筛两次筛余量的平均值如下表所示:

方孔筛径	9.5 mm	4.75 mm	2.36 mm	1.18 mm	600 μm	300 μm	150 μm	<150 μm	合计
筛余量,g	0	32	48	40	188	118	65	9	500

计算各号筛的分计筛余率、累计筛余率、细度模数,并评定该砂的颗粒级配和粗细程度。

解 (1) 各号筛的分计筛余率：

① 4.75 mm：$a_1 = \dfrac{m_1}{500} \times 100\% = \dfrac{32}{500} \times 100\% = 6.4\%$

② 2.36 mm：$a_2 = \dfrac{m_2}{500} \times 100\% = \dfrac{48}{500} \times 100\% = 9.6\%$

③ 1.18 mm：$a_3 = \dfrac{m_3}{500} \times 100\% = \dfrac{40}{500} \times 100\% = 8.0\%$

④ 600 μm：$a_4 = \dfrac{m_4}{500} \times 100\% = \dfrac{188}{500} \times 100\% = 37.6\%$

⑤ 300 μm：$a_5 = \dfrac{m_5}{500} \times 100\% = \dfrac{118}{500} \times 100\% = 23.6\%$

⑥ 150 μm：$a_6 = \dfrac{m_6}{500} \times 100\% = \dfrac{65}{500} \times 100\% = 13.0\%$

(2) 各号筛的累计筛余率为：

① 4.75 mm：$A_1 = a_1 = 6.4\%$

② 2.36 mm：$A_2 = a_1 + a_2 = 6.4\% + 9.6\% = 16.0\%$

③ 1.18 mm：$A_3 = a_1 + a_2 + a_3 = 6.4\% + 9.6\% + 8.0\% = 24.0\%$

④ 600 μm：$A_4 = a_1 + a_2 + a_3 + a_4 = 6.4\% + 9.6\% + 8.0\% + 37.6\% = 61.6\%$

⑤ 300 μm：$A_5 = a_1 + a_2 + a_3 + a_4 + a_5 = 6.4\% + 9.6\% + 8.0\% + 37.6\% + 23.6 = 85.2\%$

⑥ 150 μm：$A_6 = a_1 + a_2 + a_3 + a_4 + a_5 + a_6 = 6.4\% + 9.6\% + 8.0\% + 37.6\% + 23.6\% + 13.0\% = 98.2\%$

(3) 该砂的级配

根据 $A_4 = 61.6\%$ 可知，该砂的级配为 2 区。$A_1 \sim A_5$ 全部在 2 区规定的范围内，因此级配合格。

该砂的细度模数为：

$$M_x = \frac{(A_2 + A_3 + A_4 + A_5 + A_6) - 5A_1}{100 - A_1}$$

$$= \frac{(16.0 + 24.0 + 61.6 + 85.2 + 98.2) - 5 \times 6.4}{100 - 6.4}$$

$$= 2.7$$

因此该砂属于中砂。

任务 4.9 普通混凝土检测试验

任务导入	● 混凝土性能检测包括混凝土拌合物的性能检测和硬化后混凝土的性能检测。混凝土拌合物和易性（又称工作性）是混凝土在凝结硬化前必须具备的性能，是指混凝土拌和物易于施工操作（拌和、运输、浇灌、捣实）并获得质量均匀、成型密实的混凝土性能。硬化混凝土的性能主要检测混凝土抗压强度，抗压强度是否满足工程设计的要求直接决定了建筑物的质量。本任务主要学习普通混凝土性能检测。

任务目标	➢ 掌握混凝土拌合取样要求； ➢ 掌握混凝土拌合物流动性检测方法； ➢ 熟悉混凝土拌合物粘聚性和保水性检测方法； ➢ 掌握硬化混凝土立方体抗压强度检测方法； ➢ 正确使用仪器与设备，熟悉其性能； ➢ 正确、合理记录并处理数据，并对结果做出判定。

4.9.1　混凝土拌合物检验的取样要求

1. 取样

同一组混凝土凝土拌合物的取样应从同一盘混凝土或同一车混凝土中取样。取样量应多于试验所需量的 1.5 倍，且不宜小于 20 L。

混凝土拌合物的取样应具有代表性，宜采用多次采样的方法。宜在同一盘混凝土或同一车混凝土中的约 1/4 处、1/2 处和 3/4 处之间分别取样，并搅拌均匀；从第一次取样到最后一次取样不宜超过 15 min。

宜在取样后内 5 min 开始各项性能试验。

2. 试验室制备混凝土拌合物

(1) 混凝土拌合物应采用搅拌机搅拌。搅拌前应将搅拌机冲洗干净，并预拌少量同种混凝土拌合物或水胶比相同的砂浆，搅拌机内壁挂浆后将剩余料卸出。

(2) 称好的粗骨料、胶凝材料、细骨料和水应依次加入搅拌机，难溶和不溶的粉状外加剂宜与胶凝材料同时加入搅拌机，液体和可溶外加剂宜与拌合水同时加入搅拌机。

(3) 混凝土拌合物宜搅拌 2 min 以上，直至搅拌均匀。

(4) 混凝土拌合物一次拌和量不宜少于搅拌机公称容量的 1/4；不应大于搅拌机公称容量，且不应少于 20 L。

(5) 试验室拌合混凝土时，材料用量应以质量计。骨料的称量精度应为 ±0.5%；水泥、掺合料、水、外加剂的称量精度均应为 ±0.2%。

4.9.2　混凝土拌合物性能检测试验

【试验目的】

了解影响混凝土工作性的主要因素，并根据给定的配合比进行各组成材料的称量和试拌，测定其流动性，评定粘聚性和保水性。若工作性不能满足给定的要求，则能分析原因，提出改善措施。

【相关标准】

①《普通混凝土配合比设计规程》(JGJ/T 55—2011)；②《混凝土质量控制标准》(GB 50164—2011)；③《普通混凝土拌合物性能试验方法标准》(GB/T 50080—2016)。

建筑标准

普通混凝土拌合物
性能试验方法标准

1. 坍落度法

坍落度法适用于粗骨料最大粒径不大于 40 mm、坍落度值不小于 10 mm 的混凝土拌合物和易性测定。

1）试验目的

测定塑性混凝土拌合物的和易性，以评定混凝土拌合物的质量。供调整混凝土试验室配合比用。

2）主要仪器设备

（1）坍落度仪（图4-12），筒内必须光滑，无凹凸部位。底面和顶面应互相平行并与锥体的轴线垂直。在坍落筒外2/3高度处安两个把手，下端应焊脚踏板。筒的内部尺寸为：底部直径为200±2 mm；顶部直径为100±2 mm；高度为300±2 mm；筒壁厚度不小于1.5 mm。

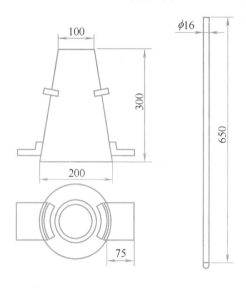

图4-12 坍落度仪及捣棒（单位：mm）

（2）铁制捣棒（图4-12），直径16 mm、长650 mm，一端为弹头形。

（3）钢尺两把，量程不应小于300 mm，分度值不应大于1 mm。

（4）底板应采用平面尺寸不小于1 500 mm×1 500 mm、厚度不小于3 mm的钢板，其最大挠度不应大于3 mm。

（5）小方铲、抹刀、平头铁锹等。

3）试样准备

（1）根据试验室现有水泥、砂、石情况确定配合比。

（2）按拌合15 L混凝土算试配拌合物的各材料用量，并将所得结果记录在试验报告中。

（3）按上述计算称量各组成材料，称量的精度为：水泥、水和外加剂均为±0.5％；骨料为±1％。拌和用的骨料应提前送入室内，拌合时试验室的温度应保持在（20±5）℃。

4）试验方法与步骤

（1）坍落度筒内壁和底板应润湿无明水；底板应放置在坚实水平面上，并把坍落度筒放在底板中心，然后用脚踩住两边的脚踏板，坍落度筒在装料时应保持固定的位置；

（2）混凝土拌合物试样应分三层均匀地装入坍落度筒内，每装一层混凝土拌合物，应用捣棒由边缘到中心按螺旋形均匀插捣25次，捣实后每层混凝土拌合物试样高度约为筒高的三分之一；

（3）插捣底层时，捣棒应贯穿整个深度，插捣第二层和顶层时，捣棒应插透本层至下一层的表面；

（4）顶层混凝土装料应高出筒口，插捣过程中，如果混凝土低于筒口，则应随时添加；

（5）顶层插捣完后，取下装料漏斗，应将混凝土拌合物沿筒口抹平；

（6）清除筒边底板上的混凝土后，应垂直平稳地提起坍落度筒，并轻放于试样旁边。当试样不再继续坍落或坍落时间达30 s时，用钢尺测量出筒高与坍落后混凝土试体最高点之间的高度差，即为该混凝土拌合物的坍落度值。

（7）坍落度筒的提离过程宜控制在3～7 s以内；从开始装料到提坍落度筒的整个过程应连续进行，并应在150 s内完成。

将坍落度筒提起后混凝土发生一边崩坍或剪坏现象，则应重新取样另行测定；第二次试验仍出现一边崩坍或剪坏现象,应予记录说明。混凝土拌合物坍落度值测量应精确至1 mm,结果应修约至5 mm。

保水性的检测方法为:在插捣坍落度筒内混凝土时及提起坍落度筒后如有较多的稀浆从锥体底部析出,锥体部分的拌合物也因失浆而骨料外露,则表明拌合物保水性不好;如无这种现象,则表明保水性良好。

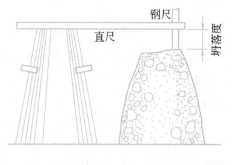

图4-13 坍落度测定

2. 坍落扩展度法

本试验方法可适用于骨料公称粒径不大于40 mm、坍落度不应小于160 mm混凝土扩展度的测定。

1) 试验目的

测定大流动性混凝土拌合物的和易性,以评定混凝土拌合物的质量。供调整混凝土试验室配合比用。

2) 主要仪器设备和试样准备同坍落度试验。

3) 试验方法与步骤

(1) 混凝土拌合物装料和插捣应符合坍落度试验的规定;

(2) 清除筒边底板上的混凝土后,应垂直平稳地提起坍落度筒,坍落度筒的提离过程宜控制在3~7 s以内;当混凝土拌合物不再扩散或扩散持续时间已达50 s时,应用钢尺测量混凝土拌合物展开扩展面的最大直径以及与最大直径呈垂直方向的直径;

(3) 当两直径之差小于50 mm时,应以其算术平均值作为坍落扩展度试验结果;当两直径之差不小于50 mm时,应重新取样另行测定。

发现粗骨料在中央堆集或边缘有水泥浆体析出,应记录说明。扩展度试验从开始装料到测得混凝土扩展度值的整个过程应连续进行,并应在4 min内完成。混凝土拌合物坍落扩展度值测量应精确至1 mm,结果修约至5 mm。

4.9.3 硬化混凝土性能检测试验

【试验目的】

了解影响混凝土强度的主要因素、混凝土强度等级的概念及评定方法。利用上述混凝土工作性评定试验后的混凝土拌合物,进行混凝土抗压和抗折强度试件的制作、标准养护,并能正确地进行抗压强度测定。也可将各组的试验数据集中起来,进行统计分析,计算平均强度和标准差,并以此推算混凝土的强度等级。

【相关标准】

①《混凝土质量控制标准》(GB 50164—2011);②《混凝土强度检验评定标准》(GB 50107—2010);③《混凝土物理力学性能试验方法标准》(GB/T 50081—2019);④《混凝土结构工程施工质量验收规范》(GB 50204—2015)。

1. 混凝土强度检测试件的成型与养护

1) 试验目的

为检验混凝土立方体抗压强度提供立方体试件。

2）主要仪器设备

（1）试模。试模由铸铁或钢制成，应具有足够的刚度，并且拆装方便。另有整体式的塑料试模。试模内尺寸为 150 mm×150 mm×150 mm。

（2）捣棒、磅秤、小方铲、平头铁锨、抹刀等。

（3）养护室。标准养护室温度应控制在 20±2℃，相对湿度大于 95％。在没有标准养护室时，试件可在水温为 20±2℃的不流动的 Ca(OH)₂ 饱和溶液中养护，但须在报告中注明。

建筑标准

《混凝土物理力学性能试验方法标准》

3）试件准备

取样及试件制作的一般规定：

混凝土立方体抗压强度试验应以三个试件为一组，每组试件所用的拌合物根据不同要求应从同一盘搅拌或同一车运送的混凝土中取出，或在试验室用机械或人工单独拌制。用以检验现浇混凝土工程或预制构件质量的试件分组及取样原则应按现行《混凝土结构工程施工质量验收规范》(GB 50204—2015)以及其他有关规定执行。具体要求如下：

（1）每拌制 100 盘且不超过 100 m³ 的同一配合比的混凝土取样不得少于一次。

（2）每工作班拌制的同一配合比的混凝土不足 100 盘时，取样不得少于一次。

（3）每次连续浇筑超过 1 000 m³ 时，同一配合比的混凝土每 200 m³ 取样不得少于一次。

（4）每一楼层、同一配合比的混凝土取样不得少于一次。

（5）每次取样应至少留置一组标准养护试件，同条件养护试件的留置组数应根据实际需要确定。

每一组试件所用的混凝土拌合物应从同一批拌合而成的拌合物中取用。

4）试验方法与步骤

（1）拧紧试模的各个螺丝，擦净试模内壁并涂上一层矿物油或脱模剂。

（2）混凝土拌合物分两层装入模内，每层装料厚度大致相等，用捣棒从边缘向中心均匀进行螺旋式插捣。插捣底层混凝土时，捣棒应达到试模底部；插捣上层时，捣棒应贯穿上层混凝土后插入下层 20～30 mm；插捣时捣棒应保持垂直，不得倾斜，并用抹刀沿试模内壁插拔数次，以防试件产生蜂窝麻面。每层插捣次数按在 10 000 mm² 截面积内不少于 12 次。插捣后应用橡皮锤轻轻敲击试模四周，直至插捣棒留下的空洞消失为止。试件成型后刮除试模上口多余的混凝土，待混凝土临近初凝时，用抹刀沿着试模口抹平。试件表面与试模边缘的高度差不得超过 0.5 mm。

（3）试件的养护

试件成型抹面后应立即用塑料薄膜覆盖表面，或采取其他保持试件表面湿度的方法，在温度为 20℃±5℃，相对湿度大于 50％的室内静置 1 d～2 d，试件静置期间应避免受到振动喝冲击，然后编号、拆模。当试件有严重缺陷时，应按废弃处理。拆模后的试件应立即放入温度为 20℃±2℃，相对湿度为 95％以上的标准养护室养护，或在温度为 20℃±2℃的不流动的氢氧化钙饱和溶液中进行养护。标准养护室内的试件应放置在支架上，彼此间隔 10 mm～20 mm，试件表面应保持潮湿，但不得用水直接冲淋试件。

标准养护龄期为 28 d(从搅拌加水开始计时)。

5) 结果计算与数据处理

将试件的成型日期、预拌强度等级、试件的水灰比、养护条件和龄期等因素记录在试验报告中。

2. 混凝土立方体抗压强度检验

1) 试验目的

测定混凝土立方体抗压强度,以检验材料的质量,确定、校核混凝土配合比,供调整混凝土试验室配合比用,此外还应用于检验硬化后混凝土的强度性能,为控制施工质量提供依据。

2) 主要仪器设备

压力试验机

3) 试件准备

试件达到试验龄期时,从养护地点取出后,应检查其尺寸及形状,尺寸公差应满足要求,试件取出后应尽快进行试验。

试件放置试验机前,应将试件表面与上、下承压板面擦拭干净。以试件成型时的侧面为承压面。

4) 试验方法与步骤

将试件放在试验机的下压板或垫板上,试件的中心应与试验机下压板中心对准,启动试验机,试件表面与上、下承压板或钢垫板应均匀接触。试验过程中应连续均匀加荷。当立方体抗压强度小于 30 MPa 时,加荷速度宜取 0.3 MPa/s~0.5 MPa/s;立方体抗压强度为 30~60 MPa 时,加荷速度宜取 0.5 MPa/s~0.8 MPa/s;立方体抗压强度不小于 60 MPa 时,加荷速度宜取 0.8 MPa/s~1.0 MPa/s。当试件接近破坏开始急剧变形时,应停止调整试验机油门,直至破坏,并记录破坏荷载。

5) 结果计算与数据处理

(1) 混凝土立方体试件抗压强度按下式计算(精确至 0.1 MPa):

$$f_{cu} = \frac{F}{A} \tag{4-30}$$

式中:f_{cu}—混凝土立方体试件抗压强度,MPa,精确至 0.1 MPa;F—试件破坏荷载,N;
A—试件承压面积,mm²。

(2) 取 3 个试件测值的算术平均值作为该组试件的强度值(精确至 0.1 MPa);当 3 个测值中的最大值或最小值有一个与中间值的差值超过中间值的 15% 时,则应把最大值和最小值剔除,取中间值作为该组试件的抗压强度值;当最大值和最小值与中间值的差值均超过中间值的 15% 时,则该组试件的试验结果无效。

(3) 混凝土强度等级小于 C60 时,用非标准试件测得的强度值均应乘以尺寸换算系数,对 200 mm×200 mm×200 mm 试件可取为 1.05,对 100 mm×100 mm×100 mm 试件可取为 0.95。当混凝土强度等级≥C60 时,宜采用标准试件;当使用非标准试件时,混凝土强度等级不大于 C100 时,尺寸换算系数宜由试验确定,在未进行试验确定的情况下,对 100 mm×100 mm×100 mm 取为 0.95;混凝土强度等级大于 C100 时,尺寸换算系数应经试验确定。

(4) 将混凝土立方体强度测试的结果记录在试验报告中,并按规定评定强度等级。

工程案例

4-14 采用普通水泥制作一组尺寸为 150 mm×150 mm×150 mm 的试件,标准养护 28 d,测得的抗压破坏荷载分别为 510 kN,520 kN 和 650 kN。计算该组混凝土试件的立方体抗压强度;并评定混凝土强度等级。

解 (1)该组混凝土试件的立方体抗压强度:

根据公式 $f_c = \dfrac{F}{A}$,对于边长为 150 mm 的混凝土立方体试件,可得

$$f_{c1} = \frac{512 \times 10^3}{150 \times 150} = 22.8 \text{ MPa}$$

$$f_{c2} = \frac{520 \times 10^3}{150 \times 150} = 23.1 \text{ MPa}$$

$$f_{c3} = \frac{650 \times 10^3}{150 \times 150} = 28.9 \text{ MPa}$$

判定

最大值与中间值:$\dfrac{28.9 - 23.1}{23.1} \times 100\% = 25.1\% > 15\%$

最小值与中间值:$\dfrac{|22.8 - 23.1|}{23.1} \times 100\% = 1.3\% < 15\%$

由于最大值与中间值之差超过中间值的 15%,由此应取中间值作为该组试件的立方体抗压强度。即:$f_{cu} = f_{c2} = 23.1 \text{ MPa}$

混凝土强度等级为 C20。

练习题

一、填空题

1. 普通混凝土由_____、_____、_____、_____以及必要时掺入的_____组成。

2. 普通混凝土用细骨料是指_____的岩石颗粒。细骨料砂有天然砂和_____两类,天然砂按产源不同分为_____、_____和_____。

3. 普通混凝土用砂的颗粒级配按_____mm 筛的累计筛余率分为_____、_____和_____三个级配区;按_____模数的大小分为_____、_____和_____。

4. 普通混凝土用粗骨料石子主要有_____和_____两种。

5. 石子的压碎指标值越大,则石子的强度越_____。

6. 根据《混凝土结构工程施工质量验收规范》(GB 50204—2015)规定,混凝土用粗骨料的最大粒径不得大于结构截面最小尺寸的_____,同时不得大于钢筋间最小净距的_____;对于实心板,可允许使用最大粒径达_____板厚的骨料,但最大粒径不得超过_____mm。

7. 石子的颗粒级配分为_____和_____两种。采用_____级配配制的混凝土和易性好,不易发生离析。

8. 混凝土拌合物的和易性包括_____、_____和_____三个方面的含义。其测定采用定量测定_____,方法是塑性混凝土采用_____法,干硬性混凝土采用

_____法;采取直观经验评定_____和_____。

9. 混凝土拌合物按流动性分为_____和_____两类。

10. 混凝土的立方体抗压强度是以边长为_____mm 的立方体试件,在温度为_____℃,相对湿度为_____以上的潮湿条件下养护_____d,用标准试验方法测定的抗压极限强度,用符号_____表示,单位为_____。

11. 混凝土的强度等级是按照其_____划分,用_____和_____值表示。有_____、_____、_____、_____、_____、_____、_____、_____、_____、_____、_____、_____、_____、_____、_____、_____共 16 个强度等级。

12. 混凝土的轴心抗压强度采用尺寸为_____的棱柱体试件测定。

13. 混凝土拌合物的耐久性主要包括_____、_____、_____、_____和_____等五个方面。

14. 混凝土中掺入减水剂,在混凝土流动性不变的情况下,可以减少_____,提高混凝土的_____;在用水量及水灰比一定时,混凝土的_____增大;在流动性和水灰比一定时,可以_____。

15. 在普通混凝土配合比设计中,混凝土的强度主要通过控制参数_____,混凝土拌合物的和易性主要通过控制参数_____,混凝土的耐久性主要通过控制参数_____和_____,来满足普通混凝土的技术要求。

二、名词解释

1. 颗粒级配和粗细程度
2. 石子最大粒径
3. 石子间断级配
4. 混凝土拌合物和易性
5. 混凝土砂率
6. 混凝土减水剂
7. 混凝土配合比

三、简述题

1. 混凝土的特点如何?

2. 影响混凝土拌合物和易性的主要因素有哪些? 比较这些因素应优先选择哪种措施提高和易性?

3. 影响混凝土抗压强度的主要因素有哪些? 提高混凝土强度的措施如何?

4. 提高混凝土耐久性的措施有哪些?

5. 什么是混凝土减水剂? 减水剂的作用效果如何?

6. 什么是混凝土配合比? 配合比的表示方法如何? 配合比设计的基本要求有哪些?

7. 混凝土配合比设计的方法有哪两种? 这两种方法的主要区别何在(写出基本计算式)?

四、计算题

1. 某砂作筛分试验,分别称取各筛两次筛余量的平均值如下表所示:

方孔筛径	9.5 mm	4.75 mm	2.36 mm	1.18 mm	600 μm	300 μm	150 μm	<150 μm	合计
筛余量,g	0	32	48	40	188	118	65	9	500

计算各号筛的分计筛余率、累计筛余率、细度模数,并评定该砂的颗粒级配和粗细程度。

2. 某钢筋混凝土构件,其截面最小边长为 400 mm,采用钢筋为 ϕ20,钢筋中心距为 80 mm。问选择哪一粒级的石子拌制混凝土较好?

3. 采用普通水泥、卵石和天然砂配制混凝土,水灰比为 0.52,制作一组尺寸为

150 mm×150 mm×150 mm 的试件,标准养护 28 d,测得的抗压破坏荷载分别为 510 kN, 520 kN 和 650 kN。计算:(1)该组混凝土试件的立方体抗压强度;(2)计算该混凝土所用水泥的实际抗压强度。

4. 某工程现浇室内钢筋混凝土梁,混凝土设计强度等级为 C30,施工采用机械拌合和振捣,坍落度为 30～50 mm。所用原材料如下:

水泥:普通水泥 42.5 MPa,ρ_c=3 100 kg/m³;砂:中砂,级配 2 区合格,ρ'_s=2 650 kg/m³;石子:卵石 5～40 mm,ρ'_g=2 650 kg/m³;水:自来水(未掺外加剂),ρ_w=1 000 kg/m³。(取水泥的强度富余系数为 γ_c=1.13)采用体积法计算该混凝土的初步配合比。

5. 某混凝土,其试验室配合比为 $m_c:m_s:m_g$=1:2.10:4.68,m_w/m_c=0.52。现场砂、石子的含水率分别为 2% 和 1%,堆积密度分别为 ρ'_{s0}=1 600 kg/m³ 和 ρ'_{g0}= 1 500 kg/m³。1 m³ 混凝土的用水量为 m_w=160 kg。

计算:(1)该混凝土的施工配合比;

(2)1 袋水泥(50 kg)拌制混凝土时其他材料的用量;

(3)500 m³ 混凝土需要砂、石子各多少 m³?水泥多少 t?

重点学习活动

普通混凝土综合实训

普通混凝土综合实训是在掌握普通混凝土性能试验内容的基础上,模拟施工现场实际情况对现场结构混凝土进行质量控制,所有表格均选用工地上实际使用的符合国家标准的报表。通过训练,使学生对工地中混凝土从配合比申请到拌合物的质量控制及硬化后强度的合格判定有一个完整的认识,强化学生职业技能的培养。

1. 试配申请

工程结构需要的混凝土配合比,必须经有资质的实验室通过计算和试配来确定,配合比要用质量比。

施工配合比应根据设计的混凝土强度等级和质量检验以及混凝土施工和易性的要求确定,由施工单位现场取样送实验室,填写混凝土配合比申请单并向实验室提出试配申请。

取样:应从现场取样。

混凝土配合比申请单

混凝土配合比申请		编号	
		委托编号	
工程名称及部位			
委托单位		试验委托人	
设计强度等级		要求坍落度、扩展度	
其他技术要求			
搅拌方法	浇捣方法		养护方法
水泥品种及强度等级	厂别牌号		试验编号
砂子产地及品种			试验编号

石子产地及品种		最大粒径		试验编号	
外加剂名称				试验编号	
掺合料名称				试验编号	
申请日期		使用日期		联系电话	

2. 配合比通知单

混凝土配合比通知单是由实验室经试配、调整选取最佳配合比后填写签发的。施工中要严格按此配合比计量施工,不得随意修改。施工单位领取配合比通知单后,要查看是否与申请要求吻合,有无涂改,签章齐全,字迹清晰,并注意备注说明。

混凝土配合比申请单及通知单是混凝土施工试验的一项重要资料,要归档妥善保存,不得遗失、损坏。

混凝土配合比通知单

混凝土配合比通知单			配合比编号			
			试配编号			
强度等级		水胶比		水灰比		砂率
材料	水泥	水	砂	石	外加剂	掺合料	其他
每立方米用量 kg/m³						
每盘用量 kg						
混凝土碱含量 kg/m³						
注:本配合比所使用材料均为干材料,使用单位应根据材料含水情况随时调整						
批准		审核		试验		
报告日期						

3. 混凝土开盘鉴定

首次使用混凝土配合比应进行开盘鉴定,其工作性能应满足设计配合比的要求。开始生产时应至少留置一组标准养护时间作为验证配合比的依据。

检验方法:检查开盘鉴定资料和试件强度试验报告。

混凝土开盘鉴定单

混凝土开盘鉴定		编号	
工程名称及部位		鉴定编号	
施工单位		搅拌方式	
强度等级		要求坍落度	

续表

配合比编号					试配单位		
水灰比					砂率%		
材料名称	水泥	水	砂	石	外加剂		掺合料
每立方米用量 kg/m³							
调整后每盘用量 kg		砂含水率　%			石含水率　%		
鉴定结果	鉴定项目	混凝土拌合物性能			混凝土试块抗压强度 MPa		原材料与申请单是否符合
		坍落度	保水性	粘聚性			
	设计						
	实测						
鉴定结论							
建设(监理)单位	混凝土试配单位负责人		施工单位技术负责人		搅拌机组负责人		
鉴定日期							

4. 混凝土配合比检测报告

混凝土浇筑的同时，应取样并制作混凝土试块。混凝土试块应由具有相应资质的检测单位进行检测，并由检测单位出具检测报告。

混凝土配合比检测报告

报告编号		报告日期		委托单号	
委托单位		委托日期		任务单号	
工程名称		工程地址			
建设单位		委托人		检测日期	
监理单位		见证人		见证人证号	
施工单位		取样员		取样员证号	
样品状态	符合检测要求	检测类别	见证检测	样品处理	检测方处理
检测项目	普通混凝土	检测参数	混凝土配合比		
检测依据		强度等级		抗折强度	
抗渗等级		坍落度		特殊要求	
使用部位		样品说明			
原材料					
水泥		强度等级		生产厂	
砂		级配区		产地	

续表

石		规格		产地		
外加剂		掺量(%)		生产厂		
材料名称		水	水泥	砂	石	粉煤灰	外加剂

材料名称	水	水泥	砂	石	粉煤灰	外加剂
1 立方米砼水泥用量(kg/m³)						
配合比例						

抗压强度值 3 天(MPa)		实测坍落度(mm)		实测容重(kg/m³)	
抗压强度值 28 天(MPa)		实测抗渗等级			
检测环境		成型温度：　成型湿度：%		养护温度：　养护湿度	
检测设备					
说明	1. 本配合比根据来料品种进行设计试验,若原材料有变更不能适用。 2. 本配合比所用粗细骨料均为干燥状态。				

签发： (证号)	审核： (证号)	试验： (证号)

检测报告说明： 　1. 若对报告有异议,应于收到报告之日起十五日内,以书面形式向检测单位提出,逾期视为对报告无异议。 　2. 送样检测,仅对来样检测负责。 　3. 未加盖本中心检测专用章,报告无效。 　4. 检测报告部分复印无效。	检测单位	
	单位地址	
	联系电话	
	邮政编码	

课程思政 3

本章自测及答案

第 5 章

建筑砂浆

本章电子资源

● 背景材料

　　本章主要讲述砂浆种类以及砌筑砂浆的技术性质和配合比设计，简要介绍抹灰砂浆。通过学习，要求掌握砌筑砂浆的技术性质、常见砂浆种类以及应用等知识，同时对砂浆的特性也有一定了解。

● 学习目标

　　◇ 了解砂浆的材料组成与种类
　　◇ 掌握砌筑砂浆的主要技术性能及指标
　　◇ 熟悉砂浆的配合比设计
　　◇ 了解抹面砂浆的种类及施工工艺
　　◇ 掌握砂浆的性能检测方法

　　建筑砂浆是由胶凝材料、细骨料、掺加料和水按适当比例配制而成的建筑工程材料。在砖石结构中，砂浆可以把单块的砖、石块以及砌块胶结起来，构成砌体。砖墙勾缝和大型墙板的接缝也要用砂浆来填充。墙面、地面及梁柱结构的表面都需要用砂浆抹面，起到保护结构和装饰的效果。镶贴大理石、贴面砖、瓷砖、马赛克以及制作水磨石等都要使用砂浆。此外，还有一些绝热、吸声、防水、防腐等特殊用途的砂浆以及专门用于装饰方面的装饰砂浆。

　　根据砂浆中胶凝材料的不同，可分为水泥砂浆、石灰砂浆、石膏砂浆和混合砂浆。混合砂浆有水泥石灰砂浆、水泥黏土砂浆和石灰黏土砂浆等。根据用途，建筑砂浆可分为砌筑砂浆、抹面砂浆、装饰砂浆及特种砂浆等。

任务 5.1　砌筑砂浆

任务导入	● 将砖、石、砌块等黏结成为砌体的砂浆称为砌筑砂浆。砌筑砂浆起着黏结和传递荷载的作用，是砌体的重要组成部分。本任务主要学习砌筑砂浆。
任务目标	➤ 了解砌筑砂浆组成材料的品种、技术要求； ➤ 掌握砌筑砂浆拌合物的性质及其影响因素、检测方法； ➤ 了解砌筑砂浆的配合比设计； ➤ 掌握砌筑砂浆的拌制及应用。

将砖、石、砌块等块材砌筑成为砌体,起黏结、衬垫和传力作用的砂浆称为砌筑砂浆,是砌体的重要组成部分。

砌筑砂浆根据拌制方式不同,分为现场配制砂浆和预拌砂浆。现场配制砂浆由水泥、细骨料和水,以及根据需要加入的石灰、活性掺合料或外加剂在现场配制成的砂浆,分为水泥砂浆、石灰砂浆、水泥混合砂浆。预拌砂浆是由专业生产厂生产的湿拌砂浆或干混砂浆。

5.1.1　砌筑砂浆的组成材料

1. 水泥

水泥是砂浆的主要胶凝材料。常用的水泥品种有通用硅酸盐水泥或砌筑水泥。水泥的强度等级应根据砂浆品种及强度等级的要求进行选择。M15 及以下强度等级的砌筑砂浆宜选用 32.5 级的通用硅酸盐水泥或砌筑水泥;M15 以上强度等级的砌筑砂浆宜选用 42.5 级通用硅酸盐水泥。

根据《砌体结构工程施工质量验收规范》(GB 50203—2011)的规定,配制砌筑砂浆的水泥进场时应对其品种、等级、包装或散装仓号、出厂日期进行检查,并应对其强度、安定性进行复验,其质量必须符合现行国家标准《通用硅酸盐水泥》(GB 175—2007)的有关规定。当在使用中对水泥质量有怀疑或水泥出厂超过三个月(快硬硅酸盐水泥超过一个月)时,应复查试验,并按复验结果使用。不同品种的水泥,不得混合使用。

2. 细骨料

砂浆用细骨料主要为天然砂,它应符合混凝土用砂的技术要求。砌筑砂浆用砂宜选用中砂,采用中砂拌制砂浆既能满足和易性要求,又节约水泥,砌筑毛石砌体宜选用粗砂。砂中不应混有草根、树叶、树枝、塑料、煤块、炉渣等杂物;有机物、硫化物、硫酸盐及氯盐含量(配筋砌体砌筑用砂)等应符合标准规定。砂中含泥量过大,不但会增加砂浆的水泥用量,还会使砂浆的收缩值增大、耐久性降低,影响砌筑质量。人工砂、山砂及特细砂,应经试配能满足砌筑砂浆技术条件要求。

3. 拌合用水

拌制砂浆应采用不含有害物质的洁净水或饮用水。

4. 掺合料

掺合料是指为了改善砂浆的和易性而加入的无机材料。常用的掺合料有粉煤灰、建筑生石灰、建筑生石灰粉及石灰膏、电石膏等。建筑生石灰熟化为石灰膏时,应用孔径不大于 3 mm×3 mm 的网过滤、熟化时间不得少于 7 d;磨细生石灰粉的熟化时间不得少于 2 d。沉淀池中储存的石灰膏,应防止干燥、冻结和污染,严禁采用脱水硬化的石灰膏。制作电石膏的电石渣应用孔径不大于 3 mm×3 mm 的网过滤,检验时应加热至 70℃后至少保持 20 min,并应待乙炔挥发完后再使用。消石灰粉不得直接用于砌筑砂浆中。

石灰膏、电石膏试配时的稠度,应为 120 mm±5 mm。

粉煤灰、粒化高炉矿渣粉、硅灰、天然沸石粉应分别符合国家现行标准的规定。当采用其他品种矿物掺合料时,应有可靠的技术依据,并应在使用前进行试验验证。

5. 外加剂

为改善或提高砂浆的某些技术性能,更好地满足施工条件和使用功能的要求,可在砂浆中掺入一定种类的外加剂。例如为改善砂浆的和易性,提高砂浆的抗裂性、抗冻性及保温性,可掺入微沫剂、减水剂等外加剂;为增强砂浆的防水性和抗渗性,可掺入防水剂等;为增强砂浆的保温隔热性能,可掺入引气剂。根据《砌筑砂浆配合比设计规程》(JGJ/T 98—2010)的规定,外加剂应具有法定检测机构出具的该产品砌体强度型式检验报告,并经砂浆性能试验合格后方可使用。

5.1.2 砌筑砂浆的技术性质

1.和易性

对新拌砂浆主要要求其具有良好的和易性。和易性良好的砂浆容易在粗糙的砖石底面上铺抹成均匀的薄层,而且能够和底面紧密黏结。使用和易性良好的砂浆,既便于施工操作,提高劳动生产率,又能保证工程质量。砂浆和易性包括流动性、保水性和稳定性三个方面。

(1)流动性

砂浆的流动性也称稠度,是指在自重或外力作用下能产生流动的性能。流动性采用砂浆稠度测定仪测定,以标准圆锥体在砂浆内自由沉入 10 s,沉入深度用沉入度(mm)表示,

建筑规范

沉入度大的砂浆流动性较好,但流动性过大,硬化后强度将降低;若流动性过小,则不便于施工操作。

砂浆的流动性和许多因素有关,胶凝材料的用量、用水量、砂粒粗细、形状、级配,以及砂浆搅拌时间都会影响砂浆的流动性。

《砌体结构工程施工规范》

砂浆流动性还与砌体材料种类、施工条件、气候条件等因素有关。根据《砌体结构工程施工规范》(GB 50924—2014)规定,砌筑砂浆施工时的稠度按表5-1选用。

表 5-1 砌筑砂浆的稠度

砌体种类	砂浆稠度/mm	砌体种类	砂浆稠度/mm
烧结普通砖砌体	70～90	烧结多孔砖,空心砖砌体 轻骨料小型空心砌块砌体 蒸压加气混凝土砌块砌体	60～80
混凝土实心砖、混凝土多孔砖砌体 普通混凝土小型空心砌块砌体 蒸压灰砂砖砌体 蒸压粉煤灰砖砌体	50～70	石砌体	30～50

(2)保水性

新拌砂浆能够保持水分的能力称为保水性。保水性也指砂浆中各项组成材料不易分离的性质。新拌砂浆在存放、运输和使用过程中,必须保持其内部的水分不很快流失,才能形成均匀密实的砂浆缝,保证砌体的质量。

砌筑砂浆的保水性用保水率表示。砌筑砂浆的保水率应符合表5-2的规定。

表 5-2　砌筑砂浆的保水率

砂浆种类	保水率/%
水泥砂浆	≥80
水泥混合砂浆	≥84
预拌砌筑砂浆	≥88

（3）稳定性

稳定性是指砂浆拌合物在运输及存放时,内部各组分保持均匀、不离析的性质。

稳定性差的砂浆,在施工过程中很容易泌水、分层、离析,不易铺成均匀的砂浆层。砂浆的稳定性用分层度表示。砂浆合理的分层度应控制在 10～30 mm,分层度大于 30 mm 的砂浆容易离析、泌水、分层或水分流失过快,不便于施工,分层度小于 10 mm 的砂浆硬化后容易产生干缩裂缝。

2. 砂浆的强度

硬化后的砂浆则应具有所需的强度和对底面的黏结力,并应有适宜的变形性能。

砂浆强度是以边长为 70.7 mm×70.7 mm×70.7 mm 的立方体试块,在温度为(20±2)℃,相对湿度为 90% 以上的标准养护室中养护 28 d 测得的抗压强度。

水泥砂浆及预拌砌筑砂浆的强度等级可分为 M5、M7.5、M10、M15、M20、M25、M30;水泥混合砂浆的强度等级可分为 M5、M7.5、M10、M15。

砂浆的养护温度对其强度影响较大。温度越高,砂浆强度发展越快,早期强度也越高。

用于砌筑吸水底材(如砖或其他多孔材料)时,即使砂浆用水量不同,但因砂浆具有保水性能,经过底材吸水后,保留在砂浆中的水分几乎是相同的。因此,砂浆强度主要取决于水泥强度及水泥用量,而与砌筑前砂浆中的水灰比没有关系。计算公式如下:

$$f_m = \frac{\alpha \cdot Q_c \cdot f_{ce}}{1\,000} + \beta \tag{5-1}$$

式中:f_m—砂浆 28 d 抗压强度,MPa;Q_c—每立方米砂浆的水泥用量,kg;α、β—砂浆的特征系数,其中 $\alpha=3.03$,$\beta=-15.09$;f_{ce}—水泥的实测强度,MPa。

3. 黏结力

砖石砌体是靠砂浆把块状的砖石材料黏结成为一个坚固整体的。因此要求砂浆对于砖石必须有一定的黏结力。一般情况下,砂浆的抗压强度越高其黏结力也越大。此外,砂浆黏结力的大小与砖石表面状态、清洁程度、湿润情况以及施工养护条件等因素有关。如砌筑烧结砖要事先浇水湿润,表面不沾泥土,就可以提高砂浆与砖之间的黏结力,保证墙体的质量。

4. 抗冻性

有抗冻性要求的砌体工程,砌筑砂浆应进行冻融试验。砌筑砂浆的抗冻性应符合的规定,且当设计对抗冻性有明确要求时,还应符合表 5-3 设计规定。

表 5 - 3　砌筑砂浆的抗冻性

使用条件	抗冻指标	质量损失率/%	强度损失率/%
夏热冬暖地区	F15		
夏热冬冷地区	F25	≤5	≤25
寒冷地区	F35		
严寒地区	F50		

工程案例

5-1　影响砂浆抗压强度的主要因素有哪些?

分析　砂浆的强度除受砂浆本身的组成材料及配比影响外,还与基层的吸水性能有关。对于不吸水基层(如致密石材),影响砂浆强度的主要因素与混凝土基本相同,主要决定于水泥强度和水灰比。对于吸水基层(如黏土砖及其他多孔材料),由于基层能吸水,当其吸水后,砂浆中保留水分的多少取决于其本身的保水性,而与水灰比关系不大。因而,此时砂浆强度主要决定于水泥强度及水泥用量。

评　不吸水基层和吸水基层影响砂浆抗压强度的主要因素原则上是一致的。虽然吸水基层表面上与水灰比无关,但实际上有关。这是因为,砌筑吸水性强的材料的砂浆具有良好的保水性,因此无论初始拌合用水量为多少,经被砌材料吸水后,保留在砂浆内的水量基本上为一恒定值,即水灰比 W/C 基本不变,所以水泥用量提高,就意味着砂浆最终的真实水灰比(该水灰比不再会发生变化)降低。

5.1.3　砌筑砂浆的配合比

1. 水泥混合砂浆配合比计算

建筑标准

砌筑砂浆配合比
设计规程

砌筑砂浆配合比设计应满足以下要求:砂浆拌合物的和易性应满足施工要求;砌筑砂浆的强度、耐久性应满足设计的要求;经济上应合理,水泥、掺合料的用量应较少。根据《砌筑砂浆配合比设计规程》(JGJ/T 98—2010)的规定,现场配制水泥混合砂浆的试配应符合下列规定:

① 计算砂浆试配强度 $f_{m,o}$(MPa);② 计算每立方米砂浆中的水泥用量 Q_c(kg);③ 计算每立方米砂浆中石灰膏用量 Q_D(kg);④ 确定每立方米砂浆中的砂用量 Q_s(kg);⑤ 按砂浆稠度选用每立方米砂浆用水量 Q_w(kg);⑥ 确定初步配合比;⑦ 进行砂浆试配。

(1) 计算砂浆试配强度。为了保证砂浆具有 85% 的强度保证率,可按下式计算:

$$f_{m,o} = k f_2 \tag{5-2}$$

式中:$f_{m,o}$—砂浆的试配强度(MPa),精确至 0.1 MPa;f_2—砂浆抗压强度平均值(MPa),精确至 0.1 MPa;k—系数,按表 5-4 取值。

表 5-4　砂浆强度标准差 σ 及 k 值

强度等级 施工水平	强度标准差 σ/MPa							k
	M5.0	M7.5	M10	M15	M20	M25	M30	
优　良	1.00	1.50	2.00	3.00	4.00	5.00	6.00	1.15
一　般	1.25	1.88	2.50	3.75	5.00	6.25	7.50	1.20
较　差	1.50	2.25	3.00	4.50	6.00	7.50	9.00	1.25

砂浆强度标准差的确定应符合下列规定：

① 当有统计资料时，砂浆强度标准差应按下式计算：

$$\sigma = \sqrt{\frac{\sum_{i=1}^{n} f_{m,i}^2 - n\mu_{fm}^2}{n-1}} \qquad (5-3)$$

式中：$f_{m,i}$—统计周期内同一品种砂浆第 i 组试件的强度（MPa）；μ_{fm}—统计周期内同一品种砂浆 n 组试件强度的平均值（MPa）；n—统计周期内同一品种砂浆试件的总组数，$n \geqslant 25$。

② 当无统计资料时，砂浆强度标准差可按表 5-4 取值。

(2) 计算每立方米砂浆中的水泥用量（即单位水泥用量）。应按下式计算：

$$Q_c = \frac{1\,000(f_{m,0} - \beta)}{\alpha \cdot f_{ce}} \qquad (5-4)$$

式中：Q_c—每立方米砂浆的水泥用量（kg），应精确至 1 kg；f_{ce}—水泥的实测强度（MPa），精确至 0.1 MPa；α、β—砂浆的特征系数，$\alpha = 3.03$，$\beta = -15.09$。

当水泥砂浆中水泥的单位用量不足 200 kg/m³ 时，应按 200 kg/m³ 选用。

注：各地区也可用本地区试验资料确定 α、β 值，统计用的试验组数不得少于 30 组。

在无法取得水泥的实测强度值时 可按下式计算 f_{ce}：

$$f_{ce} = \gamma_c \cdot f_{ce,k} \qquad (5-5)$$

试中：$f_{ce,k}$—水泥强度等级对应的强度值；r_c—水泥强度等级值的富余系数，该值应该实际统计资料确定，无实际统计资料，可取 1.0。

(3) 计算每立方米砂浆中石灰膏用量（即单位用量）。应按下式计算：

$$Q_D = Q_A - Q_c \qquad (5-6)$$

式中：Q_D—每立方米砂浆的石灰膏用量（kg），精确至 1 kg；石灰膏使用的稠度为 120 mm±5 mm；Q_A—每立方米水泥混合砂浆中水泥和石灰膏的总量，精确至 1 kg，可为 350 kg；Q_c—每立方米砂浆的水泥用量（kg），精确至 1 kg。

石灰膏的稠度不是 120 mm 时，其用量应乘以换算系数，换算系数见表 5-5。

表 5 - 5   石灰膏稠度的换算系数

石灰膏的稠度/mm	120	110	100	90	80
换算系数	1.00	0.99	0.97	0.95	0.93
石灰膏的稠度/mm	70	60	50	40	30
换算系数	0.92	0.90	0.88	0.87	0.86

砌筑砂浆中的水泥和石灰膏、电石膏等材料的用量(Q_A)可按表 5-6 选用。

表 5 - 6   砌筑砂浆的材料用量(kg/m³)

砂浆种类	材料用量
水泥砂浆	≥200
水泥混合砂浆	≥350
预拌砌筑砂浆	≥200

注:① 水泥砂浆中的材料用量是指水泥用量;
　　② 水泥混合砂浆中的材料用量是指水泥和石灰膏、电石膏的材料总量。
　　③ 预拌砂浆中的材料用量是指胶凝材料用量,包括水泥和替代水泥的粉煤灰等活性矿物掺合料。

(1)确定每立方米砂浆中的砂用量,应按干燥状态(含水率小于 0.5%)的堆积密度值作为计算值(kg)。

(5)每立方米砂浆中的用水量,应根据砂浆稠度等要求来选用,取 210 kg~310 kg。

混合砂浆中的用水量不包括石灰膏中的水;当采用细砂或粗砂时,用水量分别取上限或下限;稠度小于 70 mm 时,用水量可小于下限;施工现场气候炎热或干燥季节,可酌量增加用水量。

(6)确定初步配合比。

(7)进行砂浆试配。

按上述步骤进行确定,得到的配合比作为砂浆的初步配合比。常用"质量比"表示。

2. 现场配制水泥砂浆的试配要求

(1)水泥砂浆的材料用量可按表 5-7 选取。

表 5 - 7   每立方米水泥砂浆材料用量(kg/m³)

强度等级	水泥	砂	用水量
M5	200~230		
M7.5	230~260		
M10	260~290		
M15	290~330	砂的堆积密度值	270~330
M20	340~400		
M25	360~410		
M30	430~480		

注:① M15 及 M15 以下强度等级水泥砂浆,水泥强度等级为 32.5 级;M15 以上强度等级水泥砂浆,水泥强度等级为 42.5 级;
　　② 当采用细砂或粗砂时,用水量分别取上限或下限;
　　③ 稠度小于 70 mm 时,用水量可小于下限;
　　④ 施工现场气候炎热或干燥季节,可酌量增加用水量;
　　⑤ 试配强度应按式(5-3)计算。

（2）水泥粉煤灰砂浆材料用量可按表 5-8 选用。

表 5-8　每立方米水泥粉煤灰砂浆材料用量(kg/m³)

强度等级	水泥和粉煤灰总量	粉煤灰	砂	用水量
M5	210~240	粉煤灰掺量可占胶凝材料总量的 15%~25%	砂的堆积密度值	270~330
M7.5	240~270			
M10	270~300			
M15	300~330			

注：① 表中水泥强度等级为 32.5 级；
　　② 当采用细砂或粗砂时，用水量分别取上限或下限；
　　③ 稠度小于 70 mm 时，用水量可小于下限；
　　④ 施工现场气候炎热或干燥季节，可酌量增加用水量；
　　⑤ 试配强度应按式(5-3)计算。

3. 预拌砌筑砂浆的试配要求

（1）预拌砌筑砂浆应满足下列规定：

① 在确定湿拌砂浆稠度时应考虑砂浆在运输和储存过程中的稠度损失；

② 湿拌砂浆应根据凝结时间要求确定外加剂掺量；

③ 干混砂浆应明确拌制时的加水量范围；

④ 预拌砂浆的搅拌、运输、储存等应符合现行行业标准《预拌砂浆》(JG/T 230—2007)的规定；

⑤ 预拌砂浆性能应符合现行行业标准《预拌砂浆》(JG/T 230—2007)的规定。

（2）预拌砂浆的试配应满足下列规定：

① 预拌砂浆生产前应进行试配，试配强度应按规定计算确定，试配时稠度取 70 mm~80 mm；

② 预拌砂浆中可掺入保水增稠材料、外加剂等，掺量应经试配后确定。

4. 配合比试配、调整与确定

（1）试配时应采用工程中实际使用的材料，搅拌方法与生产时使用的方法相同。

（2）按计算配合比进行试拌，测定其拌合物的稠度和保水率，若不能满足要求，则应调整材料用量，直到符合要求为止，确定为砂浆的基准配合比。

（3）试配时至少应采用三个不同的配合比，其中一个为基准配合比，另外两个配合比的水泥用量比基准配合比分别增加或减少 10%，在保证稠度、保水率合格的条件下，可将用水量、石灰膏、保水增稠材料或粉煤灰等活性掺加料用量作相应调整。

（4）三个不同的配合比，经调整后，应按国家现行标准《建筑砂浆基本性能试验方法标准》(JGJ/T 70—2009)的规定成型试件，测定不同配合比砂浆的表观密度及强度；并选定符合强度及和易性要求、水泥用量最低的配合比作为砂浆的试配配合比。

（5）砂浆配合比确定后，当原材料有变更时，其配合比必须重新通过试验确定。

砂浆试配配合比尚应按下列步骤进行校正：

① 应根据砂浆试配配合比材料用量，按下式计算砂浆的理论表观密度值：

$$\rho_t = Q_c + Q_D + Q_s + Q_w \tag{5-7}$$

式中:ρ_t—砂浆的理论表观密度值(kg/m³),应精确至 10 kg/m³。

② 应按下式计算砂浆配合比校正系数δ:

$$\delta = \rho_c / \rho_t \qquad (5-8)$$

式中:ρ_c—砂浆的实测表观密度值(kg/m³),应精确至 10 kg/m³。

③ 当砂浆的实测表观密度值与理论表观密度值之差的绝对值不超过理论值的 2%时,可将试配配合比确定为砂浆设计配合比;当超过 2%时,应将试配配合比中每项材料用量均乘以校正系数(δ)后,确定为砂浆设计配合比。

5. 砌筑砂浆的配合比设计实例

某砖墙用砌筑砂浆要求使用水泥石灰混合砂浆。砂浆强度等级为 M10,稠度 70~90 mm。原材料性能如下:水泥为 32.5 级普通硅酸盐水泥;砂子为中砂,干砂的堆积密度为 1 450 kg/m³,砂的实际含水率为 2%;石灰膏稠度为 100 mm;施工水平一般。试计算砂浆的配合比。

(1) 计算配制强度 $f_{m,o}$:

查表得 $k=1.20$

$$f_{m,o} = kf_2 = 1.2 \times 10 = 12(\text{MPa})$$

(2) 计算水泥用量 Q_c:

由 $\alpha=3.03, \beta=-15.09$

$$Q_c = \frac{1\,000(f_{m,o}-\beta)}{\alpha \times f_{ce}} = \frac{1\,000(12+15.09)}{3.03 \times 36} = 248(\text{kg})$$

(3) 计算石灰膏用量:

$$Q_D = Q_A - Q_C = 350 - 248 = 102(\text{kg})$$

石灰膏稠度 10 mm 换算成 12 mm,查表得:$102 \times 0.97 = 99(\text{kg})$

(4) 根据砂的堆积密度和含水率,计算用砂量:

$$Q_s = 1\,450 \times (1+0.02) = 1\,479(\text{kg})$$

(5) 确定用水量

可选取 300 kg,扣除砂中所含的水量,拌合用水量为

$$Q_w = 300 - 1\,450 \times 2\% = 271(\text{kg})$$

砂浆试配时的配合比(质量比)为

水泥:石灰膏:砂:水=248:99:1 479:271

5.1.4 砌筑砂浆的拌制与应用

砌筑砂浆应采用机械搅拌,搅拌时间自投料完起算应符合下列规定:

水泥砂浆和水泥混合砂浆不得少于 120 s;

水泥粉煤灰砂浆和掺用外加剂的砂浆不得少于 180 s;

掺增塑剂的砂浆,其搅拌方式、搅拌时间应符合标准的规定;

干混砂浆及加气混凝土砌块专用砂浆按掺用外加剂的砂浆确定搅拌时间或按产品说明书采用。

现场拌制的砂浆应随拌随用,拌制的砂浆应在 3 h 内使用完毕;当施工期间最高温度超过 30℃时,应在 2 h 内使用完毕。预拌砂浆及蒸压加气混凝土砌块专用砂浆的使用时间应按照厂方提供的说明书确定。

砌体结构工程使用的湿拌砂浆,除直接使用外必须储存在不吸水的专用容器内,并根据气候条件采取遮阳、保温、防雨雪等措施,砂浆在储存过程中严禁随意加水。

任务 5.2　装饰砂浆

任务导入	● 凡以薄层涂抹在建筑物或建筑构件表面的砂浆,可统称为抹面砂浆,也称为抹灰砂浆。根据抹面砂浆功能的不同,一般可将抹面砂浆分为普通抹面砂浆、装饰砂浆、防水砂浆和具有某些特殊功能的抹面砂浆(如绝热、耐酸、防射线砂浆)等。本任务主要学习装饰砂浆。
任务目标	➤ 了解普通抹面砂浆的概念及应用; ➤ 了解装饰砂浆的种类及应用; ➤ 了解防水砂浆的应用; ➤ 了解其他特种砂浆的应用。

凡以薄层涂抹在建筑物或建筑构件表面的砂浆,可统称为抹面砂浆,也称为抹灰砂浆。

根据抹面砂浆功能的不同,一般可将抹面砂浆分为普通抹面砂浆、装饰砂浆、防水砂浆和具有某些特殊功能的抹面砂浆(如绝热、耐酸、防射线砂浆)等。

抹面砂浆的组成材料要求与砌筑砂浆基本相同。根据抹面砂浆的使用特点,其主要技术性质的要求是具有良好的和易性和较高的黏结力,使砂浆容易抹成均匀平整的薄层,以便于施工,而且砂浆层能与底面黏结牢固。为了防止砂浆层的开裂,有时需加入纤维增强材料,如麻刀、纸筋、稻草、玻璃纤维等;为了使其具有某些特殊功能也需要选用特殊集料或掺合料。

5.2.1　普通抹面砂浆

普通抹面砂浆对建筑物和墙体起保护作用。它可以抵抗风、雨、雪等自然环境对建筑物的侵蚀,提高建筑物的耐久性。此外,经过砂浆抹面的墙面或其他构件的表面又可以达到平整、光洁和美观的效果。

抹面砂浆

普通抹面砂浆通常分为两层或三层进行施工。各层抹灰要求不同,所以每层所选用的砂浆也不一样。

底层抹灰的作用是使砂浆与底面能牢固地黏结,因此要求砂浆具有良好的和易性及较高的黏结力,其保水性要好,否则水分就容易被底面材料吸掉而影响砂浆的黏结力。底材表面粗糙有利于与砂浆的黏结。用于砖墙的底层抹灰,多用石灰砂浆或石灰炉灰砂浆;用于板条墙或板条顶棚的底层抹灰多用麻刀石灰灰浆;混凝土墙、梁、柱、顶板等底层抹灰多用混合砂浆。

中层抹灰主要是为了找平,多采用混合砂浆或石灰砂浆。

面层抹灰要求达到平整美观的表面效果。面层抹灰多用混合砂浆、麻刀石灰灰浆或纸筋石灰灰浆。在容易碰撞或潮湿的地方,如墙裙、踢脚板、地面、雨棚、窗台以及水池、水井等

建筑材料与检测

处一般多用 1∶2.5 水泥砂浆。在硅酸盐砌块墙面上做抹面砂浆或粘贴饰面材料时,最好在砂浆层内夹一层事先固定好的钢丝网,以免日后出现剥落现象。普通抹面砂浆的配合比,可参考表 5-9 所示。

表 5-9 常用抹面砂浆的配合比和应用范围

材　料	体积配合比	应用范围
石灰∶砂	1∶3	用于干燥环境中的砖石墙面打底或找平
石灰∶黏土∶砂	1∶1∶6	干燥环境墙面
石灰∶石膏∶砂	1∶0.6∶3	不潮湿的墙及天花板
石灰∶石膏∶砂	1∶2∶3	不潮湿的线脚及装饰
石灰∶水泥∶砂	1∶0.5∶4.5	勒角、女儿墙及较潮湿的部位
水泥∶砂	1∶2.5	用于潮湿的房间墙裙、地面基层
水泥∶砂	1∶1.5	地面、墙面、天棚
水泥∶砂	1∶1	混凝土地面压光
水泥∶石膏∶砂∶锯末	1∶1∶3.5	吸声粉刷
水泥∶白石子	1∶1.5	水磨石
石灰膏∶麻刀	1∶2.5	木板条顶棚底层
石灰膏∶纸筋	1 m³ 灰膏掺 3.6 kg 纸筋	较高级的墙面及顶棚
石灰膏∶纸筋	100∶3.8(质量比)	木板条顶棚面层
石灰膏∶麻刀	1∶1.4(质量比)	木板条顶棚面层

工程案例

5-2 普通抹面砂浆的主要性能要求是什么?不同部位应采用何种抹面砂浆?

分析 抹面砂浆的使用主要是大面积薄层涂抹(喷涂)在墙体表面,起填充、找平、装饰等作用,对砂浆的主要技术性能要求不是砂浆的强度,而是和易性和与基层的黏结力。

普通抹面一般分两层或三层进行施工,底层起黏结作用,中层起找平作用,面层起装饰作用。有的简易抹面只有底层和面层。由于各层抹灰的要求不同,各部位所选用的砂浆也不尽相同。砖墙的底层较粗糙,底层找平多用石灰砂浆或石灰炉渣灰砂浆。中层抹灰多用黏结性较强的混合砂浆或石灰砂浆。面层抹灰多用抗收缩、抗裂性较强的混合砂浆、麻刀灰砂浆或纸筋石灰砂浆。

评 板条墙或板条顶棚的底层抹灰,为提高抗裂性,多用麻刀石灰砂浆。混凝土墙、梁、柱、顶板等底层抹灰,因表面较光滑,为提高黏结力,多用混合砂浆。在容易碰撞或潮湿的部位,应采用强度较高或抗水性好的水泥砂浆。

5.2.2 装饰砂浆

涂抹在建筑物内外墙表面,具有美观和装饰效果的抹面砂浆通称为装饰砂浆。装饰砂浆的底层和中层抹灰与普通抹面砂浆基本相同。面层要选用具有一定颜色的胶凝材料和骨料及采用某种特殊的施工工艺,使表面呈现出各种不同的色彩、线条与花纹等装饰效果。装饰砂浆所采用的胶凝材料有普通水泥、矿渣水泥、火山灰质水泥和白水泥、彩色水泥,或是在常用水泥中掺加些耐碱矿物颜料配成彩色水泥。骨料常采用大理石、花岗石等带颜色的细石碴或玻璃、陶瓷碎粒等。

　　装饰砂浆饰面方式可分为灰浆类饰面和石碴类饰面两大类。

　　灰浆类饰面主要通过水泥砂浆的着色或对水泥砂浆表面进行艺术加工,从而获得具有特殊色彩、线条、纹理等质感的饰面。其主要优点是材料来源广泛,施工操作简便,造价比较低廉,而且通过不同的工艺加工,可以创造不同的装饰效果。

　　常用的灰浆类饰面有以下几种:

　　(1) 拉毛灰。拉毛灰是用铁抹子,将罩面灰浆轻压后顺势拉起,形成一种凹凸质感很强的饰面层。拉细毛时用棕刷粘着灰浆拉成细的凹凸花纹。

　　(2) 甩毛灰。甩毛灰是用竹丝刷等工具将罩面灰浆甩涂在基面上,形成大小不一而又有规律的云朵状毛面饰面层。

　　(3) 仿面砖。仿面砖是在采用掺入氧化铁系颜料(红、黄)的水泥砂浆抹面上,用特制的铁钩和靠尺,按设计要求的尺寸进行分格划块,沟纹清晰,表面平整,酷似贴面砖饰面。

　　(4) 拉条。拉条是在面层砂浆抹好后,用一凹凸状轴辊作模具,在砂浆表面上滚压出立体感强、线条挺拔的条纹。条纹分半圆形、波纹形、梯形等多种,条纹可粗可细,间距可大可小。

　　(5) 喷涂。喷涂是用挤压式砂浆泵或喷斗,将掺入聚合物的水泥砂浆喷涂在基面上,形成波浪、颗粒或花点质感的饰面层。最后在表面再喷一层甲基硅醇钠或甲基硅树脂疏水剂,可提高饰面层的耐久性和耐污染性。

　　(6) 弹涂。弹涂是用电动弹力器,将掺入 107 胶的 2~3 种水泥色浆,分别弹涂到基面上,形成 1~3 mm 圆状色点,获得不同色点相互交错、相互衬托、色彩协调的饰面层。最后刷一道树脂罩面层,起防护作用。

　　石碴是天然的大理石、花岗石以及其他天然石材经破碎而成,俗称米石。常用的规格有大八厘(粒径为 8 mm)、中八厘(粒径为 6 mm)、小八厘(粒径为 4 mm)。石碴类饰面是用水泥(普通水泥、白水泥或彩色水泥)、石碴、水拌成石碴浆,同时采用不同的加工手段除去表面水泥浆皮,使石碴呈现不同的外露形式以及水泥浆与石碴的色泽对比,构成不同的装饰效果。石碴类饰面比灰浆类饰面色泽较明亮,质感相对丰富,不易褪色,耐光性和耐污染性也较好。

　　常用的石碴类饰面有以下几种:

　　(1) 水刷石。将水泥石碴浆涂抹在基面上,待水泥浆初凝后,以毛刷蘸水刷洗或用喷枪以一定水压冲刷表层水泥浆皮,使石碴半露出来,达到装饰效果。

　　(2) 干黏石。干黏石又称甩石子,是在水泥浆或掺入 107 胶的水泥砂浆黏结层上,把石碴、彩色石子等黏在其上,再拍平压实而成的饰面。石粒的 2/3 应压入黏结层内,要求石子黏牢,不掉粒并且不露浆。干黏石多用于建筑物的外墙装饰,具有一定的质感,经久耐用。干黏石的装饰效果与水刷石相同,但其施工是采用干操作,避免了水刷石的湿操作,施工效率高,污染小,也节约材料。

　　(3) 斩假石。斩假石又称剁假石,是以水泥石碴(掺 30% 石屑)浆做成面层抹灰,待具有一定强度时,同钝斧或凿子等工具,在面层上剁斩出纹理,而获得类似天然石材经雕琢后的纹理质感。

（4）水磨石。水磨石是由水泥、彩色石碴或白色大理石碎粒及水按一定比例配制，需要时掺入适量颜料，经搅拌均匀，浇筑捣实、养护，待硬化后将表面磨光而成的饰面。常常将磨光表面用草酸冲洗、干燥后上蜡。水磨石多用于地面装饰，可事先设计图案和色彩，抛光后更具有艺术效果。除可用做地面之外，还可预制做成楼梯踏步、窗台板、柱面、台面、踢脚板和地面板等多种建筑构件。

水刷石、干黏石、斩假石和水磨石等装饰效果各具特色。在质感方面：水刷石最为粗犷，干黏石粗中带细，斩假石典雅庄重，水磨石润滑细腻。在颜色花纹方面：水磨石色泽华丽、花纹美观；斩假石的颜色与斩凿的灰色花岗石相似；水刷石的颜色有青灰色、奶黄色等；干黏石的色彩取决于石碴的颜色。

5.2.3　防水砂浆

用作防水层的砂浆叫作防水砂浆。砂浆防水层又叫刚性防水层，仅适用于不受振动和具有一定刚度的混凝土或砖石砌体工程。对于变形较大或可能发生不均匀沉陷的建筑物，不宜采用刚性防水层。

防水砂浆可以使用普通水泥砂浆，按以下施工方法进行：

（1）喷浆法。利用高压喷枪将砂浆以每秒约 100 m 的速度喷至建筑物表面，砂浆被高压空气强烈压实，密实度大，抗渗性好。

（2）人工多层抹压法。砂浆分 4～5 层抹压，抹压时，每层厚度约为 5 mm 左右，在涂抹前先在润湿清洁的底面上抹纯水泥浆，然后抹一层 5 mm 厚的防水砂浆，在初凝前用木抹子压实一遍，第二、三、四层都是同样的操作方法，最后一层要进行压光，抹完后要加强养护。

防水砂浆也可以在水泥砂浆中掺入防水剂来提高抗渗能力。常用防水剂有氯化物金属盐类防水剂和金属皂类防水剂等。氯化物金属盐类防水剂，主要有氯化钙、氯化铝，掺入水泥砂浆中，能在凝结硬化过程中生成不透水的复盐，起促进结构密实作用，从而提高砂浆的抗渗性能，一般用于水池和其他地下建筑物。由于氯化物金属盐会引起混凝土中钢筋锈蚀，故采用这类防水剂，应注意钢筋的锈蚀情况。金属皂类防水剂是由硬脂酸、氨水、氢氧化钾（或碳酸钠）和水按一定比例混合加热皂化而成，主要也是起填充微细孔隙和堵塞毛细管的作用。

5.2.4　其他特种砂浆

1. 绝热砂浆

采用水泥、石灰、石膏等胶凝材料与膨胀珍珠岩砂、膨胀蛭石或陶粒砂等轻质多孔集料，按一定比例配制的砂浆称为绝热砂浆。绝热砂浆具有体积密度小、轻质和绝热性能好等优点，其导热系数约为 0.07～0.10 W/(m·K)，可用于屋面绝热层、绝热墙壁以及供热管道绝热层等。

2. 吸声砂浆

一般绝热砂浆是由轻质多孔骨料制成的，都具有良好吸声性能，故也可作吸声砂浆。另外，还可以用水泥、石膏、砂、锯末（其体积比约为 1：1：3：5）配制成吸声砂浆，或在石灰、石膏砂浆中掺入玻璃纤维、矿物棉等松软纤维材料也能获得一定的吸声效果。吸声砂浆用于室内墙壁和顶棚的吸声。

3. 耐酸砂浆

用水玻璃和氟硅酸钠配制成耐酸涂料，掺入石英岩、花岗岩、铸石等粉状细骨料，可拌制成耐酸砂浆。水玻璃硬化后，具有很好的耐酸性能。耐酸砂浆多用作耐酸地面和耐酸容器的内壁防护层。

4. 防射线砂浆

在水泥浆中掺入重晶石粉、砂可配制成有防 X 射线能力的砂浆。其配合比约为水泥：重晶石粉：重晶石砂＝1∶0.25∶4.5。如在水泥浆中掺加硼砂、硼酸等可配制有抗中子辐射能力的砂浆。此类防射线砂浆应用于射线防护工程。

5. 膨胀砂浆

在水泥砂浆中掺入膨胀剂，或使用膨胀型水泥可配制膨胀砂浆。膨胀砂浆可在修补工程中及大板装配工程中填充缝隙，达到黏结密封的作用。

6. 自流平砂浆

在现代施工技术条件下，地坪常采用自流平砂浆，从而使施工迅捷方便、质量优良。自流平砂浆中的关键性技术是掺用合适的化学外加剂；严格控制砂的级配、含泥量、颗粒形态；同时选择合适的水泥品种。良好的自流平砂浆可使地坪平整光洁，强度高，无开裂，技术经济效果良好。

任务 5.3　预拌砂浆

任务导入	● 预拌砂浆是指来它是由专自业厂家进行生产的，主要用于工程建设中的各种砂浆拌合物，同时也是我们国家近年来发展起来的新型建筑材料，在国内的一些发达地区发展迅速。同时国内的一些城市也在禁止现场进行搅拌砂浆，推广使用预拌砂浆。本任务主要学习预拌砂浆。
任务目标	➢ 了解预拌砂浆的分类； ➢ 掌握预拌砂浆的技术性质； ➢ 掌握预拌砂浆进场检验、储存与拌合的要求。

预拌砂浆是指专业生产厂生产的湿拌砂浆或干混砂浆。

湿拌砂浆是由专业生产厂生产，采用经筛分处理的干燥骨料、胶凝材料、填料、掺合料、外加剂、水以及按性能确定的其他成分，按预先确定的比例和加工工艺经计算、拌制后，用搅拌车运至施工现场，并在规定时间内使用的拌合物。

建筑标准

《预拌砂浆》

干混砂浆是由专业生产厂生产，采用经筛分处理的干燥骨料、胶凝材料、填料、掺合料、外加剂、水以及按性能确定的其他成分，按照规定配比加工制成的一种化合物。分袋装砂浆和散装砂浆。

5.3.1　预拌砂浆的分类

1. 湿拌砂浆的分类

（1）按用途分为湿拌砌筑砂浆、湿拌抹灰砂浆、湿拌地面砂浆和湿拌防水砂浆，并采用表 5-10 的代号。

表 5-10 湿拌砂浆代号

品种	湿拌砌筑砂浆	湿拌抹灰砂浆	湿拌地面砂浆	湿拌防水砂浆
代号	WM	WP	WS	WW

（2）按强度等级、抗渗等级、稠度和凝结时间的分类应符合表 5-11 的规定。

表 5-11 湿拌砂浆分类

项目	湿拌砌筑砂浆	湿拌抹灰砂浆	湿拌地面砂浆	湿拌防水砂浆
强度等级	M5、M7.5、M10、M15、M20、M25、M30	M5、M10、M15、M20	M15、M20、M25	M10、M15、M20
抗渗等级	—			P6、P8、P10
稠度/mm	50、70、90	70、90、110	50	50、70、90
凝结时间/h	≥8、≥12、≥24	≥8、≥12、≥24	≥4、≥8	≥8、≥12、≥24

2. 干混砂浆的分类

（1）按用途分为干混砌筑砂浆、干混抹灰砂浆、干混地面砂浆、干混普通防水砂浆、干混陶瓷砖黏结砂浆、干混界面砂浆、干混保温板黏结砂浆、干混保温板抹面砂浆、干混聚合物水泥防水砂浆、干混自流平砂浆、干混耐磨地坪砂浆和干混饰面砂浆，并采用表 5-12 的代号。

表 5-12 干混砂浆代号

品种	干混砌筑砂浆	干混抹灰砂浆	干混地面砂浆	干混普通防水砂浆	干混陶瓷砖黏结砂浆	干混界面砂浆
代号	DM	DP	DS	DW	DTA	DIA
品种	干混保温板黏结砂浆	干混保温板抹面砂浆	干混聚合物水泥防水砂浆	干混自流平砂浆	干混耐磨地坪砂浆	干混饰面砂浆
代号	DEA	DBI	DWS	DSL	DFH	DDR

（2）干混砌筑砂浆、干混抹灰砂浆、干混地面砂浆和干混普通防水砂浆按强度等级、抗渗等级的分类应符合表 5-13 的规定。

表 5-13 干混砂浆分类

项目	干混砌筑砂浆		干混抹灰砂浆		干混地面砂浆	干混普通防水砂浆
	普通砌筑砂浆	薄层砌筑砂浆	普通抹灰砂浆	薄层抹灰砂浆		
强度等级	M5、M7.5、M10、M15、M20、M25、M30	M5、M10	M5、M10、M15、M20	M5、M10	M15、M20、M25	M10、M15、M20
抗渗等级	—				—	P6、P8、P10

5.3.2 预拌砂浆的技术性质

1. 湿拌砂浆

湿拌砌筑砂浆的砌体力学性能应符合《砌体结构设计规范》(GB 50003—2011)的规定，

湿拌砌筑砂浆拌合物的表观密度不应小于 1 800 kg/m³。

湿拌砂浆性能应符合表 5-14 的规定。

表 5-14　湿拌砂浆性能指标

项　　目		湿拌砌筑砂浆	湿拌抹灰砂浆	湿拌地面砂浆	湿拌防水砂浆
保水率/%		≥88	≥88	≥88	≥88
14 d 抗拉黏结强度/MPa		—	M5：≥0.15 >M5：≥0.20	—	≥0.20
28 d 收缩率/%		—	≤0.20	—	≤0.15
抗冻性a	强度损失率/%	≤25			
	质量损失率/%	≤5			

a 有抗冻性要求时,应进行抗冻性试验。

湿拌砂浆抗压强度应符合表 5-15 的规定。

表 5-15　湿拌砂浆抗压强度

强度等级	M5	M7.5	M10	M15	M20	M25	M30
28 d 抗压强度/MPa	≥5.0	≥7.5	≥10.0	≥15.0	≥20.0	≥25.0	≥30.0

湿拌防水砂浆抗渗压力应符合表 5-16 的规定。

表 5-16　预拌砂浆抗渗压力

抗渗等级	P6	P8	P10
28 d 抗渗压力/MPa	≥0.6	≥0.8	≥1.0

湿拌砂浆稠度实测值与合同规定的稠度值之差应符合表 5-17 的规定。

表 5-17　湿拌砂浆稠度允许偏差

规定稠度/mm	允许偏差/mm
50、70、90	±10
110	−10～+5

2. 干混砂浆

干混砂浆的粉状产品应均匀、无结块。双组分产品液料组分经搅拌后应成均匀状态、无沉淀;粉料组分应均匀、无结块。

干混砌筑砂浆、干混抹灰砂浆、干混地面砂浆、干混普通防水砂浆的性能应符合表5-18的规定。

表 5-18　干混砂浆性能指标

项　目	干混砌筑砂浆		干混抹灰砂浆		干混地面砂浆	干混普通防水砂浆
	普通砌筑砂浆	薄层砌筑砂浆	普通抹灰砂浆	薄层抹灰砂浆		
保水率/%	≥88	≥88	≥88	≥88	≥88	≥88
凝结时间/h	3～9	—	3～9	—	3～9	3～9

项　目	干混砌筑砂浆		干混抹灰砂浆		干混地面砂浆	干混普通防水砂浆
	普通砌筑砂浆	薄层砌筑砂浆	普通抹灰砂浆	薄层抹灰砂浆		
2 h 稠度损失率/%	≤30	—	≤30	—	≤30	≤30
14 d 拉伸黏结强度/MPa	—	—	M5：≥0.15 >M5：≥0.20	≥0.30	—	≥0.20
28 d 收缩率	—	—	≤0.20	≤0.20	—	≤0.15
抗冻性　强度损失率/%	≤25					
抗冻性　质量损失率/%	≤5					

干混薄层砌筑砂浆宜用于灰缝厚度不大于 5 mm 的砌筑；干混薄层抹灰砂浆宜用于砂浆层厚度不大于 5 mm 的抹灰。有抗冻性要求时，应进行抗冻性试验。

干混砌筑砂浆、干混抹灰砂浆、干混地面砂浆、干混普通防水砂浆的抗压强度应符合表 5-15 的规定；干混普通防水砂浆的抗渗压力应符合表 5-16 的规定。

5.3.3　预拌砂浆进场检验、储存与拌合

1. 进场检验

预拌砂浆进场时，供方应按规定批次向需方提供质量证明文件。质量证明文件应包括产品型式检验报告和出厂检验报告。

预拌砂浆进场时应进行外观检验，并应符合下列规定：

（1）湿拌砂浆应外观均匀，无离析、泌水现象；

（2）散装干混砂浆应外观均匀，无结块、受潮现象；

（3）袋装干混砂浆应包装完整，无受潮现象。

湿拌砂浆应进行稠度检验，且稠度允许偏差应符合表 5-17 的规定。

预拌砂浆外观、稠度检验合格后，应按规定进行复验。

2. 湿拌砂浆储存

施工现场宜配备湿拌砂浆储存容器，并应符合下列规定：

（1）储存容器应密闭、不吸水；

（2）储存容器的数量、容量应满足砂浆品种、供货量的要求；

（3）储存容器使用时，内部应无杂物、无明水；

（4）储存容器应便于储运、清洗和砂浆存取；

（5）砂浆存取时，应有防雨措施；

（6）储存容器宜采取遮阳、保温等措施。

不同品种、强度等级的湿拌砂浆应分别存放在不同的储存容器中，并应对储存容器进行标识，标识内容应包括砂浆的品种、强度等级和使用时限等。砂浆应先存先用。

湿拌砂浆在储存及使用过程中不应加水。砂浆存放过程中，当出现少量泌水时，应拌合均匀后使用。砂浆用完后，应立即清理其储存容器。

湿拌砂浆储存地点的环境温度宜为 5℃～35℃。

3. 干混砂浆储存

不同品种的散装干混砂浆应分别储存在散装移动筒仓中,不得混存混用,并应对筒仓进行标识。筒仓数量应满足砂浆品种及施工要求。更换砂浆品种时,筒仓应清空。

筒仓应符合现行行业标准《干混砂浆散装移动筒仓》(SB/T 10461—2008)的规定,并应在现场安装牢固。

袋装干混砂浆应储存在干燥、通风、防潮、不受雨淋的场所,并应按品种、批号分别堆放,不得混堆混用,且应先存先用。配套组分中的有机类材料应储存在阴凉、干燥、通风、远离火和热源的场所,不应露天存放和曝晒,储存环境温度应为 5℃～35℃。

散装干混砂浆在储存及使用过程中,当对砂浆质量的均匀性有疑问或争议时,应按规定检验其均匀性。

4. 干混砂浆拌合

干混砂浆应按产品说明书的要求加水或其他配套组分拌合,不得添加其他成分。

干混砂浆拌合水应符合现行行业标准《混凝土用水标准》(JGJ 63—2006)中对混凝土拌合用水的规定。

干混砂浆应采用机械搅拌,搅拌时间除应符合产品说明书的要求外,尚应符合下列规定:

(1)采用连续式搅拌器搅拌时,应搅拌均匀,并应使砂浆拌合物均匀稳定。

(2)采用手持式电动搅拌器搅拌时,应先在容器中加入规定量的水或配套液体,再加入干混砂浆搅拌,搅拌时间宜为 3～5 min,且应搅拌均匀。应按产品说明书的要求静停后再拌合均匀。

(3)搅拌结束后,应及时清洗搅拌设备。

砂浆拌合物应在砂浆可操作时间内用完,且应满足工程施工的要求。

当砂浆拌合物出现少量泌水时,应拌合均匀后使用。

任务 5.4　建筑砂浆检测试验

任务导入	● 砌筑砂浆的和易性及立方体抗压强度是衡量砂浆的重要性能指标。和易性应满足施工的要求,立方体抗压强度应满足设计的要求。本任务主要学习砂浆的性能检测。
任务目标	➢ 掌握砂浆的取样要求; ➢ 掌握砂浆的和易性检测方法; ➢ 掌握砂浆强度检测方法; ➢ 正确使用仪器与设备,熟悉其性能; ➢ 正确、合理记录并处理数据,并对结果做出判定。

【试验目的】

掌握砂浆和易性的检测方法;掌握评定砂浆流动性、保水性、稳定性的指标;掌握砂浆的强度检测方法及判定。

【相关标准】

①《砌体工程施工质量验收规范》(GB 50203—2011);②《砌筑砂浆配合比设计规程》(JGJ 98—2010);③《建筑砂浆基本性能试验方法》(JGJ/T 70—2009)。

5.4.1 建筑砂浆检验的取样要求

1. 取样

建筑砂浆试验用料应从同一盘砂浆或同一车砂浆中取样。取样量应不少于试验所需量的4倍。施工中取样进行砂浆试验时,其取样方法和原则应按相应的施工验收规范执行。一般在使用地点的砂浆槽、砂浆运送车或搅拌机出料口,至少从三个不同部位取样。现场取来的试样,试验前应人工搅拌均匀。从取样完毕到开始进行各项性能试验不宜超过15 min。

2. 试样制备

在试验室制备砂浆拌合物时,所用材料应提前24 h运入室内。拌合时试验室的温度应保持在20±5℃。试验所用原材料应与现场使用材料一致。砂应通过公称粒径4.75 mm筛。试验室拌制砂浆时,材料用量应以质量计。称量精度:水泥、外加剂、掺合料等为±0.5%;砂为±1%。在试验室搅拌砂浆时应采用机械搅拌,搅拌的用量宜为搅拌机容量的30%～70%,搅拌时间不应少于120 s。掺有掺合料和外加剂的砂浆,其搅拌时间不应少于180 s。

5.4.2 砂浆的和易性

1. 稠度试验

1) 检测目的

确定配合比或施工过程中控制砂浆的稠度,以达到控制用水量的目的。

2) 仪器设备

(1) 砂浆稠度测定仪:由试锥,容器和支座3部分组成(图5-1)。试锥由钢材或铜材制成,高度为145 mm,锥底直径为75 mm,试锥连同滑杆的质量应为300±2 g;盛砂浆容器由钢板制成,筒高为180 mm,锥底内径为150 mm;支座分底座、支架及稠度显示3个部分,由铸铁、钢及其他金属制成。

建筑标准

《建筑砂浆基本性能试验方法标准》

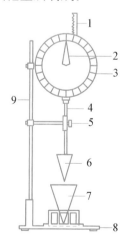

视频

砂浆流动性

1—齿条测杆;2—指针;
3—刻度盘;4—滑杆;
5—固定螺丝;6—圆锥体
7—圆锥筒;8—底座;9—支架

图5-1 砂浆稠度测定仪

（2）钢制捣棒：直径 10 mm，长 350 mm，端部磨圆。

（3）秒表等。

3）检测步骤

（1）用少量润滑油轻擦滑杆，然后将滑杆上多余的油用吸油纸擦净，使滑杆能自由滑动。

（2）用湿布擦净盛浆容器和试锥表面，将砂浆拌合物一次装入容器，使砂浆表面低于容器口约 10 mm 左右，用捣棒自容器中心向边缘插捣 25 次，然后轻轻地将容器摇动或敲击 5～6 下，使砂浆表面平整，随后将容器置于稠度测定仪的底座上。

（3）拧松制动螺丝，向下移动滑杆，当试锥尖端与砂浆表面刚接触时，拧紧制动螺丝，使齿条侧杆下端接触滑杆上端，读出刻度盘上的读数（精确至 1 mm）。

（4）拧松制动螺丝，同时计时，待 10 s 立即拧紧螺丝，将齿条测杆下端接触滑杆上端，从刻度盘上读出下沉深度（精确至 1 mm），二次读数的差值即为砂浆的稠度值。

（5）盛装容器内的砂浆，只允许测定一次稠度，重复测定时，应重新取样测定。

4）检测结果处理

（1）取两次试验结果的算术平均值，精确至 1 mm。

（2）如两次试验值之差大于 10 mm，应重新取样测定。

2. 砂浆的分层度检测

1）检测目的

测定砂浆的分层度值，评定砂浆拌合物在运输及停放时内部的稳定性。

2）仪器设备

（1）砂浆分层度筒（图 5-2）：内径为 150 mm，上节高度为 200 mm，下节带底净高为 100 mm，用金属板制成，上、下层连接处需加宽到 3～5 mm，并设有橡胶垫圈。

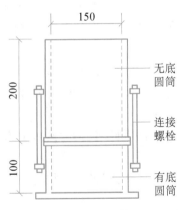

视频

砂浆稳定性

图 5-2　砂浆分层度筒

（2）水泥胶砂振动台：振幅为 0.5±0.05 mm，频率为 50±3 Hz。

（3）稠度仪、木锤等。

3）检测步骤

（1）首先将砂浆拌合物按稠度试验方法测定稠度。

（2）将砂浆拌合物一次装入分层度筒内，待装满后，用木框在容器周围距离大致相等的

4 个不同地方轻轻敲击 1～2 下,如砂浆沉落到低于筒口,则应随时添加,然后刮去多余的砂浆并用抹刀抹平。

（3）静置 30 min 后,去掉上节 200 mm 砂浆,剩余的 100 mm 砂浆倒出放在拌合锅内拌 2 min,再按稠度试验方法测其稠度,前后测得的稠度之差即为该砂浆的分层度值(mm)。

4）检测结果处理

（1）取两次试验结果的算术平均值作为该砂浆的分层度值;

（2）两次分层度试验值之差如大于 10 mm,应重新取样测定。

3. 砂浆的保水性检测

1）检测目的

测定砂浆的保水性,评定砂浆拌合物在运输及停放时内部组分的稳定性。

2）仪器设备

（1）金属或硬塑料圆环试模:内径应为 100 mm、内部高度应为 25 mm;

（2）可密封的取样容器,应清洁、干燥;

（3）2 kg 的重物;

（4）金属滤网:网格尺寸 45 μm,圆形,直径为 110±1 mm;

（5）超白滤纸,符合《化学分析滤纸》(GB/T 1914—2017)中速定性滤纸。直径 110 mm,200 g/m²;

（6）2 片金属或玻璃的方形或圆形不透水片,边长或直径大于 110 mm;

（7）天平:量程 200 g,感量 0.1 g;量程 2 000 g,感量 1 g;

（8）烘箱。

3）检测步骤

（1）称量底部不透水片与干燥试模质量 m_1 和 15 片中速定性滤纸质量 m_2。

（2）将砂浆拌合物一次性填入试模,并用抹刀插捣数次,当装入的砂浆略高于试模边缘时,用抹刀以 45°角一次性将试模表面多余的砂浆刮去,然后再用抹刀以较平的角度在试模表面反方向将砂浆刮平。

（3）抹掉试模边的砂浆,称量试模、底部不透水片与砂浆总质量 m_3。

（4）用金属滤网覆盖在砂浆表面,再在滤网表面放上 15 片滤纸,用上部不透水片盖在滤纸表面,以 2 kg 的重物把上部不透水片压住。

（5）静止 2 min 后移走重物及上部不透水片,取出滤纸(不包括滤网),迅速称量滤纸质量 m_4。

（6）按照砂浆的配比及加水量计算砂浆的含水率,若无法计算,可按规定测定砂浆的含水率。

4）检测结果处理

砂浆保水性按下式计算:

$$W = \left[1 - \frac{m_4 - m_2}{\alpha \times (m_3 - m_1)}\right] \times 100\% \qquad (5-9)$$

式中:W—砂浆保水率,%;m_1—底部不透水片与干燥试模质量,g,精确至 1 g;m_2—15 片滤纸吸水前的质量,g,精确至 0.1 g;m_3—试模、底部不透水片与砂浆总质量,

g，精确至 1 g；m_4—15 片滤纸吸水后的质量，g，精确至 0.1 g；α—砂浆含水率，%。

取两次试验结果的算术平均值作为砂浆的保水率，精确至 0.1%，且第二次试验应重新取样测定。当两个测定值之差超过 2% 时，则此组试验结果无效。

5）砂浆含水率测试方法

称取 100±10 g 砂浆拌合物试样，置于一干燥并已称重的盘中，在 105±5℃ 的烘箱中烘干至恒重，砂浆含水率应按下式计算：

$$\alpha = \frac{m_5}{m_6} \times 100\%　\qquad (5-10)$$

式中：α—砂浆含水率（%）；m_5—烘干后砂浆样本的质量（g），精确至 1 g；m_6—砂浆样本的总质量（g），精确至 1 g。

取两次试验结果的算术平均值作为砂浆的含水率，精确至 0.1%。当两个测定值之差超过 2% 时，次组试验结果应为无效。

5.4.3　砂浆立方体抗压强度

1. 检测目的

测定砂浆立方体抗压强度值，评定砂浆的强度等级。

2. 仪器设备

（1）试模：尺寸为 70.7 mm×70.7 mm×70.7 mm 的带底试模，由铸铁或钢制成，应具有足够的刚度并且拆装方便。试模的内表面应机械加工，其不平度应为每 100 mm 不超过 0.05 mm，组装后各相邻面的不垂直度不应超过 ±0.5°，如图 5-3 所示。

（2）捣棒：直径 10 mm，长 350 mm 的钢棒，端部应磨圆。

（3）压力试验机：精度为 1%，其量程应能使试件的预期破坏荷载值不小于全量程的 20%，也不大于全量程的 80%。

图 5-3　砂浆试模

（4）垫板：试验机上、下压板及试件之间可垫钢垫板，垫板的尺寸应大于试件的承压面，其不平度应为每 100 mm 不超过 0.02 mm。

3. 试件的制作及养护

采用立方体试件，每组试件 3 个。

应用黄油等密封材料涂抹试模的外接缝，试模内涂刷薄层机油或脱模剂，将拌制好的砂浆一次性装满砂浆试模，成型方法根据稠度而定。当稠度大于 50 mm 时采用人工振捣成型，当稠度不大于 50 mm 时采用振动台振实成型。

人工插捣：应采用捣棒均匀地由边缘向中心按螺旋方式插捣 25 次，插捣过程中当砂浆沉落低于试模口，应随时添加砂浆，可用油灰刀插捣数次，并用手将试模一边抬高 5～10 mm 各振动 5 次，使砂浆高出试模顶面 6～8 mm。

机械振动：将砂浆一次装满试模，放置到振动台上，振动时试模不得跳动，振动 5～10 s 或持续到表面泛浆为止；不得过振。

待表面水分稍干后,将高出试模部分的砂浆沿试模顶面刮去并抹平。

试件制作后应在室温为 20±5℃的环境下静置 24±2 h,当气温较低时,可适当延长时间,但不应超过 2 d,然后对试件进行编号、拆模。试件拆模后应立即放入温度为 20±2℃,相对湿度为 90％以上的标准养护室中养护。养护期间,试件彼此间隔不小于 10 mm,混合砂浆、湿拌砂浆试件上面应覆盖,防止有水滴在试件上。

4. 检测步骤

(1) 试件从养护地点取出后,应尽快进行试验。试验前先将试件擦拭干净,测量尺寸,并检查其外观。试件尺寸测量精确至 1 mm,并据此计算试件的承压面积。如实测尺寸与公称尺寸之差不超过 1 mm,可按公称尺寸进行计算。

(2) 将试件安放在试验机的下压板上(或下垫板上),试件的承压面应与成型时的顶面垂直,试件中心应与试验机下压板(或下垫板)中心对准。开动试验机,当上压板(或上垫板)与试件接近时,调整球座,使接触面均匀受压。承压试验应连续而均匀地加荷,当试件接近破坏而开始迅速变形时,停止调整试验机油门,直至试件破坏,然后记录破坏荷载。

5. 结果计算与评定

砂浆立方体抗压强度应按下列公式计算:

$$f_{m,cu} = K \frac{N_u}{A} \tag{5-11}$$

式中:$f_{m,cu}$—砂浆立方体抗压强度,MPa;N_u—试件破坏荷载,N;A—试件承压面积,mm²;K—换算系数,取 1.35。

以三个试件测值的算术平均值作为该组试件的砂浆立方体试件抗压强度平均值(精确至 0.1 MPa)。

当三个测值的最大值或最小值中如有一个与中间值的差值超过中间值的 15％时,则把最大值及最小值一并舍除,取中间值作为该组试件的抗压强度值;当两个测值与中间值的差值均超过中间值的 15％时,则该组试件的试验结果应为无效。

练习题

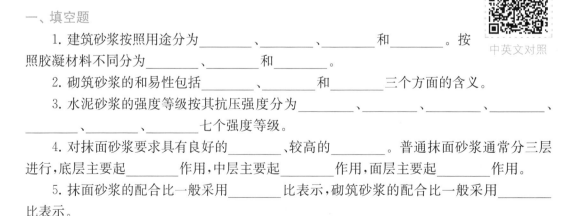

拓展知识

中英文对照

一、填空题

1. 建筑砂浆按照用途分为_____、_____、_____和_____。按照胶凝材料不同分为_____、_____和_____。

2. 砌筑砂浆的和易性包括_____、_____和_____三个方面的含义。

3. 水泥砂浆的强度等级按其抗压强度分为_____、_____、_____、_____、_____、_____七个强度等级。

4. 对抹面砂浆要求具有良好的_____、较高的_____。普通抹面砂浆通常分三层进行,底层主要起_____作用,中层主要起_____作用,面层主要起_____作用。

5. 抹面砂浆的配合比一般采用_____比表示,砌筑砂浆的配合比一般采用_____比表示。

二、名词解释

砌筑砂浆

三、单项选择题

1. 测定砌筑砂浆抗压强度时采用的试件尺寸为（　　）。

A. 100 mm×100 mm×100 mm　　　　B. 150 mm×150 mm×150 mm

C. 200 mm×200 mm×200 mm　　　　D. 70.7 mm×70.7 mm×70.7 mm

2. 砌筑砂浆的流动性指标用（　　）表示。

A. 坍落度　　　　B. 维勃稠度　　　　C. 沉入度　　　　D. 分层度

3. 砌筑砂浆的稳定性指标用（　　）表示。

A. 坍落度　　　　B. 维勃稠度　　　　C. 沉入度　　　　D. 分层度

4. 砌筑砂浆的强度,对于吸水基层时,主要取决于（　　）。

A. 水灰比　　　　　　　　　　B. 水泥用量

C. 单位用水量　　　　　　　　D. 水泥的强度等级和用量

四、计算题

某工程砌筑烧结普通砖,需要 M7.5 混合砂浆。所用材料为:普通水泥 32.5 MPa;中砂,含水率 2‰,堆积密度为 1 550 kg/m³;稠度为 12 cm 石灰膏,体积密度为 1 350 kg/m³;自来水。试计算该砂浆的初步配合比。

本章自测及答案

第 6 章

墙体材料

本章电子资源

❋ 背景材料

墙体材料是指用来砌筑墙体结构的材料。在一般房屋建筑中,墙体材料起承重、围护、隔断、保温、隔热、隔声等作用。目前墙体材料的品种较多,可分为块材和板材两大类。块材又可分为烧结砖、非烧结砖和砌块。在建筑工程中,合理选用墙体材料,对建筑物的功能、安全以及施工和造价等均具有重要意义。

❋ 学习目标

◇ 烧结普通砖的技术要求与应用
◇ 烧结多孔砖和烧结空心砖的技术要求与应用
◇ 蒸压蒸养砖的技术要求与应用
◇ 了解砌块的技术要求与应用
◇ 了解新型墙体材料的应用

任务 6.1 砖和砌块

任务导入	● 在建筑工程中,用于砌筑墙体的材料称为墙体材料。墙体材料具有承重、围护和分隔作用。合理选用墙体材料对建筑物的结构形式、高度、跨度、安全、使用功能及工程造价等均有重要意义。墙体材料中,普通砖和砌块应用最为广泛。本任务主要学习砖和砌块。
任务目标	➤ 了解烧结普通砖的种类、技术要求与应用; ➤ 掌握烧结多孔砖和空心砖的技术要求、应用; ➤ 了解蒸压灰砂砖和蒸压粉煤灰砖的应用。

砌筑材料主要是指砖、砌块、墙板等,起承重、传递重量、围护、隔断、防水、保温、隔声等作用,而且砌筑材料的重量占整个建筑物重量的 40%~60%。因而,砌筑材料是建筑工程中非常重要的材料之一。

传统的砌筑材料黏土砖要毁坏大量的农田,影响农业生产。而且黏土砖由于体积小、重量大,因此施工时劳动强度高,生产效率低,也严重影响建筑施工机械化和装配化的实现。为此,砌筑材料的改革越来越受到广泛的重视。新型砌筑材料发展较快,主要是因地制宜利用工业废料和地方资源。黏土砖也趋向孔多或空心率高的方向发展,使之节约大量农田和能源。总之,砌筑材料的改革,向轻质、高强、空心、大块、多样化、多功能方向发展,力求减轻建筑自重,实现机械化、装配化施工,提高劳动生产率。

6.1.1　烧结普通砖

烧结普通砖是指以黏土、页岩、煤矸石、粉煤灰、建筑渣土、淤泥（江河湖淤泥）、污泥等为主要原料，经焙烧而成主要用于建筑物承重部位的普通砖。

1. 烧结普通砖的品种

根据国家标准《烧结普通砖》(GB/T 5101—2017)所指：烧结普通砖按主要原料不同，分为黏土砖(N)、页岩砖(Y)、煤矸石砖(M)、粉煤灰砖(F)、建筑渣土砖(Z)、淤泥砖(U)、污泥砖(W)和固体废弃物砖(G)。采用两种原材料，掺配比质量大于50%以上的为主要原材料；当采用3种或3种以上原材料，掺配比质量最大者为主要原材料。污泥掺量达到30%以上的可称为污泥砖。

烧结普通砖的生产工艺为：原料→配料调制→制坯→干燥→焙烧→成品。

焙烧是制砖的关键过程，焙烧时火候要适当、均匀，以免出现欠火砖或过火砖。欠火砖色浅、断面包心（黑心或白心）、敲击声哑、孔隙率大、强度低、耐久性差。过火砖色较深，敲击声脆、较密实、强度高、耐久性好，但容易出现变形砖（酥砖或螺纹砖）。因此国家标准规定不允许有欠火砖、酥砖和螺纹砖。

在焙烧时，若使窑内氧气充足，使之在氧化气氛中焙烧，黏土中的铁元素被氧化成高价的 Fe_2O_3，烧得红砖。若在焙烧的最后阶段使窑内缺氧，则窑内燃烧气氛呈还原气氛，砖中的高价氧化铁(Fe_2O_3)被还原成青灰色的低价氧化铁(FeO)，即烧得青砖。青砖比红砖结实、耐久，但价格较红砖高。

2. 烧结普通砖的要求

1) 规格要求

根据标准规定，烧结普通砖的外观形状为直角六面体，公称尺寸 240 mm×115 mm×53 mm，其尺寸偏差不应超过标准规定。因此，在砌筑使用时，包括砂浆缝(10 mm)在内，4块砖长、8块砖宽、16块砖厚度都为 1 m，512 块砖可砌 1 m³ 的砌体，如图 6-1 所示。

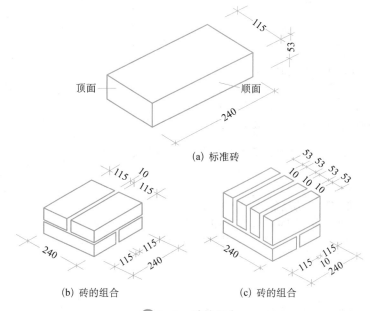

(a) 标准砖

(b) 砖的组合　　(c) 砖的组合

图 6-1　砖的组合

（1）产品标记

砖的产品标记按产品名称的英文缩写、类别、强度等级和标准编号顺序编写。示例：烧结普通砖，强度等级 MU15 的黏土砖，其标记为：FCB N MU15 GB/T 5101。

（2）等级

按抗压强度分为 MU30、MU25、MU20、MU15 和 MU10 五个强度等级。

2）技术要求

（1）尺寸允许偏差

烧结普通砖的尺寸允许偏差应符合表 6-1 的规定。

表 6-1　烧结普通砖尺寸允许偏差　　　　　　　　　　单位：mm

公称尺寸	指　标	
	样本平均偏差	样本极差
240	±2.0	≤6.0
115	±1.5	≤5.0
53	±1.5	≤4.0

（2）外观质量

包括条面高度差、裂纹长度、弯曲、缺棱掉角等各项内容。各项内容均应符合表 6-2 的规定。

表 6-2　烧结普通砖的外观质量（GB/T 5101—2017）　　　　　　单位：mm

项　目	指　标
两条面高度差	≤2
弯曲	≤2
杂质凸出高度	≤2
缺棱掉角的三个破坏尺寸不得同时大于	5
裂纹长度	
a. 大面上宽度方向及其延伸至条面的长度	≤30
b. 大面上长度方向及其延伸至顶面的长度或条顶面上水平裂纹的长度	≤50
完整面不得少于	一条面和一顶面

凡有下列缺陷之一者，不得称为完整面：
——缺损在条面或顶面上造成的破坏面尺寸同时大于 10 mm×10 mm；
——条面或顶面上裂纹宽度大于 1 mm，其长度超过 30 mm；
——压陷、粘底、焦花在条面或顶面上的凹陷或凸出超过 2 mm，区域尺寸同时大于 10 mm×10 mm。

（3）强度

烧结普通砖的强度应符合表 6-3 规定。

表6-3 烧结普通砖强度等级(GB/T 5101—2017)   单位：MPa

强度等级	抗压强度平均值 $\overline{f} \geqslant$	强度标准值 $f_k \geqslant$
MU30	30.0	22.0
MU25	25.0	18.0
MU20	20.0	14.0
MU15	15.0	10.0
MU10	10.0	6.5

测定烧结普通砖的强度时,试样数量为 10 块,加荷速度为 (5 ± 0.5) kN/s。试验后按下式计算标准差 S、抗压强度标准值 f_k。

$$S = \sqrt{\frac{1}{9}\sum_{i=1}^{10}(f_i - \overline{f})^2} \tag{6-1}$$

$$f_k = \overline{f} - 1.83S \tag{6-2}$$

式中：S—10 块试样的抗压强度标准差,MPa,精确至 0.01；$\overline{f}$—10 块试样的抗压强度平均值,MPa,精确至 0.1；f_i—单块试样抗压强度测定值,MPa,精确至 0.01；f_k—抗压强度标准值,MPa,精确至 0.1。

(4) 抗风化性能

抗风化性能属于烧结砖的耐久性,是用来检验砖的一项主要综合性能,主要包括抗冻性、吸水率和饱和系数。用它们来评定砖的抗风化性能。

根据 GB/T 5101—2017 规定:风化区用风化指数进行划分。风化指数是指日气温从正温降至负温或负温升至正温的每年平均天数与每年从霜冻之日起至消失霜冻之日止这一期间降雨总量(以 mm 计)的平均值的乘积。风化指数≥12 700 者为严重风化区；风化指数＜12 700 者为非严重风化区。全国风化区划分见表6-4。

表6-4 风化区划分

严重风化区		非严重风化区	
1. 黑龙江省	10. 山西省	1. 山东省	10. 湖南省
2. 吉林省	11. 河北省	2. 河南省	11. 福建省
3. 辽宁省	12. 北京市	3. 安徽省	12. 台湾省
4. 内蒙古自治区	13. 天津市	4. 江苏省	13. 广东省
5. 新疆维吾尔自治区	14. 西藏自治区	5. 湖北省	14. 广西壮族自治区
6. 宁夏回族自治区		6. 江西省	15. 海南省
7. 甘肃省		7. 浙江省	16. 云南省
8. 青海省		8. 四川省	17. 上海市
9. 陕西省		9. 贵州省	18. 重庆市

属严重风化地区中的 1、2、3、4、5 地区的砖必须进行冻融试验,其他地区的砖的抗风化

性能符合表 6-5 规定时可不做冻融试验,否则进行冻融试验。淤泥砖、污泥砖、固体废弃物砖应进行冻融试验。

表 6-5　烧结普通砖的抗风化性能

砖种类	严重风化区				非严重风化区			
	5 h 沸煮吸水率/% ≤		饱和系数 ≤		5 h 沸煮吸水率/% ≤		饱和系数 ≤	
	平均值	单块最大值	平均值	单块最大值	平均值	单块最大值	平均值	单块最大值
黏土砖、建筑渣土砖	18	20	0.85	0.87	19	20	0.88	0.90
粉煤灰砖	21	23			23	25		
页岩砖	16	18	0.74	0.77	18	20	0.78	0.80
煤矸石砖								

冻融试验是指吸水饱和的砖在-15℃下经 15 次冻融循环后,不出现分层、掉皮、缺棱、掉角等冻坏现象,冻后裂纹长度不得大于标准规定。

(5) 泛霜

泛霜也称起霜,是砖在使用过程中的盐析现象。砖内过量的可溶盐受潮吸水而溶解,随水分蒸发而沉积于砖的表面,形成白色粉状附着物,影响建筑美观。如果溶盐为硫酸盐,当水分蒸发并晶体析出时,产生膨胀,使砖面剥落。

要求每块砖不准出现严重泛霜。

(6) 石灰爆裂

石灰爆裂是砖坯中夹杂有石灰石,在焙烧过程中转变成石灰,砖吸水后,由于石灰逐渐熟化而膨胀产生的爆裂现象。石灰爆裂应符合下列规定:

① 最大破坏尺寸大于 2 mm 且小于等于 15 mm 的爆裂区域,每组砖不得多于 15 处。其中大于 10 mm 的不得多于 7 处。② 不允许出现最大破坏尺寸大于 15 mm 的爆裂区域。③ 试验后抗压强度损失不得大于 5 MPa。

(7) 产品中不允许有欠火砖、酥砖和螺旋纹砖。

欠火砖是指未达到烧结温度或保持烧结温度时间不够的砖,其特征是声音哑、土心,抗风化性能和耐久性能差。

干砖坯受湿(潮)气或雨淋后成反潮坯、雨淋坯,或湿坯受冻后的冻坯,这类砖坯焙烧后为酥砖;或砖坯入窑焙烧时预热过急,导致烧成的砖易成为酥砖,酥砖极易从外观就能辨别出来。这类砖的特征是声音哑,强度低,抗风化性能和耐久性能差。

螺旋纹砖是以螺旋挤出机成型砖坯时,坯体内部形成螺旋状分层的砖,其特征是强度低,声音哑,抗风化性能差,受冻后会层层脱皮,耐久性能差。

3) 性质与应用

烧结普通砖具有强度高、耐久性和隔热、保温性能好等特点,广泛用于砌筑建筑物的内外墙、柱、烟囱、沟道及其他建筑物。

烧结普通砖是传统的墙体材料,在我国一般建筑物墙体材料中一直占有很高的比重,其中主要是烧结普通黏土砖。由于烧结普通黏土砖多是毁田取土烧制,加上施工效率低,砌体自重大,抗震性能差等缺点,已远远不能适应现代建筑发展的需要。从 1997 年 1 月 1 日起,建设部规定在框架结构中不允许使用烧结普通黏土砖,并率先在全国十四个主要城市中施行。随着墙体材料的发展和推广,在所有建筑物中,烧结普通黏土砖必将被其他轻质墙体材料所取代。

工程案例

6-1　何谓烧结普通砖的泛霜和石灰爆裂? 它们对建筑物有何影响?

分析　泛霜是指黏土原料中的可溶性盐类(如硫酸钠等),随着砖内水分蒸发而在砖表面产生的盐析现象,一般为白色粉末,常在砖表面形成絮团状斑点。泛霜的砖用于建筑中的潮湿部位时,由于大量盐类的溶出和结晶膨胀会造成砖砌体表面粉化及剥落,内部孔隙率增大,抗冻性显著下降。

当原料土中夹杂有石灰质时,则烧砖时将被烧成过烧的石灰留在砖中。石灰有时也由掺入的内燃料(煤渣)带入。这些石灰在砖体内吸水消化时产生体积膨胀,导致砖发生胀裂破坏,这种现象称为石灰爆裂。

石灰爆裂对砖砌体影响较大,轻者影响外观,重者将使砖砌体强度降低直至破坏。砖中石灰质颗粒越大,含量越多,则对砖砌体强度影响越大。

6-2　如何识别欠火砖和过火砖?

分析　烧结砖的形成是砖坯经高温焙烧,使部分物质熔融,冷凝后将未经熔融的颗粒黏结在一起成为整体。当焙烧温度不足时,熔融物太少,难以充满砖体内部,黏结不牢,这种砖称为欠火砖。欠火砖,低温下焙烧,黏土颗粒间熔融物少,孔隙率大、强度低、吸水率大、耐久性差;过火砖由于烧成温度过高,产生软化变形,造成外形尺寸极不规整。欠火砖色浅、敲击时声哑,过火砖色较深、敲击时声清脆。

评　焙烧温度在烧结范围内,且持续时间适宜时,烧得的砖质量均匀、性能稳定,称之为正火砖;若焙烧温度低于烧结范围,得欠火砖;焙烧温度超过烧结范围时,得过火砖。欠火砖与过火砖质量均不符合技术要求。

6.1.2　烧结多孔砖和多孔砌块

在现代建筑中,由于高层建筑的发展,对烧结砖提出了减轻自重,改善绝热和吸声性能的要求,因此出现了烧结多孔砖、多孔砌块、烧结空心砖和空心砌块。生产与烧制和普通砖基本相同,但与烧结普通砖相比,它们具有重量轻、保温性及节能好、施工效率高、节约土、可以减少砌筑砂浆用量等优点,是正在替代烧结普通砖的墙体材料之一。

1. 烧结多孔砖和多孔砌块概念

烧结多孔砖是以黏土、页岩、煤矸石、粉煤灰、淤泥(江河湖淤泥)及其他固体废弃物等为主要原料,经过制坯成型、干燥、焙烧而成的主要用于承重部位的多孔砖。因而也称为承重孔心砖。由于其强度高,保温性好,一般用于砌筑六层以下建筑物的承重墙。烧结多孔砌块是指经焙烧而成,孔洞率大于或等于 33%,孔的尺寸小而数量多的砌块,主要用于承重结构。

2. 产品分类

根据国家标准《烧结多孔砖和多孔砌块》(GB 13544—2011)规定：烧结多孔砖和多孔砌块按主要原料不同,分为黏土砖和黏土砌块(N)、页岩砖和页岩砌块(Y)、煤矸石砖和煤矸石砌块(M)、粉煤灰砖和粉煤灰砌块(F)、淤泥砖和淤泥砌块(U)、固体废弃物砖和固体废弃物砌块(G)。

《烧结多孔砖和
多孔砌块》

3. 规格

烧结多孔砖和多孔砌块的外形一般为直角六面体,在与砂浆的结合面上应有增加结合力的粉刷槽和砌筑砂浆槽。混水墙用砖和砌块,应在条面和顶面上设有均匀分布的粉刷槽或类似结构,深度不小于 2 mm。砌块至少应在一个条面或顶面上设立砌筑砂浆槽。两个条面或顶面都有砌筑砂浆槽时,砌筑砂浆槽深应大于15 mm且小于 25 mm,只有一个条面或顶面有砌筑砂浆槽时,砌筑砂浆槽深应大于 30 mm 且小于 40 mm。砌筑砂浆槽宽应超过砂浆槽所在砌块面宽度的50%。如图6-2和图 6-3 所示。

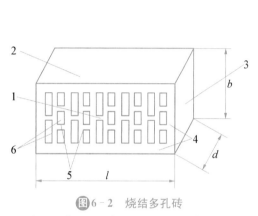

图 6-2　烧结多孔砖

1—大面(坐浆面);2—条面;3—顶面;4—外壁;5—肋;
6—孔洞;l—长度;b—宽度;d—高度

图 6-3　烧结多孔砌块

1—大面(坐浆面);2—条面;3—顶面;4—粉刷沟槽;5—砂浆槽;
6—肋;7—外壁;8—孔洞;l—长度;b—宽度;d—高度

砖和砌块的外形为直角六面体(矩形体),其长度、宽度、高度尺寸应符合下列要求：

砖规格尺寸(mm)：290、240、190、180、140、115、90。

砌块规格尺寸(mm)：490、440、390、340、290、240、190、180、140、115、90。

4. 等级

(1)强度等级

根据抗压强度分为 MU30、MU25、MU20、MU15、MU10 五个强度等级,强度应符合表6-6的规定。

表 6-6　强度等级(GB 13544—2011)　　　　　　　　单位：MPa

强度等级	抗压强度平均值 $\overline{f} \geqslant$	强度标准值 $f_K \geqslant$
MU30	30.0	22.0
MU25	25.0	18.0
MU20	20.0	14.0

强度等级	抗压强度平均值 $\bar{f} \geqslant$	强度标准值 $f_K \geqslant$
MU15	15.0	10.0
MU10	10.0	6.5

（2）密度等级

多孔砖的密度等级分为（kg/m³）：1 000、1 100、1 200、1 300 四个等级。

多孔砌块的密度等级分为（kg/m³）：900、1 000、1 100、1 200 四个等级。

5. 产品标记

砖和砌块的产品标记按产品名称、品种、规格、强度等级、密度等级和标准编号顺序编写。

标记示例：规格尺寸 290 mm×140 mm×90 mm、强度等级 MU25、密度 1200 级的黏土烧结多孔砖，其标记为：

烧结多孔砖 N 290×140×90 MU25 1200 GB 13544—2011

6. 孔型结构及孔洞率

表 6-7　孔型孔结构及孔洞率

孔型	孔洞尺寸/mm		最小外壁厚/mm	最小肋厚/mm	孔洞率/%		孔洞排列
	孔宽度尺寸 b	孔长度尺寸 L			孔	砌块	
矩形条孔或矩形孔	≤13	≤40	≥12	≥5	≥28	≥33	1. 所有孔宽应相等，孔采用单向或双向交错排列； 2. 孔洞排列上下、左右对称，分布均匀，手抓孔的长度方向尺寸必须平行于砖的条面。

注① 矩形孔的孔长 L、孔宽 b 满足式 L≥3b 时，为矩形条孔。
② 孔四个角应做成过渡圆角，不得做成直尖角。
③ 如设有砌筑砂浆槽，则砌筑砂浆槽不计算在孔洞率内。
④ 规格大的砖和砌块应设置手抓孔，手抓孔尺寸为(30～40)mm×(75～85)mm。

6.1.3　烧结空心砖与空心砌块

1. 烧结空心砖和空心砌块概念

烧结空心砖和空心砌块是以黏土、页岩、煤矸石、粉煤灰、淤泥（江、河湖等淤泥）、建筑渣土及其他固体废弃物为主要原料，经焙烧而成，主要用于建筑物非承重部位。因其具有轻质、保温性好、强度低等特点，故主要用于非承重墙、外墙及框架结构的填充墙等。

2. 产品分类

根据国家标准《烧结空心砖和空心砌块》（GB/T 13545—2014）规定：烧结空心砖和空心砌块按主要原料不同，分为黏土空心砖和空心砌块（N）、页岩空心砖和空心砌块（Y）、煤矸石空心砖和空心砌块（M）、粉煤灰空心砖和空心砌块（F）、淤泥空心砖和空心砌块（U）、建筑渣土空心砖和空心砌块（Z）、其他固

建筑标准

《烧结空心砖和空心砌块》

体废弃物空心砖和空心砌块(G)。

3. 规格及要求

烧结空心砖和空心砌块的外形为直角六面体,混水墙用空心砖和空心砌块,应在大面和条面上设有均匀分布的粉刷槽或类似结构,深度不小于 2 mm。

烧结空心砖的外形为直角六面体,其长度、宽度、高度尺寸应符合下列要求:

长度规格尺寸(mm):390,290,240,190,180(175),140;

宽度规格尺寸(mm):190,180(175),140,115;

宽度规格尺寸(mm):180(175),140,115,90。

其他规格尺寸由供需双方协商确定。

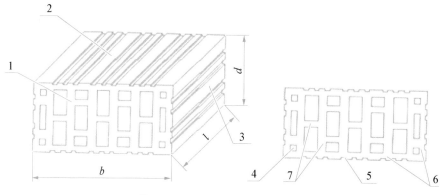

图 6 - 4　烧结空心砖和空心砌块

1—顶面;2—大面;3—条面;4—壁孔;5—粉刷槽;6—外壁;7—肋;*l*—长度;*b*—宽度;*d*—高度

4. 等级

(1) 强度等级

按抗压强度分为 MU10、MU7.5、MU5.0、MU3.5 四个等级,强度应符合表 6 - 8 的规定。

(2) 密度等级

空心砖和空心砌块的密度等级分为(kg/m³):800、900、1 000、1 100 四个等级。

表 6 - 8　烧结空心砖和空心砌块强度等级(GB/T 13545—2014)

强度等级	抗压强度/MPa		
	抗压强度平均值 $\bar{f} \geqslant$	变异系数 $\delta \leqslant 0.21$	变异系数 $\delta > 0.21$
		强度标准值 $f_k \geqslant$	单块最小抗压强度值 $f_{min} \geqslant$
MU10.0	10.0	7.0	8.0
MU7.5	7.5	5.0	5.8
MU5.0	5.0	3.5	4.0
MU3.5	3.5	2.5	2.8

5. 产品标记

空心砖和空心砌块的产品标记按产品名称、品种、规格(长度×宽度×高度)、密度等级、强度等级和标准编号顺序编写。

标记示例:规格尺寸 290 mm×190 mm×90 mm、密度 800 级、强度等级 MU7.5 的页岩空心砖,其标记为:

烧结空心砖 Y(290×190×90) 800 MU7.5 GB 13545—2014

6.孔洞排列及结构

孔洞排列及结构要求见表 6-9。

表 6-9 孔洞排列及结构

孔洞排列	孔洞排数/排		孔洞率/%	孔型
	宽度方向	高度方向		
有序或交错排列	$b \geqslant 200$ mm ≥4 $b < 200$ mm ≥3	≥2	≥40	矩形孔

在空心砖和空心砌块的外壁内侧宜设置有序排列的宽度或直径不大于 10 mm 的壁孔,壁孔的孔型为圆孔或矩形孔。

工程案例

6-3 烧结黏土砖在砌筑施工前为什么一定要浇水润湿?

分析 烧结黏土砖由于有很多毛细管,在干燥状态下吸水能力很强,使用时如果不浇水,砌筑砂浆中的水分便会很快被砖吸走,使砂浆和易性降低,操作时难以摊平铺实,再则由于砂浆中的部分水分被砖吸去,会导致早期脱水,而不能很好地起水化作用,使砖与砂浆的黏结力削弱,大大降低砂浆和砌体的抗压、抗剪强度,影响砌体的整体性和抗震性能。因此为使操作方便,使砂浆有一个适宜的硬化和强度增长的环境,保证砌体的质量,砖使用前必须浇水湿润。

评 浇水程度对普通砖、空心砖含水率以 10%~15% 为宜,灰砂砖、粉煤灰砖含水率以 5%~8% 为宜。从操作上讲,湿砖上墙操作好揉好挤,操作顺手,灰浆易饱满,灰缝易控制,墙面易做到平整,砌体规整。但是应注意的是浇水不宜过度(指饱和和接近饱和),砖过湿将给操作带来一定困难,会增大砂浆的流动性,砌体易滑动变形,易污染墙面,必须严加控制。

6.1.4 蒸压灰砂实心砖和实心砌块

1.蒸压灰砂砖实心砖和实心砌块

以砂和石灰为主要原料,允许掺入颜料和外加剂,经坯料制备、压制成型、高压蒸汽养护可制成蒸压灰砂砖。以磨细砂、石灰和石膏为胶结料,以砂为集料,经振动成型、高压蒸汽养护等工艺过程制成的密实硅酸盐砌块,简称灰砂砌块。

2.规格

蒸压灰砂实心砖(代号 LSSB)、蒸压灰砂实心砌块(代号 LSSU)、大型蒸压灰砂实心砌块(代号 LLSS),应考虑工程应用砌筑灰缝的宽度和厚度要求,由供需双方协商后,在订货合约中确定其表示尺寸。

建筑标准

《蒸压灰砂砖》

3.等级

按抗压强度分为 MU30、MU25、MU20、MU15、MU10 五个强度等级。

4.颜色

颜色分为:彩色(C)和本色(N)两类。

5.标记

产品按代号、颜色、等级、规格尺寸和标准编号的顺序进行标记。示例如下:

规格尺寸 240 mm×115 mm×53 mm,强度等级 MU15 的本色实心砖(标准砖),其标记为:

LSSB - N　MU15 240×115×53 GB/T 11945—2019

6.应用技术要求

蒸压灰砂实心砖和实习砌块是在高压下成型,又经过蒸压养护,砖体组织致密,具有强度高、大气稳定性好、干缩率小、尺寸偏差小、外形光滑平整等特性。灰砂砖色泽淡灰,如配入矿物颜料,则可制得各种颜色的砖,有较好的装饰效果。主要用于工业与民用建筑的墙体和基础。但产品不得用于长期受热200℃以上、受急冷急热和有酸性介质侵蚀的建筑部位。当开孔方向与使用承载方向一致时,其孔洞率不宜超过 10%。

6.1.5　蒸压粉煤灰砖

建筑标准

《蒸压粉煤灰砖》

蒸压粉煤灰砖是以粉煤灰、生石灰为主要原料,可掺加适量石膏等外加剂和其他集料,经胚料制备、压制成型、高压蒸汽养护而制成的砖,产品代号为 AFB。

1.产品规格

粉煤灰砖的外形为直角六面体,如图 6-5 所示,其规格为 240 mm×115 mm×53 mm,其他规格尺寸由供需双方协商后确定。

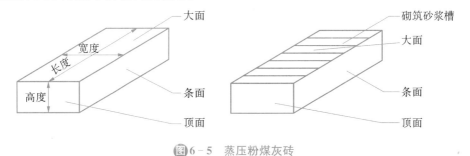

图 6-5　蒸压粉煤灰砖

2.产品等级

按抗压强度分为 MU10、MU15、MU20、MU25 和 MU30 五个等级,强度要求见表 6-10。

表 6-10　蒸压粉煤灰砖强度等级(JC/T 239—2014)　　　　　单位:MPa

强度级别	抗压强度		抗折强度	
	平均值≥	单块最小值≥	平均值≥	单块最小值≥
MU30	30.0	24.0	4.8	3.8
MU25	25.0	20.0	4.5	3.6
MU20	20.0	16.0	4.0	3.2

续表

强度级别	抗压强度		抗折强度	
	平均值≥	单块最小值≥	平均值≥	单块最小值≥
MU15	15.0	12.0	3.7	3.0
MU10	10.0	8.0	2.5	2.0

3. 标记

砖按产品代号(AFB)、规格尺寸、强度等级、标准编号的顺序进行标记。

示例：规格尺寸为 240 mm×115 mm×53 mm,强度等级为 MU15 的砖标记为：

AFB 240 mm×115 mm×53 mm MU15 JC/T 239

4. 应用

(1) 用于易受冻融和干湿交替作用的建筑部位,要进行抗冻性检验,抗冻性应符合表 6-11 规定,并采取适当措施,以提高建筑耐久性。

表 6-11　抗冻性

使用地区	抗冻指标	质量损失率	抗压强度损失率
夏热冬暖地区	D15		
夏热冬冷地区	D25	≤5%	≤25%
寒冷地区	D35		
严寒地区	D50		

(2) 用粉煤灰砖砌筑的建筑物,应适当增设圈梁及伸缩缝或采取其他措施,以避免或减少收缩裂缝的产生。

(3) 粉煤灰砖出釜后,应存放一段时间后再用,以减少相对伸缩量。

(4) 长期受高于 200℃温度作用,或受冷热交替作用,或有酸性侵蚀的建筑部位不得使用粉煤灰砖。

(5) 防潮层以下的砌体应采用强度等级不小于 MU20 的实心砖,强度等级不小于 M10 的水泥砂浆砌筑。防潮层以下及潮湿部位的墙体不得用软化系数小于 0.85 的蒸压粉煤灰砖。

任务 6.2　混凝土砌块

任务导入	● 混凝土砌块具有强度高,自重轻,砌筑方便,墙面平整度好,施工效率高等优点。混凝土砌块是由水泥、粗骨料(碎石或卵石)、细骨料(砂)、外加剂和水拌合,经硬化而成的一种人造石材。本任务主要学习混凝土砌块。
任务目标	➢ 了解蒸压加气混凝土砌块的规格、等级、技术性能要求及应用; ➢ 了解普通混凝土小型砌块的规格、等级、技术性能要求及应用; ➢ 了解轻集料混凝土小型空心砌块的规格、等级、技术性能要求及应用。

混凝土砌块是一种用混凝土制成的,外形多为直角六面体的建筑制品。主要用于砌筑

房屋、围墙及铺设路面等,用途十分广泛。

砌块是一种新型墙体材料,发展速度很快。由于砌块生产工艺简单,可充分利用工业废料,砌筑方便、灵活,目前已成为代替黏土砖的最好制品。

砌块的品种很多,其分类方法也很多。① 按其外形尺寸可分为:小型砌块、中型砌块和大型砌块。② 按其材料品种可分为:普通混凝土砌块、轻集料混凝土砌块和硅酸盐混凝土砌块。③ 按有无孔洞可分为:实心砌块与空心砌块。④ 按其用途可分为:承重砌块和非承重砌块。⑤ 按使用功能可分为:带饰面的外墙体用砌块、内墙体用砌块、楼板用砌块、围墙砌块和地面用砌块等。

以下主要介绍蒸压加气混凝土砌块和普通混凝土小型砌块等。

建筑标准

《蒸压加气混凝土砌块》

6.2.1 蒸压加气混凝土砌块

蒸压加气混凝土是以硅质材料和钙质材料为主要原材料,掺加发气剂及其他调节材料,通过配料浇注、发气静停、切割、蒸压养护等工艺制成的多孔轻质硅酸盐建筑制品。蒸压加气混凝土中用于墙体砌筑的矩形块材称为蒸压加气混凝土砌块。

1. 分类

砌块按尺寸偏差分为Ⅰ型和Ⅱ型。Ⅰ型适用于薄灰缝砌筑,Ⅱ型适用于厚灰缝砌筑。

砌块按抗压强度分为 A1.5、A2.0、A2.5、A3.5、A5.0 五个级别。强度 A1.5、A2.0 适用于建筑保温。

砌块按干密度分为 B03、B04、B05、B06、B07 五个级别。干密度级别 B03、B04 适用于建筑保温。干密度是指砌块试件在 105℃温度下烘至恒质测得的单位体积的质量。

2. 规格

常用规格尺寸见表 6-12。

表 6-12 砌块的规格尺寸(GB 11968—2020)　　　　　　　　单位:mm

长度 L	宽度 B	高度 H
600	100　120　125 150　180　200 240　250　300	200　240　250　300

注:如需要其他规格,可由供需双方协商确定。

3. 标记

产品以蒸压加气混凝土砌块代号(AAC-B)、强度和干密度分级、规格尺寸和标准编号进行标记。示例:抗压强度为 A3.5、干密度为 B05、规格尺寸为 600 mm×200 mm×250 mm 的蒸压加气混凝土Ⅰ型砌块,其标记为:

    AAC-B　A3.5　B05　600×200×250(Ⅰ)　GB 11968

4. 使用注意事项

如果没有有效措施,加气混凝土砌块不得使用于以下部位:

① 建筑物±0.000 以下的室内;② 长期浸水或经常受干湿交替部位;③ 经常受碱化学物质侵蚀的部位;④ 表面温度高于80℃的部位。

6.2.2　普通混凝土小型砌块

普通混凝土小型砌块是指以水泥、矿物掺合料、砂、石、水等为原材料,经搅拌、振动成型、养护等工艺制成的小型砌块,包括空心砌块和实心砌块。

普通混凝土小型砌块包括主块型砌块和辅助砌块。主块型砌块外形为直角六面体,长度尺寸为 400 mm 减砌筑时竖灰缝厚度,砌块高度尺寸为 200 mm 减砌筑时水平灰缝厚度,条面是封闭完好的砌块。

辅助砌块是与主块型砌块配套使用的,特殊形状与尺寸的砌块,分为空心和实心两种,包括各种异形砌块,如圈梁砌块、一端开口的砌块、七分头块,半块等。

1. 规格

砌块的外形宜为直角六面体,常用块型的规格尺寸见表 6 - 13。

表 6 - 13　砌块的规格尺寸(GB/T 8239—2014)　　　　　　　单位:mm

长　度	宽　度	高　度
390	90、120、140、190、240、290	90、140、190

注:其他规格尺寸可由供需双方协商确定。采用薄灰缝砌筑的块型,相关尺寸可作相应调整。

2. 种类

砌块按空心率分为空心砌块(空心率不小于 25%,代号:H)和实心砌块(空心率小于 25%,代号:S)。

砌块按使用时砌筑墙体的结构和受力情况,分为承重结构用砌块(代号:L。简称承重砌块)、非承重结构用砌块(代号:N。简称非承重砌块)。

常用的辅助砌块代号分别为:半块—50,七分头块—70,圈梁块—U,清扫块孔—W。

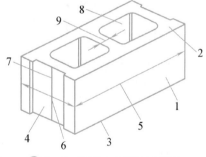

图 6 - 6　混凝土小砌块示意图

1—条面;2—坐浆面;3—铺浆面;4—顶面;
5—长度;6—宽度;7—高度;8—壁;9—肋

3. 等级

普通混凝土小型砌块按抗压强度分级。

表 6 - 14　砌块的强度等级(GB/T 8239—2014)　　　　　　　单位:MPa

砌块种类	承重砌块(L)	非承重砌块(N)
空心砌块(H)	7.5、10.0、15.0、20.0、25.0	5.0、7.5、10.0
实心砌块(S)	15.0、20.0、25.0、30.0、35.0、40.0	10.0、15.0、20.0

4. 标记

砌块按下列顺序标记:砌块种类、规格尺寸、强度等级(MU)、标准代号。

规格尺寸为 390×mm×190 mm×190 mm、强度等级 MU15.0,承重结构用实心砌块,其标记为:

LS 390×190×190 MU15.0 GB/T 8239—2014

5. 主要技术性能及质量指标

（1）外观质量

砌块的外观质量应符合表 6-15 的要求。

表 6-15　外观质量（GB/T 8239—2014）

项目名称		技术指标
弯曲	不大于	2 mm
缺棱掉角	个数　不超过	1 个
	三个方向投影尺寸的最大值　不大于	20 mm
裂纹延伸的投影尺寸累计	不大于	30 mm

（2）尺寸偏差

砌块的尺寸允许偏差应符合表 6-16 的规定。对于薄灰缝砌块，其高度允许偏差应控制在 +1 mm、-2 mm。

表 6-16　尺寸偏差（GB/T 8239—2014）　　　　　　　　　　　　　单位：mm

项目名称	技术指标
长度	±2
宽度	±2
高度	+3、-2

（3）普通混凝土小型砌块的抗压强度应符合表 6-17 的规定。

表 6-17　混凝土小砌块的抗压强度（GB/T 8239—2014）　　　　　　单位：MPa

强度等级	砌块抗压强度		强度等级	砌块抗压强度	
	平均值≥	单块最小值≥		平均值≥	单块最小值≥
MU5.0	5.0	4.0	MU25	25.0	20.0
MU7.5	7.5	6.0	MU30	30.0	24.0
MU10	10.0	8.0	MU35	35.0	28.0
MU15	15.0	12.0	MU40	40.0	32.0
MU20	20.0	16.0			

（4）承重空心砌块的最小外壁厚应不小于 30 mm，最小肋厚应不小于 25 mm。非承重空心砌块的最小外壁厚和最小肋厚应不小于 20 mm。

（5）混凝土小砌块的抗冻性在夏热冬暖地区应达到 D15，夏热冬冷地区应达到 D25。其吸水率应达到：L 类砌块的吸水率应≤10%；N 类砌块的吸水率应≤14%。碳化系数和软化系数应不小于 0.85。

（6）用途与使用注意事项

① 用途：混凝土小砌块主要用于各种公用建筑或民用建筑以及工业厂房等建筑的内外体。

② 使用注意事项：

a. 小砌块采用自然养护时,必须养护28 d后方可使用;b. 出厂时小砌块的相对含水率必须严格控制在标准规定范围内;c. 小砌块在施工现场堆放时,必须采取防雨措施;d. 砌筑前,小砌块不允许浇水预湿。

6.2.3　轻集料混凝土小型空心砌块

轻集料混凝土是以陶粒、膨胀珍珠岩、浮石、火山渣、煤渣以及炉渣等各种轻粗细集料和水泥按一定比例混合,经搅拌成型、养护而成的干表观密度不大于1 950 kg/m³的轻质混凝土。混凝土轻集料小型空心砌块是用轻集料混凝土制成的小型空心砌块。

1. 类别

按砌块的排孔数可分为:单排孔、双排孔、三排孔及四排孔。图6-7即为三排孔轻骨料混凝土空心砌块的示意图。

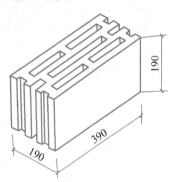

图6-7　三排孔轻集料混凝土空心砌块示意图

目前,普遍采用的是煤矸石混凝土空心砌块和炉渣混凝土空心砌块。其主规格尺寸为390 mm×190 mm×190 mm。其他规格尺寸可由供需双方商定。

2. 强度等级与密度等级

根据轻集料混凝土小型空心砌块的抗压强度可分为MU2.5、MU3.5、MU5.0、MU7.5、MU10.0五个强度级别。

根据密度不同,砌块密度等级分为八级:700、800、900、1 000、1 100、1 200、1 300、1 400。

3. 标记

轻集料混凝土小型空心砌块(LB)按代号、类别(孔的排数)、密度等级、强度等级、标准编号的顺序进行标记。

示例:符合GB/T 15229—2011,双排孔,800密度等级,3.5强度等级的轻集料混凝土小型空心砌块标记为:

LB 2 800 MU3.5 GB/T 15229—2011

4. 主要技术性能和质量指标

轻集料混凝土小型空心砌块的技术性能及质量指标应符合国家标准GB/T 15229—2011各项指标的要求。

(1)轻集料混凝土小型空心砌块的尺寸允许偏差和外观质量应分别符合表6-18规定;

建筑标准

《轻集料混凝土小型空心砌块》

表6-18　尺寸偏差和外观质量(GB/T 15229—2011)

项　目		指标
尺寸偏差/mm	长度	±3
	宽度	±3
	高度	±3
最小外壁厚/mm	用于承重墙体　≥	30
	用于非承重墙体　≥	20

项 目			指标
肋厚/mm	用于承重墙体	≥	25
	用于非承重墙体	≥	20
缺棱掉角	个数/块	≤	2
	三个方向投影的最大值/mm	≤	20
裂纹延伸的累计尺寸/mm		≤	30

（2）轻集料混凝土小型空心砌块的密度等级应满足表6-19规定。强度等级应满足表6-20的规定。

其他如相对含水率、抗冻性等也应满足标准规定。

表6-19　密度等级(GB/T 15229—2011)

密度等级	干表观密度范围/kg·m⁻³	密度等级	干表观密度范围/kg·m⁻³
700	≥610,≤700	1 100	≥1 010,≤1 100
800	≥710,≤800	1 200	≥1 110,≤1 200
900	≥810,≤900	1 300	≥1 210,≤1 300
1 000	≥910,≤1 000	1 400	≥1 310,≤1 400

表6-20　强度等级(GB/T 15229—2011)

强度等级	砌块抗压强度等级/MPa		密度等级范围/kg·m⁻³
	平均值≥	最小值≥	
2.5	2.5	2.0	≤800
3.5	3.5	2.8	≤1 000
5.0	5.0	4.0	≤1 200
7.5	7.5	6.0	≤1 200ª
			≤1 300ᵇ
10.0	10.0	8.0	≤1 200ª
			≤1 400ᵇ

注：当砌块的抗压强度同时满足2个强度等级或2个以上强度等级要求时,应以满足要求的最高强度等级为准。
　①除自燃煤矸石掺量不小于砌块质量35%以外的其他砌块；
　②自燃煤矸石掺量不小于砌块质量35%的砌块。

5. 用途

轻集料混凝土小型空心砌块是一种轻质高强能取代普通黏土砖的最有发展前途的墙体材料之一。主要用于工业与民用建筑的外墙及承重或非承重的内墙。也可用于有保温及承重要求的外墙体。

任务 6.3　其他新型墙体材料

任务导入	● 随着社会发展,国家实行墙体改革政策,以实现保护土地、节约能源的目的。近几年在社会上出现的新型墙体材料种类越来越多。本任务主要学习新型墙体材料。
任务目标	➤ 了解自保温混凝土复合砌块的性能及应用; ➤ 了解聚苯模块保温墙体的性能及应用。

6.3.1　自保温混凝土复合砌块

自保温混凝土复合砌块是通过在骨料中加入轻质骨料和(或)在实心混凝土块孔洞中填插保温材料等工艺生产的,其所砌筑墙体具有保温功能,简称自保温砌块(SIB)。

1. 类别

按自保温砌块复合类型可分为Ⅰ、Ⅱ、Ⅲ三类。Ⅰ类是指在骨料中复合轻质骨料制成的自保温砌块;Ⅱ类是指在孔洞中填插保温材料制成的自保温砌块;Ⅲ类是指在骨料中复合轻质材料且在孔洞中填插保温材料制成的自保温砌块。

按自保温砌块孔的排数分为① 单排孔、② 双排孔、③ 多排孔三类。

2. 等级

(1) 自保温砌块密度等级分为九级:500、600、700、800、900、1 000、1 100、1 200、1 300。

(2) 自保温砌块强度等级分为五级:MU3.5、MU5.0、MU7.5、MU10.0、MU15.0。

(3) 自保温砌块砌体当量导热系数等级分为七级:EC10、EC15、EC20、EC25、EC30、EC35、EC40。

(4) 自保温砌块当量蓄热系数等级分为七级:ES1、ES2、ES3、ES4、ES5、ES6、ES7。

3. 标记

自保温砌块的标记由自保温混凝土复合砌块产品代号、复合类型、孔排数、密度等级、当量导热系数等级、当量蓄热系数和本标准编号八部分组成。

标记示例:复合类型为Ⅱ类、双排孔、密度等级为 1 000、强度等级为 MU5.0、当量导热系数等级为 EC20、当量蓄热系数等级为 ES4 的自保温砌块标记为:

SIB Ⅱ(2) 1000 MU5.0 EC20 ES4 JG/T 407—2013

4. 主要组成材料要求

(1) 水泥

水泥应符合 GB 175—2007 的规定。

(2) 普通骨料

粗骨料碎石、卵石最大粒径不宜大于 10 mm,其他应符合《建设用卵石、碎石》(GB/T 14685—2011)的规定;细骨料小于 0.15 mm 的颗粒含量不应大于 20%,其他应符合《建设用砂》(GB/T 14684—2011)的规定。

(3) 轻质骨料

粉煤灰陶粒、黏土陶粒、页岩陶粒、天然轻骨料、超轻陶粒、自燃煤矸石轻骨料和黏土砖渣应符合《轻集料及其试验方法第 1 部分:轻集料》(GB/T 17431.1—2010)的规定;非煅烧粉煤灰轻骨料的 SO_3 含量还应小于 1%,烧失量小于 15%。最大粒径不宜大于 10 mm。

膨胀珍珠岩应符合《膨胀珍珠岩》(JC/T 209—2012),堆积密度不宜低于 80 kg/m³。聚苯颗粒应符合表 6-21 的规定。

表 6-21 聚苯颗粒主要技术指标

项　　目	技术指标
堆积密度/kg·m⁻³	8.0～21.0
粒度(5 mm 筛孔筛余)/%	≤5

(4)填插材料

填插用模数聚苯乙烯泡沫塑料(EPS)、挤塑聚苯乙烯塑料(XPS);填孔用聚苯颗粒保温浆料;填孔用泡沫混凝土等。

5. 规格

自保温砌块的主规格长度为 390 mm、290 mm,宽度为 190 mm、240 mm、280 mm,高度为 190 mm,其他规格尺寸由供需双方商定。

6. 应用

自保温砌块进场时均应有质量证明文件、型式检验报告,并按要求进行查检和复验,合格后方可采用。

同一单位工程使用的自保温砌块应为同一厂家生产的同一品种产品。自保温砌块在工厂内的自然养护龄期或蒸汽养护后的停放时间不应少于 28 d。

自保温砌块产品宜包装出厂,采用托板装运,当雨、雪天运输自保温砌块时,应采取防雨雪措施;应采取防止自保温砌块被油污等污染的措施。

堆放自保温砌块的场地应事先硬化平整,并应采取防潮、防雨雪等措施,不同规格型号、强度等级的自保温砌块应分类堆放及标识,堆置高度不宜超过 1.6 m。

砌入自保温砌块墙体内的各种建筑构配件、埋设件、钢筋网片、拉结筋等应预制及加工;各种金属类拉结件、支架等预埋铁件应进行防锈处理,并应按不同型号、规格分别存放。

自保温墙体的施工应在前道工序验收合格后进行。

6.3.2　聚苯模块保温墙体

聚苯模块(EPS 模块),按原材料不同分为普通聚苯模块和石墨聚苯模块两种(简称普通模块或石墨模块)。普通模块是指由可发性聚苯乙烯珠粒加热发泡后,再通过工厂标准化生产设备一次加热聚合成型制得的周边均有插接企口或搭接裁口、内外表面有均匀分布燕尾槽和铸印永久性标识的聚苯乙烯泡沫塑料。石墨模块是由石墨可发性聚苯乙烯珠粒经加热发泡后,按普通模块生产工艺制造的外观为灰黑颜色的聚苯乙烯泡沫塑料型材或构件。

聚苯模块按建筑类别和建筑用途及建造工艺的需求,分为实体聚苯模块、空腔聚苯模块、空心聚苯模块。

1. 聚苯模块保温墙体系统

聚苯模块保温墙体是将聚苯模块与混凝土结构、钢结构、混合结构、木结构等有机结合,构成保温与结构一体化的建筑外墙。

聚苯模块保温墙体包括聚苯模块混凝土墙夹芯保温系统、聚苯模块混凝土外墙保温系统、空腔聚苯模块混凝土墙体、空心聚苯模块轻钢芯肋墙体、粘贴聚苯模块外墙保温系统。

聚苯模块混凝土墙夹芯保温系统是指将聚苯模块拼装组合成整体保温层,夹在厚度均不小于 50 mm 的混凝土防护面层或刚性不燃材料防护面层和结构墙之间,构成保温结构防火一体化的外墙。简称夹芯保温系统。

聚苯模块混凝土外墙保温系统是将聚苯模块拼装组合成混凝土墙的外侧免拆模板,混凝土浇筑后,构成保温结构一体化的外墙。简称外保温系统。

空腔聚苯模块混凝土墙体是将空腔聚苯模块拼装组合成有空腔的免拆模板系统,空腔内浇筑混凝土形成的保温与结构一体化的墙体。

空心聚苯模块轻钢芯肋墙体是将冷弯 C 型钢或热镀锌矩形钢管置入墙体空心模块预制凹槽,构成装配式工业与民用建筑的非承重墙。

粘贴聚苯模块外墙保温系统是将聚苯模块采用粘贴方式固定在基层墙体外侧或内侧构成的复合墙体。简称外墙粘贴系统。

2. 基本规定

夹芯保温系统、外墙保温系统、空腔聚苯模块混凝土墙体、空心聚苯模块轻钢芯肋墙体、外墙粘贴系统适用范围应符合下列规定:

夹芯保温系统可适用于各类工业与民用建筑的外墙。

外墙保温系统可适用于建筑高度不大于 50 m 新建公共建筑和高度不大于 100 m 新建住宅建筑。

空腔聚苯模块混凝土墙体可适用于耐火等级三级及以下、抗震设防烈度 8 度及以下、地上建筑高度 15 m 及以下、地上建筑层数 3 层及以下、无扶墙柱时建筑层高不大于 5.1 m 的工业与民用外墙。

空心聚苯模块轻钢芯肋墙体可适用于抗震设防烈度 8 度及以下、地上建筑层数 3 层及以下、地上建筑高度 12 m 及以下木结构、钢结构、混凝土框架结构民用房屋的非承重墙;还适用于火灾危险性类别丙类及以下、耐火等级三级及以下、抗震设防烈度 8 度及以下钢结构、混凝土框架结构工业建筑的非承重外墙。

外墙粘贴系统适用于建筑高度不大于 50 m 新建或既有公共建筑和建筑高度不大于 100 m 新建或既有住宅建筑的外墙保温。

3. 验收一般规定

聚苯模块保温墙体应按国家现行标准《建筑工程施工质量验收统一标准》(GB 50300—2013)、《建筑节能工程施工质量验收规范》(GB 50411—2007)和《外墙外保温工程技术规程》(JGJ 144—2019)的有关规定进行施工质量验收。聚苯模块进场应提供产品合格证和型式检验报告,并宜铸印生产企业的商标标识。

应对下列材料性能指标进行材料进场抽样复验或现场复验,抽样数量应按现行国家标准《建筑节能工程施工质量验收规范》(GB 50411—2007)执行。

(1) 聚苯模块的表观密度、导热系数、垂直于板面方向的抗拉强度。

(2) 泡沫玻璃模块密度、导热系数、垂直于板面方向的抗拉强度。

(3) 胶粘剂与聚苯模块和与干混抹灰砂浆防护面层的拉伸黏结强度。

(4) 干混抹灰砂浆的强度等级。

（5）耐碱玻纤网布单位面积质量、耐碱断裂强力和耐碱断裂强力保留率。

（6）锚栓施工现场拉拔强度测试。

（7）自密实混凝土扩展度测试。

6.3.3　纤维石膏空心大板复合墙体

纤维石膏空心大板是用玻璃纤维、石膏粉、水、添加剂等材料在工厂由专用设备生产的具有空腔的大板，可按设计要求切割成不同规格的构件。

纤维石膏空心大板复合墙体结构由纤维石膏空心大板空腔内全部填充具有高流动度、不离析以及高均匀性和稳定性，浇筑时依靠其自重流动无须振捣而达到密实的混凝土而形成的复合墙体的承重结构。自密实混凝土双板墙是采用两块同样的板并排安装形成的墙。

芯柱为在纤维石膏空心大板的空腔内填充自密实混凝土并按标准要求配置构造钢筋后形成的柱。

1. 技术指标

（1）墙板的标准尺寸应为 12 000 mm×3 000 mm×120 mm。

（2）墙板主要力学性能、物理性能指标应符合表 6-22 的规定。

表 6-22　墙板主要力学性能、物理性能指标

项　　目		单位	性能指标
力学性能	抗压强度	MPa	≥1
	抗折破坏荷载（单孔）	kN	>4
	24 h 单点吊挂力	N	≥800
	抗弯破坏荷载	—	≥1 倍板重
	抗冲击性	次	≥3
物理性能	面密度（干燥状态）	kg/m²	40±4
	传热系数	[W/(m·K)]	2.0
	隔声量	dB	>30
	质量吸水率	—	≤10%
	干燥收缩值	mm/m	≤0.25
	软化系数	—	≥0.6

（3）40 mm×40 mm×40 mm 的石膏试块抗压强度不应小于 12 MPa，40 mm×40 mm×160 mm 石膏试块抗折强度不应小于 5 MPa。

（4）玻璃纤维应采用 E 级玻璃纤维。

（5）灌芯纤维石膏空心大板的隔声性能不应小于 45 dB。

（6）纤维石膏空心大板应采用混凝土填充，灌芯后其面密度应大于 265 kg/m²。其热阻值不应小于 0.162 (m²·K)/W，传热系数不应大于 3.205 W/(m·K)。

2. 纤维石膏空心大板对混凝土及钢筋的要求

（1）纤维石膏空心大板复合墙体的全部空腔内细石混凝土的浇筑应采取切实有效的密

实成型措施,不得存在对混凝土强度有影响的缺陷,混凝土强度等级不应小于C20。

（2）纤维石膏空心大板复合墙体结构宜采用 HPB235、HRB335、HRB400 和 RRB400 钢筋。

（3）混凝土和钢筋的设计强度应符合现行国家标准《混凝土结构设计规范（2015 版）》（GB 50010—2010）的规定。

3. 建筑节能设计

纤维石膏空心大板复合墙体结构的节能设计,居住建筑在严寒和寒冷地区,应符合现行行业标准《严寒和寒冷地区居住建筑节能设计标准》（JGJ 26—2010）的有关规定;在夏热冬冷地区,应符合现行行业标准《夏热冬冷地区居住建筑节能设计标准》（JGJ 134—2010）的有关规定;在夏热冬暖地区,应符合现行行业标准《夏热冬暖地区居住建筑节能设计标准》（JGJ 75—2012）的有关规定;公共建筑应符合现行国家标准《公共建筑节能设计标准》（GB 50189—2015）的有关规定。居住建筑和公共建筑应符合现行行业标准《外墙外保温工程技术规范》（JGJ 144—2019）的规定,其防潮设计和夏季隔热要求应符合现行国家标准《民用建筑热工设计规范》（GB 50176—2018）的规定。

纤维石膏空心大板复合墙体结构的外墙、屋面、门窗、采暖空间与非采暖空间相邻的隔墙或楼板、不采暖楼梯间隔墙及伸缩缝两侧的外墙等保温性能必须符合工程建设地区传热系数限值要求。

纤维石膏空心大板复合墙体结构的外墙应采用外墙外保温做法。外墙挑出构件及附墙部件(包括阳台、雨篷、阳台栏板、空调室外机搁板等)均应采取隔断热桥和保温措施;门窗口周边外侧墙面应采取保温措施。

拓展知识

练习题

一、填空题

1. 用于墙体的材料,主要有＿＿＿＿、＿＿＿＿和板材三类。

2. 砌墙砖按有无孔洞和孔洞率大小分为＿＿＿＿、＿＿＿＿和＿＿＿＿三种;按生产工艺不同分为＿＿＿＿和＿＿＿＿。

3. 烧结普通砖按照所用原材料不同主要分为＿＿＿＿、＿＿＿＿、＿＿＿＿、＿＿＿＿、建筑渣土砖,淤泥砖、污泥砖、固体废弃物砖。

4. 烧结普通砖的标准尺寸为＿＿＿＿mm×＿＿＿＿mm×＿＿＿＿mm。＿＿＿＿块砖长、＿＿＿＿块砖宽、＿＿＿＿块砖厚,分别加灰缝＿＿＿＿＿,其长度均为 1 m。理论上,1 m³ 砖砌体大约需要砖＿＿＿＿块。

5. 烧结普通砖按抗压强度分为＿＿＿＿、＿＿＿＿、＿＿＿＿、＿＿＿＿、＿＿＿＿五个强度等级。

6. 建筑工程中常用的非烧结砖有＿＿＿＿、＿＿＿＿、炉渣砖等。

二、简述题

1. 烧结普通砖在砌筑前为什么要浇水使其达到一定的含水率?

2. 烧结普通砖按焙烧时的火候可分为哪几种? 各有何特点?

3. 烧结多孔砖、空心砖与实心砖相比,有何技术经济意义?

本章自测及答案

中英文对照

第 7 章
建筑钢材

本章电子资源

✖ 背景材料

金属材料具有强度高、密度大、易于加工、导热和导电性良好等特点,可制成各种铸件和型材、能焊接或铆接、便于装配和机械化施工。因此,金属材料广泛应用于铁路、桥梁、房屋建筑等各种工程中,是主要的建筑材料之一。尤其是近年来,高层和大跨度结构迅速发展,金属材料在建筑工程中的应用越来越多。

用于建筑工程中的金属材料主要是建筑钢材。建筑钢材,是指用于工程建设的各种钢材,包括钢结构用的各种型钢、钢板,钢筋混凝土用的各种钢筋、钢丝、钢绞线。钢材作为结构材料具有优异的力学性质,它具有较高的强度,良好的塑性和韧性,材质均匀,性能可靠,具有承受冲击和振动荷载的能力,可切割、焊接、铆接或螺栓连接,因此在建筑工程中得到广泛的应用。

本章主要介绍金属材料的分类、技术性质、性能检测及应用等方面的知识。

✖ 学习目标

◇ 掌握建筑钢材的分类和用途
◇ 掌握建筑钢材的技术性质
◇ 了解化学成分对建筑钢材性能的影响
◇ 掌握建筑钢材的主要品种、牌号及主要特性
◇ 掌握钢材的性能检测方法

任务 7.1 钢的冶炼及钢的分类

任务导入	● 钢材是现代建筑最常用的建筑材料之一,它是由生铁冶炼而成,品种繁多,是经济建设中极为重要的金属材料。本任务主要学习钢的冶炼及钢的分类。
任务目标	➤ 了解钢材的冶炼方法及特点; ➤ 掌握钢材不同的分类方法及使用范围。

7.1.1 钢的冶炼

把铁矿石、熔剂(石灰石)、燃料(焦炭)在高炉中经过还原反应和造渣反应可得到铁。此时碳、磷和硫等杂质的含量较高。所以铁性能脆、强度低、塑性和韧性差,即生铁又硬又脆,不能用焊接、锻造、轧制等方法加工。

将铁在炼钢炉中进一步熔炼,并供给足够的氧气,通过炉内的高温氧化作用,部分碳

被氧化成一氧化碳气体而逸出,其他杂质形成氧化物进入炉渣中除去,这个过程称为炼钢。

在冶炼过程中,由于氧化作用时部分铁被氧化,钢在熔炼过程中不可避免有部分氧化铁残留在钢水中,降低了钢的质量。因此在炼钢后期精炼时,需在炉内或钢包中加入脱氧剂锰(Mn)、硅(Si)、铝(Al)、钛(Ti)进行脱氧处理,使氧化铁还原为金属铁。钢水经脱氧后才能浇铸成钢锭,轧制成各种钢材。

根据脱氧方法和脱氧程度的不同,钢材可分为:沸腾钢(F)、镇静钢(Z)和特殊镇静钢(TZ)。

沸腾钢是一种脱氧不完全的钢,一般在钢锭模中,钢水中的氧和碳作用生成一氧化碳,产生大量一氧化碳气体,引起钢水沸腾,故称沸腾钢。钢中加入锰铁和少量的铝作为脱氧剂,冷却快,有些有害气体来不及逸出,钢的结构不均匀,晶粒粗细不一,质地差,偏析度大,但表面平整清洁,生产效率高,成本低。

镇静钢除采用锰(Mn)脱氧外,再加入硅铁和铝进行完全脱氧,在浇注和凝固过程中,钢水呈静止状态,故称镇静钢。冷却较慢,当凝固时碳和氧之间不发生反应,各种有害物质易于逸出,品质较纯,结构均匀,晶粒组织紧密坚实,偏析度小,成本高,质量好,在相同的炼钢工艺条件下屈服强度比沸腾钢高。

特殊镇静钢其质量最好,适用于特别重要的结构工程。

7.1.2　钢材的分类

钢的品种繁多,为了便于掌握和选用,现将钢的一般分类归纳如下:

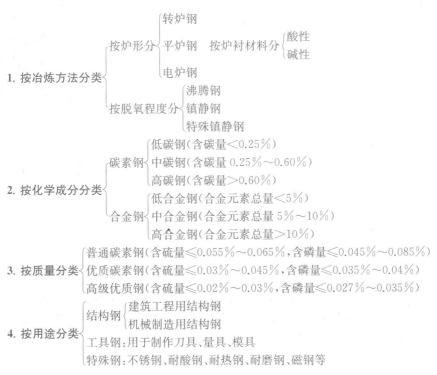

任务 7.2　钢材的主要技术性能

任务导入	● 钢材的性能主要包括力学性能、工艺性能和化学性能。只有了解、掌握钢材的各种性能，才能做到正确、经济、合理地选择和使用钢材。本任务主要学习钢材的主要性能。
任务目标	➤ 掌握钢材拉伸性能、冲击韧性、硬度；疲劳强度的概念； ➤ 钢材的冷弯性能和焊接性能。

钢材的性能主要包括力学性能、工艺性能和化学性能等。力学性能包括拉伸性能、塑性、硬度、冲击韧性、疲劳强度等。工艺性能反映钢材在加工制造过程中所表现出来的性质，如冷弯性能、焊接性能等。

7.2.1　钢材的力学性能

1. 拉伸性能

抗拉性能是表示钢材性能的重要指标。钢材抗拉性能采用拉伸试验测定。

将低碳钢(软钢)制成一定规格的试件，放在万能试验机上进行拉伸试验，可以绘出如图7-1所示的应力-应变关系曲线。钢材的拉伸性能就可以通过该图来表示。从图中可以看出，低碳钢受拉至拉断，全过程可划分为四个阶段：弹性阶段(OA)、屈服阶段(AB)、强化阶段(BC)和颈缩阶段(CD)。

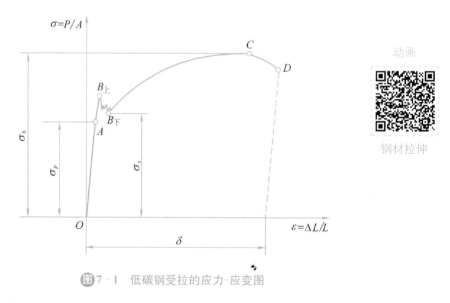

动画

钢材拉伸

图 7-1　低碳钢受拉的应力-应变图

（1）弹性阶段

曲线中 OA 段是一条直线，应力与应变成正比。如卸去外力，试件能恢复原来的形状，这种性质即为弹性，此阶段的变形为弹性变形。与 A 点对应的应力称为弹性极限，以 σ_p 表示。应力与应变的比值为常数，即弹性模量 E，$E=\sigma/\varepsilon$，单位 MPa。弹性模量反映钢材抵抗弹性变形的能力，是计算结构受力变形的重要指标。

（2）屈服阶段

应力超过 A 点后，应力、应变不再成正比关系，开始出现塑性变形。应力增长滞后于应变的增长,当应力达到 $B_{上}$ 点后(上屈服点),瞬时下降至 $B_{下}$ 点(下屈服点),变形迅速增加,而此时外力则大致在恒定的位置上波动,直到 B 点。这就是所谓的"屈服现象",似乎钢材不能承受外力而屈服,所以 AB 段称为屈服阶段。与 $B_{下}$ 点(此点较稳定,易测定)对应的应力称为屈服点(屈服强度),用 σ_s 表示。

钢材受力大于屈服点后,会出现较大的塑性变形,已不能满足使用要求,因此屈服强度是设计中钢材强度取值的依据,是工程结构计算中非常重要的一个参数。

(3) 强化阶段

当应力超过屈服强度后,由于钢材内部组织中的晶格发生了畸变,阻止了晶格进一步滑移,钢材得到强化,所以钢材抵抗塑性变形的能力又重新提高,$B{\rightarrow}C$ 呈上升曲线,称为强化阶段。对应于最高点 C 的应力值(σ_b)称为极限抗拉强度,简称抗拉强度。

显然,σ_b 是钢材受拉时所能承受的最大应力值,屈服强度和抗拉强度之比(即屈强比 = σ_s/σ_b)能反映钢材的利用率和结构安全可靠程度。屈强比越小,其结构的安全可靠程度越高,但屈强比过小,又说明钢材强度的利用率偏低,造成钢材浪费。建筑结构合理的屈强比一般为 $0.60{\sim}0.75$。

《混凝土结构工程施工质量验收规范》(GB 50204—2015)规定:热轧带肋钢筋的抗拉强度实测值与屈服强度实测值的比值不应小于 1.25,钢筋的屈服强度实测值与屈服强度标准值的比值不应大于 1.30,最大力下总伸长率不应小于 9%。

(4) 颈缩阶段　试件受力达到最高点 C 点后,其抵抗变形的能力明显降低,变形迅速发展,应力逐渐下降,试件被拉长,在有杂质或缺陷处,断面急剧缩小,直至断裂。故 CD 段称为颈缩阶段。

中碳钢与高碳钢(硬钢)的拉伸曲线与低碳钢不同,屈服现象不明显,难以测定屈服点,则规定产生残余变形为原标距长度的 0.2% 时所对应的应力值,作为硬钢的屈服强度,也称条件屈服点,用 $\sigma_{0.2}$ 表示,如图 7-2 所示。

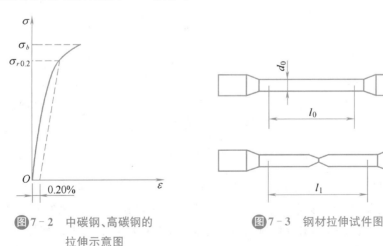

图 7-2　中碳钢、高碳钢的拉伸示意图　　　图 7-3　钢材拉伸试件图

钢材的拉伸性能指标

(1) 强度指标

屈服强度或屈服点:

$$\sigma_s = \frac{F_s}{A_0}$$

钢材的拉伸性能

抗拉强度或强度极限：
$$\sigma_b = \frac{F_b}{A_0}$$

式中：σ_s、σ_b—分别为钢材的屈服强度和抗拉强度，MPa；F_s、F_b—分别为钢材拉伸时的屈服荷载和极限荷载，N；A_0—钢材试件的初始横截面积，mm^2。

（2）塑性指标

伸长率：
$$\delta = \frac{l_1 - l_0}{l_0} \times 100\%$$

式中：l_1—试件断裂后标距的长度，mm；l_0—试件的原标距（$l_0 = 5d_0$ 或 $l_0 = 10d_0$），mm；δ—伸长率（当 $l_0 = 5d_0$ 时，为 δ_5；当 $l_0 = 10d_0$ 时，为 δ_{10}）。

伸长率是衡量钢材塑性的重要指标，δ 越大，则钢材的塑性越好。伸长率大小与标距大小有关，对于同一种钢材，塑性变形在试件标距内的分布是不均匀的，颈缩处的变形最大，离颈缩部位越远其变形越小。通常以 δ_5 和 δ_{10} 分别表示 $L_0 = 5d_0$ 和 $L_0 = 10d_0$ 时的伸长率（d_0 为钢材直径）。对于同一种钢材，其 δ_5 大于 δ_{10}，钢材具有一定的塑性变形能力，可以保证钢材应力重分布，从而不致产生突然脆性破坏。

2. 冲击性能

冲击韧性是指钢材抵抗冲击荷载而不被破坏的能力。冲击韧性是通过标准试件的弯曲冲击韧性试验确定的。规范规定是以刻槽的标准试件，在冲击试验的摆锤冲击下，以破坏后缺口处单位面积上所消耗的功（J/cm^2）来表示，符号 α_K。如图 7 - 4 所示。α_K 越大，冲断试件消耗的能量越多，钢材的冲击韧性越好。

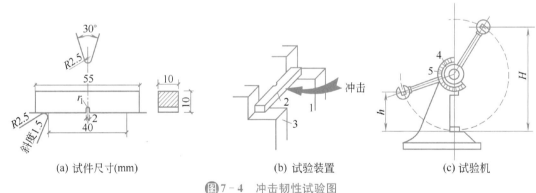

(a) 试件尺寸(mm)　　　　(b) 试验装置　　　　(c) 试验机

图 7 - 4　冲击韧性试验图

1—摆锤；2—试件；3—试验台；4—指针；5—刻度盘；
H—摆锤扬起高度；h—摆锤向后摆动高度

钢材的冲击韧性与钢的化学成分、内在缺陷、加工工艺有关。一般来说，钢中的硫、磷含量较高，夹杂物以及焊接中形成的微裂纹等都会降低冲击韧性。此外，钢的冲击韧性还受温度和时间的影响。试验表明，开始时随温度的下降，冲击韧性降低很小，此时破坏的钢件断口呈韧性断裂状；当温度降至某一温度范围时，α_K 突然发生明显下降，如图 7 - 5 所示，钢材开始呈脆性断裂，这种性质称为冷脆性，发生冷脆性时的温度称为脆性临界温度。它的数值越低，钢材的低温冲击性能越好。所以在负温下使用的结构，应当选用脆性临界温度较低的钢材。由于脆性临界温度的测定较复杂，故规范中通常是根据气温条件规定 －20℃ 或 －40℃ 的负温冲击指标。

钢材随时间的延长,强度提高,塑性和冲击韧性下降的现象称为时效。因时效作用,冲击韧性还将随时间的延长而下降。一般完成时效的过程可达数十年,但钢材如经冷加工或使用中受振动和荷载的影响,时效可迅速发展。因时效导致钢材性能改变的程度称时效敏感性。时效敏感性越大的钢材,经过时效后冲击韧性的降低就越显著。为了保证安全,对于承受动荷载的重要结构,应当选用时效敏感性小的钢材。

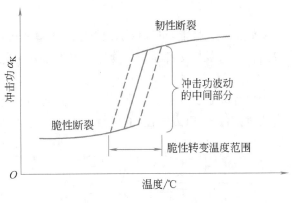

图7-5 钢的脆性转变温度

因此,对于直接承受动荷载,而且可能在负温下工作的重要结构,必须按照有关规范要求进行钢材的冲击韧性检验。

3. 疲劳强度

钢材承受交变荷载的反复作用时,可能在远低于抗拉强度时突然发生破坏,这种破坏称为疲劳破坏。钢材疲劳破坏的指标用疲劳强度,或称疲劳极限表示。疲劳强度是试件在交变应力作用下,不发生疲劳破坏的最大应力值,一般把钢材承受交变荷载 $10^6 \sim 10^7$ 次时不发生破坏的最大应力作为疲劳强度。在设计承受反复荷载且须进行疲劳验算的结构时,应当了解所用钢材的疲劳强度。

研究表明,钢材的疲劳破坏是拉应力引起的,首先在局部开始形成微细裂纹,其后由于裂纹尖端处产生应力集中而使裂纹迅速扩展直至钢材断裂。因此,钢材的内部成分的偏析和夹杂物的多少以及最大应力处的表面光洁程度、加工损伤等,都是影响钢材疲劳强度的因素。疲劳破坏经常是突然发生的,因而具有很大的危险性,往往造成严重事故。

4. 硬度

硬度是指金属材料抵抗硬物压入表面的能力。即材料表面抵抗塑性变形的能力。通常与抗拉强度有一定的关系。目前测定钢材硬度的方法很多,相应的有布氏硬度(HB)和洛氏硬度(HRC)。常用的方法是布氏法,其硬度指标是布氏硬度值。

布氏法的测定原理是:用直径为 D/mm 的淬火钢球以 P/N 的荷载将其压入试件表面,经规定的持续时间后卸载,即得直径为 d/mm 的压痕,以压痕表面积 F/mm^2 除载荷 P,所得的应力值即为试件的布氏硬度值 HB,以数字表示,不带单位。图7-6为布氏硬度测定示意图。

各类钢材的 HB 值与抗拉强度之间有较好的相关性。材料的强度越高,塑性变形抵抗力越强,硬度值也就越大。

建筑钢材常以屈服强度、抗拉强度、伸长率、冲击韧性等性质作为评定牌号的依据。

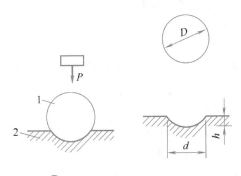

图7-6 布氏硬度试验原理图

1—钢球;2—试件;P—施加于钢球上的荷载;D—钢球直径;d—压痕直径;h—压痕深度

7.2.2　钢材的工艺性能

良好的工艺性能,可以保证钢材顺利通过各种加工,而使钢材制品的质量不受影响。冷弯、冷拉、冷拔及焊接性能均是建筑钢材的重要工艺性能。

1. 冷弯性能

冷弯性能是反映钢材在常温下受弯曲变形的能力。其指标是以试件弯曲的角度 α 和弯心直径对试件厚度(或直径)的比值(d/a)来表示,如图 7-7 和图 7-8 所示。

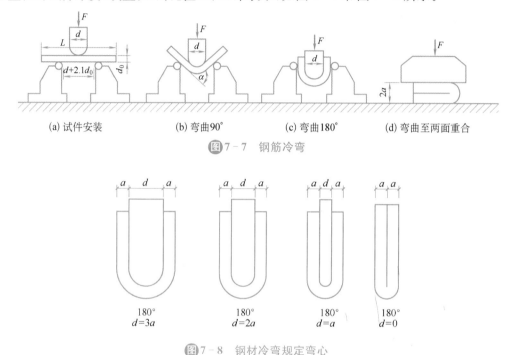

(a) 试件安装　　(b) 弯曲90°　　(c) 弯曲180°　　(d) 弯曲至两面重合

图 7-7　钢筋冷弯

180°
$d=3a$　　180°$d=2a$　　180°$d=a$　　180°$d=0$

图 7-8　钢材冷弯规定弯心

冷弯试验是按规定的弯曲角度和弯心直径进行试验,试件的弯曲处不发生裂缝、裂断或起层,即认为冷弯性能合格。冷弯时的弯曲角度越大、弯心直径越小,则表明其冷弯性能越好。

相对于伸长率而言,冷弯是对钢材塑性更严格的检验,它能揭示钢材是否存在内部组织不均匀、内应力和夹杂物等缺陷。并且能揭示焊件在受弯表面存在未熔合、微裂纹及夹杂物等缺陷。

2. 焊接性能

焊接是各种型钢、钢板、钢筋的重要连接方式。焊接结构质量取决于焊接工艺、焊接材料及钢材本身的焊接性能,焊接性能好的钢材,焊口处不易形成裂纹、气孔、夹渣等缺陷;焊接后的焊头牢固,硬脆倾向小,特别是强度不低于原有钢材。

钢材可焊性是指焊接后在焊缝处的性能与母材性质的一致程度。影响钢材可焊性的主要因素取决于钢的化学成分及含量。含碳量超过 0.3% 时,可焊性显著下降;特别是硫含量较多时,会使焊缝处产生裂纹并硬脆,严重降低焊接质量。正确地选用焊接材料和焊接工艺是提高焊接质量的主要措施。

钢筋焊接应注意的问题是:冷拉钢筋的焊接应在冷拉之前进行;焊接部位应清除铁锈、

熔渣、油污等;应尽量避免不同国家的进口钢筋之间或进口钢筋与国产钢筋之间的焊接。

工程案例

7-1 为什么说屈服点(σ_s)、抗拉强度(σ_b)和伸长率(δ)是建筑工程用钢的重要技术性能指标?

解 屈服点(σ_s)是结构设计时取值的依据,表示钢材在正常工作时承受应力不超过 σ_s 值;屈服点与抗拉强度的比值(σ_s/σ_b)称为屈强比。它反映钢材的利用率和使用中的安全可靠程度;

伸长率(δ)表示钢材的塑性变形能力。钢材在使用中,为避免正常受力时在缺陷处产生应力集中发生脆断,要求其塑性良好,即具有一定的伸长率,可以使缺陷处应力超过 σ_s 时,随着发生塑性变形使应力重分布,而避免结构物的破坏。

评 常温下将钢材加工成一定形状,也要求钢材要具有一定塑性(伸长率)。但伸长率不能过大,否则会使钢材在使用中发生超过允许的变形值。

7-2 什么是钢材的冷弯性能? 它的表示方法及实际意义是什么?

解 冷弯性能是指钢材在常温下承受弯曲变形的能力。钢材的冷弯性能,常用弯曲的角度、弯心直径 d 与试件直径(或厚度 a)的比值来表示。弯曲角度愈大,d/a 愈小,说明试件受弯程度愈高。当按规定的弯曲角度和 d/a 值对试件进行冷弯时试件受弯处不发生裂缝、断裂或起层,即认为冷弯性能合格。

冷弯性能表示钢材在常温下易于加工而不破坏的能力。其实质反映了钢材内部组织状态、含有内应力及杂质等缺陷的程度。因此,可以利用冷弯的方法,使焊口处受到不均匀变形,来检验建筑钢材各种焊接接头的焊接质量。

评 钢材的冷弯性能和伸长率均是塑性变形能力的反映。但伸长率是在试件轴向均匀变形条件下测定的,而冷弯性能则是在更严格条件下钢材局部变形的能力。它可揭示钢材内部结构是否均匀,是否存在内应力和夹杂物等缺陷。

7-3 一钢材试件,直径为 25 mm,原标距为 125 mm,做拉伸试验,当屈服点荷载为 201.0 kN,达到最大荷载为 250.3 kN,拉断后测的标距长为 138 mm,求该钢筋的屈服点、抗拉强度及拉断后的伸长率。

答案 (1)屈服强度:

$$\sigma_S = \frac{F_S}{A} = \frac{201.0 \times 10^3}{1/4 \times \pi \times 25^2} = 409.7 \text{ MPa}$$

(2)抗拉强度:

$$\sigma_S = \frac{F_b}{A} = \frac{250.3 \times 10^3}{1/4 \times \pi \times 25^2} = 510.2 \text{ MPa}$$

(3)伸长率:

$$\delta = \frac{l - l_0}{l_0} \times 100\% = \frac{138 - 125}{125} \times 100\% = 10.4\%$$

任务 7.3 冷加工强化与时效对钢材性能的影响

任务导入	● 钢材在加工过程中,冷加工强化和时效对其性能有着重要的影响。本任务主要学习钢材的冷加工强化与时效处理。
任务目标	➤ 了解冷加工强化概念及作用; ➤ 了解时效处理的作用。

7.3.1 冷加工强化处理

冷加工强化是钢材在常温下,以超过其屈服点但不超过抗拉强度的应力对其进行的加工。建筑钢材常用的冷加工有冷拉、冷拔、冷轧、刻痕等。对钢材进行冷加工的目的,主要是利用时效提高强度,利用塑性节约钢材,同时也达到调直和除锈的目的。

钢材在超过弹性范围后,产生明显的塑性变形,使强度和硬度提高,而塑性和韧性下降,即发生了冷加工强化。在一定范围内,冷加工导致的变形程度越大,屈服强度提高越多,塑性和韧性降低得越多。如图 7-9 所示,钢材未经冷拉的应力-应变曲线为 $OBKCD$,经冷拉至 K 点后卸荷,则曲线回到 O' 点,再受拉时其应力应变曲线为 $O'K_1C_1D_1$,此时的屈服强度比未冷拉前的屈服强度高出许多。

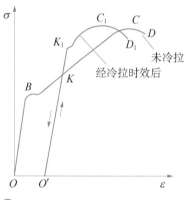

图 7-9 钢筋冷拉应力-应变曲线图

7.3.2 时效

钢材经冷加工后,在常温下存放 15～20 d 或加热至 100～200℃,保持 2 h 左右,其屈服强度、抗拉强度及硬度进一步提高,而塑性及韧性继续降低,这种现象称为时效。前者称为自然时效,后者称为人工时效。

任务 7.4 钢材的化学性能

任务导入	● 钢材的化学成分对钢材性能和质量有一定的影响。钢材在使用和保管过程中,往往会生锈,严重时会导致钢材的性能发生变化。本任务主要学习钢材的化学性能。
任务目标	➤ 掌握影响钢材性能的有益元素和有害元素; ➤ 了解不同成分对化学成分的影响; ➤ 了解钢材的生锈机理及防护方法。

7.4.1 不同化学成分对钢材性能的影响

钢是铁碳合金,由于原料、燃料、冶炼过程等因素使钢材中存在大量的其他元素,如硅、硫、磷、氧等,合金钢是为了改性而有意加入一些元素,如锰、硅、矾、钛等。

1. 碳

碳是决定钢材性质的主要元素。对钢材力学性质影响如图 7-10 所示。当含碳量低于 0.8％时，随着含碳量的增加，钢的强度和硬度提高，而塑性及韧性降低。同时，还将使钢的冷弯、焊接及抗腐蚀等性能降低，并增加钢的冷脆性和时效敏感性，降低抗大气腐蚀能力。

2. 硅

硅是我国钢筋用钢材中的主要添加合金元素，炼钢时起脱氧作用。当硅含量小于 1％时，随着含量的加大可提高钢材的强度、疲劳极限、耐腐蚀性和抗氧化性，而对塑性和韧性影响不明显。

3. 锰

锰能消减硫和氧引起的热脆性，改善热加工性能，显著提高钢的强度，但其含量不得大于 1％，否则可降低塑性及韧性，可焊性变差，耐腐蚀性降低。

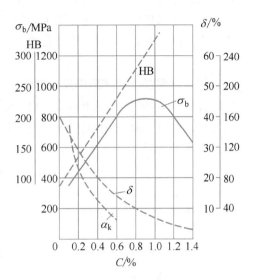

图 7-10 含碳量对热轧碳素钢的影响

4. 磷

磷是有害元素，含量提高钢材的强度、硬度提高，塑性和韧性显著降低。特别是温度越低，对塑性和韧性影响越大。磷在钢中偏析作用强烈，使钢材冷脆性增大，并显著降低钢材的可焊性。但磷可提高钢材的耐磨性和耐腐蚀性，在低合金钢中可配合其他元素作为合金元素使用。

5. 硫

硫是有害元素，呈非金属硫化物夹杂物存在钢中，降低钢材的各种机械性能。硫在钢的热加工时易引起钢的脆裂，称为热脆性。硫的存在还使钢的冲击韧度、疲劳强度、可焊性及耐蚀性降低。因此，硫的含量要严格控制。

6. 氧

氧是钢中有害元素，会降低钢材的机械性能，特别是韧性。氧有促进时效倾向的作用。氧化物所造成的低熔点使钢材的可焊性变差。

7. 氮

氮对钢材性质的影响与碳、磷相似，会使钢材强度提高，塑性特别是韧性显著下降。

8. 钛

钛是强脱氧剂。可显著提高钢的强度，稍降低强塑性。由于钛能细化晶粒，故可改善韧性。钛能减少时效倾向，改善焊接性能。

7.4.2　钢材生锈及防护

钢材的锈蚀，指其表面与周围介质发生化学反应或电化学作用而遭到侵蚀而破坏的过程。

钢材在存放中严重锈蚀，不仅截面积减小，而且局部锈坑的产生，可造成应力集中，促进结构破坏。尤其在有冲击载荷、循环交变荷载的情况下，将产生锈蚀疲劳现象，使疲劳强度大为降低,出现脆性断裂。

根据钢材表面与周围介质的不同作用,锈蚀可分为下述两类:

1. 化学锈蚀

化学锈蚀指钢材表面与周围介质直接发生反应而产生锈蚀。这种腐蚀多数是氧气作用,在钢材的表面形成疏松的氧化物。在常温下,钢材表面被氧化,形成一层薄薄的、钝化能力很弱的氧化保护膜,在干燥环境下化学腐蚀进展缓慢,对保护钢筋是有利的。但在湿度和温度较高的条件下,这种腐蚀进展很快。

2. 电化学锈蚀

建筑钢材在存放和使用中发生的锈蚀主要属于这一类。例如,存放在湿润空气中的钢材,表面被一层电解质水膜所覆盖。由于表面成分、晶体组织不同、受力变形、平整度差等的不均匀性,使邻近局部产生电极电位的差别,构成许多微电池,在阳极区,铁被氧化成 Fe^{2+} 离子进入水膜中。由于水中溶有来自空气的氧,故在阴极区氧将被还原为 OH^- 离子。两者结合成为不溶于水的 $Fe(OH)_2$,并进一步氧化成为疏松易剥落的红棕色铁锈 $Fe(OH)_3$。因为水膜离子浓度提高,阴极放电快,锈蚀进行较快,故在工业大气的条件下,钢材较容易锈蚀。钢材锈蚀时,伴随体积增大,最严重的可达原体积的 6 倍。在钢筋混凝土中,会使周围的混凝土胀裂。

埋于混凝土中的钢筋,因处于碱性介质的条件(新浇混凝土的 pH 值约为 12.5 或更高),而形成碱性氧化保护膜,故不致锈蚀。但应注意,当混凝土保护层受损后碱度降低,或被一些卤素离子,特别是氯离子强烈地促进锈蚀反应,对保护钢筋是不利的,它们能破坏保护膜,使锈蚀迅速发展。

3. 钢材的防锈

(1) 保护层法

在钢材表面施加保护层,使钢与周围介质隔离,从而防止生锈。保护层可分为金属保护层和非金属保护层。

金属保护层是用耐蚀性较强的金属,以电镀或喷镀的方法覆盖钢材表面,如镀锌、镀锡、镀铬等。

非金属保护层是用有机或无机物质作保护层。常用的是在钢材表面涂刷各种防锈涂料,常用底漆有红丹,环氧富锌漆,铁红环氧底漆,磷化底漆等;面漆有灰铅油,醇酸磁漆,酚醛磁漆等。此外还可采用塑料保护层、沥青保护层及搪瓷保护层等,薄壁钢材可采用热浸镀锌或镀锌后加涂塑料涂层,这种方法效果最好,但价格较高。

涂刷保护层之前,应先将钢材表面的铁锈清除干净,目前一般的除锈方法有三种:钢丝刷除锈、酸洗除锈及喷砂除锈。

钢丝刷除锈采取人工用钢丝刷或半自动钢丝刷将钢材表面的铁锈全部刷去,直至露出金属表面为止。这种方法的工作效率较低,劳动条件差,除锈质量不易保证。酸洗除锈是将钢材放入酸洗槽内,分别除去油污,铁锈,直至构件表面全呈铁灰色,并清除干净,保证表面无残余酸液。这种方法较人工除锈彻底,工效亦高。若酸洗后作磷化处理,则效果更好。喷砂除锈是将钢材通过喷砂机将其表面的铁锈清除干净,直至金属表面呈灰白色为止,不得存在黄色。这种方法除锈比较彻底,效率亦高,在较发达的国家中已普及采用,是一种先进的除锈方法。

（2）制成合金钢

钢材的化学性能对耐锈蚀性有很大影响。如在钢中加入合金元素铬、镍、钛、铜等，制成不锈钢，可以提高耐锈蚀能力。

工程案例

7-4　简述碳元素对钢材基本组织和性能的影响规律。

解　碳素钢中基本组织的相对含量与其含 C 量关系密切，当含 C 量小于 0.8% 时，钢的基本组织由铁素体和珠光体组成，其间随着含 C 量提高，铁素体逐渐减少而珠光体逐渐增多，钢材则随之强度、硬度逐渐提高而塑性、韧性逐渐降低。

当含 C 量为 0.8% 时，钢的基本组织仅为珠光体。当含 C 量大于 0.8% 时，钢的基本组织由珠光体和渗碳体组成，此后随含 C 量增加，珠光体逐渐减少而渗碳体相对渐增，从而使钢的硬度逐渐增大而塑性、韧性逐渐减小，且强度下降。

任务 7.5　常用建筑钢材

任务导入	● 建筑钢材的种类及规格繁多，如何辨析钢材的种类是技术人员必须具备的技能。本任务主要学习常用建筑钢材。
任务目标	➤ 掌握普通碳素钢和低合金高强度结构钢的牌号表示方法、技术要求及应用； ➤ 掌握热轧钢筋、冷轧带肋钢筋、余热处理钢筋、预应力混凝土用钢丝、高强度钢绞线的种类、性能及应用； ➤ 了解钢结构用钢材的性能及应用。

建筑钢材可分为钢筋混凝土用钢和钢结构用钢。

7.5.1　主要钢种

1. 普通碳素结构钢

普通碳素结构钢简称碳素结构钢。它包括一般结构钢和工程用热轧钢板、钢带、型钢等。现行国家标准《碳素结构钢》(GB/T 700—2006)具体规定了它的牌号表示方法、代号和符号、技术要求、试验方法和检验规则等。

（1）牌号表示方法

钢的牌号由代表屈服强度的字母 Q、屈服强度数值、质量等级和脱氧程度四个部分按顺序组成。标准中规定：碳素结构钢按屈服强度的数值(MPa)分为 195、215、235 和 275 共四种；按硫磷杂质的含量由多到少分为 A、B、C、D 四个质量等级；按照脱氧程度不同分为特殊镇静钢(TZ)、镇静钢(Z)和沸腾钢(F)。对于镇静钢和特殊镇静钢，在钢的牌号中予以省略。如 Q235AF，表示屈服强度为 235 MPa 的 A 级沸腾钢；Q235C 表示屈服点为 235 MPa 的 C 级镇静钢。

（2）技术要求

碳素结构钢的技术要求包括化学成分、力学性能、冶炼方法、交货状态及表面质量五个方面，碳素结构钢的化学成分、力学性能和冷弯性能试验指标应分别符合表 7-1、表 7-2、表 7-3 的要求。

表 7-1 碳素结构钢的化学成分(GB/T 700—2006)

牌号	统一数字代号[a]	等级	厚度(或直径)/mm	脱氧方法	化学成分(质量分数)/%,不大于				
					C	Si	Mn	P	S
Q195	U11952	—	—	F、Z	0.12	0.30	0.50	0.035	0.040
Q215	U12152	A	—	F、Z	0.15	0.35	1.20	0.045	0.050
	U12155	B							0.045
Q235	U12352	A	—	F、Z	0.22	0.35	1.40	0.045	0.050
	U12355	B		F、Z	0.20[b]			0.045	0.045
	U12358	C		Z	0.17			0.040	0.040
	U12359	D		TZ				0.035	0.035
Q275	U12572	A	—	F、Z	0.25	0.35	1.50	0.045	0.050
	U12755	B	≤40	Z	0.21			0.045	0.045
			>40		0.22				
	U12758	C	—	Z	0.20			0.040	0.040
	U12759	D		TZ				0.035	0.035

a 表中为镇静钢、特殊镇静钢牌号的统一数字,沸腾钢牌号的统一数字代号如下:
Q195F——U11950;
Q215AF——U12150,Q215BF——U12153;
Q235AF——U12350,Q235BF——U12353;
Q275AF——U12750。
b 经需方同意,Q235B的碳含量可不大于0.22%。

表 7-2 碳素结构钢的力学性能(GB/T 700—2006)

牌号	等级	拉 伸 试 验												温度/℃	V形冲击功(纵向)/J
		屈服点 σ_s/MPa(不小于)						抗拉强度 σ_b/MPa	断后伸长率 δ_5/%(不小于)						
		钢材厚度(或直径)/mm							钢材厚度(直径)/mm						
		≤16	>16~40	>40~60	>60~100	>100~150	>150~200		≤40	>40~60	>60~100	>100~150	>150		
		≥							≥						≥
Q195	—	195	185	—	—	—	—	315~430	33	—	—	—	—	—	—
Q215	A	215	205	195	185	175	165	335~450	31	30	29	27	26	—	—
	B													+20	27
Q235	A	235	225	215	215	195	185	375~500	26	25	24	22	21	—	—
	B													+20	27
	C													0	
	D													−20	

牌号	等级	拉 伸 试 验												温度/℃	V形冲击功(纵向)/J
		屈服点 σ_s/MPa(不小于)						抗拉强度 σ_b/MPa	断后伸长率 δ_5/%(不小于)						
		钢材厚度(或直径)/mm							钢材厚度(直径)/mm						
		≤16	>16~40	>40~60	>60~100	>100~150	>150~200		≤40	>40~60	>60~100	>100~150	>150		
		≥							≥						≥
Q275	A	275	265	255	245	225	215	410~540	22	21	20	18	17	—	27
	B													+20	
	C													0	
	D													—20	

表 7-3 碳素结构钢的冷弯试验指标(GB/T 700—2006)

牌 号	试样方向	冷弯试验 $B=2a$ 180°	
		钢材厚度(或直径)/mm	
		≤60	>60~100
		弯心直径 d	
Q195	纵 横	0 0.5a	—
Q215	纵 横	0.5a a	1.5a 2a
Q235	纵 横	a 1.5a	2a 2.5a
Q275	纵 横	1.5a 2a	2.5a 3a

注:B 为式样宽度,a 为钢材厚度(或直径)。

碳素结构钢的冶炼方法采用氧气转炉、平炉或电炉。一般为热轧状态交货,表面质量也应符合有关规定。

（3）钢材的性能

从表7-2、表7-3中可知,钢材随钢号的增大,碳含量增加,强度和硬度相应提高,而塑性和韧性则降低。

建筑工程中应用广泛的是 Q235 号钢。其含碳量为 0.14%~0.22%,属低碳钢,具有较高的强度,良好的塑性、韧性及可焊性,综合性良好,能满足一般钢结构和钢筋混凝土用钢要求,且成本较低。在钢结构中主要使用 Q235 钢轧制成的各种型钢、钢板。

Q195、Q215 号钢,强度低,塑性和韧性较好,易于冷加工,常用作钢钉、铆钉、螺栓及铁丝等。Q215 号钢经冷加工后可代替 Q235 号钢使用。

Q275 号钢,强度较高,但塑性、韧性较差,可焊性也差,不易焊接和冷弯加工,可用于轧制钢筋、作螺栓配件等,但更多用于机械零件和工具等。

2. 低合金高强度结构钢

低合金高强度结构钢是在碳素结构钢的基础上,添加少量的一种或几种合金元素(总含量小于5%)的一种结构钢。尤其近年来研究采用铌、钒、钛及稀土金属微合金化技术,不但大大提高了强度,改善了各项物理性能,而且降低了成本。

(1) 牌号的表示方法

根据国家标准《低合金高强度结构钢》(GB/T 1591—2018)规定,低合金高强度结构钢所加元素主要有锰、硅、钒、钛、铌、铬、镍及稀土元素。低合金高强度结构钢的交货状态有三种,热轧、正火或正火轧制、热机械轧制。热轧钢、正火或正火轧制状态的低合金高强度结构钢共有四个牌号,热机械轧制状态的低合金高强度结构钢共有八个牌号。低合金高强度结构钢牌号的表示方法由代表屈服强度"屈"字的汉语拼音首字母Q、规定的最小上屈服强度数值、交货状态代号(AR、N或M)、质量等级符号(B、C、D、E、F)四个部分组成。

示例:Q355ND 其中:

Q——钢的屈服强度"屈"字的汉语拼音首字母;

355——规定的最小上屈服强度数值,单位为兆帕(MPa);

N——交货状态为正火或正火轧制;AR——交货状态为热轧,未经任何特殊轧制和(或)热处理;M——交货状态为热机械轧制;当交货状态为热轧时,代号可省略;

D——质量等级为D级。

当需方要求钢板具有厚度方向性能时,则在上述规定的牌号后加上代表厚度方向(Z向)性能级别的符号,如:Q355NDZ25。

(2) 技术要求

标准与选用

不同交货状态的低合金高强度结构钢的力学性能见表7-4、表7-5、表7-6、表7-7。

表 7 - 4　热轧钢材的拉伸性能(GB/T 1591—2018)

牌号		上屈服强度 R_{eH}^a/MPa 不小于									抗拉强度 R_m/MPa			
钢级	质量等级	公称厚度或直径/mm												
		≤16	>16~40	>40~63	>63~80	>80~100	>100~150	>150~200	>200~250	>250~400	≤100	>100~150	>150~250	>250~400
Q355	B、C	355	345	335	325	315	295	285	275	—	470~630	450~600	450~600	—
	D									265[b]				450~600[b]
Q390	B、C、D	390	380	360	340	340	320	—	—		490~650	470~620	—	—
Q420[c]	B、C	420	410	390	370	370	350	—	—		520~680	500~650	—	—
Q460[c]	C	460	450	430	410	410	390	—	—		550~720	530~700	—	—

a 当屈服不明显时,可用规定塑性延伸强度 $R_{p0.2}$ 代替上屈服强度。

b 只适用于质量等级为 D 的钢板。

c 只适用于型钢和棒材。

表 7-5　热轧钢材的伸长率(GB/T 1591—2018)

牌号		断后伸长率 A/% 不小于						
钢级	质量等级	试样方向	≤40	>40~63	>63~100	>100~150	>150~250	>250~400
Q355	B、C、D	纵向	22	21	20	18	17	17[a]
		横向	20	19	18	18	17	17[a]
Q390	B、C、D	纵向	21	20	20	19	—	—
		横向	20	19	19	18	—	—
Q420[b]	B、C	纵向	20	19	19	19	—	—
Q460[b]	C	纵向	18	17	17	17	—	—

a 只适用于质量等级为 D 的钢板。
b 只适用于型钢和棒材。

表 7-6　正火、正火轧制钢拉伸性能(GB/T 1591—2018)

牌号		上屈服强度 R_{eH}^{a}/MPa 不小于								抗拉强度 R_m/MPa			最后伸长率 A/% 不小于					
钢级	质量等级	公称厚度或直径/mm																
		≤16	>16~40	>40~63	>63~80	>80~100	>100~150	>150~200	>200~250	≤100	>100~200	>200~250	≤16	>16~40	>40~63	>63~80	>80~200	>200~250
Q355N	B、C、D、E、F	255	345	325	325	215	295	285	275	470~630	450~600	450~600	22	22	22	21	21	21
Q390N	B、C、D、E	390	380	360	340	340	320	310	300	490~650	470~620	470~620	20	20	20	19	19	19
Q420N	B、C、D、E	420	400	390	370	360	340	330	320	520~680	500~650	500~650	19	19	19	18	18	18
Q460N	C、D、E	460	440	430	410	400	380	370	370	540~720	530~710	510~690	17	17	17	17	17	16

注:正火状态包含正火加回火状态。
a 当屈服不明显时,可用规定塑性延伸强度 $R_{p0.2}$ 代替上屈服强度 R_{eH}。

表7-7　热机械轧制(TMCP)钢材的拉伸性能(GB/T 1591—2018)

牌号		上屈服强度 R_{eH}^a/MPa 不小于						抗拉强度 R_m/MPa					断后伸长率 A/% 不小于
		公称厚度或直径/mm											
钢级	质量等级	≤16	>16~40	>40~63	>63~80	>80~100	>100~120^b	≤40	>40~63	>63~80	>80~100	>100~120^b	
Q355M	B、C、D、E、F	355	345	335	325	325	320	470~630	450~610	440~600	440~600	430~590	22
Q390M	B、C、D、E	390	380	360	340	340	335	490~650	480~640	470~630	460~620	450~610	20
Q420M	B、C、D、E	420	400	390	380	370	365	520~680	500~660	480~640	470~630	460~620	19
Q460M	C、D、E	460	440	430	410	400	385	540~720	530~710	510~690	500~680	490~660	17
Q500M	C、D、E	500	490	480	460	450	—	610~770	660~760	590~750	540~730	—	17
Q550M	C、D、E	500	540	530	510	500	—	670~830	620~810	600~790	590~780	—	16
Q620M	C、D、E	620	610	620	580	—	—	710~880	690~880	670~860	—	—	15
Q690M	C、D、E	690	680	670	650	—	—	770~940	750~920	730~900	—	—	14

注:热机械轧制(TMCP)状态包含热机械轧制(TMCP)加回火状态。
a 当屈服不明显时,可用规定塑性延伸强度 $R_{p0.2}$ 代替上屈服强度 R_{eH}。
b 对于型钢和棒材,厚度或直径不大于 150 mm。

低合金高强度结构钢不但具有较高的强度,而且具有较好的塑性、韧性和可焊性。与碳素钢相比,强度高,自重轻,塑性、韧性、可焊性好,抗冲击性好,耐低温,耐腐蚀。在钢结构中常采用低合金高强度结构钢轧制型钢、钢板,建造桥梁、高层及大跨度建筑。

目前钢筋混凝土结构用钢主要有:热轧钢筋、冷轧带肋钢筋、余热处理钢筋和预应力混凝土用钢丝及钢绞线等。

7.5.2　钢筋混凝土用钢材

1. 热轧钢筋

热轧钢筋是建筑工程中用量最大的钢材品种之一,主要用于钢筋混凝土或预应力混凝土。不仅要求有较高的强度,而且应有良好的塑性、韧性和可焊性能。

热轧钢筋根据表面形状不同分为热轧光圆钢筋和热轧带肋钢筋两种。热轧光圆钢筋是横截面通常为圆形且表面为光滑的配筋用钢材,采用钢锭经热轧成型并自然冷却而成。热轧带肋钢筋是横截面为圆形,且表面通常有两条纵肋和沿长度方向均匀分布的横肋的钢筋。

热轧光圆钢筋的屈服强度特征值为 300 级。钢筋牌号的构成及其含义见表7-8,力学性能见表7-9,其截面形状见图7-11。

建筑标准

《钢筋混凝土用钢第 1 部分:热轧光圆钢筋》

表 7-8　热轧光圆钢筋牌号的构成

产品名称	牌号	牌号构成	英文字母含义
热轧光圆钢筋	HPB300	由 HPB＋屈服强度特征值构成	HPB—热轧光圆钢筋的英文(Hot rolled Plain Bars)缩写

表 7-9　热轧光圆钢筋的力学性能

牌号	下屈服强度 R_{eL}/MPa	抗拉强度 R_m/MPa	断后伸长率 A/%	最大力总延伸率 A_{gt}/%	冷弯试验180°
	不小于				
HPB300	300	420	25	10.0	$d=a$

注:d——弯芯直径;a——钢筋公称直径。

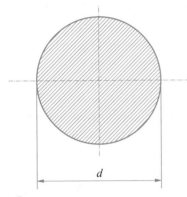

图 7-11　热轧光圆钢筋截面形状
d——钢筋直径

图 7-12　月牙肋钢筋(带纵肋)

热轧光圆钢筋的公称直径范围为 6 mm～22 mm,推荐的钢筋公称直径为 6 mm、8 mm、10 mm、12 mm、16 mm、20 mm。钢筋可按直条或盘卷交货。

热轧带肋钢筋横截面为圆形且表面通常有两条纵肋和沿长度方向均匀分布的横肋。按钢筋金相组织中晶粒度的粗细程度分为普通热轧带肋钢筋和细晶粒热轧带肋钢筋。热轧带肋钢筋按屈服强度特征值分为 400、500、600 级,其钢筋牌号的构成见表 7-10。

建筑标准

《钢筋混凝土用钢第 2 部分:热轧带肋钢筋》

表 7-10　热轧带肋钢筋牌号的构成

产品名称	牌号	牌号构成	英文字母含义
普通热轧钢筋	HRB400	由 HRB＋屈服强度特征值构成	HRB—热轧带肋钢筋的英文(Hot rolled Ribbed Bars)缩写 E-"地震"的英文(Earthquake)首位字母
	HRB500		
	HRB600	由 HRB＋屈服强度特征值构成＋E 构成	
	HRB400E		
	HRB500E		

产品名称	牌号	牌号构成	英文字母含义
细晶粒热轧钢筋	HRBF400	由 HRBF＋屈服强度特征值构成	HRBF－在热轧带肋钢筋的英文缩写后加"细"的英文(Fine)首位字母。E "地震"的英文(Earthquake)首位字母
	HRBF500		
	HRBF400E	由 HRBF＋屈服强度特征值构成＋E 构成	
	HRBF500E		

热轧带肋钢筋的公称直径范围为 6 mm～50 mm。

热轧带肋钢筋的公称横截面面积与理论重量见表 7-11。

表 7-11 公称横截面面积与理论重量

公称直径/mm	公称横截面面积/mm²	理论重量/kg·m⁻¹
6	28.27	0.222
8	50.27	0.395
10	78.54	0.617
12	113.1	0.888
14	153.9	1.21
16	201.1	1.58
18	254.5	2.00
20	314.2	2.47
22	380.1	2.98
25	490.9	3.85
28	615.8	4.83
32	804.2	6.31
36	1 018	7.99
40	1 257	9.87
50	1 964	15.42

注:理论重量按密度为 7.85 g/cm³ 结算。

热轧带肋钢筋的力学性能见表 7-12。

表 7-12 热轧带肋钢筋的力学性能

牌号	下屈服强度 R_{eL}/MPa	抗拉强度 R_m/MPa	断后伸长率 A/%	最大力总延伸率 A_{gt}/%	R_m^o/R_{eL}^o	R_{eL}^o/R_{eL}
			不小于			不大于
HRB400	400	540	16	7.5	—	—
HRBF400						
HRB400E			—	9.0	1.25	1.30
HRBF400E						

续表

牌号	下屈服强度 R_{eL}/MPa	抗拉强度 R_m/MPa	断后伸长率 A/%	最大力总延伸率 A_{gt}/%	R_m^o/R_{eL}^o	R_{eL}^o/R_{eL}
			不小于			不大于
HRB500	500	630	15	7.5	—	—
HRBF500						
HRB500E			—	9.0	1.25	1.30
HRBF500E						
HRB600	600	730	14	7.5		

注：R_m^o 为钢筋实测抗拉强度；R_{eL}^o 为钢筋实测下屈服强度。

热轧带肋钢筋的公称直径 28～40 mm；各牌号钢筋的断后伸长率可降低 1%；公称直径大于 40 mm 各牌号钢筋的断后伸长率可降低 2%。

热轧带肋钢筋的表面标志应符合下列规定：

钢筋应在表面轧上牌号标志、生产企业序号（许可证后 3 位数字）和公称直径毫米数字，还可轧上经注册的厂名或商标。

钢筋牌号以阿拉伯数字或阿拉伯数字加英文字母表示，HRB400、HRB500、HRB600 分别以 4、5、6 表示，HRBF400、HRBF500 分别以 C4、C5 表示，HRB400E、HRB500E 分别以 4E、5E 表示，HRBF400E、HRBF500E 分别以 C4E、C5E 表示。厂名以汉语拼音字头表示。公称直径以阿拉伯数字表示。

标志应清晰明了，标志的尺寸由供方按钢筋直径大小做适当规定，与标志相交的横肋可以取消。

钢筋可按理论重量交货，也可按实际重量交货。按理论重量交货时，理论重量为钢筋长度乘以钢筋的每米理论重量。

钢筋实际重量与理论重量的允许偏差应符合表 7－13 的规定。

表 7－13　钢筋实际重量与理论重量的允许偏差

公称直径/mm	实际重量与理论重量的偏差/%
6～12	±6.0
14～20	±5.0
22～50	±4.0

2. 冷轧带肋钢筋

热轧圆盘条经冷轧后，在其表面带有沿长度方向均匀分布的横肋，即成为冷轧带肋钢筋。

冷轧带肋钢筋按延性高低分为两类：冷轧带肋钢筋（CRB）和高延性冷轧带肋钢筋（CRB＋抗拉强度特征值＋H）。C、R、B、H 分别为冷轧（Cold rolled）、带肋（Ribbed）、钢筋（Bar）、高延性（High elongation）四个词的英文首位字母。

建筑标准

《冷轧带肋钢筋》

冷轧带肋钢筋分为 CRB550、CRB650、CRB800、CRB600H、CRB680H、CRB800H 六个牌号。CRB550、CRB600H 为普通混凝土用钢筋,CRB650、CRB800、CRB800H 为预应力混凝土用钢筋,CRB680H 既可作为普通混凝土用钢筋,也可作为预应力混凝土用钢筋使用。

冷轧带肋钢筋的力学性能见表 7-14。

表 7-14　冷轧带肋钢筋的力学性能

分类	牌号	规定塑性延伸强度 $R_{p0.2}$/MPa 不小于	抗拉强度 R_m/MPa 不小于	$R_m/R_{p0.2}$	断后伸长率/% 不小于		最大力总延伸率/% 不小于
					A	A_{100mm}	
普通混凝土用钢筋	CRB550	500	550	1.05	11.0	—	2.5
	CRB600H	540	600	1.05	14.0	—	5.0
	CRB680H	600	680	1.05	14.0	—	5.0
预应力混凝土用钢筋	CRB650	585	650	1.05	—	4.0	2.5
	CRB800	720	800	1.05	—	4.0	2.5
	CRB800H	720	800	1.05	—	7.0	4.0

CRB550、CRB600H、CRB680H 钢筋的公称直径范围为 4 mm～12 mm,CRB650、CRB800、CRB800H 公称直径为 4 mm、5 mm、6 mm。

冷轧钢筋应轧上明显的钢筋牌号标志,标志间距为横肋间距的两倍;高延性冷轧带肋钢筋还应在第三个标志间距内增加一条短横肋,钢筋表面还可轧上厂名或厂标。

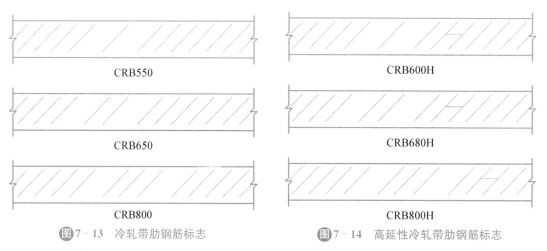

CRB550　　　　　　　　　　　　　　　CRB600H

CRB650　　　　　　　　　　　　　　　CRB680H

CRB800　　　　　　　　　　　　　　　CRB800H

图 7-13　冷轧带肋钢筋标志　　　　　图 7-14　高延性冷轧带肋钢筋标志

建筑标准

《钢筋混凝土用余热处理钢筋》

3. 钢筋混凝土用余热处理钢筋

钢筋混凝土用余热处理钢筋是指热轧后利用热处理原理进行表面控制冷却,并利用芯部余热自身完成回火处理的成品钢筋。

钢筋混凝土用余热处理钢筋按屈服强度特征值分为 400 级、500 级,按用途分为可焊和非可焊两种。

钢筋混凝土用余热处理钢筋牌号的构成及含义见表 7-15。

钢筋的公称直径范围为 8 mm～50 mm。RRB400、RRB500 钢筋推荐的公称直径为8 mm、10 mm、12 mm、16 mm、20 mm、25 mm、32 mm、40 mm、50 mm，RRB400W 钢筋推荐的公称直径为 8 mm、10 mm、12 mm、16 mm、20 mm、25 mm、32 mm、40 mm。

钢筋的力学性能见表 7-16。

带肋钢筋应在其表面轧上牌号标志，还可一次轧上经注册的厂名（或商标）和公称直径毫米数字。钢筋牌号以阿拉伯数字加英文字母表示，RRB400 以 K4 表示；RB500 以 K5 表示；RRB400W 以 KW4 表示。厂名以汉语拼音字头表示。公称直径毫米数以阿拉伯数字表示。公称直径不大于 10 mm 的钢筋，可不轧制标志，可采用挂标牌方法。标志应清晰明了，标志的尺寸由供方按钢筋直径大小适当规定，与标志相交的横肋可以取消。

表 7-15 钢筋混凝土用余热处理钢筋牌号的构成

类别	牌号	牌号构成	英文字母含义
余热处理钢筋	RRB400 RRB500	由 RRB＋规定的屈服强度特征值构成	RRB——余热处理钢筋的英文（Remained-heat-treatment Ribbed-steel Bar）缩写 W——焊接的英文缩写
	RRB400W	由 RRB＋规定的屈服强度特征值构成＋可焊	

表 7-16 钢筋混凝土用余热处理钢筋的力学性能

牌号	下屈服强度 R_{eL}/MPa	抗拉强度 R_m/MPa	断后伸长率 A/%	最大力总延伸率 A_{gt}/%
	不小于			
RRB400	400	540	14	5.0
RRB500	500	630	13	
RRB400W	430	570	16	7.5

注：时效后检验结果

4. 预应力混凝土用钢丝

预应力混凝土用钢丝按加工状态分为冷拉钢丝（代号为 WCD）和消除应力钢丝两类。

冷拉钢丝是用盘条通过拔丝模或轧辊经冷加工而成产品，以盘卷供货的钢丝。低松弛钢丝是指钢丝在塑性变形下（轴应变）进行短时热处理而得到的。

预应力混凝土用钢丝按外形分为光圆钢丝（代号为 P）、螺旋肋钢丝（代号为 H）和刻痕钢丝（代号为 I）三种。螺旋肋钢丝表面沿着长度方向上有规则间隔的肋条，如图 7-15 所示。刻痕钢丝表面沿着长度方向上有规则间隔的压痕，如图 7-16 所示。

建筑标准

《预应力混凝土用钢丝》

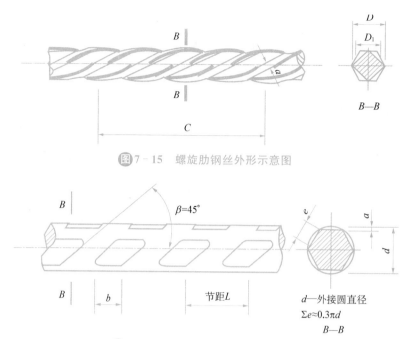

图 7 - 15　螺旋肋钢丝外形示意图

d—外接圆直径
$\Sigma e \approx 0.3\pi d$
B—B

图 7 - 16　三面刻痕钢丝外形示意图

5. 高强度钢绞线

高强度钢绞线是由若干根公称抗拉强度不低于 1 570 MPa 钢丝制成的钢绞线。

钢绞线按截面构造形式分类分为 1×7、1×19、1×37 和 $1\times n$,其中典型结构示意图及参数见表 7 - 17。根据供需双方协议,可制造其他结构和规格的钢绞线。

建筑标准

《建筑结构用高强度钢绞线》

表 7 - 17　钢绞线典型结构示意图及参数

钢绞线结构	钢绞线截面构造形式	钢绞线结构	钢绞线截面构造形式
1×7		1×37	
1×19		$1\times n$	1 2 3 4 N

注:$n=1+(1+2+3+4+5+\cdots+N)\times6=3N^2+3N+1$

式中:n—钢绞线中钢丝总根数;N—钢绞线钢丝层数(除中心钢丝外钢丝层数)。

钢绞线按其公称抗拉强度分为三级：1 570 MPa、1 670 MPa、1 770 MPa。

钢绞线按其钢丝镀层类别分为两类：镀锌（用"Zn"表示）钢绞线和锌－5％铝-稀土合金镀层（用"Zn-5％Al-RE"表示）钢绞线。

钢绞线的标记方法

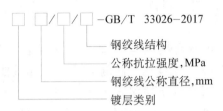

标记示例

示例 1：以符合 GB/T 33026—2017，公称直径为 φ52 mm，钢绞线结构为 1×127，公称抗拉强度为 1 670 MPa 的镀锌钢绞线为例，其标记为：

Zn52/1670/1×127-GB/T 33026—2017

示例 2：以符合 GB/T 33026—2017，公称直径为 φ52 mm，钢绞线结构为 1×127，公称抗拉强度为 1 570 MPa 的锌－5％铝-稀土合金钢绞线为例，其标记为：

Zn-5％Al-RE 52/1570/1×127-GB/T 33026—2017

7.5.3　钢结构用钢材

钢结构构件一般应直接先用各种型钢。构件之间可直接或附连接钢板进行连接。连接方式有铆接、螺栓连接或焊接。

1. 钢板

钢板分为厚钢板、薄钢板和扁钢。厚钢板厚度为 4.5～60 mm，宽度为 600～300 mm，长度为 4～12 m，用于制作焊接组合截面构件，如焊接工字形截面梁翼缘板、腹板等；薄钢板厚度为 0.35～4 mm，宽度为 500～1 500 mm，长度为 0.5～4 m，用于制作冷弯薄壁型钢；扁钢厚度为 3～60 mm，宽度为 10～200 mm，长度为 3～9 m，用于焊接组合截面构件的翼缘板、连接板、桁架节点板和制作零部件等。钢板的表示方法为"－宽度×厚度×长度"，如："－400×12×800"，单位为 mm。

2. 角钢

角钢分等边角钢和不等边角钢。不等边角钢的表示方法为"∟长边宽×短边宽×厚度"，如"∟100×80×8"，等边角钢表示为"∟边宽×厚度"，如∟100×8，单位为 mm。

3. 钢管

钢管分无缝钢管和焊接钢管两种，表示方法为"φ外径×壁厚"，如 φ180×4，单位为 mm。

4. 槽钢

槽钢有普通槽钢和轻型槽钢，用截面符号"["和截面高度（cm）表示，高度在 20 以上的槽钢，还用字母 a、b、c 表示不同的腹板厚度。如[30a，称"30 号"槽钢。号数相同的轻型槽钢与普通槽钢相比，其翼缘宽而薄，腹板也较薄。

5. 工字钢

工字钢有普通工字钢和轻型工字钢。用截面符号"I"和截面高度(cm)表示,高度在 20 以上的普通工字钢,用字母 a、b、c 表示不同的腹板厚度。如 I 20c,称"20 号"工字钢。腹板较薄的工字钢用于受弯构件较为经济。轻型工字钢的腹板和翼缘均比普通工字钢薄,因而在相同重量下其截面模量和回转半径较大。

6. H 型钢和剖分 T 型钢

H 型钢是目前广泛使用的热轧型钢,与普通工字钢相比,其特点是:翼缘较宽,故两个主轴方向的惯性矩相差较小;另外翼缘内外两侧平行,便于与其他构件相连。为满足不同需要,H 型钢有宽翼缘 H 型钢、中翼缘 H 型钢和窄翼缘 H 型钢,分别用标记 HW、HM 和 HN表示。各种 H 型钢均可剖分为 T 型钢,相应标记用 TW、TM、TN 表示。H 型钢和剖分 T 型钢的表示方法是:标记符号、高度×宽度 ×腹板厚度×翼缘厚度。例如,HM244×175×7×11,其剖分 T 型钢是 TM122×175×7×11,单位为 mm。

7. 薄壁型钢

薄壁型钢是用薄钢板经模压或冷弯而制成,其截面形式及尺寸可按合理方案设计。薄壁型钢的壁厚一般为 1.5～5 mm,用于承重结构时其壁厚不宜小于 2 mm。用于轻型屋面及墙面的压型钢板,钢板厚为 0.4～1.6 mm。薄壁型钢能充分利用钢材的强度,节约钢材,已在我国推广使用。

7.5.4 钢材的选用

1. 荷载性质

对经常处于低温的结构,易产生应力集中,引起疲劳破坏,需选用材质高的钢材。

2. 使用温度

经常处于低温状态的结构,钢材易发生冷脆断裂,特别是焊接结构,冷脆倾向更加显著,应该要求钢材具有良好的塑性和低温冲击韧性。

3. 连接方式

焊接结构当温度变化和受力性质改变时,易导致焊缝附近的母体金属出现冷、热裂纹,促使结构早期破坏,所以,焊接结构对钢材的化学成分和机械性能要求应严格。

4. 钢材厚度

钢材力学性能一般随厚度增大而降低,钢材经多次轧制后,钢的内部结晶组织更为紧密,强度更高,质量更好。故一般结构用的钢材厚度不宜超过 40 mm。

5. 结构重要性

选择钢材要考虑结构使用的重要性,如大跨度结构和重要的建筑物结构,须相应选用质量更好的钢材。

任务 7.6 建筑钢材的防火

| 任务导入 | ● 钢结构有一个致命弱点:抗火性能差。为了使钢结构在火灾中较长时间地保持强度和刚度,保障人们的生命和财产安全,在实际工程中采用了多种防火保护措施。本任务主要学习建筑钢材的防火。 |

任务目标	➢ 了解建筑钢材的耐火性； ➢ 钢结构防火涂料的分类、阻火原理及性能； ➢ 了解硬泡聚氨酯板的性能及应用。

火灾是一种违反人们意志，在时间和空间上失去控制的燃烧现象。燃烧的三个要素是：可燃物、氧化剂和点火源。一切防火与灭火措施的基本原理，就是根据物质燃烧的条件，阻止燃烧三要素同时存在，互相结合、互相作用。

建筑物是由各种建筑材料建造起来的，这些建筑材料高温下的性能直接关系到建筑物的火灾危险性大小，以及发生火灾后火势扩大蔓延的速度。对于结构材料而言，在火灾高温作用下力学强度的降低还直接关系到建筑的安全。

7.6.1 建筑钢材的耐火性

建筑钢材是建筑材料的三大主要材料之一。可分为钢结构用钢材和钢筋混凝土结构用钢筋两类。它是在严格的技术控制下生产的材料，具有强度大、塑性和韧性好、品质均匀、可焊可铆，制成的钢结构重量轻等优点。但就防火而言，钢材虽然属于不燃性材料，耐火性能却很差，耐火极限只有 0.15 h。

建筑钢材遇火后，力学性能的变化体现为：

1. 强度的降低

在建筑结构中广泛使用的普通低碳钢在高温下的性能如图 7-17 所示。抗拉强度在

250～300℃时达到最大值（由于蓝脆现象引起）；温度超过 350℃，强度开始大幅度下降，在 500℃ 时约为常温时的 1/2，600℃时约为常温时的 1/3。屈服点在 500℃ 时约为常温的 1/2。由此可见，钢材在高温下强度降低很快。此外，钢材的应力-应变曲线形状随温度升高发生很大变化，温度升高，屈服平台降低，且原来呈现的锯齿形状逐渐消失。当温度超过 400℃后，低碳钢特有的屈服点消失。

普通低合金钢是在普通碳素钢中加入一定量的合金元素冶炼成的。这种钢材在高温下的强度变化与普通碳素钢基本相同，在 200～300℃ 的温度范围内极限强度增加，当温度超过 300℃后，强度逐渐降低。

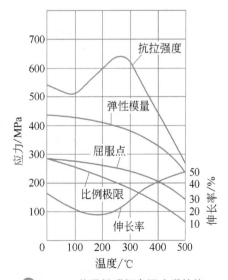

图 7-17 普通低碳钢高温力学性能

冷加工钢筋是普通钢筋经过冷拉、冷拔、冷轧等加工强化过程得到的钢材，其内部晶格构架发生畸变，强度增加而塑性降低，这种钢材在高温下，内部晶格的畸变随着温度升高而逐渐恢复正常，冷加工所提高的强度也逐渐减少和消失，塑性得到一定恢复。因此，在相同的温度下，冷加工钢筋强度降低值比未加工钢筋大很多。当温度达到 300℃时，冷加工钢筋强度约为常温时的 1/2；400℃时强度急剧下降，约为常温时的 1/3；500℃左右时，其屈服强度接近甚至小于

未冷加工钢筋的相应温度下的强度。

高强钢丝用于预应力钢筋混凝土结构。它属于硬钢,没有明显的屈服极限。在高温下,高强钢丝的抗拉强度的降低比其他钢筋更快。当温度在150℃以内时,强度不降低;温度达350℃时,强度降低约为常温时的1/2;400℃时强度约为常温时的1/3;500℃时强度不足常温时的1/5。

预应力混凝土构件,由于所用的冷加工钢筋的高强钢丝在火灾高温下强度下降,明显大于普通低碳钢筋和低合金钢筋,因此耐火性能远低于非预应力混凝土构件。

2. 变形的加大

钢材在一定温度和应力作用下,随时间的推移,会发生缓慢塑性变形,即蠕变。蠕变在较低温度时就会产生,在温度高于一定值时比较明显,对于普通低碳钢这一温度为300～350℃,对于合金钢为400～450℃,温度越高,蠕变现象越明显。蠕变不仅受温度的影响,而且也受应力大小影响。若应力超过了钢材在某一温度下屈服强度时,蠕变会明显增大。

普通低碳钢弹性模量、伸长率、截面收缩率随温度的变化情况如图7-17所示,可见高温下钢材塑性增大,易于产生变形。

钢材在高温下强度降低很快,塑性增大,加之其热导率大[普通建筑钢的热导率高达67.63 W/(m·K)],是造成钢结构在火灾条件下极易在短时间内破坏的主要原因。试验研究和大量火灾实例表明,一般建筑钢材的临界温度为540℃左右。而对于建筑物的火灾,火场温度大约在800～1 000℃。因此处于火灾高温下的裸露钢结构往往在10～15 min左右,自身温度就会上升到钢的极限温度540℃以上,致使强度和载荷能力急剧下降,在纵向压力和横向拉力作用下,钢结构发生扭曲变形,导致建筑物的整体坍塌毁坏。而且变形后的钢结构是无法修复的。

为了提高钢结构的耐火性能,通常可采用防火隔热材料(如钢丝网抹灰、浇注混凝土、砌砖块、泡沫混凝土块)包覆、喷涂钢结构防火涂料等方法。

7.6.2 钢结构防火涂料

钢结构防火涂料是指施涂于建(构)筑物钢结构表面,能形成耐火隔热保护层以提高钢结构耐火极限的涂料。该类防火涂料有密度小、热导率低的特性,所以在火焰作用下具有优良的隔热性能,可以使被保护的构件在火焰高温作用下材料强度降低缓慢,不易产生结构变形,从而提高被保护构件的耐火极限。

1. 钢结构防火涂料的分类
(1) 分类
① 按防火防护对象分
普通钢结构防火涂料:用于普通工业与民用建(构)筑物钢结构表面的防火涂;
特种钢结构防火涂料:用于特殊建(构)筑物(如石油化工设施、变配电站等)钢结构表面的防火涂料。
② 按使用场所分
室内钢结构防火涂料:用于建筑物室内或隐蔽工程的钢结构表面的防火涂料;
室外钢结构防火涂料:用于建筑物室外或露天工程的钢结构表面的防火涂料。

③ 按分散介质分

水基性钢结构防火涂料:以水为分散介质的钢结构防火涂料;

溶剂性钢结构防火涂料:以有机溶剂作为分散介质的钢结构防火涂料。

④ 按防火机理分

膨胀型钢结构防火涂料:涂层在高温时膨胀发泡,形成耐火隔热保护层的钢结构防火涂料;

非膨胀型钢结构防火涂料:涂层在高温时不膨胀发泡,其自身成为耐火隔热保护层的钢结构防火涂料。

(2) 耐火性能分级

钢结构防火涂料的耐火极限分别为:0.50 h、1.00 h、1.50 h、2.00 h、2.50 h、3.00 h。

钢结构防火涂料耐火性能分级代号见表 7‑18。

表 7‑18 耐火性能分级代号

耐火极限(F_r)/h	耐火性能等级代号	
	普通钢结构防火涂料(F_p)	特种钢结构防火涂料(F_t)
$0.50 \leqslant F_r < 1.00$	0.50	0.50
$1.00 \leqslant F_r < 1.50$	1.00	1.00
$1.50 \leqslant F_r < 2.00$	1.50	1.50
$2.00 \leqslant F_r < 2.50$	2.00	2.00
$2.50 \leqslant F_r < 3.00$	2.50	2.50
$F_r \geqslant 3.00$	3.00	3.00
F_p 采用建筑纤维类火灾升温试验条件;F_t 采用烃类火灾升温试验条件		

(3) 型号

钢结构防火涂料的产品代号以字母 GT 表示;钢结构防火涂料的相关特征代号为:使用场所特征代号 N 和 W 分别代表室内和室外,分散介质特征代号 S 和 R 分别代表水基性和溶剂性,防火机理特征代号 P 和 F 分别代表膨胀型和非膨胀型;主参数代号以表 7‑18 中的耐火性能分级代号表示。

钢结构防火涂料的型号编制方法如下:

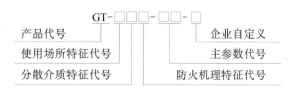

图 7‑18 钢结构防火涂料的型号编制方法

示例:GT‑NRP‑Fp1.50‑A,表示室内用溶剂性膨胀型普通钢结构防火涂料,耐火性能为 F_p1.50,自定义代号为 A。

2. 钢结构防火涂料的阻火原理

钢结构防火涂料的阻火原理有三个:一是涂层对钢基材起屏蔽作用,使钢结构不至于直接暴露在火焰高温中;二是涂层吸热后部分物质分解放出水蒸气或其他不燃气体,起到消耗热量、降低火焰温度和延缓燃烧速度、稀释氧气的作用;三是涂层本身多孔轻质和受热后形成碳化泡沫层,阻止了热量迅速向钢基材传递,推迟了钢基材强度的降低,从而提高了钢结构的耐火极限。据研究,涂层经膨胀发泡后,热导率最低可降至 0.233 W/(m·K),仅为钢材自身热导率的 1/290。

3. 钢结构防火涂料的性能

钢结构防火涂料主要有物理、化学及机械性能,包括在容器中的状态、干燥时间、初期干燥抗裂性、外观和颜色、黏结强度、抗压强度、干密度、隔热效率偏差、pH 值、耐水性和耐冷热循环性等项,具体指标应符合我国现行标准《钢结构防火涂料》(GB 14907—2018)的规定,用于室外的钢结构防火涂料还需考虑耐曝热性、耐湿热性、耐冻融循环性、耐酸性、耐碱性、耐盐雾腐蚀性和耐紫外线辐照性。钢结构防火涂料的耐火性能应符合表 7-19 的规定。

表 7-19　钢结构防火涂料的耐火性能

产品分类	耐火性能									
	膨胀型				非膨胀型					
普通钢结构防火涂料	$F_p0.50$	$F_p1.00$	$F_p1.50$	$F_p2.00$	$F_p0.50$	$F_p1.00$	$F_p1.50$	$F_p2.00$	$F_p2.50$	$F_p3.00$
特种钢结构防火涂料	$F_t0.50$	$F_t1.00$	$F_t1.50$	$F_t2.00$	$F_t0.50$	$F_t1.00$	$F_t1.50$	$F_t2.00$	$F_t2.50$	$F_t3.00$

注:耐火性能试验结果适用于同种类型且截面系数更小的基材。

钢结构防火涂料应能采用规定的分散介质进行调和、稀释。应能采用喷涂、抹涂、刷涂、滚涂、刮涂等方法中的一种或多种方法施工,并能在正常的自然环境下干燥固化,涂层实干后不应有刺激性气味。膨胀型钢结构防火涂料的涂层厚度不应小于 1.5 mm,非膨胀型钢结构防火涂料的涂层厚度不应小于 15 mm。

对钢结构进行防火保护措施很多,但涂覆防火涂料是目前相对简单而有效的方法。随着高科技建筑材料的发展,对建筑材料功能性要求的提高,防火涂料的使用已暴露出不足,如安全性问题;防火涂料中阻燃成分可能释放有害气体,对火场中的消防人员、群众会产生危害。

工程案例

7-5　2001 年 9 月 11 日,美国纽约世贸大厦遭到飞机的撞击,有 110 层、高 410 m 的世贸大厦在巨响中灰飞烟灭。

分析　世贸大厦为钢结构建筑,钢材有一个致命缺点,遇到高温变软,丧失原有强度。一般的钢材超过 300℃,强度就急降一半;500℃左右的燃烧温度,足以让无防护的钢结构建筑完全垮塌。

任务 7.7　高强钢筋应用技术

任务导入	● 高强钢筋包括热轧高强钢筋和冷轧高强钢筋。高强钢筋的应用可以起到节约钢材的作用,综合经济效果十分显著。高强钢筋应用技术属于国家推广的工程技术。本任务主要学习高强钢筋应用技术。

任务目标	➢ 了解热轧高强钢筋应用技术内容、技术指标及适用范围； ➢ 了解冷轧高强钢筋应用技术内容、技术指标及适用范围。

7.7.1 热轧高强钢筋应用技术

1. 技术内容

高强钢筋是指国家标准《钢筋混凝土用钢第 2 部分：热轧带肋钢筋》（GB 1499.2—2018）中规定的屈服强度为 400 MPa 和 500 MPa 级的普通热轧带肋钢筋（HRB）以及细晶粒热轧带肋钢筋（HRBF）。

通过加钒（V）、铌（Nb）等合金元素微合金化的其牌号为 HRB；通过控轧和控冷工艺，使钢筋金相组织的晶粒细化的其牌号为 HRBF；还有通过余热淬水处理的其牌号为 RRB。这三种高强钢筋，在材料力学性能、施工适应性以及可焊性方面，以微合金化钢筋（HRB）为最可靠；细晶粒钢筋（HRBF）其强度指标与延性性能都能满足要求，可焊性一般；而余热处理钢筋其延性较差，可焊性差，加工适应性也较差。

经对各类结构应用高强钢筋的比对与测算，通过推广应用高强钢筋，在考虑构造等因素后，平均可减少钢筋用量约 12%～18%，具有很好的节材作用。按房屋建筑中钢筋工程节约的钢筋用量考虑，土建工程每平方米可节约 25～38 元。因此，推广与应用高强钢筋的经济效益也十分巨大。

高强钢筋的应用可以明显提高结构构件的配筋效率。在大型公共建筑中，普遍采用大柱网与大跨度框架梁，若对这些大跨度梁采用 400 MPa、500 MPa 级高强钢筋，可有效减少配筋数量，有效提高配筋效率，并方便施工。

在梁柱构件设计中，有时由于受配置钢筋数量的影响，为保证钢筋间的合适间距，不得不加大构件的截面宽度，导致梁柱截面混凝土用量增加。若采用高强钢筋，可显著减少配筋根数，使梁柱截面尺寸得到合理优化。

2. 技术指标

400 MPa 和 500 MPa 级高强钢筋的技术指标应符合国家标准 GB 1499.2—2018 的规定，钢筋设计强度及施工应用指标应符合《混凝土结构设计规范》（GB 50010—2010）、《混凝土结构工程施工质量验收规范》（GB 50204—2015）、《混凝土结构工程施工规范》（GB 50666—2011）及其他相关标准。

按《混凝土结构设计规范》（GB 50010—2010）规定，400 MPa 和 500 MPa 级高强钢筋的直径为 6～50 mm；400 MPa 级钢筋的屈服强度标准值为 400 N/mm²，抗拉强度标准值为 540 N/mm²，抗拉与抗压强度设计值为 360 N/mm²；500 MPa 级钢筋的屈服强度标准值为 500 N/mm²，抗拉强度标准值为 630 N/mm²；抗拉与抗压强度设计值为 435 N/mm²。

对有抗震设防要求结构，并用于按一、二、三级抗震等级设计的框架和斜撑构件，其纵向受力普通钢筋对强屈比、屈服强度超强比与钢筋的延性有更进一步的要求，规范规定应满足下列要求：

钢筋的抗拉强度实测值与屈服强度实测值的比值不应小于 1.25；

钢筋的屈服强度实测值与屈服强度标准值的比值不应大于 1.30；

钢筋最大拉力下的总伸长率实测值不应小于 9%。

为保证钢筋材料符合抗震性能指标,建议采用带后缀"E"的热轧带肋钢筋。

3. 适用范围

应优先使用 400 MPa 级高强钢筋,将其作为混凝土结构的主力配筋,并主要应用于梁与柱的纵向受力钢筋、高层剪力墙或大开间楼板的配筋。充分发挥 400 MPa 级钢筋高强度、延性好的特性,在保证与提高结构安全性能的同时比 335 MPa 级钢筋明显减少配筋量。

对于 500 MPa 级高强钢筋应积极推广,并主要应用于高层建筑柱、大柱网或重荷载梁的纵向钢筋,也可用于超高层建筑的结构转换层与大型基础筏板等构件,以取得更好的减少钢筋用量效果。

用 HPB300 钢筋取代 HPB235 钢筋,并以 300(335) MPa 级钢筋作为辅助配筋。就是要在构件的构造配筋、一般梁柱的箍筋、普通跨度楼板的配筋、墙的分布钢筋等采用 300(335) MPa 级钢筋。其中 HPB300 光圆钢筋比较适宜用于小构件梁柱的箍筋及楼板与墙的焊接网片。对于生产工艺简单、价格便宜的余热处理工艺的高强钢筋,如 RRB400 钢筋,因其延性、可焊性、机械连接的加工性能都较差,《混凝土结构设计规范》(GB 50010—2010)建议用于对于钢筋延性较低的结构构件与部位,如大体积混凝土的基础底板、楼板及次要的结构构件中,做到物尽其用。

7.7.2 高强冷轧带肋钢筋应用技术

1. 技术内容

CRB600H 高强冷轧带肋钢筋(简称"CRB600H 高强钢筋")是国内近年来开发的新型冷轧带肋钢筋。CRB600H 高强钢筋是在传统 CRB550 冷轧带肋钢筋的基础上,经过多项技术改进,从产品性能、产品质量、生产效率、经济效益等多方面均有显著提升。CRB600H 高强钢筋的最大优势是以普通 Q235 盘条为原材,在不添加任何微合金元素的情况下,通过冷轧、在线热处理、在线性能控制等工艺生产,生产线实现了自动化、连续化、高速化作业。

CRB600H 高强钢筋与 HRB400 钢筋售价相当,但其强度更高,应用后可节约钢材达 10%;吨钢应用可节约合金 19 kg,节约 9.7 kg 标准煤。目前 CRB600H 高强钢筋在河南、河北、湖北、湖南、安徽、山东、重庆等十几个省市建筑工程中广泛应用,节材及综合经济效果十分显著。

2. 技术指标

CRB600H 高强钢筋的技术指标应符合现行行业标准《高延性冷轧带肋钢筋》(YB/T 4260—2011)和国标《冷轧带肋钢筋》(GB 13788—2017)的规定,设计、施工及验收应符合现行行业标准《冷轧带肋钢筋混凝土结构技术规程》(JGJ 95—2011)的规定。中国工程建设协会标准《CRB600H 钢筋应用技术规程》(CECS 458—2016)、《高强钢筋应用技术导则》及河南、河北、山东等地的地方标准已完成编制。

CRB600H 高强钢筋的直径范围为 5~12 mm,抗拉强度标准值为 600 N/mm²,屈服强度标准值为 520 N/mm²,断后伸长率 14%,最大力均匀伸长率 5%,强度设计值为 415 N/mm²(比 HRB400 钢筋的 360 N/mm² 提高 15%)。

3. 适用范围

CRB600H 高强钢筋适用于工业与民用房屋和一般构筑物中,具体范围为:板类构件中的受力钢筋(强度设计值取 415 N/mm²);剪力墙竖向、横向分布钢筋及边缘构件中的箍筋,不包括边缘构件的纵向钢筋;梁柱箍筋。由于 CRB600H 钢筋的直径范围为 5～12 mm,且强度设计值较高,其在各类板、墙类构件中应用具有较好的经济效益。

任务 7.8　钢筋检测试验

任务导入	● 建筑钢材的性能一般检测力学性能和工艺性能。力学性能主要检测钢材的 抗拉性能,一般采用拉伸试验测定。钢材的工艺性能主要检测冷弯性能。抗拉性能和冷弯性能直接决定了钢材的使用性能。本任务主要学习钢筋的性能检测。
任务目标	➢ 掌握建筑钢材取样的要求; ➢ 掌握钢材的拉伸性能检测方法; ➢ 掌握钢筋冷弯性能检测方法; ➢ 正确使用仪器与设备,熟悉其性能; ➢ 正确、合理记录并处理数据,并对结果做出判定。

【试验目的】

　　了解钢筋拉伸过程的受力特性,软钢与硬钢在拉伸过程中应力—应变的变化规律,掌握万能材料试验机的工作原理和操作方法、试验过程中试样长度确定、试验数据的正确读取以及试验报告的正确填写。了解如何通过弯曲试验对钢筋的力学性能进行评价;了解弯曲试验的不同方法;掌握不同方法试验时试样长度的确定方法、试验过程中的注意事项和试验结果的正确评定。

【相关标准】

　　①《钢筋混凝土用钢　第 1 部分:热轧光圆钢筋》(GB/T 1499.1—2017);②《钢筋混凝土用钢　第 2 部分:热轧带肋钢筋》(GB/T 1499.2—2018);③《冷轧带肋钢筋》(GB/T 13788—2017);④《低碳钢热轧圆盘条》(GB/T 701—2008);⑤《碳素结构钢》(GB/T 700—2006);⑥《低合金高强度结构钢》(GB/T 1591—2018);⑦《钢及钢产品力学性能试验取样位置及试样制备》(GB/T 2975—2018);⑧《金属材料　室温拉伸试验方法》(GB/T 228.1—2010);⑨《金属材料　弯曲试验方法》(GB/T 232—2010);⑩《金属材料　线材　反复弯曲试验方法》(GB/T 238—2013);

7.8.1　钢筋检验的取样要求

1. 取样方法

(1) 建筑钢材应按批进行检查和验收。

(2) 热轧带肋钢筋、热轧光圆钢筋:每批应由同一牌号、同一炉罐号、同一尺寸的钢筋组成,每批重量通常不大于 60 t。

　　超过 60 t 的部分,每增加 40 t(或不足 40 t 的余数),增加一个拉伸试验试样和一个弯曲试验试样。

　　热轧光圆钢筋出厂检验的检验项目、取样数量、取样方法、试验方法应符合表 7-20 的规定。热轧带肋钢筋出厂检验的检验项目、取样数量、取样方法、试验方法应符合表 7-21 的规定。

表 7 - 20　每批热轧光圆钢筋的检验要求

序号	检验项目	取样数量/个	取样方法	试验方法
1	化学成分（熔炼分析）	1	GB/T 20066—2006	GB/T 223 相关部分、GB/T 4336—2016、GB/T 20123—2006、GB/T 20125—2006
2	拉伸	2	不同根（盘）钢筋切取	GB/T 28900—2012 和 GB/T 1499.1—2016(8.2)
3	弯曲	2	不同根（盘）钢筋切取	GB/T 28900—2012 和 GB/T 1499.1—2016(8.2)
4	尺寸	逐根（盘）	——	GB/T 1499.1—2016(8.3)
5	表面	逐根（盘）	——	目视
6	重量偏差			GB/T 1499.1—2016(8.4)

表 7 - 21　每批热轧带肋钢筋的检验要求

序号	检验项目	取样数量/个	取样方法	试验方法
1	化学成分（熔炼分析）	1	GB/T 20066—2006	GB/T 223 相关部分、GB/T 4336—2016、GB/T 20123—2006、GB/T 20124—2006、GB/T 20125—2006
2	拉伸	2	不同根（盘）钢筋切取	GB/T 28900—2012 和 GB/T 1499.2—2016(8.2)
3	弯曲	2	不同根（盘）钢筋切取	GB/T 28900—2012 和 GB/T 1499.2—2016(8.2)
4	反向弯曲	2	不同根（盘）钢筋切取	GB/T 28900—2012 和 GB/T 1499.2—2016(8.2)
5	尺寸	逐根（盘）		GB/T 1499.2—2016(8.3)
6	表面	逐根（盘）		目视
7	重量偏差			GB/T 1499.2—2016(8.4)
8	金相组织	2	不同根（盘）钢筋切取	GB/T 13298—2015

（3）冷轧带肋钢筋：每批应由同一牌号、同一外形、同一规格、同一生产工艺和同一交货状态的钢筋组成，每批不大于 60 t。

钢筋出厂检验的检验项目、取样数量、取样方法、试验方法应符合表 7 - 22 的规定。

表 7 - 22　每批冷轧带肋钢筋的检验要求

序号	检验项目	取样数量	取样方法	试验方法
1	拉伸	每盘 1 个	在每（任）盘中随机切取	GB/T 21839—2008、GB/T 28900—2012
2	弯曲	每批 2 个		GB/T 28900—2012
3	反复弯曲	每批 2 个		GB/T 21839—2008
4	应力松弛	定期 1 个		GB/T 21839—2008(7.3)
5	尺寸	逐根或逐盘		GB/T 21839—2008(7.4)

序号	检验项目	取样数量	取样方法	试验方法
6	表面	逐根或逐盘	目视	
7	重量偏差	GB/T 21839—2008(7.5)		

（4）碳素结构钢：每批应由同一牌号、同一炉号、同一质量等级、同一品种、同一尺寸、同一交货状态的钢材组成，每批重量不大于 60 t。

每批钢材的检验项目、取样数量、取样方法和试验方法应符合表 7 - 23 的规定。

表 7 - 23　每批碳素结构钢材的检验要求

序号	检验项目	取样数量/个	取样方法	试验方法
1	化学成分	1（每炉）	GB/T 20066—2006	GB/T 223 系列标准、GB/T 4336—2016
2	拉伸	1	GB/T 2975—2018	GB/T 228 系列标准
3	冷弯	1		GB/T 232—2010
4	冲击	3		GB/T 229—2007

（5）低合金高强度结构钢：钢材应成批验收。每批应由同一牌号、同一炉号、同一规格、同一交货状态的钢材组成，每批重量应不大于 60 t，但卷重大于 30 t 的钢带和连轧板可按两个轧制卷组成一批；对容积大于 200 t 转炉冶炼的型钢，每批重量不大于 80 t。经供需双方协商，可每炉检验 2 批。Q355B 级钢允许同一牌号、同一冶炼和浇筑方法、同一规格、同一生产工艺制度、同一交货状态或同一热处理制度、不同炉号钢材组合混合批，但每批不得多于 6 个炉号，且各炉号碳含量之差不大于 0.02%，Mn 含量之差不大于 0.15%。

每批钢材的检验项目、取样数量、取样方法和试验方法应符合表 7 - 24 的规定。

表 7 - 24　每批低合金高强度结构钢的检验要求

序号	检验项目	取样数量	取样方法	试验方法
1	化学成分	1 个/炉	GB/T 20066—2006	GB/T 1591—2018(8.2)
2	拉伸试验	1 个/批	钢材的一端，GB/T 2975—2018	GB/T 228.1—2010
3	弯曲试验	1 个/批	钢材的一端，GB/T 2975—2018	GB/T 232—2010
4	冲击试验	3 个/批	钢材的一端，GB/T 1591—2018(8.3)	GB/T 229—2007
5	厚度方向性能试验	3 个/批	GB/T 5313—2010	GB/T 5313—2010
6	无损检测	逐张（卷、根、枝）	—	双方协商
7	尺寸、外形	逐张（卷、根、枝）	—	相应精度的量具
8	表面质量	逐张（卷、根、枝）	—	目视及测量

2. 一般要求

（1）钢筋应有出厂质量证明书或试验报告单。验收时应抽样做拉伸试验和冷弯试验。

钢筋在使用中若有脆断、焊接性能不良或力学性能显著不正常时,还应进行化学成分分析其他专项试验。

(2)钢筋拉伸及冷弯试验的试件不允许进行车削加工,试验应在 $20\pm10℃$ 的条件下进行,否则应在报告中注明。

(3)验收取样时,自每批钢筋中任取两根截取拉伸试样,任取两根截取冷弯试样,在拉伸试验的试件中;若有一根试件的屈服点、拉伸强度和伸长率三个指标中有一个达不到标准中的规定值,或冷弯试验中有一根试件不符合标准要求,则在同一批钢筋中再抽取双倍数量的试样进行该不合格项目的复检,复检结果中只要有一个指标不合格,则该试验项目判定不合格,整批钢筋不得交货。

7.8.2 钢筋拉伸

1. 试验目的

测定低碳钢的屈服强度、抗拉强度与延伸率。注意观察拉力与变形之间的变化。确定应力与应变之间的关系曲线,评定钢筋的强度等级。

2. 主要仪器设备

万能材料试验机,试验达到最大负荷时,最好使指针停留在度盘的第三象限内或者数显破坏荷载在量程的 $50\%\sim75\%$ 之间;钢筋打点机或划线机、游标卡尺(精度为 0.1 mm);引伸计精确度级别应符合 GB/T 12160—2002 的要求。测定上屈服强度应使用不低于 1 级精确度的引伸计;测定抗拉强度、断后伸长率,应使用不低于 2 级精确度的引伸计。

3. 试样准备

抗拉试验用钢筋试样不进行车削加工,可以用钢筋试样标距仪标距出两个或一系列等分小冲点或细画线标出原始标距(标记不应影响试样断裂),测量标距长度 L_0(精确至 0.1 mm),如图 7 - 19 所示。计算钢筋强度所用横截面积采用表 7 - 25 所列公称横截面积。

表 7 - 25 钢筋的公称横截面积

公称直径/mm	公称横截面积/mm²	公称直径/mm	公称横截面积/mm²
8	50.27	12	113.1
10	78.54	14	153.9
16	201.1	28	615.8
18	254.5	32	804.2
20	314.2	36	1 018
22	380.1	40	1 257
25	490.9	50	1 964

建筑标准

《金属材料拉伸试验第1部分:室温试验方法》

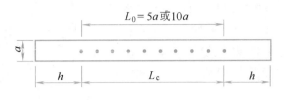

图 7 - 19　钢筋拉伸试样

a—试样原始直径;L_0—标距长度;h—夹头长度;L_c—试样平行长度(不小于 L_0+a)

4. 试验方法与步骤

(1) 试验一般在室温 $10\sim35℃$ 范围内进行,对温度要求严格的试验,试验温度应为 $23\pm5℃$;应使用楔形夹头、螺纹夹头或套环夹头等合适的夹具夹持试样。

(2) 调整试验机测力度盘的指针,使其对准零点,并拨动副指针,使之与主指针重合。在试验机右侧的试验记录辊上夹好坐标纸及铅笔等记录设施;有计算机记录的,则应连接好计算机并开启记录程序。

(3) 将试样夹持在试验机夹头内。开动试验机进行拉伸,试验机活动夹头的分离速率应尽可能保持恒定,拉伸速度为屈服前应力增加速率按表 7 - 26 规定,并保持试验机控制器固定于这一速率位置上,直至该性能测出为止,屈服后只需测定抗拉强度时,试验机活动夹头在荷载下的移动速度不宜大于 $0.5\ L_c/min$,L_c 为试件两夹头之间的距离,如图 7 - 19 所示。

表 7 - 26　屈服前的加荷速率

金属材料的弹性模量/MPa	应力速率/MPa·s^{-1}	
	最小	最大
<150 000	2	20
≥150 000	6	60

(4) 加载时要认真观测,在拉伸过程中测力度盘的主指针暂时停止转动时的恒定荷载,或主指针回转后的最小荷载,即为所求的屈服点荷载 F_s(N)。将此时的主指针所指度盘数记录在试验报告中。继续拉伸,当主指针回转时,副指针所指的恒定荷载即为所求的最大荷载 F_b(N),由测力度盘读出副指针所指度盘数记录在试验报告中。

(5) 将已拉断试样的两段在断裂处对齐,尽量使其轴线位于一条直线上。如拉断处由于各种原因形成缝隙,则此缝隙应计入试样拉断后的标距部分长度内。待确保试样断裂部分适当接触后测量试样断后标距 L_1(mm),要求精确到 0.1 mm。L_1 的测定方法有以下两种:

① 直接法　如拉断处到邻近的标距点的距离大于 $\frac{1}{3}L_0$ 时,可用卡尺直接量出已被拉长的标距长度 L_1。

② 移位法　如拉断处到邻近的标距端点的距离小于或等于 $\frac{1}{3}L_0$,可按下述移位法确定 L_1:在长段上,从拉断处 O 取基本等于短段格数,得 B 点,接着取等于长段所余格数[偶数,如图 7 - 20(a)所示]之半,得 C 点;或者取所余格数(奇数,如图 7 - 20(b)所示)减 1 与加 1 之半,得 C 与 C_1 点。移位后的 L_1 分别为 $AO+OB+2BC$ 或者 $AO+OB+BC+BC_1$。

如果直接测量所求得的伸长率能达到技术条件的规定值,则可不采用移位法。如果试件在标距点上或标距外断裂,则测试结果无效,应重做试验。将测量出的被拉长的标距长度 L_1 记录在试验报告中。

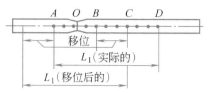

(a) 剩余段格数为偶数时

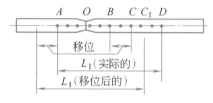

(b) 剩余段格数为奇数时

图 7-20　用移位法计算标距

5. 结果计算与数据处理

(1) 屈服点强度:按下计算试件的屈服强度 σ_s

$$\sigma_s = F_S/A \qquad (7-1)$$

式中:σ_s—屈服点强度,MPa;F_S—屈服点荷载,N;A—试样原最小横截面面积,mm^2。

当 $\sigma_s > 1\,000$ MPa 时,应计算至 10 MPa;σ_s 为 $200\sim1\,000$ MPa 时,计算至 5 MPa;$\sigma_s \leqslant 200$ MPa 时,计算至 1 MPa。小数点数字按"四舍六入五单双法"处理。

(2) 抗拉强度:按下式计算试件的抗拉强度

$$\sigma_b = F_b/A \qquad (7-2)$$

式中:σ_b—抗拉强度,MPa;F_b—试样拉断后最大荷载,N;A—试样原最小横截面面积,mm^2。

σ_b 计算精度的要求同 σ_s。

(3) 伸长率 d 按下式计算(精确至 1%):

$$(d_{10}、d_5)d = (L_1 - L_0)/L_0 \times 100\% \qquad (7-3)$$

式中:d_{10}、d_5—分别表示 $L_0 = 10d$ 或 $L_0 = 5d$ 时的伸长率;L_0—原标距长度 $10d(5d)$,mm;L_1—试样拉断后直接量出或按移位法确定的标距部分长度,mm。

在试验报告相应栏目中填入测量数据。填表时,要注明测量单位。此外,还要注意仪器本身的精度。在正常状况下,仪器所给出的最小读数,应当在允许误差范围之内。

7.8.3　钢筋冷弯

1. 试验目的

测定钢筋在冷加工时承受规定弯曲程度的弯曲变形能力,显示其缺陷,评定钢筋质量是否合格。

2. 主要仪器设备

压力机或万能材料试验机;附有两支辊,支辊间距离可以调节;还应附有不同直径的弯心,弯心直径按有关标准规定。本试验采用支辊弯曲。装置示意如图 7-21 所示。

3. 试样准备

钢筋冷弯试件长度通常为 $L = 0.5(d+a)+140$ mm(L 为试样长度,mm;d 为弯心直径,mm;a 为试样原始直径,mm),试件的直径不大于 50 mm。试件可由试样两端截取,切割线与试样实际边距离不小于 10 mm。试样中间 1/3 范围之内不准有凿、冲等工具所造成

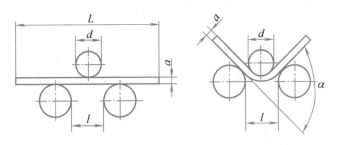

图 7 - 21　支辊式弯曲装置示意图

的伤痕或压痕。试件可在常温下用锯、车的方法截取,试样不得进行车削加工。如必须采用有弯曲之试件时,应用均匀压力使其压平。

4. 试验方法与步骤

(1) 试验前测量试件尺寸是否合格;根据钢筋的级别,确定弯心直径,弯曲角度,调整两支辊之间的距离。两支辊间的距离为:

$$l = (d + 3a) \pm 0.5a \tag{7-4}$$

式中:d—弯心直径,mm;a—钢筋公称直径,mm。

距离 l 在试验期间应保持不变(见图 7 - 21)。

(2) 试样按照规定的弯心直径和弯曲角度进行弯曲,试验过程中应平稳地对试件施加压力。在作用力下的弯曲程度可以分为三种类型(见图 7 - 22),测试时应按有关标准中的规定分别选用。

① 达到某规定角度 a 的弯曲,如图 7 - 22(a)。

② 绕着弯心弯到两面平行时的程度,如图 7 - 22(b)。

③ 弯到两面接触时的重合弯曲,如图 7 - 22(c)。

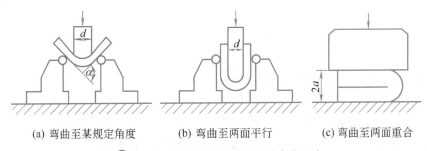

(a) 弯曲至某规定角度　　　(b) 弯曲至两面平行　　　(c) 弯曲至两面重合

图 7 - 22　钢材冷弯试验的几种弯曲程度

(3) 重合弯曲时,应先将试样弯曲到图 7 - 22(b)的形状(建议弯心直径 $d = a$)。然后在两平行面间继续以平稳的压力弯曲到两面重合。两压板平行面的长度或直径,应不小于试样重叠后的长度。

(4) 冷弯试验的试验温度必须符合有关标准规定。整个测试过程应在 10～35℃或控制条件 23±5℃下进行。

5. 结果计算与数据处理

(1) 弯曲后检查试样弯曲处的外面及侧面,如无裂缝、断裂或起层等现象即认为试样合格。做冷弯试验的两根试样中,如有一根试样不合格,即为冷弯试验不合格。应再取双倍数量的试样重做冷弯试验。在第二次冷弯试验中,如仍有一根试样不合格,则该批钢筋即为不合格品。

（2）将试验结果记录在试验报告中。

拓展知识

练习题

中英文对照

一、填空题

1. 钢按照化学成分分为 _____ 和 _____ 两类;按质量分为 _____ 、_____ 和 _____ 三种。

2. 低碳钢的拉伸过程经历了 _____ 、_____ 、_____ 和 _____ 四个阶段。高碳钢 _____ 的 _____ 阶段不明显,以 _____ 代替其屈服点。

3. 钢材冷弯试验的指标以 _____ 和 _____ 来表示。

4. 热轧钢筋按照轧制外形式分为 _____ 、_____ 。

5. 热轧光圆钢筋的强度等级代号为 _____ ,普通热轧带肋钢筋按强度等级分为 _____ 、_____ 和 _____ 三个。

6. 冷轧带肋钢筋按抗拉强度分为 _____ 、_____ 、_____ 、_____ 、_____ 、_____ 六个牌号。

二、名词解释

1. 低碳钢的屈服点 σ_s :

2. 高碳钢的条件屈服点 $\sigma_{0.2}$:

3. 钢材的冷加工和时效:

4. 碳素结构钢的牌号 Q235 - B.F

5. CRB650

6. HRB400

三、简述题

1. 低碳钢拉伸过程经历了哪几个阶段? 各阶段有何特点? 低碳钢拉伸过程的指标如何?

2. 什么是钢材的冷弯性能? 怎样判定钢材冷弯性能合格? 对钢材进行冷弯试验的目的是什么?

3. 对钢材进行冷加工和时效处理的目的是什么?

4. 钢中含碳量的高低对钢的性能有何影响?

5. 为什么碳素结构钢中 Q235 号钢在建筑钢材中得到广泛的应用?

6. 预应力混凝土用钢绞线的特点和用途如何? 结构类型有哪几种?

7. 什么是钢材的锈蚀? 钢材产生锈蚀的原因有哪些? 防止锈蚀的方法有哪些?

课程思政 4

本章自测及答案

第 8 章
功能性材料

本章电子资源

⚙ 背景材料

建筑功能材料主要是指担负某些建筑功能的非承重用材料,如防水材料、装饰材料、绝热材料、建筑塑料等。建筑功能材料主要使用其功能特性,满足保温、隔热、防水、防腐、防辐射、防火、呼吸、灭菌、调光装饰等不同功能要求。

⚙ 学习目标

◇ 掌握常用防水材料的分类、性能、应用
◇ 掌握建筑绝热材料的分类、性能、应用
◇ 了解建筑装饰材料的分类、性能、应用
◇ 了解建筑塑料的分类、性能、应用

任务 8.1 建筑防水材料

任务导入	● 防水材料是保证房屋建筑能够防止雨水、地下水与其他水分侵蚀渗透的重要组成部分,是建筑工程中不可缺少的建筑材料,在公路桥梁、水利工程等也有广泛的应用。本任务主要学习防水材料。
任务目标	➤ 掌握防水卷材的种类及应用; ➤ 熟悉刚性防水材料的种类及应用; ➤ 了解防水涂料的种类及应用; ➤ 了解建筑密封材料的种类及应用。

建筑防水材料是建设工程中不可缺少的重要功能性材料。传统防水材料有对温度敏感、拉伸强度和延伸率低、耐老化性能差的缺点,新型防水材料不仅在性能改善上有所突破,而且朝着多元化、多功能和环保型方向发展。新型建筑防水材料主要有合成高分子防水卷材、高聚物改性沥青防水卷材以及防水涂料、防水密封材料、堵漏材料、刚性防水材料等。目前,国产防水材料基本上保证了国家重点工程、工农业建筑住宅等建筑工程对高、中、低不同档次防水材料的使用要求。

8.1.1 防水卷材

防水卷材是一种具有宽度和厚度并可卷曲的片状防水材料,是建筑防水材料的重要品种之一,它占整个建筑防水材料的 80% 左右。目前主要包括:传统的沥青防水卷材、高聚物改性沥青防水卷材和合成高分子材料 3 大类,后

防水卷材

两类卷材的综合性能优越,是目前国内大力推广使用的新型防水卷材。

扩展知识

1. 沥青防水卷材

以原纸、纤维织物及纤维毡等胎体材料浸涂沥青,表面撒布粉状、粒状或片状材料制成可卷曲的片状防水材料统称为沥青防水卷材。沥青防水材料最具有代表性的是石油沥青纸胎油毡及油纸。油毡按物理力学性质可分为合格、一等和优等品 3 个等级。石油沥青油纸(简称油纸)是用低软化点石油沥青浸渍原纸(生产油毡的专用纸,主要成分为棉纤维,外加 20%～30%的废纸)而成的一种无涂盖层的防水卷材。主要用于多层(粘贴式)防水层下层、隔蒸汽层、防潮层等。

地下工程预铺反粘防水技术

2. 高聚物改性沥青防水卷材

以合成高分子聚合物改性沥青为涂盖层,纤维织物或纤维毡为胎体,粉状、粒状、片状或薄膜材料为覆盖材料制成的可卷曲片状防水材料。它克服了传统沥青卷材温度稳定性差、延伸率低的不足,具有高温不流淌、低温不脆裂、拉伸强度较高、延伸率较大等优异性能。高聚物改性沥青防水卷材可分橡胶型、塑料型和橡塑混合型 3 类。

(1) SBS 橡胶改性沥青防水卷材

SBS 橡胶改性沥青防水卷材是采用玻纤毡、聚酯毡、玻纤增强聚酯毡为胎基,苯乙烯—丁二烯—苯乙烯(SBS)热塑性弹性体作改性剂,涂盖在经沥青浸渍后的胎体两面,上表面撒布矿物质粒、片料或覆盖聚乙烯膜,下表面撒布细砂或覆盖聚乙烯膜所制成的新型中、高档防水卷材,是弹性体橡胶改性沥青防水卷材中的代表性品种。SBS 改性沥青防水卷材最大的特点是低温柔韧性能好,同时也具有较好的耐高温性、较高的弹性及延伸率(延伸率可达150%),较理想的耐疲劳性。广泛用于各类建筑防水、防潮工程,尤其适用于寒冷地区和结构变形频繁的建筑物防水。

(2) APP 改性沥青防水卷材

APP 改性沥青防水卷材是以聚酯毡、玻纤毡、玻纤增强聚酯毡为胎基,以无规聚丙烯(APP)成聚烯烃类聚合物作石油沥青性剂,两面覆以隔离材料所制成的防水材料,属塑性体沥青防水卷材中的一种。APP 改性沥青卷材的性能与 SBS 改性沥青性能接近,具有优良的综合性质,尤其是耐热性能好,130℃的高温下不流淌、耐紫外线能力比其他改性沥青卷材均强,所以非常适宜用于高温地区或阳光辐射强烈地区,广泛用于各式屋面、地下室、游泳池、桥梁、隧道等建筑工程的防水防潮。

(3) 再生橡胶改性沥青防水卷材

用废旧橡胶粉作改性剂,掺入石油沥青中,再加入适量的助剂,经辊炼、压延、硫化而成的无胎体防水卷材。其特点是自重轻,延伸性、耐腐蚀性均较普通油毡好,且价格低廉。适用于屋面或地下接缝等防水工程,尤其适于基础沉降较大或沉降不均匀的建筑物变形缝处的防水。

(4) 焦油沥青耐低温防水卷材

用焦油沥青为基料,聚氯乙烯或旧聚氯乙烯或其他树脂,加上适量的助剂,经共熔、辊炼及压延而成的无胎体防水卷材。由于改性剂的加入,卷材的耐老化及防水性能都得到提高。焦油沥青耐低温防水卷材采用冷施工,其施工性能良好,不仅能在高温下施工,－10℃的条件下也能施工,特别适用于多雨地区施工。

(5) 铝箔橡胶改性沥青防水卷材

铝箔橡胶改性沥青防水卷材是以橡胶和聚氯乙烯复合改性石油沥青作为浸渍涂盖材

料、聚酯毡、麻布或玻纤维毡为胎体，聚乙烯膜为底面隔离材料，软质银白色铝箔为表面保护层的防水材料。特点是具有弹塑混合型改性沥青防水卷材的一切优点。具有很好的水密性、气密性、耐候性和阳光反射性，能降低室内温度，增强耐老化能力，耐高低温性能好，且强度、延伸率及弹塑性较好。铝箔橡胶改性沥青防水卷材适用于工业与民用建筑层面的单层外露防水层，也可用于管道及桥梁防水等。

3. 合成高分子防水卷材

合成高分子防水卷材是指以合成橡胶、合成树脂或两者共混体为基料，加入适量的化学助剂和填充料等，经不同工序加工而成的可卷曲的片状防水材料。合成高分子防水卷材的材性指标较高，如优异的弹性和抗拉强度，使卷材对基层变形的适应性增强；优异的耐候性能，使卷材在正常的维护条件下，使用年限更长，可减少维修、翻新的费用。

(1) 三元乙丙(EPDM)橡胶防水卷材

三元乙丙橡胶防水卷材是以三元乙丙橡胶为主体原料，掺入适量的丁基橡胶、硫化剂、软化剂、补强剂等，经密炼、拉片、过滤、压延或挤出成型、硫化等工序加工而成。其耐老化性能优异，使用寿命一般长达 40 余年，弹性和拉伸性能极佳，拉伸强度可达 7 MPa 以上，断裂伸长率可大于 450%，因此，对基层伸缩变形或开裂的适应性强，耐高低温性能优良，$-45℃$ 左右不脆裂，耐热温度达 160℃，既能在低温条件下进行施工作业，又能在严寒或酷热的条件下长期使用。

(2) 聚氯乙烯(PVC)防水卷材

PVC 是以聚氯乙烯树脂为主要原料，并加入一定量的改性剂、增塑性等助剂和填充剂，经辊炼、造粒、挤出压延、冷却及分卷包装等工序制成的柔性防水卷材。具有抗渗性能好、抗撕裂强度高、低温柔性较好的特点。PVC 卷材的综合防水性能略差，但其原料丰富，价格较为便宜。适用于新建或修缮工程的屋面防水，也可用于水池、地下室、堤坝、水渠等防水抗渗工程。

(3) 氯化聚乙烯—橡胶共混防水卷材

氯化聚乙烯—橡胶共混防水卷材是以氯化聚乙烯树脂和合成橡胶共混物为主体，加入适量的硫化剂、促进剂、稳定剂、软化剂和填充料等，经过素炼、辊炼、过滤、压延或挤出成型、硫化、分卷包装等工序制成的防水卷材。具有优异的耐老化性、高弹性、高延伸性及优异的耐低温性，对地基沉降，混凝土收缩的适应强。氯化聚乙烯-橡胶共混防水卷材可用于各种建材的屋面、地下及地下水池及水库等工程，尤其宜用于很冷地区和变形较大的防水工程以及单层外露防水工程。

8.1.2　刚性防水材料

1. 防水混凝土

防水混凝土包括普通防水混凝土、掺外加剂防水混凝土、膨胀水泥防水混凝土。普通防水混凝土是以调整配合比的方法来提高自身密实性和抗渗性要求的混凝土。施工简便、造价低廉、质量可靠，适用于地上和地下防水工程。掺外加剂防水混凝土是在混凝土拌合物中加入微量有机物(减水剂、三乙醇胺)或无机盐(如氯化铁)，提高混凝土的密实性和抗渗性的混凝土，减水剂防水混凝土具有良好的和易性，可调节凝结时间，适用于泵送混凝土及薄壁防水结构。三乙醇胺防水混凝土早期强度高，抗渗性能好，适用于工期紧迫、要求早强及抗渗压力大于 2.5 MPa 的防水工程。氯化铁防水混凝土具有较高的密实性和抗渗性，抗渗压力可达 2.5～4.0 MPa,适用于水下、深层防水工程或修补堵漏工程。膨胀水泥防水混凝土是利用膨胀水泥水化时产生的体积膨胀,使混凝土在约束条件下的抗裂性和抗渗性获得提高,主要用于地下防水工程和后灌缝。

2. 沥青油毡瓦

沥青油毡瓦是以无纺玻璃纤维毡为胎基,经浸涂石油沥青后,一面覆盖彩色矿物粒料,另一面撒以隔离材料所制成的优质高效的瓦状改性沥青防水材料。沥青油毡瓦具有轻质、美观的特点,适用于各种形式的屋面。

3. 金属屋面

金属屋面是指采用金属板材作为屋盖材料,将结构层和防水层合二为一的屋盖形式。金属板材有锌板、镀铝锌板、铝合金板、铝镁合金板、钛合金板、铜板、不锈钢板等,金属屋面具有质量轻、构造简单、强度高、抗腐蚀、防水性能好,属于环保型和节能型材料。广泛用于民用公共建筑及工业建筑的屋顶,如体育场、遮阳棚、展览馆、体育馆、礼堂、工业厂房等建筑。

4. 其他新型材料防水屋面

其他新型材料防水屋面包括聚氯乙烯瓦(UPVC 轻质屋面瓦)、阳光板、"膜结构"防水屋面等。聚氯乙烯瓦(UPVC 轻质屋面瓦)是以硬质聚氯乙烯(UPVC)为主要材料分别加以稳定剂、润滑剂、填料以及光屏蔽剂、紫外线吸收剂、发泡剂等,经混合塑化三层共挤出成型而得的三层共挤芯层发泡板。阳光板学名聚碳酸酯板,是一种新型的高强、防水、透光、节能的屋面材料,以聚碳酸塑料(PC)为原料经热挤出工艺加工成型的透明加筋中空板或实心板,综合性能好,既防水又有装饰效果,应用广泛。膜材是一种新型膜结构屋面的主要材料,膜结构建筑的特点是不需要梁(屋架)和刚性屋面板,只以膜材以钢支架、钢索支撑和固定,具有造型美观、独特,结构形式简单,表现效果好,广泛用于体育馆、展厅等。

8.1.3　防水涂料

防水涂料是将在高温下呈黏稠液状态的物质,涂布在基体表面,经溶剂或水分挥发或各组分间的化学变化,形成具有一定弹性的连续薄膜,使基层表面与水隔绝,并能抵抗一定的水压力,从而起到防水和防潮作用。防水涂料广泛

防水涂料

应用于工业与民用建筑的屋面防水工程、地下室防水工程和地面防潮、防渗等,尤其是不规则部位的防水。防水涂料质量检验项目主要有延伸或断裂延伸率、固体含量、柔性、不透水性和耐水热度,按照成膜物质的主要成分可分为高聚物改性沥青防水涂料和合成高分子防水涂料。

1. 高聚物改性沥青防水涂料

高聚物改性沥青防水涂料是指以沥青为基料,用合成高分子聚合物进行改性,制成的水乳型或溶剂型防水涂料。在柔韧性、抗裂性、拉伸强度、耐高低温性能、使用寿命等上比沥青基涂料有很大改善,有聚氯乙烯改性沥青防水涂料、SBS 橡胶改性沥青防水涂料、再生橡胶改性防水涂料、氯丁橡胶改性沥青防水涂料等,适用于Ⅱ、Ⅲ、Ⅳ级防水等级的屋面、地面、混凝土地下室和卫生间等的防水工程。

2. 合成高分子防水涂料

合成高分子防水涂料是指以合成橡胶或合成树脂为主要成膜物质制成的单组分或多组分的防水涂料。这类涂料具有高弹性、高耐久性及优良的耐高低温性能。有聚氨酯防水涂

料、丙烯酸酯防水涂料、环氧树脂防水涂料和有机硅防水涂料等,适用于Ⅰ、Ⅱ、Ⅲ级防水等级的屋面、地下室、水池等防水工程。

8.1.4 建筑密封材料

建筑密封材料

建筑密封材料是能承受接缝位移达到气密、水密目的而嵌入建筑接缝的材料。建筑密封材料分为具有一定形状和尺寸的定型密封材料(如止水条、止水带等),以及各种膏糊状的不定型密封材料(如腻子、胶泥、各类密封膏等)。

1. 不定型密封材料

(1)沥青嵌缝油膏

沥青嵌缝油膏以石油沥青为基料,加入改性材料、稀释剂及填充料混合制成的冷用膏状密封材料。主要用于各种混凝土屋面板、墙板、沟槽等建筑构件节点的防水密封。

(2)聚氨酯密封膏

聚氨酯密封膏是以异氰酸基(—NCO)为基料,与含有活性氢化物的固化剂组成的一种常温固化弹性密封材料。聚氨酯密封膏在常温下固化,有着优异的弹性、耐热耐寒性能,耐久性良好,可以作为屋面、墙面的水平或垂直接缝,尤其是游泳池工程,还是公路及机场跑道的接缝、补缝的好材料,也可用于玻璃、金属材料的嵌缝。

(3)丙烯酸类密封膏

丙烯酸类密封膏是在丙烯酸酯乳液中掺入表面活性剂、增塑剂、分散剂、碳酸钙、增量剂等配置而成的水乳型材料。具有良好的黏结性能、弹性和低温柔韧性、无毒、无溶剂污染,并具有优异的耐候性和抗紫外线性能。主要用于屋面、墙板、门、窗嵌缝,但耐水性差,因此不宜用于广场、公路、桥面等有交通来往的接缝中,也不用于水池、污水厂、灌溉系统、堤坝等水下接缝中。

(4)硅酮密封胶

硅酮密封胶是以有机硅氧烷为主剂,加入适量硫化剂、硫化促进剂、增强填充剂和颜料等组成的。硅酮建筑密封膏属高档密封膏,它具有优异的耐热、耐寒性和耐候性能,与各种材料有着较好的黏结性,耐伸缩疲劳性强,耐水性好。根据《硅酮建筑密封胶》(GB/T 14683—2017)的规定,按用途分为F类和Gn及Gw三类。其中F类为建筑接缝用密封胶,适用于预制混凝土墙板、水泥板、大理石板的外墙接缝,混凝土和金属框架的黏结,卫生间和公路缝的防水密封等;Gn类为普通装饰装修镶装玻璃用,不适用于中空玻璃;Gw类为建筑幕墙非结构性装配用,不适用于中空玻璃。

拓展知识

装配式建筑密封防水应用技术

2. 定型密封材料

定型密封材料包括密封条带和止水带,如铝合金门窗橡胶密封条、丁腈胶—PVC门窗密封条、自黏性橡胶、橡胶止水带、塑料止水带等。

工程案例

8-1 某住宅工程屋面防水层铺设沥青防水卷材,施工是在7月份进行,铺贴沥青防水卷材被安排在中午施工,时间不久,卷材出现鼓化、渗漏,请分析原因。

分析 夏季中午炎热,屋顶受太阳照射,温度较高。此时铺贴沥青防水卷材,基层中的水汽会蒸发,集中于铺贴的卷材内表面,并会使卷材鼓泡。此时,高温使沥青防水卷材软化,卷材膨胀,当温度降低后卷材产生收缩,导致断裂,致使屋面出现渗漏。

任务 8.2　建筑装饰材料

任务导入	● 在建筑上,把铺设、粘贴或涂刷在建筑内外表面,主要起装饰作用的材料,称为装饰材料。装饰材料不仅要装饰、保护主体工程,使其在使用环境下稳定、耐久,且要满足建筑物绝热、防火、吸声、防潮等多方面的功能。本任务主要学习建筑装饰材料。
任务目标	➢ 了解建筑玻璃的种类、性能及应用; ➢ 了解木材的应用; ➢ 了解建筑涂料的种类及应用; ➢ 了解饰面石材和饰面陶瓷的应用。

在建筑上,把铺设、粘贴或涂刷在建筑内外表面,主要起装饰作用的材料,称为装饰材料。建筑装饰材料通常按照在建筑中的装饰部位分类,也有按材料的组成来分类的。常用的建筑装饰材料有建筑玻璃、木材、建筑涂料、饰面石材、饰面陶瓷、其他饰面材料等。

8.2.1　建筑玻璃

建筑玻璃

玻璃是一种坚硬、易碎的透明或半透明材料,是以石英砂、纯碱、石灰石等无机氧化物为主要原料,与某些辅助性原料经高温熔融,成型后经过冷却而成的固体。与陶瓷不同的是,玻璃是无定形非结晶体的均质同向性材料。

普通玻璃的化学组成主要是 SiO_2、Na_2O、K_2O、Al_2O_3、MgO 和 CaO 等,此外还有用于着色、改性等各种其他成分。玻璃是典型的脆性材料,在冲击荷载作用下极易破碎。热稳定性差,遇沸水易破裂。但玻璃具有透明、坚硬、耐蚀、耐热及电学和光学方面的优良性质,能够用多种成型和加工方法制成各种形状和大小的制品,可以通过调整化学组成改变其性质,以适应不同的使用要求。

1. 玻璃的分类

玻璃的品种很多,可以按化学组成、制品结构与性能等来分类。

1) 按玻璃的化学组成分类。

(1) 钠玻璃。钠玻璃主要由二氧化硅、氧化钠、氧化钙组成,又名钠钙玻璃或普通玻璃,含有铁杂质,使制品带有浅绿色。钠玻璃的力学性质、热性质、光学性质及热稳定性较差,用于制造普通玻璃和日用玻璃制品。

(2) 钾玻璃。钾玻璃是以氧化钾代替钠玻璃中的部分氧化钠,并适当提高玻璃中二氧化硅含量制成。它硬度较大,光泽好,又称作硬玻璃。钾玻璃多用于制造化学仪器、用具和高级玻璃制品。

(3) 铝镁玻璃。铝镁玻璃是以部分氧化镁和氧化铝代替钠玻璃中的部分碱金属氧化物、碱土金属氧化物及二氧化硅制成的。它的力学性质、光学性质和化学稳定性都有所改善,用来制造高级建筑玻璃。

(4) 铅玻璃。铅玻璃又称铅钾玻璃、重玻璃或晶质玻璃。它是由氧化铅、氧化钾和少量二氧化硅组成。这种玻璃透明性好,质软,易加工,光折射率和反射率较高,化学稳定性好,用于制造光学仪器、高级器皿和装饰品等。

(5) 硼硅玻璃。硼硅玻璃又称耐热玻璃,它是由氧化硼、二氧化硅及少量氧化镁组成。它有较好的光泽和透明性,力学性能较强,耐热性、绝缘性和化学稳定性好,用来制造高级化学仪器和绝缘材料。

(6) 石英玻璃。石英玻璃是由纯净的二氧化硅制成,具有很强的力学性质、热性质、光学性质。同时其化学稳定性也很好,并能透过紫外线,用来制造高温仪器灯具、杀菌灯等特殊制品。

2) 按制品结构与性能分类

(1) 平板玻璃

① 普通平板玻璃。包括普通平板玻璃和浮法玻璃。

② 钢化玻璃。经过钢化而成的玻璃。

③ 表面加工平板玻璃。包括磨光玻璃、磨砂玻璃、喷砂玻璃、磨花玻璃、压花玻璃、冰花玻璃、蚀刻玻璃等。

④ 掺入特殊成分的平板玻璃。包括彩色玻璃、吸热玻璃、光致变色玻璃、太阳能玻璃等。

⑤ 夹物平板玻璃。包括夹丝玻璃、夹层玻璃、电热玻璃等。

⑥ 复层平板玻璃。普通镜面玻璃、镀膜热反射玻璃、镭射玻璃、釉面玻璃、涂层玻璃、覆膜(覆玻璃贴膜)玻璃等。

(2) 玻璃制品

① 平板玻璃制品。包括中空玻璃、玻璃磨花、雕花、彩绘、弯制等制品及幕墙、门窗制品。

② 不透明玻璃制品和异型玻璃制品。包括玻璃锦砖(玻璃马赛克)、玻璃实心砖、玻璃空心砖、水晶玻璃制品、玻璃微珠制品、玻璃雕塑等。

③ 功能性玻璃制品。包括玻璃绝热、隔声材料,如泡沫玻璃和玻璃纤维制品等。

3) 按装饰用途分类。

(1) 装饰玻璃。玻璃隔墙、玻璃台面、玻璃墙面、玻璃地板、玻璃饰品等。

(2) 卫浴玻璃。玻璃洗手盆、淋浴房、浴室镜等。

(3) 家居玻璃。玻璃家具、玻璃用具如酒杯、花瓶等。

4) 按玻璃的性能分类

(1) 普通玻璃。普通门窗玻璃、各种装饰玻璃。

(2) 节能玻璃。吸热玻璃、热反射玻璃、中空玻璃等。

(3) 安全玻璃。钢化玻璃、夹丝玻璃等。

2. 玻璃的性质

1) 玻璃的力学性质

玻璃的力学性质主要指标是抗拉强度和脆性指标。

(1) 抗拉强度。玻璃的理论抗拉强度极限为 12 000 MPa,实际抗拉强度只有理论抗拉强度的 1/300~1/200,一般为 30~60 MPa,玻璃的抗压强度约为 700~1 000 MPa。

(2) 脆性。脆性是玻璃的主要缺点。玻璃的脆性指标为(E)1 300~1 500(橡胶为 0.4~0.6,钢为 400~460,混凝土为 4 200~9 350)。E 值越大说明脆性越大。玻璃的脆性也可以根据冲击试验来确定。

2）玻璃的光学性质

光线照射到玻璃表面可以产生透射、反射和吸收三种情况。光线透过玻璃称为透射；光线被玻璃阻挡，按一定角度反射出来称为反射；光线通过玻璃后，一部分光能量损失在玻璃内部称为吸收。

3）玻璃的热工性质

玻璃在室温范围内的比热容范围为$(0.33\sim1.05)\times10^3$ J/(kg·K)。普通玻璃的导热系数在室温下约为 0.75 W/(m·K)。玻璃的导热系数约为铜的 1/400，是导热系数较小的材料。

4）玻璃的化学性质

玻璃具有较高的化学稳定性，它可以抵抗除氢氟酸以外所有酸类的侵蚀，硅酸盐玻璃一般不耐碱。大气对玻璃侵蚀作用实质上是水汽、二氧化碳、二氧化硫等作用的总和。玻璃中的碱性氧化物在潮湿空气中与二氧化碳反应生成碳酸盐会造成普通玻璃出现表面光泽消失，或表面晦暗，甚至出现斑点和油脂状薄膜等，这一现象称为玻璃发霉。其处理方法是可用酸浸泡发霉的玻璃表面，并加热至 400℃～450℃，即可除去表面的斑点或薄膜。

通过改变玻璃的化学成分，或对玻璃进行热处理及表面处理，可以提高玻璃的化学稳定性。

5）玻璃的装饰性

玻璃是建筑装饰中常用的建筑装饰材料之一。玻璃具有功能分割明确的特点，能达到空间隔离的效果。当今，玻璃已经把实用性和艺术性完美地结合起来，被广泛应用于宾馆、酒店、茶楼、娱乐场所，家居装饰的门窗、隔断、玄关、墙壁、地面、天花、浴室、家具等装饰，是高档、时尚的建筑装饰材料。

3. 节能型装饰玻璃

节能型装饰玻璃通常具有令人赏心悦目的外观色彩，而且还具有特殊的对光和热的吸收、透射和反射能力，它能透过太阳的可见光，增加立面的装饰效果，改善和营造较为舒适的温度环境，降低建筑能耗。现已被广泛地应用于各种高级建筑物上。建筑上常用的节能装饰玻璃有吸热玻璃、热反射玻璃和中空玻璃等。

1）吸热玻璃

吸热玻璃是既能吸收大量红外线辐射，又能保持良好可见光透过率的平板玻璃。吸热玻璃的生产是在普通钠-钙硅酸盐玻璃中，加入有着色作用的氧化物如氧化铁、氧化镍、氧化钴以及氧化硒等；或在玻璃表面喷涂氧化锡、氧化钴、氧化铁等有色氧化物薄膜，使玻璃带色，并具有较高的吸热性能。吸热玻璃按成分分为硅酸盐吸热玻璃、磷酸盐吸热玻璃、光致变色玻璃和镀膜玻璃等。吸热玻璃具有以下特性：

（1）吸收太阳光辐射。吸热玻璃对太阳能的辐射有较强的吸收能力，当太阳光照射在吸热玻璃上时，相当一部分的太阳能被玻璃吸收。加之其投射的辐射热比普通玻璃小，故其总热阻比普通玻璃大。因此，吸热玻璃能隔热。6 mm 蓝色吸热玻璃能挡住 50% 左右的太阳辐射能。

（2）吸收可见光。吸热玻璃也能吸收太阳的可见光。吸热玻璃能使刺目的阳光变得柔和，起到反眩作用。

（3）吸收太阳光紫外线。吸热玻璃能有效减轻紫外线对人体和室内物品的损害。

（4）具有透明度。吸热玻璃具有一定的透明度，能清晰地观察室外的景物。

（5）玻璃色泽经久不变。

综上所述，吸热玻璃已广泛用于建筑工程的门窗或外墙以及车船的挡风玻璃等，起到采光、隔热、防眩作用。

2）热反射玻璃

热反射玻璃又称镀膜玻璃或镜面玻璃。热反射玻璃是在平板玻璃表面涂覆金属或金属氧化物薄膜制成的。镀膜方法有热解法、真空溅射法、化学浸渍法、气相沉积法、电浮法等。镀膜玻璃既具有较高的热反射能力，又保持了平板玻璃的透光性，具有良好的遮光性和隔热性能。它用于建筑的门窗及隔墙等处。热反射的玻璃具有以下特性：

（1）对太阳辐射能的反射能力较强。热反射玻璃对太阳辐射的反射率高，太阳能辐射反射率高达 25%～40%。

（2）遮阳系数小。热反射玻璃能有效阻止热辐射，有一定的隔热保温的效果。不同品种玻璃的遮阳系数见表 8－1。

表 8－1　不同品种玻璃的遮阳系数

品　种	厚　度/mm	遮阳系数
透明浮法玻璃	8	0.99
茶色吸热玻璃	8	0.77
热反射玻璃	8	0.60～0.75
热反射双层中空玻璃		0.24～0.49
双面青铜色热反射玻璃	8	0.58

（3）单向透视性。单向透视性是指热反射玻璃在迎光的一面具有镜子的特性，而在背光的一面则具有普通玻璃的透明效果。

（4）可见光透过率低。热反射玻璃在应用时应注意以下几点：一是安装施工中要防止损伤膜层，电焊火花不得落到薄膜表面；二是要防止玻璃变形，以免引起影像的"畸变"；三是注意消除玻璃反光可能造成的不良后果。

3）中空玻璃

中空玻璃是由两层或两层以上的平板玻璃原片构成，四周用高强度气密性复合胶粘剂将玻璃及铝合金框和橡皮条、玻璃条黏结、密封，中间充入干燥空气或其他气体，还可以涂上各种颜色或不同性能的薄膜，框内充以干燥剂，以保证玻璃原片间空气的干燥度。中空玻璃的加工方法分为胶接法、焊接法和熔接法。中空玻璃不能切割。中空玻璃按玻璃层数分有双层和多层等。中空玻璃的主要功能是隔热、隔声，所以又称为绝缘玻璃。中空玻璃有以下特性：

（1）隔热保温。中空玻璃空气层的导热系数小，所以中空玻璃具有良好的隔热保温性能。

（2）隔声性。中空玻璃具有较好的隔声性能，其隔声的效果通常与玻璃的厚度、层数、空气间层的间距有关，还与噪声的种类、声强有关。

3）防结露。中空玻璃广泛应用于高级住宅、饭店、宾馆、办公楼、学校、医院、商店等需要室内空调的场合，也可以用于汽车、火车、轮船的门窗等处。

4）电热玻璃

电热玻璃有导电网电热玻璃和导电膜电热玻璃两种。导电网电热玻璃是将两块浇注的型材，中间夹有几乎难以看到的极细电热丝，经热压而成；导电膜电热玻璃是将喷有导电膜玻璃的厚玻璃经热压而成。电热玻璃具有抗冲击性能，并且充电加热时，玻璃表面不会结雾、结冰霜。电热玻璃常用于陈列窗、橱窗、严寒地区建筑门窗、办公桌台板等。

工程案例

8-2 吸热玻璃和热反射玻璃在性能和用途上有什么区别？

分析 (1) 吸热玻璃

吸热玻璃是既能吸收大量红外线辐射，又能保持良好可见光透过率的平板玻璃。

① 吸收太阳光辐射。吸热玻璃对太阳能的辐射有较强的吸收能力，当太阳光照射在吸热玻璃上时，相当一部分的太阳能被玻璃吸收。加之其投射的辐射热比普通玻璃小，故其总热阻比普通玻璃大。因此，吸热玻璃能隔热。6 mm 蓝色吸热玻璃能挡住 50% 左右的太阳辐射能。

② 吸收可见光。吸热玻璃也能吸收太阳的可见光。吸热玻璃能使刺目的阳光变得柔和，起到反眩作用。

③ 吸收太阳光紫外线。吸热玻璃能有效减轻紫外线对人体和室内物品的损害。

④ 具有透明度。吸热玻璃具有一定的透明度，能清晰地观察室外的景物。

⑤ 玻璃色泽经久不变。

综上所述，吸热玻璃已广泛用于建筑工程的门窗或外墙以及车船的挡风玻璃等，起到采光、隔热、防眩作用。

(2) 热反射玻璃

热反射玻璃既具有较高的热反射能力，又保持了平板玻璃的透光性，具有良好的遮光性和隔热性能。它用于建筑的门窗及隔墙等处。热反射的玻璃具有以下特性：

① 对太阳辐射能的反射能力较强。热反射玻璃对太阳辐射的反射率高，太阳能辐射反射率高达 25%～40%。

② 遮阳系数小。热反射玻璃能有效阻止热辐射，有一定的隔热保温的效果。

③ 单向透视性。是指热反射玻璃在迎光的一面具有镜子的特性，而在背光的一面则具有普通玻璃的透明效果。

④ 可见光透过率低。

热反射玻璃在应用时应注意以下几点：一是安装施工中要防止损伤膜层，电焊火花不得落到薄膜表面；二是要防止玻璃变形，以免引起影像的"畸变"；三是注意消除玻璃反光可能造成的不良后果。

4. 安全型玻璃

安全玻璃是指与普通玻璃相比，具有力学强度高、抗冲击能力强的玻璃。安全玻璃被击碎时，其碎片不会伤人，并兼具有防盗、防火的功能。目前常用的安全玻璃有钢化玻璃、夹层玻璃、夹丝玻璃、钛化玻璃、防火玻璃等。

1) 钢化玻璃

钢化玻璃又称强化玻璃。它是用物理的或化学的方法，在玻璃表面上形成一个压应力层，玻璃本身具有较高的抗压强度，不会造成破坏。

(1) 钢化玻璃的分类

钢化玻璃按生产方法分为物理钢化玻璃和化学钢化玻璃两种；按钢化范围分为全钢化

玻璃、半钢化玻璃、区域钢化玻璃等;按形状分为平面钢化玻璃和曲面钢化玻璃;按碎片状态分为Ⅰ、Ⅱ、Ⅲ三类。

(2) 钢化玻璃的制作

钢化玻璃是平板玻璃的二次加工产品,钢化玻璃的加工可分为物理钢化法和化学钢化法。

① 物理钢化。物理钢化玻璃又称为淬火钢化玻璃。它是将普通平板玻璃在加热炉中加热到接近玻璃的软化温度(600℃)时,通过自身的形变消除内部应力,然后将玻璃移出加热炉,再用多头喷嘴将高压冷空气吹向玻璃的两面,使其迅速且均匀地冷却至室温,即可制得钢化玻璃。钢化玻璃破碎时出现网状裂纹或破碎成无数小块,这些小的碎片没有尖锐棱角,不易伤人。

② 化学钢化。化学钢化玻璃是通过改变玻璃表面的化学组成来提高玻璃的强度,一般是应用离子交换法进行钢化。其方法是将含有碱金属离子的硅酸盐玻璃,浸入到熔融状态的锂(Li^+)盐中,使玻璃表层的 Na^+ 或 K^+ 离子与 Li^+ 离子发生交换,表面形成 Li^+ 离子交换层,由于 Li^+ 的膨胀系数小于 Na^+、K^+ 离子,从而在冷却过程中造成外层收缩较小而内层收缩较大,当冷却到常温后,玻璃便处于内层受拉、外层受压的状态,其效果类似于物理钢化玻璃。

(3) 钢化玻璃的性质

① 强度高。钢化玻璃的抗压强度可达 125 MPa 以上,其抗冲击强度也很高。

② 弹性好。钢化玻璃的弹性比普通玻璃大得多,一块 1200 mm×350 mm×6 mm 的钢化玻璃,受力后可发生达 100 mm 的弯曲挠度,当外力撤除后,仍能恢复原状。

③ 热稳定性好。钢化玻璃在受急冷急热时,不易发生炸裂。钢化玻璃耐热冲击,最大安全工作温度达 288℃,能承受 204℃的温差变化。

(4) 钢化玻璃的应用

由于钢化玻璃具有较好的力学性能和热稳定性,平板钢化玻璃常用作建筑物的门窗、隔墙、幕墙及橱窗、家具、阳台楼梯栏板等,还适用于餐桌、浴室玻璃房等急冷急热的部位以及制作防弹玻璃。曲面玻璃常用于汽车、火车及飞机等方面。半钢化玻璃主要用作暖房、温室及隔墙等的玻璃窗。区域钢化玻璃主要用作汽车的挡风玻璃。

根据所用的玻璃原片不同,钢化玻璃可制成普通钢化玻璃、吸热钢化玻璃、彩色钢化玻璃、钢化中空玻璃等。

2) 夹层玻璃

夹层玻璃系两片或多片平板玻璃之间嵌夹透明塑料薄片,经加热、加压、黏合而成的平面或弯曲的复合玻璃制品。生产夹层玻璃常用的热塑性塑料有赛璐珞塑料和聚乙烯醇缩丁醛树脂两种。夹层玻璃具有较高的强度,其抗冲击性比普通平板玻璃高出几倍。玻璃受到破坏时不裂成碎块,仅产生辐射状裂纹或同心圆形裂纹,碎片不易脱落,且不影响透明度,不产生折光现象。而且碎片仍粘贴在膜片上,不致伤人。因此,夹层玻璃也属于安全玻璃。夹层玻璃具有透光性好、耐久、耐热、耐湿、耐寒等特点。

夹层玻璃主要用作汽车和飞机的挡风玻璃、防弹玻璃、陈列架、橱柜、水池玻璃以及有特殊安全要求的建筑物的门窗、隔墙、顶棚、工业厂房的天窗和某些水下工程。

3) 夹丝玻璃

夹丝玻璃也称防碎玻璃或钢丝玻璃。它是将普通平板玻璃加热到红热软化状态,再将预热处理直径 0.4 mm 以上的铁丝网压入玻璃中间而制成。夹丝玻璃不仅强度高,而且由于铁丝网的骨架作用,在玻璃遭受冲击或温度剧变时,破而不缺,裂而不散。当火灾蔓延,夹丝玻璃受热炸裂时,仍能保持完整,起到隔绝火焰的作用,故又称防火玻璃。

夹丝玻璃主要用于天窗、顶棚、阳台、楼梯、电梯井和易受震动的门窗以及防火门窗等处。

5. 建筑装饰玻璃

(1) 磨光玻璃

磨光玻璃又称镜面玻璃或白片玻璃,是用平板玻璃经过机械研磨和抛光后制得的平整光滑的平板玻璃。磨光玻璃分单面磨光和双面磨光两种。多采用单面研磨与抛光,常用压延玻璃为毛坯,硅砂作研磨材料,氧化铁或氧化铈作抛光材料。磨光玻璃具有表面平整光滑且带有光泽,物像透过玻璃不变形,透光率大于 84% 等特点。磨光的目的是为了消除由于表面不平引起的波筋、波纹等缺陷,使从任何方向透视或反射物象均不出现光学畸变现象。它的厚度一般为 5~6 mm。磨光玻璃表面平整光滑。作为建筑装饰材料,磨光玻璃适用于光面装饰,常用作大型高级门窗、橱窗及制作镜子。缺点是加工费时且不经济,近年来随浮法玻璃的出现,其用量已大为减少。

(2) 彩色玻璃

彩色玻璃又称饰面玻璃。分透明、不透明和半透明三种。彩色玻璃的颜色有乳白色、茶色、海蓝色、宝石蓝色和翡翠绿等。

透明和半透明的彩色玻璃常用于建筑内外墙、隔断、门窗及对光线有特殊要求的部位。也可以加工成中空玻璃、夹层玻璃、压花玻璃及钢化玻璃等,使其更具装饰性和使用功能。

不透明彩色玻璃主要用于建筑内外墙的装饰,可拼成不同的图案,表面光洁、明亮或漫反射无光,具有独特的装饰效果,还可以加工成钢化玻璃。

(3) 釉面玻璃

釉面玻璃又称不透明饰面玻璃,是在按一定尺寸裁切好的玻璃基体上涂敷一层彩色易熔的釉料,然后加热到彩釉的熔融温度,经退火或钢化等热处理,使釉层与玻璃牢固结合而制成的具有美丽的色彩或图案的玻璃制品。

釉面玻璃的特点是耐酸、耐碱、耐磨和耐水,图案精美,不褪色,不掉色。釉面玻璃具有良好的化学稳定性和装饰性,可用作食品工业、化学工业、商业、公共食堂等的室内饰面层,以及一般建筑物房间、门厅、楼梯间的饰面层和建筑物外饰面层,特别适用于防腐、防污要求较高部位的表面装饰。

(4) 压花玻璃

压花玻璃又称滚花玻璃。采用压延法,在双辊压延机的辊面上雕刻有所需要的花纹,当玻璃带经过压辊时即被压延成压花玻璃。压花玻璃分普通压花玻璃、真空冷膜压花玻璃和彩色膜压花玻璃等三种。按照压花面可将其划分成单面压花玻璃和双面压花玻璃。按照花纹图案可将其划分为植物图案和装饰图案。

压延法生产的压花玻璃表面凹凸不平,透光不透明,物象模糊不清。由于花纹的作用,减低了透光度,一般压花玻璃的透光度在 60%~70% 之间,压花玻璃的装饰特性是图案、花纹繁多,颜色丰富,透光而不透视,室内光线柔和而朦胧,所以具有强烈的装饰效果,广泛应用于宾馆、办公楼、会议室、浴室、厕所以及公共场所分离室的门窗和隔断等处。使用压花玻璃时,应将花纹朝向室内。

（5）磨(喷)砂玻璃

磨(喷)砂玻璃又称为毛玻璃、漫反射玻璃。通常是指磨砂平板玻璃,可以用机械喷砂、手工研磨或者氢氟酸溶液等物理或化学方法将玻璃的单面或双面加工成均匀的粗糙表面,研磨材料可用硅砂、金刚砂、石榴石粉等,研磨介质为水。

这类玻璃只有透光性而不透视,一般用于浴室、办公室等需要隐秘和不受干扰的房间;也可用于室内隔断和作为灯箱透光片使用,还可用作照相屏板、灯罩和黑板等。

（6）冰花玻璃

冰花玻璃是一种利用平板玻璃经特殊处理形成不自然冰花纹理的玻璃。冰花玻璃对通过的光线有漫反射作用,但却有良好的透光性能,具有良好的装饰效果。

冰花玻璃的装饰效果优于压花玻璃,给人以清新之感,是一种新型的装饰玻璃。可用于宾馆、酒楼等场所的门窗、隔断、屏风和家庭装饰。

（7）喷雕玻璃

喷雕玻璃也称喷砂玻璃、喷花玻璃,是在平板玻璃表面贴以图案,抹以保护层,经喷砂处理,从而形成透明与不透明相间的图面。喷雕玻璃给人以高雅、朦胧的美感。

在居室的装饰中,喷雕玻璃可用于表现界定区域却互不封闭的地方,如在餐厅和客厅之间的门窗、隔断和采光用的喷雕玻璃可制成一道精美的屏风。

（8）彩绘玻璃

彩绘玻璃在制作中是先用一种特制的胶绘制出各种图案,然后再用铅油描摹出分隔线,最后再低温烧制而成。

（9）彩晶玻璃

彩晶玻璃可用浮法透明玻璃,也可用喷砂玻璃和压花玻璃制作。在玻璃上按图案绘画线条,线条干燥后填注颜料,填色料为无色透明体,在涂好色的玻璃上,趁颜料未干时均匀撒上闪光粉,即得到灿烂无比的效果。彩晶玻璃具有极强的仿镶效果（仿景泰蓝）,立体感强,特别适合天花板、门窗镶嵌玻璃、仿古艺术壁画、山水画制作。适合用作宾馆、商场、写字楼、家庭、舞厅、夜总会等公共场所的玻璃门窗、吊顶、隔断、地板、家具工艺品装饰。

在土木建筑工程中,玻璃是一种重要的建筑材料,除了能采光和装饰外,还有控制光线、调节热量、节约能源、控制噪声、降低建筑物自重、改善建筑环境、提高建筑艺术水平等功能。建筑玻璃的种类和应用见表 8-2。

表 8-2　建筑玻璃的种类、特性及适用范围

品　种		特　性	适用范围
平板玻璃	普通平板玻璃	透光度很高,可通过日光的 80% 以上。耐酸能力强,但不耐碱	广泛应用于镶嵌建筑物的门窗、墙面、室内装饰等
	磨砂玻璃	表面粗糙,能透光但不透视	多用于卫生间、浴室等的门窗
	压花玻璃	具有透光不透视的特点	常用于办公楼、会议室、卫生间等的门窗
	彩色玻璃	原料中加入金属氧化物可生产出透明的彩色玻璃	适用于建筑物内外墙面、门窗装饰

品　种		特　性	适用范围
安全玻璃	钢化玻璃	强度比平板玻璃高4～6倍,抗冲击及抗弯性能好,破碎不易伤人	用于高层建筑门窗、隔墙等
	夹丝玻璃	抗冲击性及耐温度剧变性能好,抗折强度比普通玻璃强	适用于公共建筑走廊、防火门、楼梯间、厂房天窗等
	夹层玻璃	抗冲击性及耐热性好,破碎不产生辐射状裂纹、易伤人	适用于高层建筑门窗、厂房天窗及水下工程
其他玻璃	热反射玻璃	在玻璃表面涂敷金属或金属氧化物膜可得到热反射玻璃,具有较高的热反射性能,又称镜面玻璃	多用于门窗或制造中空玻璃或夹层玻璃。用在高层建筑的幕墙玻璃,幕墙内看窗外景物清晰,而室外却看不清室内
	吸热玻璃	在原料中加入氧化亚铁或在玻璃表面喷涂氧化锡可得到吸热玻璃,能吸收大量的太阳辐射能	适用于商品陈列窗,冷库、仓库、炎热地区的大型公共建筑物等
	光致变色玻璃	在玻璃中加入卤化银或在玻璃夹层中加入钼和钨的感光化合物,受到光线照射时,颜色会随光线的增强而逐渐变暗,光线停止照射时又会恢复原来的颜色	适用于对光线有特殊要求的高档装修的建筑物
	中空玻璃	具有良好的保温、绝热、吸声等功能	在建筑上应用较多,适用于办公大楼、展览室、图书馆、计算机房、精密仪器车间、化学工厂等要求恒温恒湿的特殊建筑物
	玻璃空心砖	具有强度高、绝热性能好、隔声性能好、耐火性能好等优点	常用来砌筑透光墙体或彩灯地面等
	镭射玻璃	在光线照射下能产生艳丽的色彩,且随角度不同会有变化	多用于某些高档建筑或娱乐建筑的墙面或装饰

8.2.2　木材

建筑工程中常用的木材按其用途和加工程度有原条、原木、锯材等类别,主要用于脚手架、木结构构件和家具等。为了提高木材利用率,充分利用木材的性能,经过深加工和人工合成,可以制成各类装饰材料和人造板材。

1. 旋切微薄木

有色木、桦木或树根瘤多的木段,经水蒸软化后,旋切成0.1 mm左右的薄片,与坚韧的纸胶合而成。由于具有天然的花纹,具有较好的装饰性,可压贴在胶合板或其他板材表面,做墙、门和各种柜体的面板。

2. 软木壁纸

软木壁纸是由软木纸和基纸复合而成,是目前国内外使用较为广泛的一种墙面装饰材料。软木纸是以软木的树皮为原料,经粉碎、筛选和风选的颗粒加胶结剂后,在一定压力和温度下胶合而成。但随着壁纸生产技术的发展,壁纸已经超出了"纸"的范畴。除纸外,它还涉及塑料、玻璃纤维、动物纤维和植物纤维。它保持了原软木的材质,手感好、隔声、吸声、典雅舒适,特别适用于室内墙面和顶棚的装饰。

3. 木质合成金属装饰材料

木质合成金属装饰材料是以木材、木纤维作芯材,再合成金属层(铜和铝),在金属层上进行着色氧化,电镀贵重金属,再涂膜养护等工序加工制成。木质芯材金属化后克服了木材容易腐烂、虫蛀、易燃等缺点,又保留了木材容易加工、安装的优良工艺性能,主要用于装饰门框、墙面、柱面和顶棚等。

4. 木地板

木地板可分为实木地板、强化木地板、实木复合地板和软木地板。实木地板是由天然木材经锯解、干燥后直接加工而成,其断面结构为单层。强化木地板是多层结构地板,由表面耐磨层、装饰层、缓冲层、人造板基层和平衡层组成,具有很高的耐磨性,力学性能较好,安装简便,维护保养简单。实木复合地板是利用珍贵木材或木材中的优质部分以及其他装饰性强的材料作表层,材质较差或质地较差部分的竹、木材料作中层或底层,经高温高压制成的多层结构的地板。

5. 人造木材

人造木材是将木材加工过程中的大量边角、碎料、刨花、木屑等,经过再加工处理,制成各种人造板材。

(1) 胶合板

胶合板又称层压板,是将原木选切成大张薄片,各片纤维方向相互垂直交错,用胶粘剂加热压制而成。胶合板一般是3~13层的奇数,并以层数取名,如三合板、五合板等。

生产胶合板是合理利用木材,改善木材物理力学性能的有效途径,能获得较大幅度的板材,消除各向异性,克服木材和裂纹等缺陷的影响。

胶合板可用于隔墙板、天花板、门芯板、室内装饰和家具等。

(2) 纤维板

纤维板是将树皮、刨花、树枝等木材废料经切片、浸泡、磨浆、施胶、成型及干燥或热压等工序制成。为了提高纤维板的耐燃性和耐腐蚀性,可在浆料里施加或在湿板坯表面喷涂耐火剂或防腐剂。纤维板材质均匀,完全避免了木节、腐朽、虫眼等缺陷,且胀缩性小,不翘曲、不开裂。纤维板按密度大小分为硬质纤维板、中密度纤维板和软质纤维板。

硬质纤维板密度大,强度高,主要用于壁板、门板、地板、家具和室内装修等。中密度纤维板是家具制造和室内装修的优良材料。软质纤维板表观密度小,吸声绝热性好,可作为吸声或绝热材料使用。

(3) 胶版夹合板(细木工板)

胶版夹合板分为实心板和空心板两种。实心板内部将干燥的短木条用树脂胶拼成,表皮用胶合板加压加热黏结制成。空心板内部则由厚纸蜂窝结构填充,表面用胶合板加压加热黏结制成。细木工板具有吸声、绝热、易加工等特点,主要用于家具制作、室内装修等。

(4) 刨花板

刨花板是利用木材或木材加工剩余物做原料,加工成刨花(或碎料),再加入一定数量的合成树脂胶粘剂,在一定温度和压力下压制而成的一种人造板材,建成刨花板,又称碎料板。

按表面状况,刨花板可分为:加压刨花板、砂光或刨光板、饰面刨花板、单板贴面刨花板等。

普通刨花板由于成本低,性能优,用作芯材比木材更受欢迎,而饰面刨花板则由于材质均匀、花纹美观、质量较小等原因,大量用于家具制作、室内装修、车船装修等方面。

8.2.3 建筑涂料

建筑涂料基本组成包括基料、颜料、填料、溶剂(或水)及各种配套助剂。基料是涂料中最重要的部分,对涂料和涂膜性能起决定性作用。建筑涂料的涂层不仅对建筑物起到装饰的作用,还具有保护建筑物和提高其耐久性的功能,除此之外,另有一些涂料具有各自的特殊功能,进一步适应各种特殊使用的需要,如防火、防水、吸声隔声、隔热保温、防辐射等。

建筑涂料主要指用于墙面和地面装饰涂敷的材料,建筑涂料的主体是乳液涂料和溶剂型合成树脂涂料,也有以无机材料(钾水玻璃等)胶结的高分子涂料,但成本高,应用尚不广泛。不同种类的被保护体对保护功能要求的内容也各不相同。如室内与室外涂装所要求达到的指标差别就很大,有的建筑物对防霉、防火、保温隔热、耐腐蚀等有特殊要求。居住性改进功能主要是对室内涂装而言,就是有助于改进居住环境的功能,如隔声性、吸声性涂料的作用及其分类、防结露性等。

建筑涂料按在建筑物上的使用部位的不同分为墙面涂料、地面涂料、防水涂料、防火涂料、特种涂料等。常用建筑装饰涂料的类型、要求及适用范围见表8-3。

表8-3 建筑装饰涂料的种类、要求及适用范围

外墙涂料	外墙涂料基本要求	主要起装饰和保护外墙墙面,要求有良好的装饰性、耐水性、耐候性、耐污染性,施工及维修容易
	常用于外墙的涂料	苯乙烯 丙烯酸酯乳液涂料、丙烯酸酯系外墙涂料、聚氨酯系外墙涂料、合成树脂乳液砂壁状涂料等
内墙涂料	内墙涂料基本要求	要求色彩丰富、细腻、调和,耐水、耐碱、耐粉化性良好,同时涂刷方便,透气性良好
	常用于内墙的涂料	聚乙烯醇水玻璃涂料(106内墙涂料)、聚醋酸乙烯乳液涂料、醋酸乙烯 丙烯酸酯有光乳液涂料、多彩涂料等
地面涂料	地面涂料基本要求	耐候性、耐水性、耐磨性良好;抗冲击性良好;与水泥砂浆有良好的黏结性能;涂刷施工方便,重涂容易
	地面涂料应用	一是用于木质地板的涂饰,如常用的聚氨酯漆、聚酯地板漆和酚醛树脂地板漆等;二是用于地面装饰,做成无缝涂布地面等,如常用的过氯乙烯地面涂料、聚氨酯地面涂料、环氧树脂厚质地面涂料等

8.2.4 饰面石材

1. 天然饰面石材

天然饰面石材一般用致密的岩石凿平或锯解成厚度不大的石板,要求饰面石板具有耐久、耐磨、色彩美观、无裂缝等性质。常用的天然饰面石板有花岗岩石板、大理石板等。

(1) 花岗岩板材

花岗岩板材是由花岗岩经锯、磨、切等工艺加工而成的。它质地坚硬密实,抗压强度高,

具有优异的耐磨性及良好的化学稳定性,不易风化变质,耐久性好,但耐火性能差。花岗岩按表面加工程度分为细面板材(YG)(表面平整、光滑)、镜面板材(JM)(表面平整、具有镜面光泽)与粗面板材(CM)(表面平整、粗糙、具有规则纹理)三种。板材按加工质量和外观质量分为优等品(A)、一等品(B)及合格品(C)三个等级。

花岗石板根据其用途不同,加工方法也不同。建筑上常用的剁斧板,主要用于室外地面、台阶、基座等处;机刨板材一般多用于地面、踏步、檐口、台阶等处;花岗石粗磨板则用于墙面、柱面、纪念碑等;磨光石因其具有色彩鲜明,光彩照人的特点,主要用于室内外墙面、地面、柱面等。

对花岗石板材的主要技术要求有:规格尺寸允许偏差、外观质量、镜面光泽度、体积密度、吸水率、干燥抗压强度与弯曲强度等。

（2）大理石板

大理石板是将大理石荒料经锯切、研磨、抛光而成的高级室内外装饰材料,其价格因花色、加工质量而异,差别极大。大理石结构致密,抗压强度高,但硬度不大,因此大理石相对较易锯解、雕琢和磨光等加工。大理石一般含有多种矿物,故通常呈多种彩色组成的花纹,经抛光后光洁细腻,纹理自然,十分诱人,纯净的大理石为白色,称为汉白玉,纯白和纯黑的大理石属名贵品种。大理石板按加工质量和外观质量分为优等品种(A)、一等品(B)和合格品(C)三个等级。

大理石板用于宾馆、展览馆、影剧院、商场、图书馆、机场、车站等公共建筑工程的室内柱面、地面、窗台板、服务台、电梯间的饰面等,是理想的室内高级装饰材料。

大理石板材具有吸水率小、耐磨性好以及耐久等优点,但其抗风化性能较差。因为大理石主要成分是碳酸钙,易被侵蚀,使表面失去光泽,变得粗糙而降低装饰及使用效果,故除个别品种(含石英为主的砂岩石及石曲岩)外一般不宜用作室外装饰。

对大理石板材的主要技术要求有:规格尺寸允许偏差、外观质量、镜面光泽度、体积密度、吸水率、干燥抗压强度及抗弯强度等。

2. 人造饰面石材

（1）建筑水磨石板

建筑水磨石板材是以水泥、石渣和砂石为主要原料,经搅拌、成型、养护、研磨、抛光等工序制成的,具有强度高、坚固耐久、美观、洗刷方便、不易起尘、较好的防水与耐磨性能、施工渐变等优点。用高铝水泥做胶凝材料制成的水磨石板光泽度高、花纹耐久、抗风化性、耐火性与防潮性能等更好,原因在于高铝水泥水化生成的氢氧化铝胶体,与光滑的模板表面接触时形成氢氧化铝凝胶层,在水泥硬化的过程中,这些氢氧化铝胶体不断填充于骨料的毛孔空隙,形成致密结构,因而表面光滑、有光泽、呈半透明状。

水磨石板比天然大理石具有更多的选择性,物美价廉,是建筑上广泛应用的装饰材料,可制成各种形状的饰面板,用于墙面、地面、窗台、踢脚、台面、踏步、水池等。

预制水磨石板材按使用部位可分为墙面与柱面用水磨石(Q),地面用水磨石(D),踢脚板、立板与三角板类水磨石(T),隔断板、窗台板和台面板类水磨石(G)四类;按表面加工程度可分为磨面水磨石(M)与抛光水磨石(P)两类。

（2）合成石面板

合成石面板属人造石板,以不饱和聚酯树脂为胶结料,掺以各种无机物填料加反应促进剂制成,具有天然石材的花纹和质感、体积密度小、强度高、厚度薄、耐酸碱性与抗污染性好,其色彩和花纹均可根据设计意图制作,还可制成弧形、曲面等几何形状。品种有仿天然大理石板、仿天然花岗岩石板等,可用于室内外立面、柱面装饰,作室内墙面与地面装饰材料,还可作楼梯面板、窗台板等。

工程案例

8-3 选用天然石材的原则是什么?为什么一般大理石板材不宜用于室外?

分析 选用天然石材时应满足以下几方面的要求:

(1)适用性:是指在选用建筑石材时,应针对建筑物不同部位,选用满足技术要求的石材。如对于结构用的石材,主要技术要求是石材的强度、耐水性、抗冻性等;饰面用的石材,主要技术要求是尺寸公差、表面平整度、光泽度和外观缺陷等。

(2)经济性:由于天然石材自重大,开采运输不方便,故应贯彻就地取材原则,以缩短运输距离,降低成本。同时,天然岩石雕琢加工困难,加工费工耗时,成本高。一些名贵石材,价格高昂,因此选材时必须予以慎重考虑。

(3)色彩:石材装饰必须要与建筑环境相协调,其中色彩相融性显得尤其重要。因此选用天然石材时,必须认真考虑所选石材的颜色与纹理,力争取得最佳装饰效果。

天然大理石化学成分为碳酸盐。当大理石长期受雨水冲刷,特别是受酸性雨水冲刷时,可能使大理石表面的某些物质被侵蚀,从而失去原貌和光泽,影响装饰效果,因此一般大理石板材不宜用于室外装饰。

8-4 当时用红色大理石作室外墙柱装饰时,为何过一段时间后会逐渐变色,褪色。

分析 大理石的主要成分是碳酸钙,当与大气中的二氧化硫接触会生成硫酸钙,使大理石变色,特别是红色大理石最不稳定,更易于反应。

8.2.5 饰面陶瓷

建筑装饰用陶瓷制品是档次较高的烧土制品。建筑陶瓷制品内部构造致密,有一定的强度和硬度,耐久性高,化学稳定性好,制品有各种颜色、图案,但脆性及抗冲击性能差。建筑陶瓷制品按产品种类分为陶器、瓷器与半瓷器三类,每类又可分为粗、细两种。

1.釉面砖

釉面砖又称瓷砖,正面挂釉,背面有凹凸纹,以便于粘贴施工。釉面砖是建筑装饰过程中最常用的、最重要的饰面材料之一,是由瓷土或优质陶土煅烧而成,属于精品陶制品。釉面砖按形状分为正方形、长方形和异形配件砖三种;按釉面颜色分为单色(含白色)、花色及图案砖三种;按外观质量分为优等品、一等品和合格品三个等级。

釉面砖表面平整、光滑,坚固耐用,色彩鲜艳,易于清洁,防火、防水、耐磨、耐腐蚀等。因釉面砖砖体多空,吸收大量水分后将产生湿胀现象,而釉吸湿膨胀非常小,从而导致釉面开裂,出现剥落、掉皮现象,所以不应用于室外装饰。

2.墙地砖

墙地砖是墙砖和地砖的总称,包括建筑物外墙装饰贴面用砖和室内外地面装饰铺贴用砖。墙地砖是以品质均匀,耐火度较高的黏土作为原料,经压制成型,在高温下烧制而成。具有坚固耐用，易清洗、防火、防水、耐磨、耐腐蚀等优点，可制成平面、麻面、仿花岗石面、无光釉面、有光釉面、防滑面、耐磨面等多种产品。为了与基材有良好的黏结，其背面常常具有凹凸不平的沟槽等。墙地砖品种规格繁多，尺寸各异，以满足不同的使用环境条件的需要。

3. 陶瓷锦砖

俗称马赛克，是以优质瓷土烧结制成的小块瓷砖。出厂前按设计图案将其反贴在牛皮纸上，每张大小约 30 cm，称作一联。基本形状有正方形、长方形和六角形等，花色有单色与拼色两种，表面有有釉和无釉两种。

陶瓷锦砖色泽稳定、美观、耐磨、易清洗、耐污染，抗冻性能好，坚固耐用且造价低廉，主要用于室内地面铺装。

4. 瓷质砖

瓷质砖又称同质砖、通体砖、玻化砖，是由天然石料破碎后添加化学黏合剂经高温烧结而成。瓷质砖的烧结温度较高，瓷化程度好，吸水率小于 0.5%，吸湿膨胀率极小，故该砖抗折强度高、耐磨损、耐酸碱、不变色、寿命长，在 -15~20℃ 冻融循环 20 次无可见缺陷。

瓷质砖具有天然石材的质感，而且更具有高光度、高硬度、高耐磨、吸水率低、色差少以及规格多样化和色彩丰富等优点。装饰在建筑物外墙壁上能起到隔声、隔热的作用，而且比大理石轻便，质地均匀致密，强度高、化学性能稳定，优良的物理化学性能源自其微观结构。瓷质砖是多晶材料，主要由无数微粒级的石英晶粒和莫来石晶粒构成网架结构，这些晶体和玻璃体都有很高的强度和硬度，并且晶粒和玻璃体之间具有相当高的结合强度。瓷质砖是 20 世纪 80 年代后期发展起来的建筑装饰材料，正逐渐成为天然石材装饰材料的替代产品。

8.2.6 其他饰面材料

1. 石膏饰面材料

石膏饰面材料包括石膏花饰、装饰石膏板及嵌装式装饰石膏板等，均以建筑石膏为主要原料，掺入适量纤维增强材料（玻璃纤维、石棉纤维及 107 胶等胶粘剂）和外加剂，与水搅拌后，经浇注成型、干燥制成。装饰石膏板按防潮性能分为普通板与防潮板两类，每类又可按平面形状分为平板、孔板与浮雕板三种。如在板材背面四边加厚，并带有嵌装企口则可制成嵌装装饰石膏板。石膏板主要用作室内吊顶及内墙装饰。

2. 塑料饰面材料

塑料饰面材料包括各种塑料壁纸、塑料装饰板材（塑料贴面装饰、硬质 PVC 板、玻璃钢板、钙塑泡沫装饰吸声板等）、塑料卷材地板、块状塑料地板、化纤地毯等。

3. 木材、金属饰面材料

此类饰面材料有薄木贴面板、胶合板、木地板、铝合金装饰板、彩色不锈钢板等。

任务 8.3 绝热材料

任务导入	● 建筑物选择合适的绝热材料，既可以保证室内有适宜的温度，为人们构筑一个温暖、舒适的环境，提高人们的生活质量，又可以减少建筑物的采暖和空调能耗而节约能源。本任务主要学习绝热材料。

任务目标	➢ 了解材料的绝热机理； ➢ 掌握绝热材料的性能； ➢ 了解绝热材料的特征及分类； ➢ 熟悉常用的绝热材料。

绝热材料是指能阻滞热流传递的材料，又称热绝缘材料。在建筑中，习惯上把用于控制室内热量外流的材料叫作保温材料；把防止室外热量进入室内的材料叫作隔热材料。保温、隔热材料统称为绝热材料。

传统绝热材料，如玻璃纤维、石棉、岩棉、硅酸盐等，新型绝热材料，如气凝胶毡、真空板等。它们用于建筑围护或者热工设备、阻抗热流传递的材料或者材料复合体，既包括保温材料，也包括保冷材料。绝热材料一方面满足了建筑空间或热工设备的热环境，另一方面也节约了能源。

绝热材料主要用于墙体及屋顶、热工设备及管道、冷藏库等工程或冬期施工的工程。合理使用绝热材料可以减少热损失、节约能源、降低能耗。

8.3.1 绝热材料绝热机理

1. 传热方式

热量的传递方式有三种：导热、对流和热辐射。

（1）导热

"导热"是指由于物体各部分直接接触的物质质点（分子、原子、自由电子）作热运动而引起的热能传递过程。

（2）对流

"对流"是指较热的液体或气体因遇热膨胀而密度减小从而上升，冷的液体或气体补充过来，形成分子的循环流动，这样，热量就从高温的地方通过分子的相对位移传向低温的地方。

（3）热辐射

"热辐射"是一种靠电磁波来传递能量的过程。

2. 传热机理

（1）多孔型

多孔型绝热材料起绝热作用的机理：

当热量 Q 从高温面向低温面传递时，在未碰到气孔之前，传递过程为固相中的导热，在碰到气孔后：

一条路线仍然是通过固相传递，但其传热方向发生变化，总的传热路线大大增加，从而使传递速度减缓；

另一条路线是通过气孔内气体的传热，其中包括高温固体表面对气体的辐射与对流传热、气体自身的对流传热、气体的导热、热气体对低温固体表面的辐射及对流传热以及热固体表面和冷固体表面之间的辐射传热。

由于在常温下对流和辐射传热在总的传热中所占比例很小，故以气孔中气体的导热为主，但由于空气的导热系数仅为 0.029 W/(m・K)［即 0.025 kcal/(m・h・℃)］，大大小于

绝热材料

固体的导热系数,故热量通过气孔传递的阻力较大,从而传热速度大大减缓。这就是含有大量气孔的材料能起绝热作用的原因。

(2)纤维型

纤维型绝热材料的绝热机理基本上和通过多孔材料的情况相似。

显然,传热方向和纤维方向垂直时的绝热性能比传热方向和纤维方向平行时要好一些。

(3)反射型

反射型绝热材料的绝热机理:

当外来的热辐射能量 IO 投射到物体上时,通常会将其中一部分能量 IB 反射掉,另一部分 IA 被吸收(一般建筑材料都不能穿透热射线,故透射部分忽略不计)。

根据能量守恒原理,则

$$IA + IB = IO$$

或

$$IA/IO + IB/IO = 1$$

式中,比值 IA/IO 说明材料对热辐射的吸收性能,用吸收率"A"表示,比值 IB/IO 说明材料的反射性能,用反射率"B"表示,即

$$A + B = 1$$

由此可以看出,凡是反射能力强的材料,吸收热辐射的能力就小,反之,如果吸收能力强,则其反射率就小。

故利用某些材料对热辐射的反射作用(如铝箔的反射率为0.95)在需要绝热的部位表面贴上这种材料,就可以将绝大部分外来热辐射(如太阳光)反射掉,从而起到绝热的作用。

8.3.2 绝热材料的性能

1. 导热系数

1)概述

材料的导热能力用导热系数表示。导热系数是材料导热性能的一个物理指标。导热系数的物理意义为:在稳定传热条件下,当材料层单位厚度内的温差为1℃时,在1 h内通过1 m^2 表面积的热量。材料导热系数越大,导热性能越好。工程上将导热系数 $\lambda <$ 0.23 W/(m·K)的材料称为绝热材料。

个别材料的导热系数差别很大,大致在 0.034 89~3.489 W/(m·K)。如空气 $\lambda =$ 0.023 26 W/(m·K)、泡沫塑料 $\lambda = 0.034\ 89$ W/(m·K)、水 $\lambda = 0.581\ 5$ W/(m·K)。

导热系数能说明材料本身热量传导能力大小,它受本身物质构成、孔隙率、材料所处环境的温、湿度及热流方向的影响。

2)影响因素

(1)材料的物质构成

材料的导热系数受自身物质的化学组成和分子结构影响。材料的导热系数由大到小为:金属材料>无机非金属材料>有机材料。相同组成的材料,结晶结构的导热系数最大,微晶结构次之,玻璃体结构最小,如水淬矿渣就是一种较好的绝热材料。

（2）孔隙率

由于固体物质的导热系数比空气的导热系数大得多，故材料的孔隙率越大，一般来说，材料的导热系数越小。材料的导热系数不仅与孔隙率有关，而且还与孔隙的大小、分布、形状及连通状况有关。在孔隙率相同时，孔径越大，孔隙间连通越多，导热系数越大。

（3）温度

材料的导热系数随温度的升高而增大，因为温度升高，材料固体分子的热运动增强，同时材料孔隙中空气的导热和孔壁间的辐射作用也有所增加。

（4）湿度

材料受潮吸水后，会使其导热系数增大。由于水的导热系数 $\lambda = 0.58$ W/(m·K)，远大于空气，故材料含水率增加后其导热系数将明显增加，若受冻[冰 $\lambda = 2.33$ W/(m·K)]则导热能力更大。

（5）热流方向

对于纤维状材料，热流方向与纤维排列方向垂直时材料表现出的导热系数要小于平行时的导热系数。这是因前者可对空气的对流等作用起有效的阻止作用所致。

2.温度稳定性

（1）定义

材料在受热作用下保持其原有性能不变的能力，称为绝热材料的温度稳定性。

（2）指标

不致丧失绝热性能的极限温度。

3.吸湿性

（1）定义

绝热材料从潮湿环境中吸收水分的能力称为吸湿性。

（2）意义

一般其吸湿性越大，对绝热效果越不利。

4.强度

（1）指标

绝热材料的机械强度和其他建筑材料一样是用极限强度来表示的，通常采用抗压强度和抗折强度。

（2）意义

由于绝热材料含有大量孔隙，故其强度一般均不大，因此不宜将绝热材料用于承受外界荷载部位。对于某些纤维材料有时常用材料达到某一变形时的承载能力作为其强度代表值。

5.选择原则

绝热材料除应具有较小的导热系数外，还应具有适宜的或一定的强度、抗冻性、耐水性、防火性、耐热性和耐低温性、耐腐蚀性，有时还需具有较小的吸湿性或吸水性等。

在实际应用中，由于绝热材料抗压强度等一般都很低，常将绝热材料与承重材料复合使用。另外，由于大多数绝热材料都具有一定的吸水、吸湿能力，故在实际使用时，需在其表层加防水层或隔、气层。

8.3.3　绝热材料的特征与分类

1. 绝热材料的主要特征

绝热材料的主要特征为：气孔率高，一般为 65～78%；体积密度小，一般不超过 1.3 g/cm³，目前工业上常用为 0.5～1.0 g/cm³；导热系数小，多数小于 1.26 W/(m·K)；重烧收缩小，一般不超过 2%。因此，绝热材料也称为轻质隔热材料。

2. 绝热材料的分类

1）按使用温度分类

（1）低温绝热材料。使用温度小于 900℃。主要制品有硅藻土砖、石棉、膨胀蛭石、矿渣棉等；

（2）中温绝热材料。使用温度为 900～1 200℃。主要品种有硅藻土砖、膨胀珍珠岩、轻质黏土砖及耐火纤维等；

（3）高温绝热材料。使用温度大于 1 200℃，主要制品有轻质高铝砖、轻质刚玉砖、轻质镁砖、空心球制品及高温耐火纤维制品等。

2）按体积密度分类

（1）一般绝热材料。体积密度不大于 1.3 g/cm³；

（2）常用绝热材料。体积密度为 0.5～1.0 g/cm³；

（3）超轻绝热材料。体积密度小于 0.3 g/cm³。

3）按制造方法分类

（1）用多孔材料直接制取的制品。如硅藻土及其制品；

（2）用可燃加入物制得的制品。如在泥料中加入容易烧尽的锯末、炭粉等物，使烧结制品具有一定的气孔率，主要制品为轻质砖；

（3）用泡沫剂制得的制品。在泥浆料中加入起泡剂（如松香皂），并用机械方法处理制得多孔轻质耐火制品；

（4）用化学法制取的制品。在泥浆料中加入碳酸盐和酸，苛性碱或金属铝和酸等，借助于化学反应产生的气体使制品形成气孔而制得；

（5）轻质耐火混凝土；

（6）耐火纤维及制品。

此外，还可按原料分为黏土质、高铝质、镁质、硅质绝热材料。

8.3.4　常用绝热材料

绝热材料按照它们的化学组成可以分为无机绝热材料和有机绝热材料。常用无机绝热材料有多孔轻质类无机绝热材料、纤维状无机绝热材料和泡沫状无机绝热材料；常用有机绝热材料有泡沫塑料和硬质泡沫橡胶。

1. 硅藻土

硅藻土是一种被称为硅藻的水生植物的残骸。在显微镜下观察，可以发现硅藻土是由微小的硅藻壳构成，硅藻壳的大小在 5～400 μm 之间，每个硅藻壳内包含有大量极细小的微孔，其孔隙率为 50%～80%，因此硅藻土有很好的保温绝热性能。

硅藻土的化学成分为含水非晶质二氧化硅，其导热系数 $A = 0.060$ W/(m·K)，最高使用温度约为 900℃。硅藻土常用作填充料,或用其制作硅藻土砖等。

2. 膨胀蛭石

蛭石是一种复杂的镁、铁含水铝硅酸盐矿物,由云母类矿物经风化而成,具有层状结构。

将天然蛭石经破碎、预热后快速通过煅烧带可使蛭石膨胀 20～30 倍,煅烧后的膨胀蛭石表观密度可降至 87～900 kg/m³,导热系数 $A=0.046～0.07$ W/(m·K),最高使用温度为 1 000～1 100℃。膨胀蛭石除可直接用于填充材料外,还可用胶结材(如水泥、水玻璃等)将膨胀蛭石胶结在一起制成膨胀蛭石制品。

3. 膨胀珍珠岩

珍珠岩是由地下喷出的熔岩在地表水中急冷而成,具有类似玉髓的隐晶结构。

将珍珠岩(以及松脂岩、黑曜岩)经破碎,预热后,快速通过煅烧带,可使珍珠岩体积膨胀约 20 倍。膨胀珍珠岩的堆积密度为 40～500 kg/m³,导热系数 $\lambda=0.047～0.070$ W/(m·K),最高使用温度为 800℃,最低使用温度为 -200℃。膨胀珍珠岩除可用作填充材料外,还可与水泥、水玻璃、沥青、黏土等结合制成膨胀珍珠岩绝热制品。

图 8-1　膨胀蛭石

图 8-2　膨胀珍珠岩

1)膨胀珍珠岩绝热制品分类

(1)按产品密度分为 200 号、250 号。

(2)按产品有无憎水性分为普通型和憎水性(用 Z 表示)。

(3)按产品用途分为建筑物用膨胀珍珠岩绝热制品(用 J 表示)和设备及管道、工业窑炉用膨胀珍珠岩绝热制品(用 S 表示)。

2)膨胀珍珠岩绝热制品形状

按制品外形分为平板(用 P 表示)、弧形板(用 H 表示)和管壳(用 G 表示)。

3)产品标记

标记中的顺序为产品名称、密度、形状、产品的用途、憎水性、长度×宽度(内径)×厚度,本标准号。

示例:长度为 600 mm、宽度为 300 mm、厚度为 50 mm,密度为 200 号的建筑物用憎水性平板标记为:

膨胀珍珠岩绝热制品 200PJZ600×300×50 GB/T 10303—2015

4)外观质量及尺寸允许偏差

外观质量及尺寸允许偏差应符合表 8-4 的要求。

表 8－4　外观质量及尺寸允许偏差

项　目		指　标	
		平板	弧形板、管壳
外观质量	垂直度偏差/mm	≤2	≤5
	合缝间隙/mm	—	≤2
	弯曲/mm	≤3	≤3
	裂纹	不允许	
	缺棱掉角	不允许有三个方向投影尺寸的最小值大于 3 mm 的棱损伤和最小值大于 4 mm 的角损伤	
尺寸允许偏差	长度/mm	±3	±3
	宽度/mm	±3	—
	内径/mm	—	+3
			+1
	厚度/mm	+3	+3
		−1	−1

5) 物理性能

物理性能应符合表 8-5 物理性能要求的要求。

表 8－5　物理性能要求

项　目		指　标	
		200 号	250 号
密度/kg·m⁻³		≤200	≤250
导热系数/W·(m·K)⁻¹	25℃±2℃	≤0.065	≤0.070
	350℃±5℃	≤0.11	≤0.12
抗压强度/MPa		≥0.35	≥0.45
抗折强度/MPa		≥0.20	≥0.25
质量含水率/%		≤4	

注：＊S 类产品要求此项

6) 组批规则

以相同原材料、相同工艺制成的膨胀珍珠岩绝热制品按形状、品种、尺寸分批验收,每 10 000 块为一检查批量,不足 10 000 块也视为一批。

4. 黏土陶粒

将一定矿物组成的黏土(或页岩)加热到一定温度会产生一定数量的高温液相,同时会产生一定数量的气体,由于气体受热膨胀,使其体积胀大数倍,冷却后即得到轻质颗粒状多孔绝热材料。

5. 轻质混凝土

轻骨料混凝土由于采用的轻骨料有多种,如黏土陶粒、膨胀珍珠岩等,采用的胶结材也有多种,如普通硅酸盐水泥、矾土水泥、水玻璃等,从而使其性能和应用范围变化很大。以水玻璃为胶结材,以陶粒为粗骨料,以蛭石砂为细骨料的轻骨料混凝土,其表观密度约为 $1\,100\ kg/m^3$,导热系数为 $0.222\ W/(m \cdot K)$。

多孔混凝土主要有泡沫混凝土和加气混凝土:

泡沫混凝土的表观密度约为 $300 \sim 500\ kg/m^3$,导热系数 $0.082 \sim 0.186\ W/(m \cdot K)$;

加气混凝土的表观密度约为 $400 \sim 700\ kg/m^3$,导热系数约为 $0.093 \sim 0.164\ W/(m \cdot K)$。

6. 硅酸钙绝热制品(CS)

以蒸压形成的水化硅酸钙为主要成分,通常掺加增强纤维的绝热制品。

以硬硅钙石为主要水化产物的微孔硅酸钙,其表观密度约为 $230\ kg/m^3$,导热系数 $0.056\ W/(m \cdot K)$,最高使用温度约为 $1\,000℃$。

图 8-3　黏土陶粒

图 8-4　泡沫玻璃

7. 泡沫玻璃(CG)

用玻璃粉和发泡剂配成的混合料经煅烧而得到的具有大量封闭孔结构的硬质绝缘材料称为泡沫玻璃。

根据所用发泡剂的化学成分的差异,在泡沫玻璃的气相中所含有的气体有碳酸气、一氧化碳、硫化氢、氧气、氮气等,其气孔尺寸为 $0.1 \sim 5\ mm$,且绝大多数气孔是孤立的。

泡沫玻璃的表观密度为 $150 \sim 600\ kg/m^3$,导热系数为 $0.058 \sim 0.128\ W/(m \cdot K)$,抗压强度为 $0.8 \sim 15\ MPa$,最高使用温度为 $300 \sim 400℃$(采用普通玻璃)、$800 \sim 1\,000℃$(采用无碱玻璃)。

泡沫玻璃可用来砌筑墙体,也可用于冷藏设备的保温,或用作漂浮、过滤材料。

8. 矿物纤维

所有无机非金属纤维的总称。

(1) 人造矿物纤维

由岩石、矿渣、玻璃、金属氧化物或瓷土制成的无机纤维的总称。

（2）陶瓷纤维

由熔融金属氧化物或瓷土制成的矿物纤维。

陶瓷纤维为采用氧化硅、氧化铝为原料，经高温熔融、喷吹制成。

堆积密度为 $140\sim190$ kg/m³，导热系数为 $0.044\sim0.049$ W/(m·K)，最高使用温度 $1\,100\sim1\,350℃$。

陶瓷纤维可制成毡、毯、纸、绳等制品，用于高温绝热。还可将陶瓷纤维用于高温下的吸声材料。

9. 岩棉，矿渣棉

岩棉是以熔融火成岩为主要原料制成的一种矿物棉，常用的火成岩有玄武岩、辉长岩等。

矿渣棉是由熔融矿渣经喷吹制成的矿物棉。

1）分类

产品按制品形式分为：棉、板、毡、缝毡和管壳。

2）产品标记

产品标记由产品名称、标准号和产品技术特征三部分组成。

产品技术特征包括：

（1）密度，单位为 kg/m³；

图 8-5　岩棉

图 8-6　矿渣棉

（2）尺寸，长度×宽度×厚度，单位为 mm；

（3）其他标记，放在尺寸后面的括号内，如制造商标记、外覆层等。

密度为 80 kg/m³、长度、宽度和厚度分别为 10 000 mm、1 200 mm、50 mm，带铝箔外覆层的岩棉毡标记为：

岩棉毡 GB/T 11835 80～10 000×1 200×50（铝箔）。

10. 泡沫塑料

泡沫塑料是整体内分布大量泡孔（互联或不互联）以降低密度的塑料的总称。具有质轻，隔热，吸音，减震等特性。

11. 硬质泡沫橡胶

硬质泡沫橡胶用化学发泡法制成。特点是导热系数小而强度大。硬质泡沫橡胶的表观密度在 $0.064\sim0.12$ g/cm³ 之间。表观密度越小，保温性能越好，但强度越低。硬质泡沫橡胶的抗碱和盐的侵蚀能力较强，但强的无机酸及有机酸对它有侵蚀作用。它不溶于醇等弱溶剂，但易被某些强有机溶剂软化溶解。硬质泡沫橡胶为热塑性材料，耐热性不好，在 65℃

左右开始软化。硬质泡沫橡胶有良好的低温性能,低温下强度较高且较好的体积稳定性,可用于冷冻库。

常用绝热材料的组成及基本性能见表8－14常用绝热材料简表。

表8－14　常用绝热材料简表

名　称	主要组成	导热系数/W・(m・K)$^{-1}$	主要应用
硅藻土	无定形 SiO_2	0.060	填充料、硅藻土砖等
膨胀蛭石	铝硅酸盐矿物	0.046～0.070	填充料、轻集料等
膨胀珍珠岩	铝硅酸盐矿物	0.047～0.070	填充料、轻集料等
微孔硅酸钙	水化硅酸钙	0.047～0.056	绝热管、砖等
泡沫玻璃	硅、铝氧化物玻璃体	0.058～0.128	绝热砖、过滤材料等
岩棉及矿棉	玻璃体	0.044～0.049	绝热板、毡、管等
玻璃棉	钙硅铝系玻璃体	0.035～0.041	绝热板、毡、管等
泡沫塑料	高分子化合物	0.031～0.047	绝热板、管及填充等
纤维板	木材	0.058～0.307	墙壁、地板、顶棚等

任务8.4　建筑塑料

任务导入	● 塑料在建筑中大部分是用于非结构材料,仅有一小部分用于制造承受轻荷载的结构构件,如塑料波形瓦、候车棚、充气结构等。然而更多的是与其他材料复合使用,可以充分发挥塑料的特性,如用作电线的被覆绝缘材料、人造板的贴面材料、有泡沫塑料夹心层的各种复合外墙板、屋面板等。所以,建筑塑料是有广阔发展前途的一种建筑材料。本任务主要学习建筑塑料。
任务目标	➤ 了解塑料的组成; ➤ 了解塑料品种及特性; ➤ 熟悉常用建筑塑料制品。

建筑塑料是用于建筑工程的塑料制品的统称。塑料是以合成树脂为主要成分,加入各种添加剂(如稳定剂、增塑剂、增强剂、填料、着色剂等),在一定的温度、压力条件下塑制而成的材料。塑料分为热塑性塑料及热固性塑料。在特定的温度范围内,可以加热软化,遇冷硬化,能反复进行加工的塑料,统称为热塑性塑料,如聚氯乙烯、聚乙烯、聚丙烯、聚苯乙烯等。受热或因某种条件固化后不能再软化者,统称为热固性塑料,如酚醛塑料、氨基塑料等。建筑塑料则主要用于塑料门窗、楼梯扶手、踢脚板、隔墙及隔断、塑料地砖、地面卷材、上下水管道、卫生洁具等方面。

8.4.1　塑料的组成

塑料从总体上是由树脂和添加剂两类物质组成。

1. 树脂

树脂是塑料的基本组成材料,是塑料中的主要成分,它在塑料中起胶结作用,不仅能自身胶结,还能将其他材料牢固地胶结在一起。塑料的工艺性能和使用性能主要是由树脂的性能决定的。其用量约占总量的 30％～60％，其余成分为稳定剂、增塑剂、着色剂及填充料等。

树脂的品种繁多，按树脂合成时化学反应不同，将树脂分为加聚树脂和缩聚树脂；按受热时性能变化的不同，又分为热塑性树脂和热固性树脂。

加聚树脂是由一种几种或几种不饱和的低分子化合物（称为单体）在热、光或催化剂作用下，经加成聚合反应而成的高分子化合物。在反应过程中不产生副产物，聚合物的化学组成和参与反应的单体的化学组成基本相同。例如乙烯经加聚反应成为聚乙烯：$nC_2H_4 \rightarrow (C_2H_4)_n$。

缩聚树脂是由两种或两种以上的单体经缩合反应而制成的。缩聚反应中除获得树脂外还产生副产品低分子化合物如水、酸、氨等。如酚醛树脂是由苯酚和甲醛缩合而得到的；脲醛树脂是由尿素和甲醛缩合而得到的。

热塑性树脂是指在热作用下，树脂会逐渐变软、塑化，甚至熔融，冷却后则凝固成型，这一过程可反复进行。这类树脂的分子呈线型结构，种类有：聚乙烯、聚丙烯、聚氯乙烯、氯化聚乙烯、聚苯乙烯、聚酰胺、聚甲醛、聚碳酸酯及聚甲基丙烯酸甲酯等。

热固性树脂则是指树脂受热时塑化和软化，同时发生化学变化，并固化定型，冷却后如再次受热时，不再发生塑化变形。这类树脂的分子呈体型网状结构，种类有：酚醛树脂、氨基树脂、不饱和聚酯树脂及环氧树脂等。

2. 添加剂

添加剂是指能够帮助塑料易于成型，以及赋予塑料更好的性能，如改善使用温度、提高塑料强度、硬度、增加化学稳定性、抗老化性、抗紫外线性能、阻燃性、抗静电性、提供各种颜色及降低成本等等，所加入的各种材料统称为添加剂。

（1）稳定剂

稳定剂是一种为了延缓或抑制塑料过早老化，延长塑料使用寿命的添加剂。按所发挥的作用，稳定剂可分为热稳定剂、光稳定剂及抗氧剂等。常用稳定剂有多种铅盐、硬脂酸盐、炭黑和环氧化物等。

（2）增塑剂

增塑剂是指能降低塑料熔融黏度和熔融温度，增加可塑性和流动性，以利于加工成型，并使制品具有柔韧性，减少脆性的添加剂。增塑剂一般是相对分子量较小，难挥发的液态和熔点低的固态有机物。对增塑剂的要求是与树脂的相容性要好，增塑效率高，增塑效果持久，挥发性低，而且对光和热比较稳定，无色、无味、无毒，不燃，电绝缘性和抗化学腐蚀性好。常用的增塑剂有邻苯二甲酸酯类、磷酸酯类等等。

（3）润滑剂

润滑剂是为了改进塑料熔体的流动性，防止塑料在挤出、压延、注射等加工过程中对设备发生黏附现象，改进制品的表面光洁程度，降低界面黏附为目的而加入的添加剂。是塑料中重要的添加剂之一，对成型加工和对制品质量有着重要的影响，尤其对聚氯乙烯塑料在加工过程中是不可缺少的添加剂。常用的润滑剂有液体石蜡、硬脂酸、硬脂酸盐等。

（4）填充剂

在塑料中加入填充剂的目的一方面是降低产品的成本，另一方面是改善产品的某些性能，如增加制品的硬度、提高尺寸稳定性等。根据填料化学组成不同，可分为有机和无机填料两类。根据填料的形状可分为粉状、纤维状和片状等。常用的有机填料有木粉、棉布和纸屑等；常用的无机填料有滑石粉、石墨粉、石棉、云母及玻璃纤维等。填料应满足以下要求：

易被树脂润湿,与树脂有好的粘附性,本身性质稳定,价廉,来源广。

(5) 着色剂

着色剂是使塑料制品具有绚丽多彩性的一种添加剂。着色剂除满足色彩要求外,还具有附着力强、分散性好、在加工和使用过程中保持色泽不变、不与塑料组成成分发生化学反应等特性。常用的着色剂是一些有机或无机染料或颜料。

(6) 其他添加剂

为使塑料适于各种使用要求和具有各种特殊性能,常加入一些其他添加剂,如掺加阻燃剂可阻止塑料的燃烧,并使之具有自熄性;掺入发泡剂可制得泡沫塑料等。

8.4.2 建筑中常用塑料品种及特性

1. 聚氯乙烯(PVC)

PVC 是建筑中应用最大的一种塑料,它是一种多功能的材料,通过改变配方,可制成硬质的也可制成软质的。PVC 含氯量为 56.8%。由于含有氯,PVC 具有自熄性,这对于其用作建材是十分有利的。

2. 聚乙烯(PE)

PE 是一种结晶性高聚物,结晶度与密度有关,一般密度愈高,结晶度也愈高。PE 按密度大小可分为两大类:即高密度聚乙烯(HDPE)和低密度聚乙烯(LDPE)。

3. 聚丙烯(PP)

PP 的密度是通用塑料中最小的,约为 0.90 左右。PP 的燃烧性与 PE 接近,易燃而且会滴落,引起火焰蔓延。它的耐热性比较好,在 100℃时还能保持常温时抗拉强度的一半。PP 也是结晶性高聚物,其抗拉强度高于 PE、PS。另外,PP 的耐化学性也与 PE 接近,常温下它没有溶剂。

4. 聚苯乙烯(PS)

PS 为无色透明类似玻璃的塑料,透光度可达 88%～92%。PS 的机械强度较高,但抗冲击性较差,即有脆性,敲击时会有金属的清脆声音。燃烧时 PS 会冒出大量的黑烟炭束,火焰呈黄橙色,离火源继续燃烧,发出特殊的苯乙烯气味。PS 的耐溶剂性较差,能溶于苯、甲苯、乙苯等芳香族溶剂。

5. ABS 塑料

ABS 是由丙烯腈、丁二烯和苯乙烯三种单体共聚而成的。具有优良的综合性能,即 ABS 中的三个组分各显其能,丙烯腈使 ABS 有良好的耐化学性及表面硬度,丁二烯使 ABS 坚韧,苯乙烯使它具有良好的加工性能。其性能取决于这三种单体在 ABS 中的比例。

塑料具有优良的加工性能,质量轻、比强度高、绝热性、装饰性、电绝缘性、耐水性和耐腐蚀性好,但塑料的刚度小,易燃烧、变形和老化,耐热性差。建筑塑料常用作装饰材料、绝热材料、吸声材料、防水材料、管道及卫生洁具等。

作为建筑材料,塑料的主要特性是:

(1) 密度小。塑料的密度一般为 1 000 kg/m³～2 000 kg/m³,约为天然石材密度的 1/3～1/2,约为混凝土密度的 1/2～2/3,仅为钢材密度的 1/8～1/4。

(2) 比强度高。塑料及制品的比强度高(材料强度与密度的比值)。玻璃钢的比强度超过钢材和木材。

(3) 导热性低。密实塑料的导热率一般为 0.12～0.80 W/(m·K)。泡沫塑料的导热系数接近于空气,是良好的隔热、保温材料。

(4) 耐腐蚀性好。大多数塑料对酸、碱、盐等腐蚀性物质的作用具有较高的稳定性。热塑性塑料可被某些有机溶剂溶解;热固性塑料则不能被溶解,仅可能出现一定的溶胀。

(5) 电绝缘性好。塑料的导电性低,又因热导率低,是良好的电绝缘材料。

(6) 装饰性好。塑料具有良好的装饰性能,能制成线条清晰、色彩鲜艳、光泽动人的塑料制品。

8.4.3 常用建筑塑料制品

1. 塑料门窗

塑料门窗是采用 UPVC 塑料型材制作而成的门窗。塑料门窗具有抗风、防水、保温等良好特性。按材质可分为 PVC 塑料门窗和玻璃纤维增强塑料(玻璃钢)门窗。

1) PVC 塑料门窗

(1) 在各类建筑窗中,PVC 塑料窗在节约型材生产能耗、回收料重复再利用和使用能耗方面有突出优势,在保温节能方面有优良的性能价格比。

(2) 为增加窗的刚性,在窗框、窗扇、窗梃型材的受力杆件中,应根据抗风压强度的设计和其他使用要求,确定使用何种增强型钢。

(3) 通过 UPVC 树脂与着色聚甲基丙烯酸甲酯(PMMA)或丙烯腈-苯乙烯-丙烯酸酯共聚物(ASA)的共挤出,以及在白色型材上覆膜、喷涂可以获得多种质感和多种表面色彩的装饰效果。

2) 玻璃纤维增强塑料(玻璃钢)门窗

(1) 国外以无碱玻璃纤维增强,制品表面光洁度较好,不需处理可直接用于制窗。国内自主开发的玻璃钢门窗型材一般用中碱玻璃纤维增强,型材表面经打磨后,可用静电粉末喷涂,表面覆膜等多种技术工艺,获得多种色彩或质感的装饰效果。

(2) 不得使用高碱玻璃纤维制作型材。

(3) 玻璃钢门窗型材有很高的纵向强度,一般情况下,可以不用增强型钢。但门窗尺寸过大或抗风压要求高时,应根据使用要求,确定增强方式。型材横向强度较低。玻璃钢门窗框角梃连接为组装式,连接处需用密封胶密封,防止缝隙渗漏。

2. 塑料地板

塑料弹性地板有半硬质聚氯乙烯地面砖和弹性聚氯乙烯卷材地板两大类。弹性聚氯乙烯卷材地板的优点是:地面接缝少,容易保持清洁;弹性好,步感舒适;具有良好的绝热吸声性能。粘接塑料地板和楼板面用的胶粘剂,有氯丁橡胶乳液、聚醋酸乙烯乳液或环氧树脂等。

3. 塑料墙纸

聚氯乙烯塑料壁纸是装饰室内墙壁的优质饰面材料,可制成多种印花、压花或发泡的美观立体感图案。这种壁纸具有一定的透气性、难燃性和耐污染性。

4. 玻璃纤维增强塑料

用玻璃纤维增强热固性树脂的塑料制品,通常称玻璃钢。它所用的热固性树脂有不饱和聚酯、环氧树脂和酚醛树脂。玻璃钢的成型方法有手糊成型、喷涂成型、卷绕成型和模压成型。它的质量轻、强度高接近于钢材、耐腐蚀、耐热和电绝缘性好。常用于建筑中的有透明或半透明的波形瓦、采光天窗、浴盆、整体卫生间、泡沫夹层板、通风管道、混凝土模壳等。

5. 泡沫塑料

泡沫塑料是一种轻质多孔制品,不易塌陷,不因吸湿而丧失绝热效果,因此是优良的绝热和吸声材料。产品有板状、块状或特制的形状,也可以进行现场喷涂。建筑中常用的有聚氨酯泡沫塑料、聚苯乙烯泡沫塑料与脲醛泡沫塑料。聚氨酯的优点是可以在施工现场用喷涂法发泡,它与墙面的其他材料的黏结性良好,并耐霉菌侵蚀。

6. 塑料管材及配件

用塑料制造的管材及接头管件,已广泛应用于室内排水、自来水、化工及电线穿线管等管路工程中。常用的塑料有硬聚氯乙烯、聚乙烯、聚丙烯以及 ABS 塑料(丙烯腈—丁二烯-苯乙烯的共聚物)。塑料管道是节能的建筑材料,生产能耗和需水能耗低,产品生产对环境影响小,还具有耐蚀、耐久、资源可再利用等特点。目前常用建筑塑料管如下:

(1) 硬聚氯乙烯(PVC－U)管

硬聚氯乙烯管材以聚氯乙烯树脂为主要原料,加入必要的添加剂,经复合共挤成型的芯层发泡复合管材,通常直径 40～100 mm,使用温度不大于 40℃。主要用于给水管道的非饮用水,排水管道,雨水管道。内壁光滑阻力小、不结垢、无毒无污染、耐腐蚀、抗老化性能好、难燃,可采用橡胶圈柔性接口安装。

(2) 氯化聚氯乙烯(PVC－C)管

氯化聚氯乙烯(PVC－C)管具有高温机械强度高,耐压的特点。阻燃、防火、导热性能低,管道热损失少,安装时管材与管件连接方法可以粘接连接,也可用螺纹连接、法兰连接和焊条连接。管道内壁光滑,抗细菌的滋生性能优于铜、钢和其他塑料管道。主要用于冷热水管、消防水管系统、工业管道系统,寿命可达 50 年,使用温度高达 90℃。

(3) 无规共聚聚丙烯管(PP－R 管)

无规共聚聚丙烯管件以无规共聚聚丙烯管材料为原料,经挤出成型的管件。适用于建筑物内冷热水管道系统,包括工业及民用冷热水、饮用水和采暖系统,不得用于消防给水系统等。该产品具有优良的耐性和较高强度,管材管件连接采用承插热熔连接,也可带电热丝配件电热熔连接,与金属阀门采用铜镀铬金属丝扣连接,施工工具应由生产企业配套。

(4) 丁烯管(PB 管)

丁烯管(PB 管)具有较高的强度,无毒、韧性好,但易燃、膨胀系数大,价格高。应用于冷热水管和饮用水管,特别适用于薄壁小口径压力管道,如地板辐射采暖系统的盘管。

(5) 交联聚乙烯管(PEX 管)

交联聚乙烯管(PEX 管)具有无毒、卫生、透明的特点,有弯折记忆性,不可热熔连接,低温抗脆性较差,可用于纯净水输送管,水暖供热系统、中央空调管道系统、太阳能热水器系统及其他液体输送等。阳光照射下 PEX 管会加速老化,使用寿命缩短,主要用于地板辐射采暖系统的盘管。

(6) 铝塑复合管

铝塑复合管的基本构成由内而外依次为塑料、热熔胶、铝合金、热熔胶、塑料,是最早替代铸铁管的供水管。具有较好的保温性能,内外壁不易腐蚀,因内壁光滑,对流体阻力很小,可随意弯曲,安装施工方便。作为供水管道,铝塑复合管有足够的强度,施工中要通过严格的试压,检验连接是否牢固;铝塑复合管的连接是卡套式(或是卡压式),应防止振动使卡套松脱;同时安装应留足一定的量以免拉脱。应用于冷热水管,饮用水管等,但宜作明管施工或埋于墙体内,甚至可以埋入地下。

工程案例

8-5　某小区一期工程施工时,使用铸铁管作为水管,施工麻烦,而且经常出现水管水流不畅、堵塞现象。后来,二期工程施工时,整个小区水管全部换成 PVC 管,施工方便,缩短了工期,水流不畅等问题也没有出现。

分析　PVC 水管与铸铁水管相比,具有耐腐性好,阻力系数小,管流速度快等优点,此外施工方法简单,质量轻,易于搬运。

练习题

拓展知识

中英文对照

一、填空题

1. 建筑塑料具有_____、_____、_____等特点,是工程中应用最广泛的化学建材之一。

2. 塑料一般由_____和根据需要加入的各种_____组成;塑料按树脂在受热时所发生的变化不同分为_____和_____。

3. 各种涂料的组成基本上由_____、_____、_____等组成。

4. 建筑涂料按主要成膜物质的化学成分分为_____、_____及_____三类。

5. 防水卷材根据其主要防水组成材料分为_____、_____和_____三大类。

二、简述题

1. 建筑塑料的特性如何?

2. 建筑涂料在选用时需要考虑哪些因素?

3. 建筑工程中常用的胶黏剂有哪几种?

4. 有机涂料包括哪三类? 其特点和用途各是什么?

5. 目前常用安全玻璃主要有哪些? 各有哪些特点?

6. 中空玻璃的最大特点是什么? 适合于什么环境使用?

7. 建筑玻璃品种主要有哪些?

8. 简述 SBS 改性沥青防水卷材、APP 改性沥青防水卷材的应用。

本章自测及答案

主要参考文献

［1］魏鸿汉.建筑材料［M］.北京:中国建筑工业出版社,2013.

［2］全国一级建造师执业资格考试用书编写委员会.建筑工程管理实务［M］.北京:中国建筑工业出版社,2017.

［3］李宏斌.建筑材料［M］.北京:中国水利水电出版社,2013.

［4］宋岩丽,王社欣,周仲景.建筑材料与检测［M］.北京:人民交通出版社,2011.

［5］杨文科.现代混凝土科学的问题与研究［M］.2版.北京:清华大学出版社,2015.

［6］赵志强,朱效荣,陆总兵.混凝土生产工艺与质量控制［M］.北京:中国建材工业出版社,2017.

［7］田培,刘加平,王玲等.混凝土外加剂手册［M］.2版.北京:化学工业出版社,2015.

［8］曹世晖.建筑工程材料与检测［M］.长沙:中南大学出版社.2017.